AutoCAD und AutoCAD LT 2012
Das offizielle Trainingsbuch

Scott Onstott

AutoCAD® und AutoCAD LT® 2012 Das offizielle Trainingsbuch

Autodesk® Official Training Guide

Übersetzung aus dem Amerikanischen von
Sabine Lambrich

SYBEX

Bibliografische Information der Deutschen Nationalbibliothek
Die Deutsche Nationalbibliothek verzeichnet diese Publikation in der Deutschen Nationalbibliografie; detaillierte bibliografische Daten sind im Internet über http://dnb.d-nb.de abrufbar.

1. Auflage 2011

Wir bedanken uns herzlich bei Autodesk für die tatkräftige Unterstützung bei der Entstehung und Lokalisierung dieses Buches.

Printed in Germany

Gedruckt auf säurefreiem Papier

Coverfoto: Manuel Gutjahr / iStockPhoto
Umschlaggestaltung: Ryan Sneed und Torge Stoffers Graphik-Design, Leipzig
Korrektur: Frauke Wilkens, München
Satz: kühn & weyh Software GmbH, Freiburg
Druck und Bindung: M.P. Media-Print Informationstechnologie GmbH, 33100 Paderborn

ISBN: 978-3-527-76013-8

Für Jen und Merlin

Vorwort

Begonnen hat alles vor fast 30 Jahren: Mit AutoCAD, einem Programm speziell zur Erstellung technischer Zeichnungen am Computer, wurde eine neue Ära eingeleitet. Plötzlich war es möglich, die Welt am Rechner zu formen und zu gestalten. Auch wenn die Softwareindustrie einem stetigen Wandel unterzogen ist – nach wie vor gehört AutoCAD zu den weltweit führenden CAD-Werkzeugen für 2D und 3D. Umso wichtiger, die Lösung zu beherrschen. Dieses Trainingsbuch soll Sie fit im Umgang mit der CAD-Lösung machen und Ihre berufliche Weiterentwicklung unterstützen.

Dieser Autodesk Official Training Guide zu AutoCAD 2012 und AutoCAD LT richtet sich an alle Anwender, die sich mit technischen Zeichnungen auseinandersetzen – unabhängig von der Branche, in der sie tätig sind. Studentinnen und Studenten, aber auch Konstrukteure und Planer profitieren von dem Buch. Das Werk vermittelt ihnen auf 400 Seiten das grundlegende Wissen über computergesteuertes Design mit diesem Programm. Praxisbezogene Anleitungen, Vorschläge und Anregungen für weitere Übungen sowie digitale Dateien zum Herunterladen – nach der Lektüre dieses Trainingsbuches werden Sie über umfangreiche Kenntnisse in AutoCAD verfügen.

Diesen Training Guide lege ich Ihnen auch ans Herz, wenn Sie sich auf die Autodesk-Zertifizierungen vorbereiten, um Ihre berufliche Entwicklung zu beschleunigen, Ihre Produktivität zu steigern und die fachliche Glaubwürdigkeit zu stärken.

Erweitern Sie Ihr Know-how und stärken Sie Ihre Wettbewerbsfähigkeit.

Viel Spaß wünscht

Andrew Müller
Platform Sales Manager bei Autodesk

Über den Autor

Scott Onstott hat vor diesem Buch bereits fünf Werke veröffentlicht. Hierzu gehören die englischsprachigen Titel *Enhancing Architectural Drawings and Models with Photoshop, AutoCAD: Professional Tips and Techniques* (zusammen mit Lynn Allen), *Enhancing CAD Drawings with Photoshop, Mastering Autodesk Architectural Desktop 2006 und Autodesk VIZ 2005* (zusammen mit George Omura). Darüber hinaus hat er an zahlreichen weiteren technischen Publikationen als Koautor oder Lektor mitgewirkt.

Scott Onstott machte seinen Bachelor in Architektur an der University of California, Berkeley, lehrte später als Dozent an der Universität und ist heute als Berater, unabhängiger Filmproduzent und Autor für bekannte Websites in der Industrie tätig. Sie können den Autor unter der Webadresse `www.scottonstott.com` kontaktieren.

Über die Übersetzerin

Sabine Lambrich arbeitet seit mehr als 20 Jahren als Autorin und Übersetzerin in München mit Schwerpunkt auf Buchprojekten zu Windows und Windows-Programmen. Für Wiley-VCH hat sie unter anderem Bücher zu den Themen AutoCAD, Excel, Office, PC und Notebook übersetzt.

Inhalt

Einleitung

Im Jahr 2012 ist der dreißigste Geburtstag der ersten AutoCAD-Version. Die unveränderte Marktpräsenz von AutoCAD in diesem Zeitraum ist legendär in einer Welt der sich stetig verändernden Softwareindustrie. Sie können also davon ausgehen, dass die Einarbeitungszeit, die Sie in AutoCAD investieren, gut genutzt ist und dass Sie die erworbenen Fähigkeiten noch viele Jahre einsetzen können.

Sie werden sehen, dass es gar nicht so schwierig ist, sich dieses komplexe Programm anzueignen. In den zahlreichen Schrittanleitungen in diesem Buch lernen Sie verschiedene Methoden und Verfahren kennen, die auf vielen Jahren praktischer Erfahrung basieren.

Die ersten 14 Kapitel beziehen sich sowohl auf AutoCAD 2012 als auch auf AutoCAD LT 2012. Die LT-Version ist eine günstige AutoCAD-Version mit reduziertem Funktionsangebot. Die Kapitel 15 bis 18 beziehen sich ausschließlich auf AutoCAD 2012, da sie erweiterte Werkzeuge thematisieren, die in der LT-Version nicht enthalten sind. Hierzu gehören Attribute, 3D-Navigation, 3D-Modellierung und das Rendering.

Wer dieses Buch lesen sollte

Dieses Buch richtet sich an Studentinnen und Studenten der Architektur, an Hobbyarchitekten sowie an alle, die in den Bereichen Landschaftsarchitektur, Industriedesign und Maschinenbau arbeiten oder in einem anderen Zusammenhang mit technischen Zeichnungen zu tun haben.

Wenn Sie an einer Zertifizierung für AutoCAD 2012 interessiert sind, kann Sie dieses Buch bei den Vorbereitungen unterstützen. Informationen zu den Zertifizierungen sowie weiteren Quellen finden Sie unter `www.autodesk.de/zertifizierung`.

Was Sie in diesem Buch lernen

In diesem Buch erwerben Sie solide Kenntnisse über die grundlegende AutoCAD-Funktionalität. Jedes Kapitel enthält eine Reihe von Übungen, die Sie schrittweise durch viele komplexe Prozeduren führen. Ziel ist es, durch die selbstständige Durchführung der Schritte Wissen zu erwerben und durch Abstrahierung die erworbenen Kenntnisse auf eine Vielzahl anderer Situationen anzuwenden.

Es geht nicht darum, sich die einzelnen Schritte zu merken, die zum Ergebnis führen. Wichtig ist es, die grundlegenden, dahinterstehenden Konzepte und Verfahren zu verinnerlichen.

Um Wissen aufzubauen, führen Sie am besten die Schritte zunächst einmal genau so durch, wie sie beschrieben werden. Nach Erhalt des gewünschten Ergebnisses beginnen Sie noch einmal und experimentieren dann mit den bereits erlernten Verfahren. Denken Sie abschließend darüber nach, wie Sie die gewünschten Ergebnisse erreicht haben, und versuchen Sie, die Schritte in Konzepte zu abstrahieren und sich diese zu merken. Dann hat dieses Buch seinen Zweck voll und ganz erfüllt.

Anforderungen an den Leser

Dieses Buch setzt keine Kenntnisse über AutoCAD voraus. Sie sollten aber mit Windows oder mit Mac OS als Betriebssystem vertraut sein, mit einer grafischen Benutzeroberfläche umgehen können und ganz allgemein das Arbeiten am Computer gewöhnt sein.

Systemanforderungen für AutoCAD 2012 und AutoCAD LT 2012

Das Buch wurde sowohl für AutoCAD 2012 als auch für AutoCAD LT 2012 geschrieben. Im Folgenden werden die Systemanforderungen für beide Versionen unter den jeweiligen angebotenen Betriebssystemen beschrieben. Die aktuellsten Anforderungen finden Sie unter `www.autodesk.de`.

Allgemeine Windows-Systemanforderungen

- Microsoft Windows 7 Enterprise, Ultimate, Professional oder Home Premium
- Microsoft Windows Vista Enterprise, Business oder Ultimate (ab SP1)
- Windows XP Professional (ab SP2)
- 2 GB Arbeitsspeicher
- 2 GB freien Festplattenspeicher für die Installation
- 1.280 x 1.024 True Color-Grafikkarte, 128 MB oder mehr; Microsoft® Direct3D®-fähige Grafikkarte; Pixel Shader ab 3.0 für die 3D-Modellierung
- Internet Explorer ab Version 7.0

AutoCAD 2012 für Windows, 32 Bit

- Für Windows Vista oder Windows 7: Intel® Pentium® 4 oder AMD Athlon® Dual-Core-Prozessor, 3.0 GHz oder mehr, mit SSE2-Technologie
- Für Windows XP: Intel Pentium 4 oder AMD Athlon mit Dual-Core-Prozessor, 2.0 GHz oder mehr, mit SSE2-Technologie

AutoCAD 2012 für Windows, 64 Bit

- AMD Athlon 64 mit SSE2-Technologie, AMD Opteron®-Prozessor mit SSE2-Technologie
- Intel® Xeon®-Prozessor mit Intel EM64T-Unterstützung und SSE2-Technologie
- Intel Pentium 4 mit Intel EM64T-Unterstützung und SSE2-Technologie

AutoCAD 2012 für den Macintosh, 64 Bit

- Apple® Mac® Pro ab 4.1; MacBook® ab Pro 5.1 (empfohlen: MacBook Pro ab 6.1); iMac® ab 8.1 (empfohlen: iMac ab 11.1); Mac® Mini ab 3.1 (empfohlen: Mac Mini ab 4.1); MacBook Air® ab 2.1; MacBook® ab 5.1 (empfohlen: MacBook ab 7.1)
- Mac OS® X ab v10.6.4; Mac OS X ab v10.5.8
- Intel®-Prozessor, 64 Bit
- 3 GB Arbeitsspeicher (empfohlen: 4 GB)
- 2,5 GB freien Festplattenspeicher für Downloads und Installation (empfohlen: 3 GB)
- Alle Grafikkarten der unterstützten Hardware
- 1.280 x 800-Grafikkarte mit True Color (empfohlen: 1.600 x 1.200 mit True Color)
- Deutsches Tastaturlayout
- Apple® Mouse, Apple Magic Mouse, Magic Trackpad, MacBook® Pro Trackpad oder Microsoft®-kompatible Maus
- Mac OS X-kompatibler Drucker

Wie dieses Buch aufgebaut ist

AutoCAD und AutoCAD LT 2012. Das offizielle Trainingsbuch vermittelt Ihnen grundlegendes Wissen über computergesteuertes Design mit diesem Programm. Die Webseite zum Buch finden Sie unter `www.wiley-vch.de/publish/dt/books/ISBN978-3-527-76013-8`. Dort können Sie die kapitelspezifischen Beispieldateien herunterladen.

Kapitel 1 – Einführung: In diesem Kapitel lernen Sie die Benutzeroberfläche von AutoCAD sowie den »Fachjargon« kennen. Dieses Kapitel ist wichtig. Denn Sie müssen Begriffe wie Arbeitsbereich, Registerkarte in der Multifunktionsleiste, Werkzeugkasten, Gruppe, Palette, Umschalter etc. kennen, um die Terminologie zu verstehen, die Ihre Kolleginnen und Kollegen sowie dieses Buch verwenden. Außerdem erfahren Sie in diesem Kapitel, wie Sie die Zeichnungseinheiten an den von Ihnen verwendeten Industriestandard anpassen.

Kapitel 2 – Grundlegende Zeichnungstechniken: Hier lernen Sie die Navigationswerkzeuge Zoom und Pan kennen, mit denen Sie die Darstellung verkleinern beziehungsweise vergrößern und zu anderen Bereichen in der Zeichnung schwenken. Sie zeichnen Linien, Rechtecke, Kreise, Bogen und Polygone und erfahren, wie Sie fehlerhafte Arbeitsschritte abbrechen, löschen oder rückgängig machen. Ein weiteres Thema ist das Abschrägen und

Abrunden von Linien. Und Sie lernen mithilfe zweier Koordinatensysteme, die exakte Größe der zu zeichnenden Objekte zu bestimmen.

Kapitel 3 – Zeichnungshilfen einsetzen: Zu den Zeichnungshilfen gehören Raster und Rasterfang, Ortho-Modus und Spurverfolgung, PolarSnap, laufende Objektfänge, Objektfang »Von« und Objektfangspur, die Sie alle in diesem Kapitel kennenlernen.

Kapitel 4 – Objekte bearbeiten: Mit dem Bearbeiten von Objekten werden Sie wahrscheinlich die meiste Zeit in AutoCAD verbringen. Zu den Bearbeitungsfunktionen gehören das Verschieben, Kopieren, Drehen, Skalieren, Anordnen, Stutzen, Dehnen, Strecken, Versetzen und Spiegeln von Objekten. Außerdem lernen Sie die Griffbearbeitung kennen.

Kapitel 5 – Kurven zeichnen: In diesem Kapitel erfahren Sie, wie Sie komplexe Kurven mit NURBS-basierten Splines, Kurvenpolygonen und Ellipsen erstellen. Am Ende dieses Kapitels sind Sie in der Lage, eine beliebig geformte Kurve zu zeichnen.

Kapitel 6 – Anzeige und Darstellung von Objekten steuern: Hier lernen Sie, Objekte mithilfe von Eigenschaften und Layern ein- und auszublenden. Layer sind wichtige Elemente zum Verwalten komplexer Zeichnungen. Sie lernen daher in diesem Kapitel verschiedene Layer-Werkzeuge zum effektiven Arbeiten mit Layern kennen.

Kapitel 7 – Objekte verwalten: Durch das Verbinden von Objekten wie Linien, Polylinien, Kreise, Bogen und Text in Blöcke und/oder Gruppen können Sie komplexe Objekte wie Stühle, Maschinenteile, Bäume etc. effizienter bearbeiten. Sie erfahren hier, wie Sie Blöcke und Gruppen erstellen und anwenden.

Kapitel 8 – Schraffuren und Farbverläufe: In diesem Kapitel lernen Sie Schraffuren mit Füllung, mit Muster und mit Farbverläufen kennen. Damit kennzeichnen Sie Materialübergänge oder verbessern die allgemeine Lesbarkeit Ihrer Zeichnungen.

Kapitel 9 – Mit Blöcken und externen Referenzen arbeiten: Hier wird gezeigt, wie Sie Inhalte aus anderen Dateien in die aktuelle Zeichnung einfügen und wie Sie gespeicherten Inhalt in Werkzeugkästen zur späteren Wiederverwendung ablegen.

Kapitel 10 – Text erstellen und bearbeiten: Notizen und Beschriftungen stellen wichtige Bestandteile von Zeichnungen dar. Daher widmet sich dieses Kapitel dem Erstellen von ein- und mehrzeiligen Texten. Außerdem lernen Sie, wie Sie die Textdarstellung mithilfe von Textstilen und Objekteigenschaften steuern.

Kapitel 11 – Zeichnungen bemaßen: In diesem Kapitel erlernen Sie das Bemaßen von Zeichnungen. Sie erfahren, wie Sie die Bemaßungsdarstellung mithilfe von Bemaßungsstilen steuern, und wenden verschiedene Bemaßungstypen an.

Kapitel 12 – Objekte mit Abhängigkeiten steuern: Hier lernen Sie, wie die Objektform mithilfe von geometrischen und Bemaßungsabhängigkeiten von mathematischen Formeln gesteuert werden kann. Die in diesem Kapitel verwendeten Formeln sind einfach. So werden beispielsweise zwei Flächen addiert oder der Durchmesser eines Kreises anhand seines Radius berechnet.

Kapitel 13 – Mit Layouts und Beschriftungsobjekten arbeiten: AutoCAD verfügt über zwei Umgebungen für Layouts, den Modell- und den Papierbereich. Sie erstellen in diesem Kapitel frei bewegliche Ansichtsfenster, um dort den Modellbereich im Papierbereich eines Layouts anzuzeigen. Außerdem lernen Sie Beschriftungsstile und -objekte kennen, mit deren Hilfe stets die korrekten Maße angezeigt werden, unabhängig davon, welches Ansichtsfenster oder welcher Maßstab aktuell gewählt ist.

Kapitel 14 – Drucken und Plotten: Das Thema dieses Kapitels ist die Ausgabe von Zeichnungen auf Papier. Hier erfahren Sie alles, was Sie über Plottertreiber, Plotstiltabellen, Seiteneinrichtung und sonstige spezielle Themen über das Plotten wissen müssen. Sie plotten sowohl im Modell- als auch im Papierbereich und publizieren in elektronische Dateien, die Sie übers Internet an andere Benutzer und Benutzerinnen weitergeben können.

Kapitel 15 – Daten speichern, präsentieren und extrahieren: Hier dreht sich alles um Attribute, Felder und Tabellen. Sie lernen, wie Sie nicht grafische Daten in Blöcke einfügen und eine dynamische Verbindung zu diesen Daten herstellen. Außerdem zeigt dieses Kapitel, wie Sie Textdaten in Tabellenform anzeigen und formatieren.

Kapitel 16 – In 3D-Modellen navigieren: In diesem Kapitel wird das Arbeiten mit 3D-Modellen gezeigt. Sie lernen die Steuerungswerkzeuge ViewCube, Orbit und Navigationsrad kennen und erstellen perspektivische Ansichten mit Kameras, um die 3D-Modelle noch realistischer darzustellen.

Kapitel 17 – 3D-Modellierung: Sie lernen die Grundlagen für die Modellierung von Flächenmodellen, Volumenkörpern und Netzmodellen kennen, indem Sie die 3D-Geometrie aufbauen, durch die Sie im vorherigen Kapitel navigiert sind. Jedes 3D-Werkzeugset hat seine Stärken und Schwächen und Sie lernen, sich für das Tool zu entscheiden, das in der jeweiligen Situation zum besten Ergebnis führt.

Kapitel 18 – Zeichnungen und Konstruktionen präsentieren: Sie weisen realistische Materialien zu und generieren künstliche und natürliche Lichtquellen. Sie erstellen verschiedene Renderings, die zu immer realistischeren Ergebnissen führen, bis hin zu einer fotorealistischen Ausgabe Ihrer Arbeit.

Anhang – AutoCAD-Zertifizierung: Der Anhang enthält Informationen darüber, wie Sie sich in diesem Buch auf die Zertifizierungsprüfung vorbereiten können. Die Tabellen zeigen, wo Sie in welchen Kapiteln Übungen zu den in der Prüfung abgefragten Themen finden.

Die offiziellen Traingsbücher

Diese neue Reihe von Wiley-VCH versorgt ihre Leserinnen und Leser mit detaillierten Anweisungen und richtet sich vor allem an diejenigen, die gerade erst mit der Aneignung professioneller Kenntnisse beginnen. Jedes offizielle Trainingsbuch verfügt über folgende Charakteristika:

- Praxisbezogene Anleitungen, in denen Projekte und keine allgemeinen Konzepte und Themen vermittelt werden.
- Vorschläge und Anregungen für weitere Übungen am Ende eines jeden Kapitels, in denen Sie Ihre Fähigkeiten ausprobieren und weiterentwickeln können.
- Digitale Dateien zum Herunterladen, in denen Sie alle Anleitungen direkt nachvollziehen können. Informationen zum Download der Beispieldateien finden Sie unter `www.wiley-vch.de/publish/dt/books/ISBN978-3-527-76013-8`.

zertifizierungs-relevant

Das Zertifizierungssymbol am Seitenrand macht Sie auf Buchpassagen aufmerksam, die für die AutoCAD 2012-Zertifizierung besonders wichtig sind. Mehr Informationen und Quellen zur Zertifizierung finden Sie im Anhang zu diesem Buch und unter `www.autodesk.de/zertifizierung`.

Kapitel 1

Einführung

Liebe Leserinnen und Leser, lassen Sie mich dieses Einführungskapitel zu AutoCAD mit einem frei übersetzten Zitat von Laotse beginnen: »Auch der längste Weg beginnt mit einem ersten Schritt.« Diese Weisheit trifft auch auf das Erlernen von AutoCAD zu. Arbeiten Sie sich mithilfe dieses Buches Schritt für Schritt in die neue Materie ein. Wenn Sie auf der letzten Seite angelangt sind, werden Sie über umfangreiche Kenntnisse in AutoCAD verfügen und vielleicht feststellen, dass der Weg doch gar nicht so lang war.

In diesem Kapitel

- Die Benutzeroberfläche von AutoCAD 2012 für Windows kennenlernen
- Zeichnungseinheiten einstellen

Die Benutzeroberfläche von AutoCAD 2012 für Windows

> Die Benutzeroberfläche von AutoCAD für den Macintosh entspricht dem Aussehen und dem Aufbau von Macintosh-Produkten. Diese Benutzeroberfläche wird in diesem Buch nicht behandelt. Die Befehle und Funktionen haben aber große Ähnlichkeit mit denen von AutoCAD für Windows.

Autodesk hat verschiedene Versionen von AutoCAD veröffentlicht. Hierzu gehören AutoCAD 2012 und AutoCAD LT 2012 für Windows sowie AutoCAD 2012 für den Macintosh. Die beiden Windows-Versionen unterscheiden sich kaum in Aussehen und Funktionalität. Der Hauptunterschied zwischen beiden Versionen besteht darin, dass die LT-Version Automatisierungs- und einige erweiterte 3D-Funktionen nicht unterstützt. Auch wenn dieses Buch das Arbeiten mit AutoCAD 2012 unter Windows 7 beschreibt, können Sie es dennoch zum Einarbeiten in eine beliebige aktuelle Version von AutoCAD einsetzen.

Die Elemente der grafischen Benutzeroberfläche von AutoCAD

Bevor Sie anfangen, mit AutoCAD zu arbeiten, sollten Sie sich mit der grafischen Benutzeroberfläche (GUI = Graphical User Interface) des Programms vertraut machen. Sie ist in Abbildung 1.1 zu sehen.

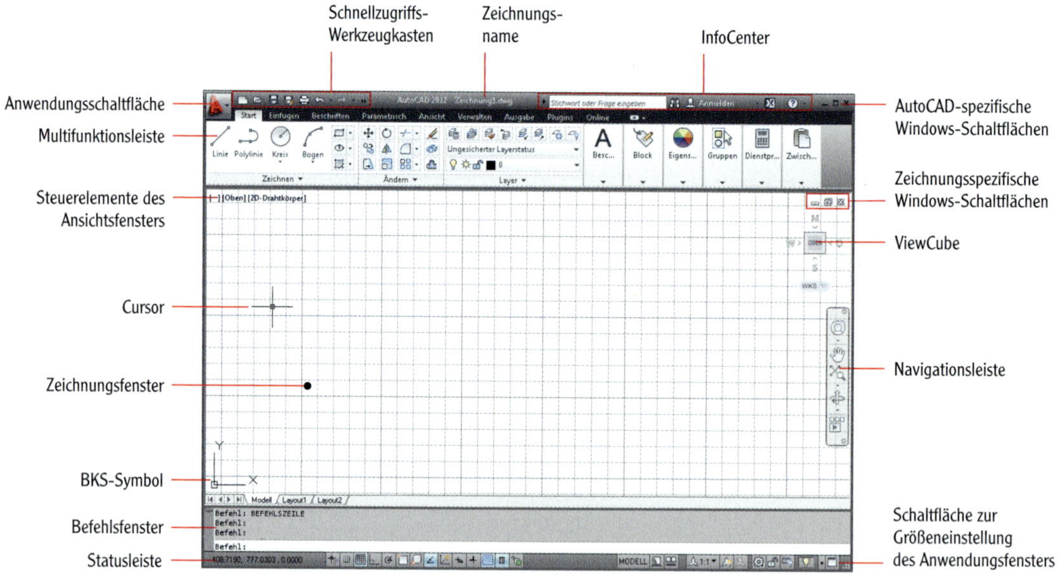

1.1 Die Benutzeroberfläche von AutoCAD 2012

Im Folgenden werden Sie Schritt für Schritt durch die Benutzeroberfläche von AutoCAD geführt:

zertifizierungs-relevant

1. Klicken Sie links oben auf die Anwendungsschaltfläche. Geben Sie oben im Anwendungsmenü in das Textfeld `polygon` ein. Im Suchergebnis (siehe Abbildung 1.2) werden verschiedene Befehle aufgelistet. Diese Befehlssuche ist hilfreich, wenn Sie nicht wissen, wie Sie auf der Benutzeroberfläche auf einen bestimmten Befehl zugreifen oder wenn Sie die genaue Befehlsbezeichnung nicht kennen.

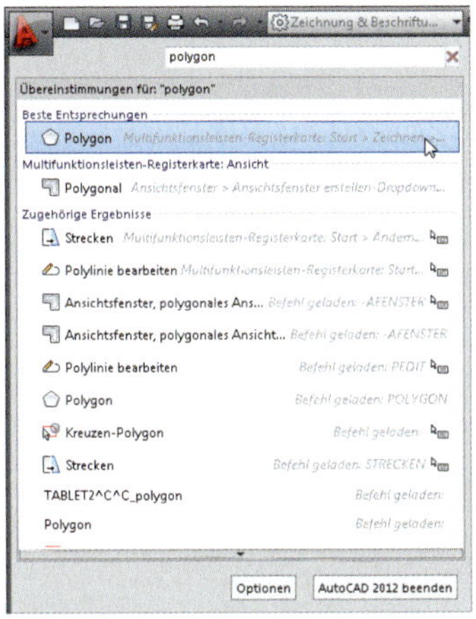

1.2 Befehlssuche im Anwendungsmenü

2. Klicken Sie auf das rote »X« rechts neben dem Textfeld, um die Suche zu löschen und das ursprüngliche Anwendungsmenü wiederherzustellen. Im Anwendungsmenü können Sie neue Zeichnungen erstellen beziehungsweise vorhandene Zeichnungen öffnen sowie Zeichnungen exportieren, drucken und vieles mehr. Zeigen Sie im Anwendungsmenü auf Öffnen und klicken Sie dann auf Zeichnung (siehe Abbildung 1.3).

zertifizierungs-relevant

3. Wählen Sie im Dialogfeld Datei auswählen die folgende Beispieldatei aus und klicken Sie anschließend auf die Schaltfläche Öffnen.

   `C:\programme\Autodesk\AutoCAD 2012 - Deutsch\Sample\Sheet Sets\Manufactoring\VM252-02-0142.dwg`

   Die Palette Manager für Planungsunterlagen wird zusammen mit der Beispieldatei geöffnet (siehe Abbildung 1.4). Sie wird stets automatisch beim Öffnen einer Zeichnung angezeigt, die Teil eines Planungssatzes darstellt. AutoCAD verfügt über eine Vielzahl von Paletten zum Verwalten von Werkzeugen und wiederverwendbaren Zeichnungsinhalten.

Die in AutoCAD enthaltenen Beispieldateien können nur schreibgeschützt geöffnet werden.

1.3 **Eine Zeichnung über das Anwendungsmenü öffnen**

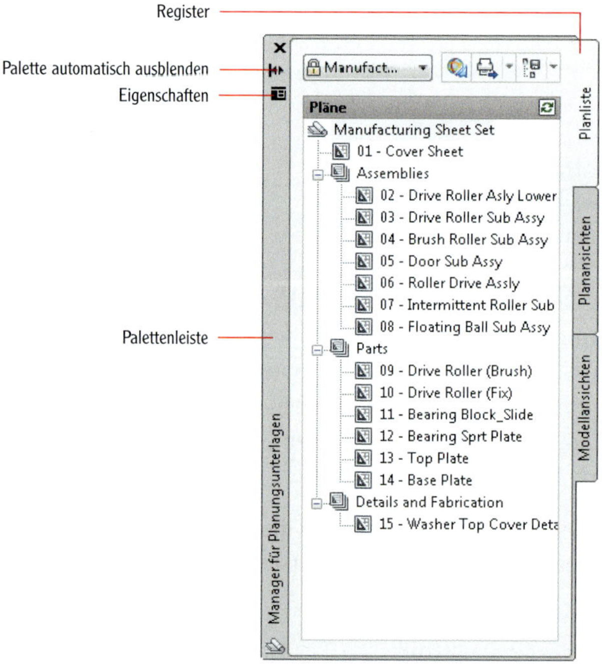

1.4 **Beim Öffnen der Beispielzeichnung wird diese Palette geöffnet.**

Mithilfe von Planungssätzen können zusammengehörige Zeichnungen verwaltet werden. Dieses Feature steht in AutoCAD LT nicht zur Verfügung.

4. Klicken Sie rechts im Manager für Planungsunterlagen auf ein Register. Jedes Register stellt weitere Elemente für die Zeichnung zur Verfügung. Standardmäßig ist die Palette frei beweglich, das heißt, Sie können sie auf dem Bildschirm verschieben. Klicken Sie dazu auf die Palettenleiste und ziehen Sie die Palette mit gedrückter Maustaste an eine neue Position.

5. Klicken Sie auf die Schaltfläche zum automatischen Ausblenden der Palette, um sie auf die Palettenleiste zu reduzieren. Dies spart Platz auf dem Bildschirm. Zeigen Sie mit der Maus auf die Palettenleiste, um den gesamten Manager wieder einzublenden. Klicken Sie erneut auf die Schaltfläche zum automatischen Ausblenden, um das Ausblenden zu deaktivieren.

6. Klicken Sie in der Palettenleiste auf die Schaltfläche für die Eigenschaften und wählen Sie Anker Links <. Die Palette wird am linken Rand des Anwendungsfensters fixiert (siehe Abbildung 1.5). AutoCAD stellt viele Möglichkeiten zum Anpassen der Benutzeroberfläche an Ihre Arbeitsweise zur Verfügung.

Ziehen Sie eine frei bewegliche Palette beispielsweise auf einen zweiten Bildschirm, um die Zeichnungsfläche auf dem ersten Monitor zu vergrößern.

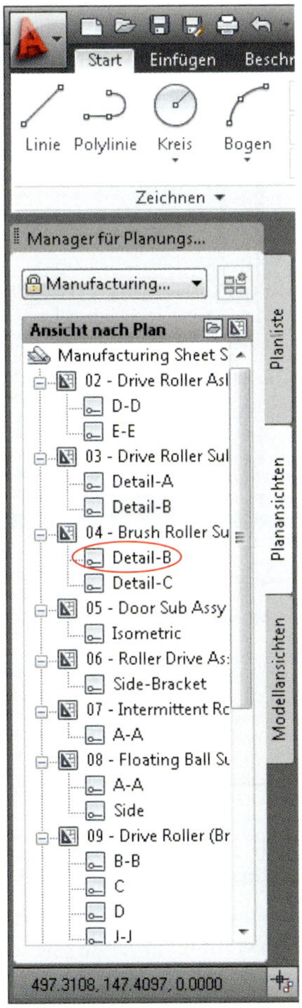

1.5 Die angedockte Palette

7. Doppelklicken Sie auf dem Register Planungsansichten im Bereich Manufacturing Sheet Set unter 04 - Brush Roller Sub Assy auf Detail-B, um eine weitere Zeichnung im Zeichnungsfenster zu öffnen.

zertifizierungs-relevant

8. Klicken Sie im Schnellzugriffs-Werkzeugkasten auf die Schaltfläche Öffnen, wählen Sie im Dialogfeld Datei auswählen im Ordner Manufacturing eine beliebige Zeichnung und bestätigen Sie durch Klicken auf Öffnen.

> Der Schnellzugriffs-Werkzeugkasten ist eine praktische Alternative zum Öffnen von Zeichnungen, vor allem dann, wenn Sie nicht mit dem Manager für Planungsunterlagen arbeiten.

9. Klicken Sie unten in der Statusleiste auf die Schaltfläche Schnellansicht-Zeichnungen (siehe Abbildung 1.6). Zeigen Sie auf die erste Zeichnung. Zwei kleinere Ansichten werden über der Zeichnung eingeblendet – das Modell und das Layout für die ausgewählte Zeichnung. Zeigen Sie auf die Ansicht Modell, um sie zu vergrößern. Klicken Sie auf die Ansicht Modell, um dorthin zu wechseln. Mithilfe der Schnellansicht können Sie schnell und einfach durch alle geöffneten Zeichnungen sowie in ihren Modell- und Layoutbereichen blättern.

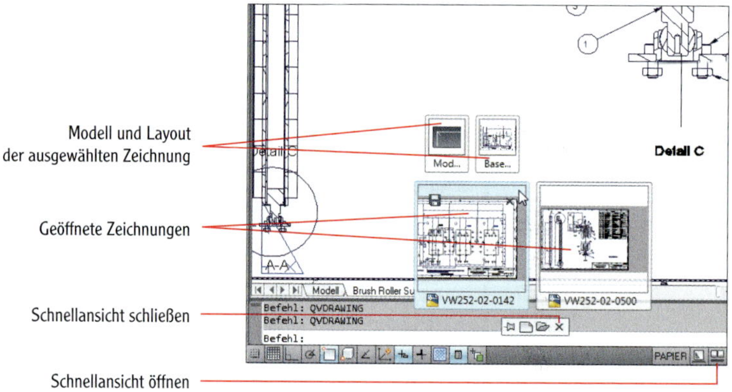

1.6 **Mit der Schnellansicht auf geöffnete Zeichnungen sowie ihre Modell- und Layoutbereiche zugreifen**

Modellbereich und Layouts

Für jede Zeichnung in AutoCAD gibt es zwei Zeichnungsbereiche: den Modell- und den Papierbereich. Der Papierbereich ist ein zweidimensionaler Bereich, der in etwa einem Blatt Papier und dessen Maßen entspricht. Sie können in verschiedenen Layouts mit unterschiedlichen »Papier«größen arbeiten (siehe auch Kapitel 13). Beim Modellbereich handelt es sich um einen einzigen dreidimensionalen Bereich, in dem alles in Originalgröße gezeichnet wird. Der Modellbereich wird in der Regel in Ansichtsfenstern in bestimmten Maßstäben verkleinert und im Papierbereich angezeigt. Beide Bereiche werden in ein und derselben Zeichnungsdatei gespeichert.

Die Arbeitsbereiche von AutoCAD

Unter einem AutoCAD-Arbeitsbereich (nicht zu verwechseln mit dem Modell- und Papierbereich) versteht man einen gespeicherten Satz von Steuerelementen der Benutzeroberfläche. Hierzu gehören unter anderem Menüs, Werkzeugkästen, Paletten und die Multifunktionsleiste. Als Benutzer passen Sie so schnell Ihre Arbeitsumgebung an die aktuelle Aufgabe an. Im Folgenden werden die Arbeitsbereiche von AutoCAD kurz beschrieben:

Auch wenn Sie als langjährige(r) Benutzer(in) mit der klassischen Variante vielleicht sehr vertraut sind, sollten Sie doch die Vorteile aller Arbeitsbereiche nutzen.

1. Öffnen Sie im Schnellzugriffs-Werkzeugkasten das Dropdown-Menü und wählen Sie dort den Eintrag AutoCAD Klassisch. Die Benutzeroberfläche ändert sich deutlich (siehe Abbildung 1.7). Der klassische Arbeitsbereich ist der Benutzeroberfläche der AutoCAD-Version 2008 und älter sehr ähnlich.

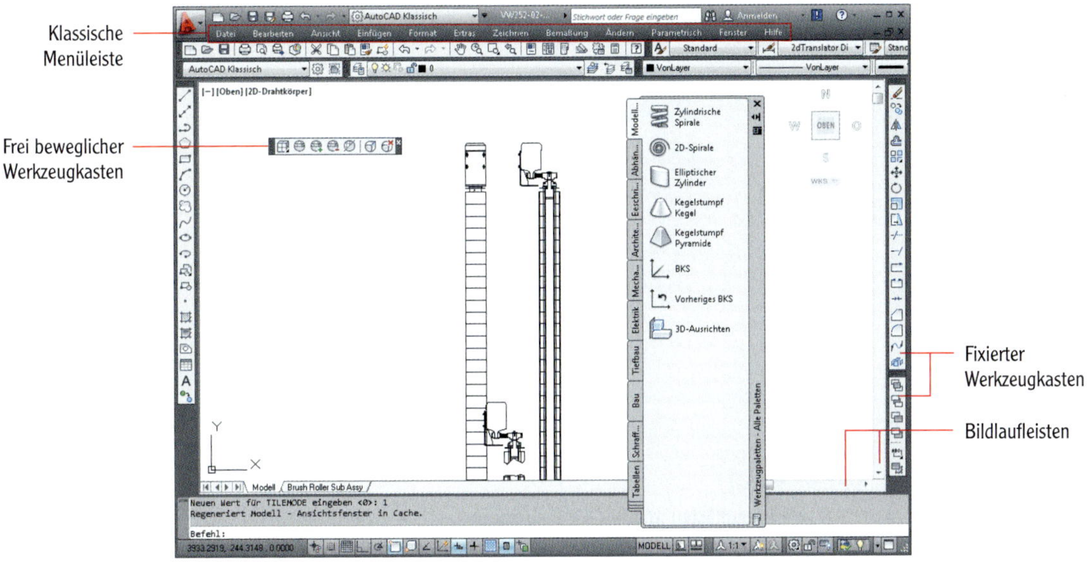

1.7 Der klassische Arbeitsbereich

zertifizierungsrelevant

2. Ziehen Sie einen fixierten Werkzeugkasten vom Fensterrand in das Anwendungsfenster, sodass er frei beweglich wird. Wählen Sie dann in der klassischen Menüleiste den Befehl Extras|Werkzeugkästen|AutoCAD|Bemaßung und ziehen Sie den frei beweglichen Werkzeugkasten Bemaßung an einen beliebigen Fensterrand, um ihn zu fixieren.

zertifizierungs-
relevant

3. Zeigen Sie auf eine Schaltfläche eines fixierten Werkzeugkastens und klicken Sie mit der rechten Maustaste. Das Kontextmenü für Werkzeugkästen wird geöffnet. Wählen Sie den Eintrag Objektfang (siehe Abbildung 1.8).

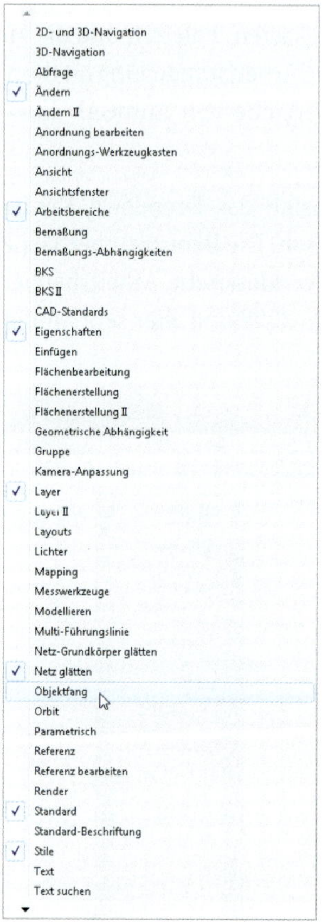

1.8 Werkzeugkästen im Kontextmenü öffnen

4. Klicken Sie mit der rechten Maustaste in das Zeichnungsfenster, um ein weiteres Kontextmenü anzuzeigen. Es gibt für die meisten Elemente der Benutzeroberfläche, von den Werkzeugkästen bis hin zu den Schaltflächen in der Statusleiste, Kontextmenüs, die durch Klicken mit der rechten Maustaste geöffnet werden. Im klassischen Arbeitsbereich können Sie durch Klicken mit der rechten Maustaste auf zahlreiche Kontextmenüs auf der gesamten Benutzeroberfläche zugreifen.

Die Multifunktionsleiste von AutoCAD

AutoCAD verfügt über so viele Werkzeugkästen, Paletten und Menüs, dass es manchmal sehr schwierig werden kann, das richtige Werkzeug für die aktuelle Aufgabe zu finden. Autodesk hat daher das Microsoft-Konzept der Multifunktionsleiste übernommen, mit dem die ständig steigende Zahl von Werkzeugkästen besser verwaltet werden kann. Im Folgenden werden die verschiedenen Modi der Multifunktionsleiste und ihre Elemente vorgestellt.

> Die Multifunktionsleiste wird im Arbeitsbereich AutoCAD Klassisch nicht angezeigt.

zertifizierungsrelevant

1. Öffnen Sie im Schnellzugriffs-Werkzeugkasten das Dropdown-Menü und wählen Sie dort den Eintrag 3D-Grundlagen. Die klassischen Menüs und Werkzeugkästen werden durch die Multifunktionsleiste ersetzt (siehe Abbildung 1.9). Schließen Sie bei Bedarf noch angezeigte Werkzeugpaletten.

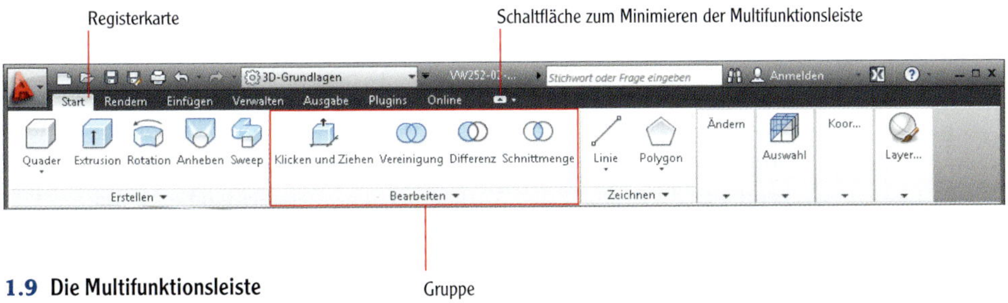

1.9 Die Multifunktionsleiste

2. Klicken Sie auf die Schaltfläche zum Minimieren der Multifunktionsleiste. Es werden nur noch die Registerkarten und Gruppentitel angezeigt (siehe Abbildung 1.10). Zeigen Sie auf einen Gruppentitel, um alle Werkzeuge der entsprechenden Gruppe einzublenden.

1.10 Verschiedene Darstellungsmöglichkeiten der Multifunktionsleiste

3. Klicken Sie erneut auf die Schaltfläche zum Minimieren der Multifunktionsleiste. Es werden Registerkarten und Gruppenschaltflächen angezeigt. Zeigen Sie auf eine Gruppenschaltfläche, um alle Werkzeuge der entsprechenden Gruppe einzublenden.

Es ist zu empfehlen, so lange mit der vollständigen Multifunktionsleiste zu arbeiten, bis Sie die Positionen der Werkzeuge kennen. Eine minimierte Multifunktionsleiste spart Platz.

4. Klicken Sie erneut auf die Schaltfläche zum Minimieren der Multifunktionsleiste. Es werden nur noch die Registerkarten angezeigt. Durch Zeigen auf eine Registerkarte werden keine zusätzlichen Elemente eingeblendet. Klicken Sie auf die Registerkarte Start, um die vollständige Multifunktionsleiste einzublenden. Sobald Sie den Mauszeiger wegbewegen, wird die Multifunktionsleiste erneut auf die Anzeige seiner Registerkarten reduziert.

5. Klicken Sie ein letztes Mal auf die Schaltfläche zum Minimieren der Multifunktionsleiste. Die komplette Multifunktionsleiste wird eingeblendet und bleibt angezeigt.

zertifizierungsrelevant

Erstellen ▾

6. Klicken Sie auf den Gruppennamen Erstellen, um weitere Werkzeuge in dieser Gruppe einzublenden. Zeigen Sie auf eines dieser Werkzeuge, um seinen Namen und eine Beschreibung in einer QuickInfo einzublenden. Wenn Sie länger auf ein Werkzeug zeigen, wird entweder eine Zeichnung oder ein Video (ohne Ton) angezeigt, das die Aufgabe des Werkzeugs demonstriert (siehe Abbildung 1.11).

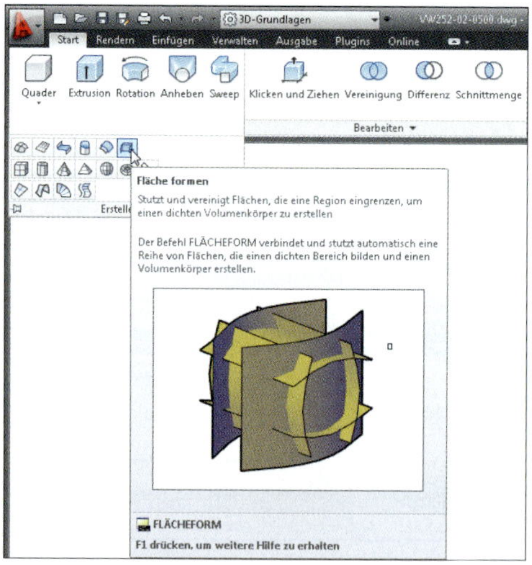

1.11 QuickInfo und Video

7. Beachten Sie, dass unten in der QuickInfo von Abbildung 1.11 der Befehlsname (hier: FLÄCHEFORM) genannt wird. Multifunktionsleiste, Menüs, Werkzeugkästen und Paletten stellen eine grafische Alternative zur Eingabe von Befehlen dar.

> AutoCAD basiert auf Befehlen. Wenn Sie einen Befehl kennen, können Sie ihn direkt eingeben, ohne ihn auf der grafischen Benutzeroberfläche suchen zu müssen.

8. Drücken Sie die Alt-Taste und lassen Sie sie wieder los. Buchstaben und Zahlen werden in der Multifunktionsleiste angezeigt, mit denen Sie das entsprechende Element aktivieren können (siehe Abbildung 1.12). Geben Sie `in` ein. Die Registerkarte Einfügen wird aktiviert.

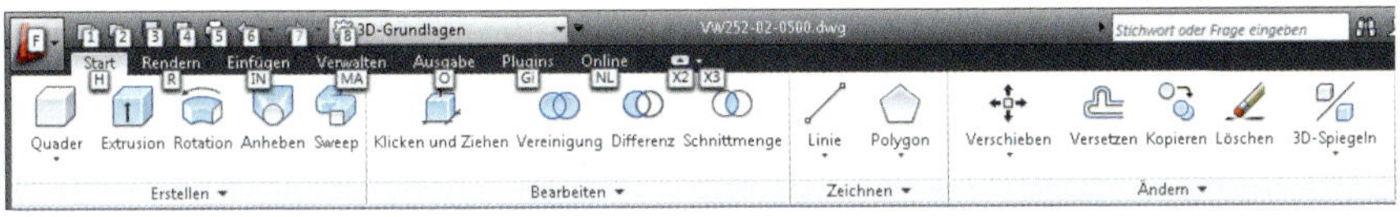

1.12 Mithilfe der Buchstaben und Zahlen können Sie die Multifunktionsleiste über die Tastatur bedienen.

9. Drücken Sie F2, um das AutoCAD-Textfenster zu öffnen. Die unterste Zeile Befehl wird *Befehlszeile* genannt. Es ist stets die aktuelle Zeile, in der Befehle angezeigt werden, unabhängig davon, ob Sie sie direkt eingeben oder über die Benutzeroberfläche wählen. Der Verlauf der gewählten Befehle wird über der Befehlszeile aufgelistet. Schließen Sie das AutoCAD-Textfenster. Die letzten drei Befehlszeilen werden links unten oberhalb der Anwendungsstatusleiste angezeigt.

> Die Zeichnungsstatusleiste enthält im Unterschied zur Anwendungsstatusleiste Elemente, die in der aktuellen Zeichnung gespeichert sind.

10. Die Anwendungsstatusleiste enthält die Zeichnungskoordinaten, verschiedene Statusumschalter und weitere Elemente, wie in Abbildung 1.13 zu sehen ist. Klicken Sie auf die Schaltfläche Anwendungsstatusleisten-Menü (das ist der kleine Abwärtspfeil) und deaktivieren Sie beispielsweise den Eintrag Vollbild. Die Schaltfläche Vollbild wird daraufhin nicht mehr in der Statusleiste angezeigt. Über das Anwendungsstatusleisten-Menü können Sie also steuern, welche Schaltflächen in der Anwendungsstatusleiste angezeigt werden.

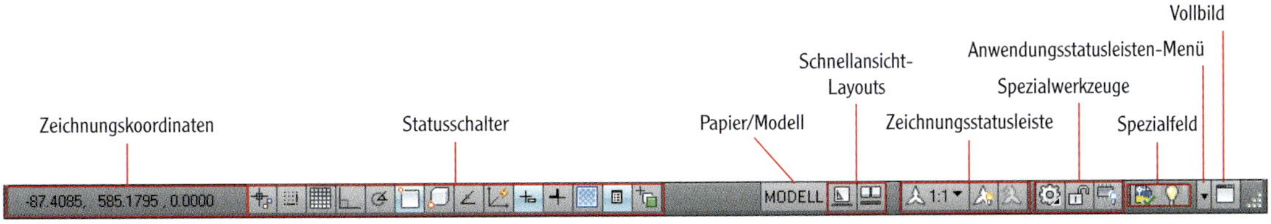

1.13 Anwendungs- und Zeichnungsstatusleiste sowie das Spezialfeld

zertifizierungsrelevant

11. Betrachten Sie nun das InfoCenter in der oberen rechten Ecke des Programmfensters (siehe Abbildung 1.14). Hier nehmen Sie Verbindung zu Autodesk und den

Autodesk-Onlinediensten auf. Klicken Sie in das Textfeld zum Suchen und geben Sie `Solid` ein.

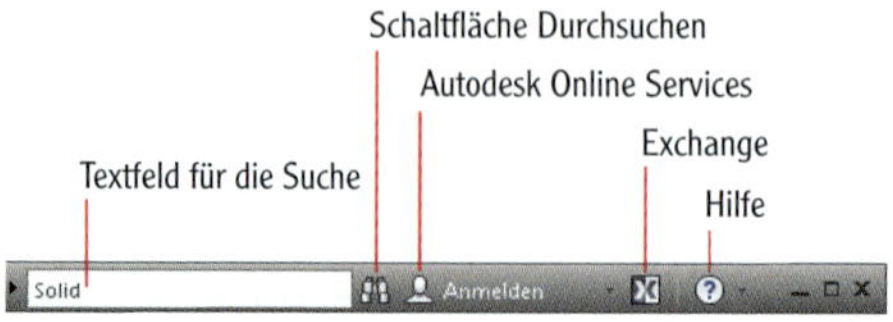

1.14 Das InfoCenter

12. Klicken Sie auf die Schaltfläche Durchsuchen (das Fernglas). Das Fenster Autodesk Exchange wird geöffnet und listet die wichtigsten Suchergebnisse aus verschiedenen Onlinehandbüchern im linken Bereich auf. Eine Beschreibung des Befehls SOLID wird im rechten Bereich eingeblendet (siehe Abbildung 1.15).

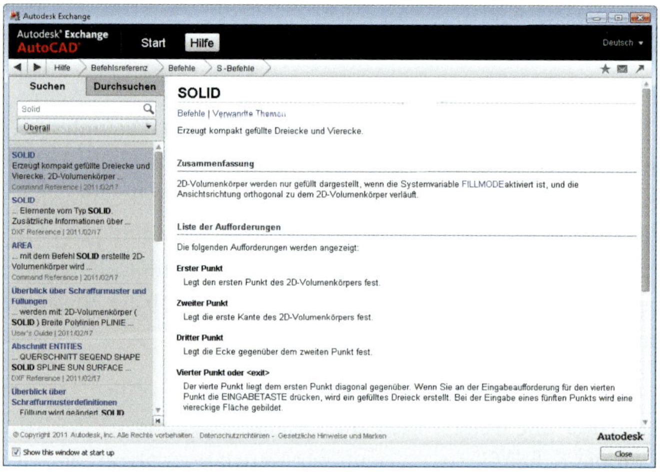

1.15 Autodesk Exchange

13. Klicken Sie im AutoCAD-Programmfenster rechts im InfoCenter auf die ?-Schaltfläche. Die Inhaltsangabe der Onlinehilfe wird im Autodesk Exchange-Fenster geöffnet. Sie können über diese Benutzeroberfläche auf die gesamte AutoCAD-Dokumentation zugreifen. Klicken Sie im Fenster Autodesk Exchange auf die Schaltfläche zum Schließen.

Zeichnungseinheiten definieren

Bevor Sie mit dem Zeichnen beginnen, müssen Sie die Größe für eine Zeichnungseinheit festlegen, in der Regel die, die dem Industriestandard in Ihrem Land entspricht. In Deutschland sind dies in der Regel Millimeter, Zentimeter etc. AutoCAD stellt verschiedene Einstellungsmöglichkeiten für Einheiten zur Verfügung:

Architektur Wie der Name schon sagt, wird diese Einstellung häufig von Architekten bevorzugt. Hier werden Einheiten in Fuß und Zoll angezeigt. Eine Zeichnungseinheit entspricht dann einem Zoll. Ein Beispiel: 12 Fuß und 6 ½ Zoll werden in Form von `12'6-1/2"` eingegeben. Der Bindestrich dient dazu, die Zollangaben von der Bruchzahl zu trennen.

Bruch Mit diesem Typ werden die Einheiten in Form von Brüchen von Millimetern, Zentimetern etc. dargestellt.

Dezimal Eine Dezimaleinheit kann einem Millimeter, einem Zentimeter oder einer sonstigen dezimalen Einheit entsprechen.

Maschinenbau Wie auch bei der Einstellung **Architektur** werden die Einheiten Fuß und Zoll angezeigt. Zoll wird in der Dezimalschreibweise dargestellt, zum Beispiel 1.5000".

Wissenschaftlich 12 Millionen pc (Parsec) werden beispielsweise als 12.000E+06 angegeben. 12.000 bedeutet dabei eine Genauigkeit von drei Dezimalstellen, während E+06 für die Exponentialfunktion hoch sechs (oder eine Million) steht.

Im Folgenden legen Sie die Zeichnungseinheiten in AutoCAD fest:

1. Klicken Sie im Schnellzugriffs-Werkzeugkasten auf die Schaltfläche Neu. Klicken Sie im Dialogfeld Vorlage wählen auf den Pfeil neben der Schaltfläche Öffnen und dann auf den Eintrag Ohne Vorlage – Metrisch öffnen (siehe Abbildung 1.16).
2. Geben Sie `EINHEIT` ein und drücken Sie die Enter-Taste. Das Dialogfeld Zeichnungseinheiten wird geöffnet (siehe Abbildung 1.17). EINHEIT ist der Befehl zum Öffnen dieses Dialogfeldes.

zertifizierungs-relevant

Sie können die Befehlsnamen in Klein- oder in Großbuchstaben eingeben und die Eingabe durch Drücken der Enter-Taste oder der Leertaste bestätigen. (Befehlsnamen enthalten keine Leerzeichen.)

3. Wählen Sie im Dropdown-Menü Typ den Eintrag Dezimal. Diese Einstellung wird im gesamten Buch verwendet. Wählen Sie hier bei Bedarf einen anderen Einheitentyp.

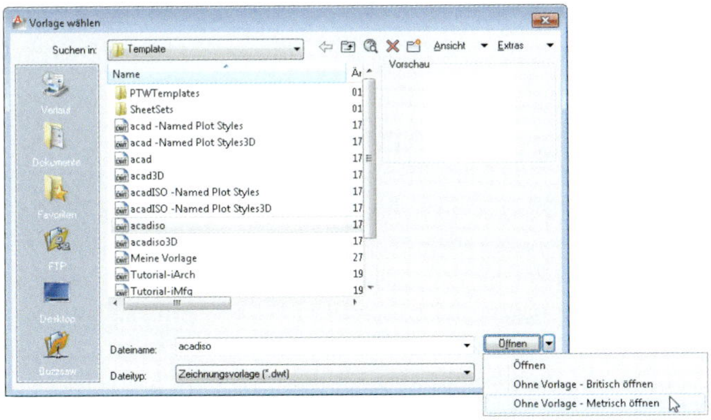

1.16 Eine Zeichnung ohne Vorlage öffnen

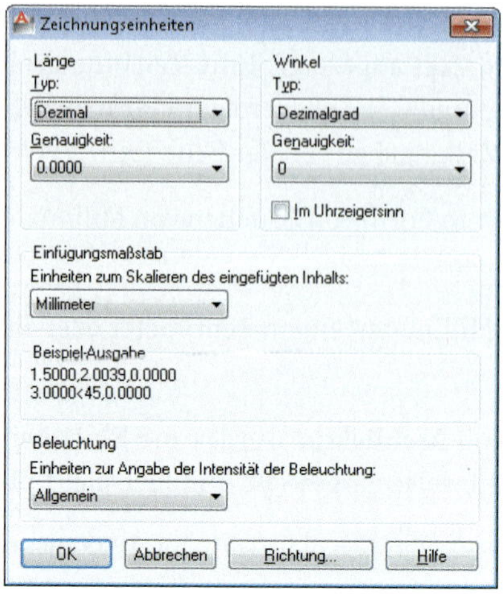

1.17 Zeichnungseinheiten festlegen

4. Wählen Sie im darunterliegenden Dropdown-Menü Genauigkeit den Eintrag 0 oder eine Genauigkeit Ihrer Wahl und im Bereich Winkel im Dropdown-Menü Typ den Eintrag Dezimalgrad.

5. Wählen Sie im Dropdown-Menü des Bereichs Einfügungsmaßstab die Einheit Zentimeter und bestätigen Sie Ihre Einstellungen mit OK.

Zusammenfassung und Ausblicke

In diesem Kapitel haben Sie die Benutzeroberfläche von AutoCAD kennengelernt und Sie wissen nun, wie Sie sie auf Ihre Arbeitsweise anpassen. Sie haben erfahren, wie Sie eine neue Zeichnung erstellen und Zeichnungseinheiten definieren. Im nächsten Kapitel lernen Sie die Grundlagen des Zeichnens kennen.

Zusätzliche Übung

Eine Vorlage ist eine Datei, in der Stile, Layer und Einstellungen gespeichert werden, die Sie in zukünftigen Zeichnungen beibehalten wollen. Stellen Sie die Zeichnungseinheiten wie gewünscht ein und speichern Sie eine neue Vorlagendatei (.dwt). Erstellen Sie dann eine neue Zeichnungsdatei (.dwg) auf der Basis der Vorlage und stellen Sie sicher, dass die Zeichnungseinheiten in der Zeichnungsdatei denen der Vorlagendatei entsprechen. Wenn Sie in den nächsten Kapiteln mehr über Stile, Layer und Einstellungen erfahren, können Sie Ihre bevorzugten Einstellungen in die Vorlagendatei übernehmen. Vorlagen haben keine Auswirkungen auf bereits vorhandene Zeichnungen.

Kapitel 2

Grundlegende Zeichnungstechniken

In diesem Kapitel erfahren Sie, wie Sie grundlegende Formen wie Linien, Rechtecke, Kreise, Bogen und Polygone zeichnen. Sie lernen, Fehler zu korrigieren, in zweidimensionalen Flächen zu navigieren und mithilfe von Koordinaten präzise zu zeichnen. Darüber hinaus führen Sie eine erste Überarbeitung durch, indem Sie vorhandene Linien gerade, abgerundet oder spitzwinklig miteinander verbinden.

In diesem Kapitel

- In 2D-Flächen navigieren
- Linien und Rechtecke zeichnen
- Abbrechen, löschen und rückgängig machen
- Mit Koordinatensystemen arbeiten
- Kreise, Bogen und Polygone zeichnen
- Linien abrunden und abschrägen

In 2D-Flächen navigieren

Im Unterschied zu Bildbearbeitungsprogrammen, bei denen das Vergrößern der Darstellung zu verschwommenen Pixelbildern führt, können Sie mit AutoCAD ohne Qualitätsverlust beliebig vergrößern. Damit Sie sich aber nicht »verirren«, sollten Sie die Pan- und Zoomwerkzeuge bedienen können, die im Folgenden vorgestellt werden.

1. Wechseln Sie auf der Downloadseite zum Buch (`www.wiley-vch.de/publish/dt/books/ISBN978-3-527-76013-8`) zu Kapitel 2, laden Sie die Dateien herunter und öffnen Sie die Datei »Kap02-A.dwg« in AutoCAD (siehe Abbildung 2.1). Die Navigationsleiste befindet sich auf der rechten Seite des Anwendungsfensters.

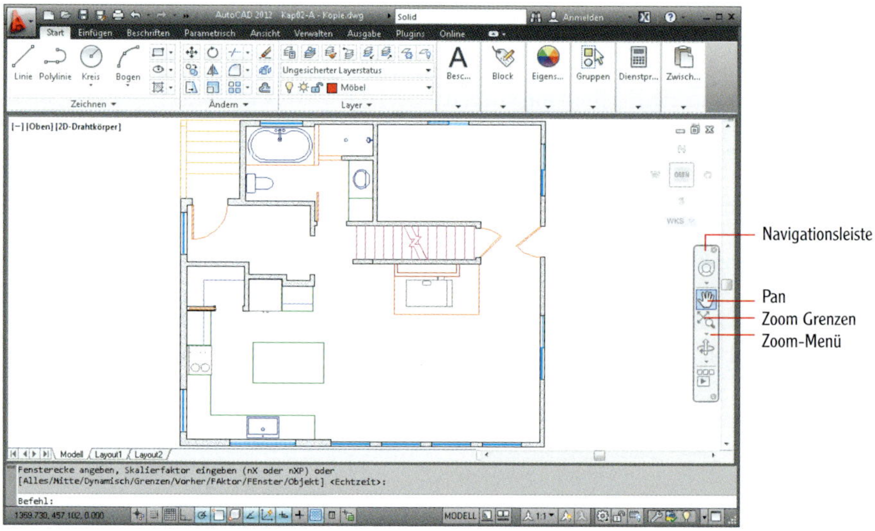

2.1 Die Beispieldatei »Kap02-A.dwg«

Wenn Sie die Originaldatei beibehalten wollen, klicken Sie im Schnellzugriffs-Werkzeugkasten auf die Schaltfläche Speichern unter und speichern die Beispieldatei unter einem anderen Namen.

2. Wenn Ihnen der schwarze Hintergrund im Zeichnungsfenster nicht gefällt, geben Sie `optionen` ein und drücken die Enter-Taste. Wechseln Sie dann im Dialogfeld Optionen zur Registerkarte Anzeige und klicken Sie auf die Schaltfläche Farben. Wählen Sie im Listenfeld Benutzeroberflächenelement den Eintrag Einheitlicher Hintergrund aus und wählen Sie im Dropdown-Menü Farbe die Farbe Weiß. Bestätigen Sie mit OK.

zertifizierungs-relevant

3. Klicken Sie in der Navigationsleiste auf den Pfeil der Zoom-Schaltfläche und dann auf den Eintrag Vergrößern. Die Schaltfläche Vergrößern ersetzt die zuvor aktive Zoom-Schaltfläche Zoom Grenzen. Klicken Sie auf die Schaltfläche Vergrößern, um die Ansicht noch einmal um den Faktor 2 zu vergrößern.

4. Klicken Sie in der Navigationsleiste auf die Schaltfläche Pan und ziehen Sie mit gedrückter Maustaste nach links oder nach rechts. Beenden Sie das Schwenken der Zeichnungsansicht durch Drücken der Enter-Taste.

5. Alternativ zu Schritt 4 halten Sie das Mausrad gedrückt und ziehen, bis der Kühlschrank in der Zeichnungsmitte steht (siehe Abbildung 2.2).

Beachten Sie, dass Sie mit den Zoom-Werkzeugen nicht die Objektgröße, sondern lediglich die Darstellung auf der Zeichnungsfläche ändern.

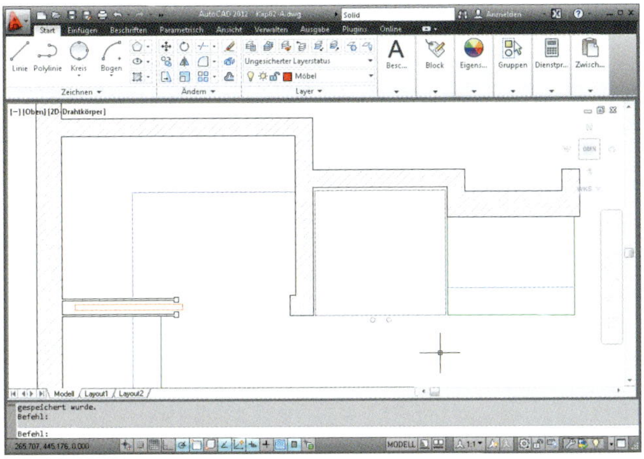

2.2 Den Kühlschrank in die Mitte der Zeichnungsfläche setzen

6. Wählen Sie im Schnellzugriffs-Werkzeugkasten falls erforderlich den Arbeitsbereich Zeichnung und Beschriftung und klicken Sie anschließend in der Multifunktionsleiste auf die Registerkarte Ansicht. Klicken Sie in der Gruppe 2D-Navigieren auf den Pfeil der untersten Schaltfläche und dann im Menü auf den Eintrag Echtzeit (siehe Abbildung 2.3). Ziehen Sie in der Zeichnungsfläche nach oben, bis der Kühlschrank den Bildschirm ausfüllt; drücken Sie dann ESC.

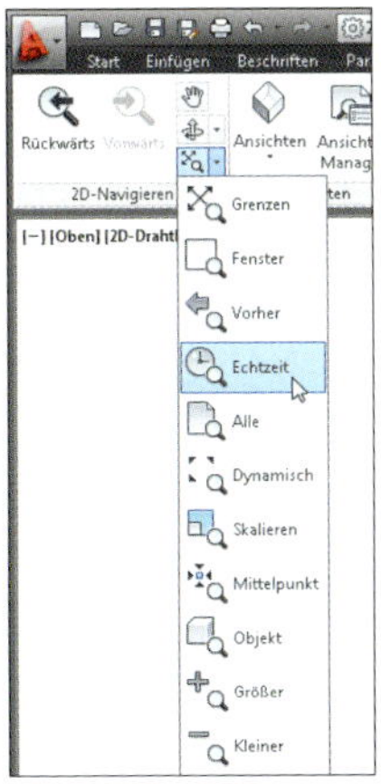

2.3 Zoom-Werkzeuge in der Gruppe 2D-Navigieren auf der Registerkarte Ansicht

> Es stehen in AutoCAD verschiedene Methoden zur Ausführung von Befehlen zur Verfügung. Im Laufe der Zeit werden Sie sich für die Verfahren entscheiden, mit denen Sie am effizientesten arbeiten können.

> Es ist nicht ratsam, winzige Textobjekte zu erstellen. Dieses Textobjekt wurde lediglich eingefügt, um die weitreichenden Zoom-Möglichkeiten von AutoCAD zu demonstrieren.

7. Verschieben Sie den Fensterinhalt mithilfe der Bildlaufleisten zur linken unteren Ecke des Kühlschranks.
8. Klicken Sie auf der Registerkarte Ansicht in der Gruppe 2D-Navigieren auf den Pfeil der Zoom-Schaltfläche und dann auf Fenster. Klicken Sie auf Punkt A und dann auf Punkt B, wie in Abbildung 2.4 zu sehen ist. Der rechteckige Bereich, den Sie damit erstellt haben, wird so vergrößert, dass er das ganze Zeichnungsfenster ausfüllt.
9. Drehen Sie für eine weitere Vergrößerung das Mausrad und ziehen Sie gegebenenfalls mit gedrücktem Mausrad, um das Objekt in der linken unteren Ecke des Kühlschranks anzuzeigen (siehe Abbildung 2.5).

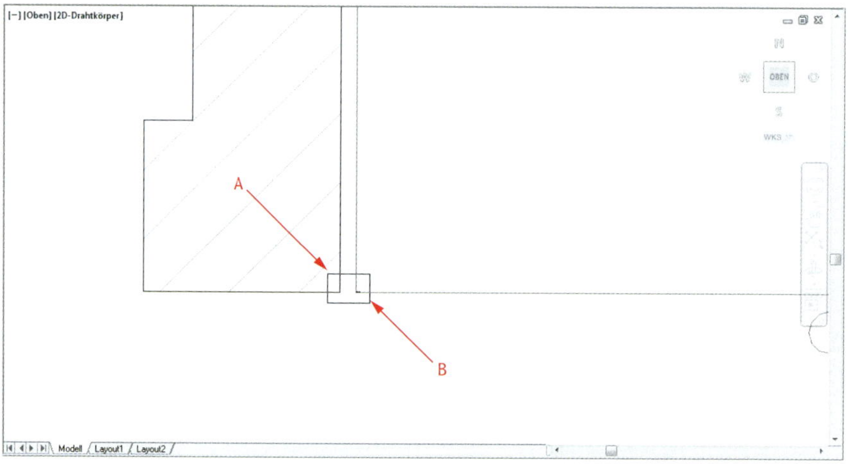

2.4 Einen Bereich vergrößern

2.5 »Geheimer« Text in der linken unteren Ecke des Kühlschranks

10. Geben Sie `zoom` ein und drücken Sie die Leertaste. Lesen Sie die Befehlszeilen im Befehlsfenster:

```
ZOOM
Fensterecke angeben, Skalierfaktor eingeben (nX oder nXP) oder
[ Alles/Mitte/Dynamisch/Grenzen/Vorher/FAktor/FEnster/Objekt]
<Echtzeit>:
```

    Hier sehen Sie die eigentlichen Wurzeln von AutoCAD in Form der Befehlszeilen. Diese Oberfläche gab es bereits vor der grafischen Benutzeroberfläche. Es ist nicht nur bemerkenswert, dass sie immer noch funktioniert, sondern dass sie auch immer noch ein äußerst effizientes Arbeitsmittel darstellt. Führen Sie eine der in eckigen Klammern stehenden Optionen durch Eingabe des beziehungsweise der entsprechenden Großbuchstaben aus. Die Option in spitzen Klammern (hier: Echtzeit) ist die Vorgabeeinstellung und wird automatisch ausgeführt, wenn Sie die Enter-Taste drücken.

11. Geben Sie `v` ein und drücken Sie die Enter-Taste, um den Zoom-Befehl Vorher auszuführen. Drücken Sie die Enter-Taste, um den vorherigen Befehl, nämlich ZOOM, zu wiederholen, geben Sie `v` ein und drücken Sie erneut die Enter-Taste. Wiederholen Sie diesen Prozess so lange, bis der gesamte Kühlschrank erneut angezeigt wird.

12. Um die gesamte Zeichnung wieder sichtbar zu machen, klicken Sie auf der Registerkarte Start in der Gruppe 2D-Navigieren auf den Pfeil der Zoom-Schaltfläche und dann auf den Eintrag Grenzen. Alternativ dazu doppelklicken Sie mit dem Mausrad.

13. Zeigen Sie mit dem Cursor auf das Waschbecken im Badezimmer und drehen Sie zur Vergrößerung das Mausrad. Beachten Sie, dass die Ansicht mittig auf dem Waschbecken bleibt, ohne dass Sie die Zeichnungsansicht schwenken müssen (siehe Abbildung 2.6). Ziehen Sie das gedrückte Mausrad, um bei Bedarf kleine Ansichtsanpassungen vorzunehmen, damit das Zielobjekt mittig auf dem Bildschirm steht.

14. Vergrößern Sie mithilfe der verschiedenen Methoden, die Sie in diesem Abschnitt kennengelernt haben, die Spüle, den Herd und die Badewanne. Lassen Sie dann die Datei geöffnet und fahren Sie mit dem nächsten Abschnitt fort.

Die Navigation durch das Zeichnungsfenster sollte »in Fleisch und Blut übergehen«, damit Sie sich beim Arbeiten auf das eigentliche Zeichnen konzentrieren können.

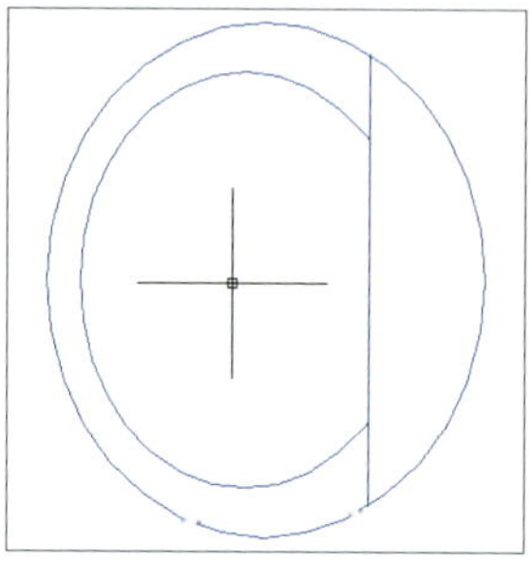

2.6 Navigieren und zoomen

Linien und Rechtecke zeichnen

Die Zeichnungsbefehle, mit denen Sie wahrscheinlich am häufigsten in AutoCAD arbeiten werden, heißen LINIE und RECHTECK. Im Folgenden zeichnen Sie zunächst einige Linien und Rechtecke, ohne sich um die Eingabe von Maßangaben zu kümmern.

Linien zeichnen

Linien stellen das Rückgrat von AutoCAD dar. Führen Sie die folgenden Schritte aus:

1. Vergrößern Sie in der Datei »Kap02-A« im Wohnzimmer die rechte untere Ecke des Plans, sodass der Zeichnungsbereich komplett leer aussieht.

> In Kapitel 3 werden Sie einige Statusumschalter kennenlernen.

2. Schalten Sie in der Anwendungsstatusleiste alle Statusumschalter durch Klicken auf die Schaltflächen aus. Eingeschaltete Statusumschalter werden in Blau, ausgeschaltete in Grau darstellt (siehe Abbildung 2.7).

2.7 Alle Statusumschalter sind ausgeschaltet.

3. Geben Sie `l` (für LINIE) ein und drücken Sie die Enter-Taste. Klicken Sie auf zwei beliebige Punkte, um das Linienobjekt zu definieren. Beachten Sie die flexible graue Linie, die wie ein Gummiband den Cursor mit dem zweiten Punkt verbindet, auf den Sie geklickt haben (siehe Abbildung 2.8)

4. Klicken Sie auf einen weiteren Punkt, um ein zweites Segment fertigzustellen. Die Eingabeaufforderung im Befehlsfenster lautet:

```
Nächsten Punkt angeben oder[ Schließen/Zurück] :
```

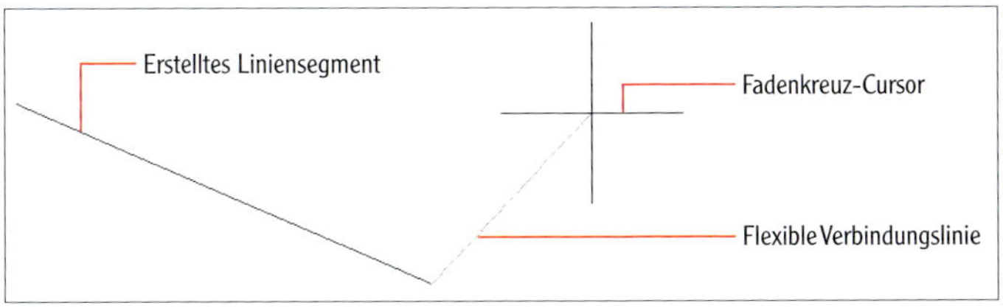

2.8 Eine Linie zeichnen

Geben Sie z ein und drücken Sie die Enter-Taste. Das zuletzt erstellte Segment wird rückgängig gemacht. Aber die flexible Linie bleibt weiterhin mit dem Cursor verbunden, um anzuzeigen, dass Sie mit dem Zeichnen der Liniensegmente fortfahren können.

5. Klicken Sie auf zwei weitere Punkte, geben Sie s ein und drücken Sie die Enter-Taste, um ein Verbindungssegment zwischen dem ersten und dem letzten Punkt zu erstellen. Mit der Schließen-Option wird der Linienbefehl automatisch beendet. Es ist daher nicht notwendig, erneut die Enter-Taste zu drücken, wie es in Schritt 3 der Fall ist.

6. Drücken Sie die Leertaste oder die Enter-Taste, um den letzten Befehl zu wiederholen. Klicken Sie auf zwei beliebige Punkte, um ein Liniensegment zu zeichnen. Klicken Sie dann mit der rechten Maustaste und wählen Sie im Kontextmenü den Eintrag Eingabe.

7. Öffnen Sie das Anwendungsmenü und klicken Sie unten auf die Schaltfläche Optionen. Klicken Sie im Dialogfeld Optionen auf das Register Benutzereinstellungen und dann im Bereich Windows-Standardverhalten auf die Schaltfläche Rechtsklick-Anpassung. Aktivieren Sie abschließend im gleichnamigen Dialogfeld das Kontrollkästchen Zeitabhängiges Rechtsklicken aktivieren (siehe Abbildung 2.9). Bestätigen Sie durch Klicken auf die Schaltfläche Anwenden & Schließen und im Dialogfeld Optionen auf OK.

> Zeitabhängiges Rechtsklicken ist nichts weiter als eine Arbeitsoption: Testen Sie, welches Verfahren zum Zeichnen von Linien Ihnen besser liegt.

8. Klicken Sie auf der Registerkarte Start in der Gruppe Zeichnen auf die Schaltfläche Linie. Klicken Sie auf zwei Punkte, um eine weitere Linie zu zeichnen. Klicken Sie abschließend schnell mit der rechten Maustaste, um den Linienbefehl zu beenden.

9. Klicken Sie erneut schnell mit der rechten Maustaste, um den letzten Befehl zu wiederholen, und dann auf zwei Punkte im Zeichnungsfenster. Klicken Sie nun langsam mit der rechten Maustaste (länger als 250 Millisekunden), um das in Abbildung 2.10 gezeigte Kontextmenü zu öffnen. Klicken Sie auf Eingabe, um den Linienbefehl zu beenden.

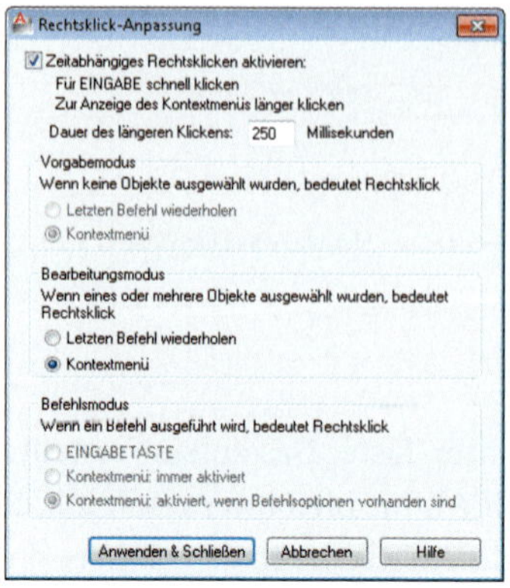

2.9 **Zeitabhängiges Rechtsklicken aktivieren**

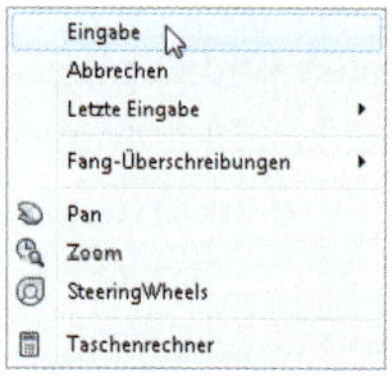

2.10 **Dieses Kontextmenü wird geöffnet, wenn Sie mit der rechten Maustaste langsam klicken.**

Rechtecke zeichnen

Liniensegmente werden als einzelne Objekte behandelt. Im Unterschied dazu stellen die vier Linien eines Rechtecks ein einziges Objekt dar. Auch wenn Sie ein Rechteck aus verschiedenen Linien zeichnen können, sind spezialisierte Befehle wie RECHTECK beim Erstellen von Formen effizienter und bieten mehr Möglichkeiten.

zertifizierungs-relevant

1. Klicken Sie auf der Registerkarte Start in der Gruppe Zeichnen auf die Schaltfläche Rechteck und anschließend auf zwei Punkte in verschiedenen Ecken der Zeichnungsfläche. Der Befehl wird nach dem Zeichnen des Rechtecks automatisch beendet.

2. Drücken Sie die Enter-Taste, um den letzten Befehl zu wiederholen. Die Eingabeaufforderung im Befehlsfenster lautet:

   ```
   Ersten Eckpunkt angeben oder [ Fasen/Erhebung/Abrunden/Objekthöhe/Breite] :
   ```

3. Klicken Sie im Zeichnungsfenster auf den ersten Punkt. Die neue Eingabeaufforderung lautet:

   ```
   Anderen Eckpunkt angeben oder[ Fläche/Abmessungen/Drehung] :
   ```

4. Klicken Sie auf den anderen Eckpunkt. Der Befehl ist beendet. Es steht Ihnen vor dem Klicken auf den ersten Eckpunkt eine Reihe von Optionen zur Verfügung. Und weitere Optionen werden vor dem Klicken auf den zweiten Eckpunkt angeboten.

5. Geben Sie `re` ein (die Abkürzung für den Befehl RECHTECK) und drücken Sie die Leertaste. Geben Sie `a` (für Abrunden) ein und drücken Sie die Enter-Taste, um die Option auszuführen. Die Eingabeaufforderung lautet:

   `Rundungsradius für Rechtecke angeben <0.0000>:`

6. Geben Sie `2` ein und drücken Sie die Enter-Taste.

7. Klicken Sie auf zwei Punkte, um ein Rechteck mit abgerundeten Ecken zu zeichnen (siehe Abbildung 2.11)

> Beachten Sie stets die Eingabeaufforderung im Befehlsfenster. Sie gibt an, welche Optionen zur Verfügung stehen und/oder welche Eingaben für jeden Schritt erforderlich sind. Mit etwas mehr Übung werden Sie die Befehlsabläufe kennen und wissen, was zu tun ist, ohne im Befehlsfenster nachsehen zu müssen.

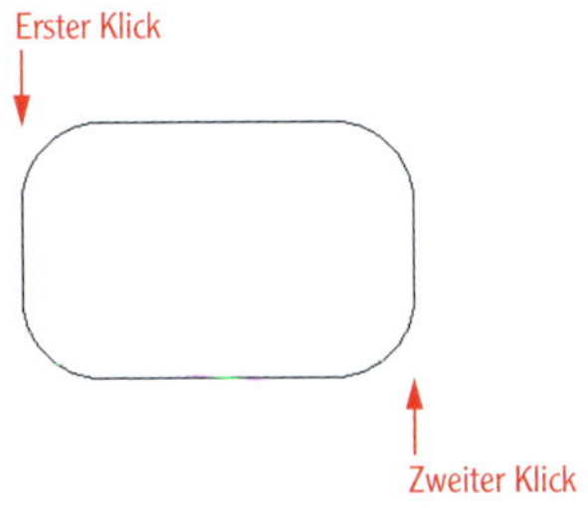

2.11 Ein Rechteck mit der Option Abrunden zeichnen

8. Zeichnen Sie ein weiteres Rechteck. Auch dieses Rechteck wird mit runden Ecken gezeichnet. Einige Optionen – und hierzu gehört auch die Option Abrunden – bleiben so lange aktiv, bis Sie sie ausschalten. Um die Option Abrunden zu deaktivieren, drücken Sie die Leertaste, geben `a` ein, drücken die Enter-Taste, geben `0` ein und drücken erneut die Enter-Taste. Klicken Sie auf zwei Punkte, um ein Rechteck mit spitzen Ecken zu zeichnen.

9. Klicken Sie im Schnellzugriffs-Werkzeugkasten auf die Schaltfläche Speichern, um die Beispieldatei zu speichern.

Zeichnungswiederherstellungs-Manager

Es kann passieren, dass etwas schiefläuft und AutoCAD abstürzt. Beim nächsten Start wird dann automatisch der Zeichnungswiederherstellungs-Manager gestartet, mit dem beschädigte Zeichnungen, die zum Zeitpunkt des Absturzes geöffnet waren, wiederhergestellt werden können.

Abbrechen, löschen und rückgängig machen

Einen Fehler in AutoCAD zu machen, ist überhaupt kein Problem, wenn Sie wissen, wie Sie eine fehlerhafte Aktion abbrechen, löschen und wieder rückgängig machen. Im Folgenden werden diese drei Vorgehensweisen vorgestellt:

1. Geben Sie `l` ein und drücken Sie die Enter-Taste. Klicken Sie in der Zeichnungsfläche auf zwei Punkte und drücken Sie dann ESC. Der Linienbefehl wird beendet, aber das gezeichnete Liniensegment bleibt erhalten. Mit der ESC-Taste beenden Sie einen gerade in der Ausführung befindlichen Befehl oder schließen ein Dialogfeld.

zertifizierungs-relevant

2. Geben Sie `lö` (für LÖSCHEN) ein und drücken Sie die Leertaste. Klicken Sie auf die in Schritt 1 erstellte Linie und klicken Sie anschließend mit der rechten Maustaste. Das Liniensegment wird entfernt.

3. Klicken Sie auf der Registerkarte Start in der Gruppe Zeichnen auf die Schaltfläche Linie. Klicken Sie in der Zeichnungsfläche auf vier Punkte (zum Erstellen von drei Segmenten). Klicken Sie anschließend mit der rechten Maustaste, um den Linienbefehl zu beenden.

4. Klicken Sie auf jedes einzelne Segment. Die ausgewählten Segmente werden durch blaue Griffe an den Enden und in der Mitte gekennzeichnet (siehe Abbildung 2.12). Griffe werden zur Objektbearbeitung eingesetzt. Mehr zu diesem Thema finden Sie in Kapitel 4. In diesem Schritt drücken Sie die Entf-Taste, um die drei ausgewählten Liniensegmente zu löschen.

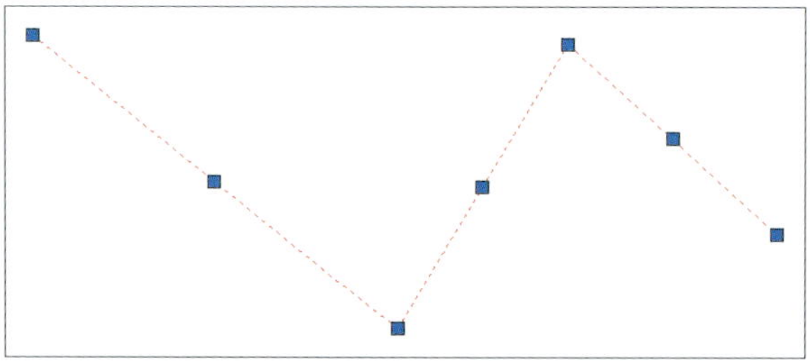

2.12 Liniensegmente vor dem Löschen auswählen

5. Klicken Sie im Schnellzugriffs-Werkzeugkasten auf die Schaltfläche Rückgängig (siehe Abbildung 2.13). Die in Schritt 4 gelöschten Liniensegmente werden wieder angezeigt.

> In AutoCAD können Sie nahezu unbegrenzt Aktionen rückgängig machen beziehungsweise wiederherstellen. Das Programm verzeiht also viele Fehler. Sie können Aktionen aber nur bis zu dem Punkt rückgängig machen, an dem die entsprechende Datei geöffnet wurde. Mit anderen Worten: Rückgängig- und Wiederherstellen-Aktionen sind nicht in der Datei, sondern im flüchtigen Arbeitsspeicher abgelegt.

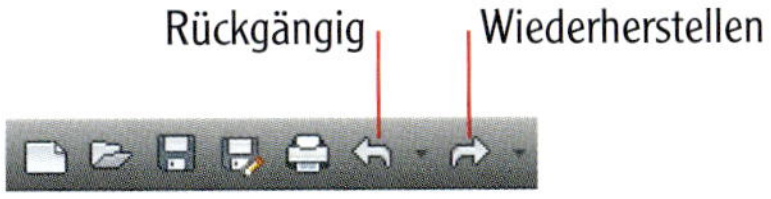

2.13 **Rückgängig und Wiederherstellen**

6. Klicken Sie auf die Schaltfläche Wiederherstellen und die Linien werden erneut gelöscht.

7. Klicken Sie auf den Pfeil der Schaltfläche Rückgängig. Eine Liste mit allen Befehlen, die Sie in der aktuellen Arbeitssitzung gewählt haben, wird angezeigt. Wählen Sie den letzten Eintrag aus und machen Sie so alle Aktionen rückgängig, die Sie seit dem Öffnen der Beispieldatei durchgeführt haben.

Mit Koordinatensystemen arbeiten

zertifizierungs-relevant

AutoCAD arbeitet mit demselben euklidischen Raum, den Sie bereits in Ihrer Jugend im Geometrieunterricht kennengelernt haben. Aber keine Panik! Hier wird nicht erwartet, dass Sie darüber noch genau Bescheid wissen. Sie können im euklidischen Raum Zeichnungen mithilfe des kartesischen, des Polar-, des zylindrischen und des sphärischen Koordinatensystems erstellen. (Die beiden Letztgenannten sind eher selten und werden in diesem Buch auch nicht behandelt.)

Kartesische Koordinaten sind für das Zeichnen von Rechtecken mit festen Längen- und Breitenangaben geeignet. Polare Koordinaten werden in der Regel zum Zeichnen von Linien mit einem bestimmten Abstand und Winkel in Bezug auf einen zentralen Punkt, den Pol, verwendet. Wenn Sie erst einmal die Syntax der Koordinatensysteme erlernt haben, können Sie sie beliebig zum präzisen Zeichnen in jedem Kontext einsetzen.

Im kartesischen System wird jeder Punkt durch drei Werte definiert. Diese werden durch Ihre Abstände entlang der x-, y- und z-Achse beschrieben. In zweidimensionalen Zeichnungen lautet der Koordinatenwert der z-Achse für alle Objekte 0. Das heißt, die Objekte werden lediglich durch ihre x- und y-Koordinaten definiert (siehe Abbildung 2.14).

Mit absoluten Koordinaten arbeiten

In allen Koordinatensystemen gibt es sowohl *absolute* als auch *relative* Koordinaten. Zeichnen Sie im Folgenden eine Linie mit absoluten Koordinaten.

1. Öffnen Sie gegebenenfalls die gerade gespeicherte Datei »Kap02-A.dwg« oder laden Sie sie von der Webseite zum Buch herunter und öffnen Sie sie in AutoCAD.

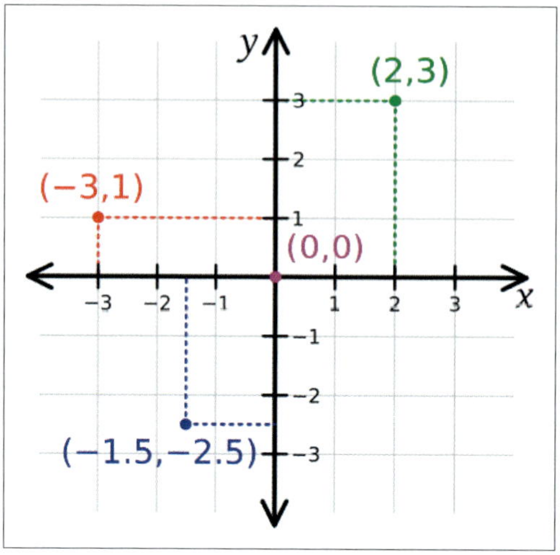

2.14 Kartesische, zweidimensionale Koordinaten

zertifizierungs-relevant

2. Klicken Sie auf der Registerkarte Start in der Gruppe Zeichnen auf die Schaltfläche Linie. Die Eingabeaufforderung lautet:

   `Ersten Punkt angeben:`

   Geben Sie `0,0` ein und drücken Sie die Enter-Taste. Der Ursprung des kartesischen Koordinatensystems liegt sowohl auf der x- als auch auf der y-Achse bei null und wird »0,0« geschrieben.

3. Die Eingabeaufforderung lautet nun

   `Nächsten Punkt angeben oder[ Zurück] :`

4. Geben Sie `75,0` ein und drücken Sie die Enter-Taste. Klicken Sie mit der rechten Maustaste, um den Linienbefehl zu beenden. Sie haben nun eine Linie mit der Länge von 75 cm entlang der x-Achse gezeichnet. Klicken Sie in der Navigationsleiste auf die Schaltfläche Zoom Grenzen, um sie sichtbar zu machen.

Mit relativen Koordinaten arbeiten

Zu berechnen, wo die einzelnen Objekte in Bezug auf den Ursprungspunkt stehen (dies ist für absolute Koordinaten erforderlich), wäre in der Praxis zu aufwendig. Daher wird häufiger mit relativen Koordinaten gearbeitet. Im Folgenden wird ihr Einsatz beschrieben:

zertifizierungs-relevant

1. Klicken Sie auf der Registerkarte Start in der Gruppe Zeichnen auf die Schaltfläche Linie. Klicken Sie auf einen beliebigen Punkt in der Mitte des Wohnzimmers.

Die Koordinaten des Punktes, auf den Sie geklickt haben, sind nicht bekannt. Und Sie müssen auch gar nicht herausfinden, wie sie lauten.

2. Geben Sie `@75,0` ein und drücken Sie zweimal die Enter-Taste. Eine horizontale Linie mit der Länge von 75 cm wird gezeichnet. Mit dem @-Symbol wird AutoCAD angewiesen, den zuletzt angegebenen Punkt als Ursprung zu verwenden.

3. Drücken Sie erneut die Enter-Tastet, um den letzten Befehl zu wiederholen. Die Eingabeaufforderung lautet:

   `Ersten Punkt angeben:`

4. Klicken Sie lange mit der rechten Maustaste auf die Zeichnungsfläche (länger als 250 Millisekunden), um das Kontextmenü zu öffnen. Wählen Sie im Menü Letzte Eingabe den ersten Koordinatenwert (siehe Abbildung 2.15). Damit verwenden Sie den zuletzt eingegebenen Punkt als ersten Punkt für die neue Linie. Die flexible Verbindungslinie verbindet den rechten Endpunkt der horizontalen Linie mit dem Cursor.

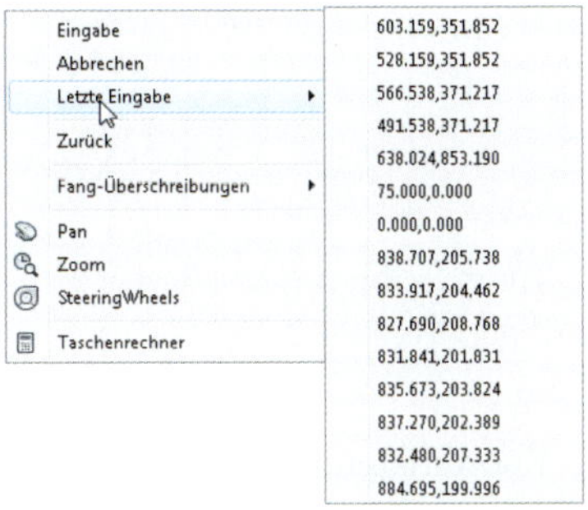

2.15 Eine neue Linie ab dem Endpunkt der zuvor erstellten Linie zeichnen

5. Geben Sie `@0,150` ein und drücken Sie die Enter-Taste. Eine 1,5 m lange Linie wird entlang der y-Achse gezeichnet.

6. Geben Sie `@-75,0` ein und drücken Sie die Enter-Taste. Geben Sie `@0,-150` ein und drücken Sie zweimal die Enter-Taste. Sie haben ein Rechteck erstellt.

7. Klicken Sie auf der Registerkarte Start in der Gruppe Ändern auf die Schaltfläche Löschen. Wählen Sie die vier gerade gezeichneten Linien aus und klicken Sie mit der rechten Maustaste.

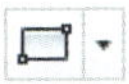

8. Kartesische Koordinaten sind vor allem beim Arbeiten mit dem Befehl RECHTECK sehr effizient. Klicken Sie auf der Registerkarte Start in der Gruppe Zeichnen

auf die Schaltfläche Rechteck und dann auf einen beliebigen Punkt unten im Wohnzimmer. Die Eingabeaufforderung lautet:

```
Anderen Eckpunkt angeben oder[ Fläche/Abmessungen/Drehung] :
```

9. Geben Sie `@75,150` ein und drücken Sie die Enter-Taste. Sie haben mit nur einer Angabe dasselbe Rechteck erstellt wie das gerade aus mehreren Linien gezeichnete Rechteck.

Mit polaren Koordinaten arbeiten

Standardmäßig liegt 0 Grad auf der rechten Seite der Zeichnungsfläche. Außerdem werden Winkel gegen den Uhrzeigersinn vergrößert und mit dem Uhrzeigersinn verkleinert. Sie können diese Standardeinstellungen mit dem Befehl EINHEIT ändern.

Polare Koordinaten stellen eine weitere effiziente Methode beim Erstellen von Zeichnungen dar. Hier werden die Punkte durch den Abstand vom Ursprung und dem Winkel abweichend vom Winkel 0 Grad definiert (siehe Abbildung 2.16).

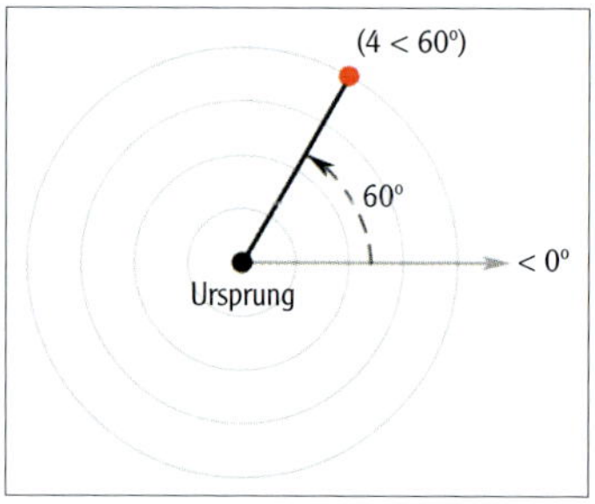

2.16 Polare Koordinaten

Im Folgenden erstellen Sie eine Linie mit polaren Koordinaten:

Das Zeichen »<« steht in AutoCAD für die Eingabe eines Winkels.

1. Klicken Sie auf der Registerkarte Start in der Gruppe Zeichnen auf die Schaltfläche Linie. Klicken Sie im Wohnzimmer auf einen beliebigen Punkt, geben Sie `@75<45` ein und drücken Sie zweimal die Enter-Taste, um den Linienbefehl zu beenden.

Direkte Abstandseingabe

Direkte Abstandseingabe wird die relative Methode genannt, mit der Sie den Winkel mit dem Cursor bestimmen, anstatt ihn mit einer Winkeleingabe zu definieren. Dieses Verfahren eignet sich für die Punktbestimmung, wenn der Ortho-Modus oder die Spurverfolgung aktiviert ist, die Sie in Kapitel 3 kennenlernen.

2. Drücken Sie die Enter-Taste, um den letzten Befehl zu wiederholen. Klicken Sie auf einen beliebigen ersten Punkt, verschieben Sie den Cursor nach links oben, geben Sie `75` ein und drücken Sie zweimal die Enter-Taste. Eine 75 cm lange Linie wird in dem von der Cursorposition vorgegebenen Winkel gezeichnet.

3. Geben Sie `l` ein und drücken Sie die Leertaste. Klicken Sie auf einen beliebigen ersten Punkt, geben Sie `@100<180` ein und drücken Sie die Enter-Taste. Die Linie wird nach links gezeichnet, da ein Winkel von 180 Grad gegenüber von 0 Grad liegt.

4. Geben Sie `@75<-90` ein und drücken Sie die Enter-Taste. Ein negativer Winkel, sprich: eine Verkleinerung des Winkels, wird standardmäßig im Uhrzeigersinn gemessen. Geben Sie `s` ein und drücken Sie die Enter-Taste, um das Dreieck zu schließen.

5. Geben Sie `bksymbol` ein und drücken Sie die Enter-Taste. BKS steht für *Benutzerkoordinatensystem*. Sie können als Benutzer die Ausrichtung des Koordinatensystems ändern. Geben Sie `ein` ein und drücken Sie die Enter-Taste. Unten links wird ein Symbol eingeblendet, das die Richtung der positiven x- und y-Achse kennzeichnet (siehe Abbildung 2.17).

In AutoCAD LT gibt es nur ein Koordinatensystem. LT-Benutzer können daher mit dem nächsten Abschnitt fortfahren.

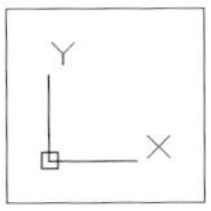

2.17 **Das BKS-Symbol mit Standardausrichtung**

6. Geben Sie `bks` ein und drücken Sie die Enter-Taste. Die Eingabeaufforderung lautet:

```
Ursprung des neuen BKS angeben oder
[ FLäche/bENannt/Objekt/VOrher/ANsicht/Welt/X/Y/Z/ZAchse] <Welt>:
```

Hier können Sie verschiedenste Einstellungen vornehmen (mehr dazu in Kapitel 17). In diesem Beispiel soll aber lediglich das BKS um seine z-Achse gedreht werden. Geben Sie `z` ein und drücken Sie die Enter-Taste.

7. Geben Sie `90` ein und drücken Sie die Enter-Taste, um das Koordinatensystem zu drehen. Die Drehung wird im BKS-Symbol widergespiegelt (siehe Abbildung 2.18).

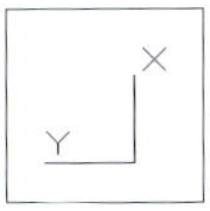

2.18 **Das BKS-Symbol zeigt an, dass das Benutzerkoordinatensystem um die z-Achse gedreht wurde.**

8. Geben Sie `drsicht` ein und drücken Sie die Enter-Taste. Die Eingabeaufforderung lautet:

   `Option eingeben[ Aktuelles bks/Bks/Welt] <Aktuelles>:`

   Die Option in spitzen Klammen, <Aktuelles>, stellt die gewünschte Einstellung dar. Bestätigen Sie durch Drücken der Enter-Taste. Der Plan wird an das aktuelle Benutzerkoordinatensystem angepasst und gedreht (siehe Abbildung 2.19). Beachten Sie auch, dass auch der ViewCube-Kompass entsprechend gedreht wird. Norden zeigt nun nach rechts.

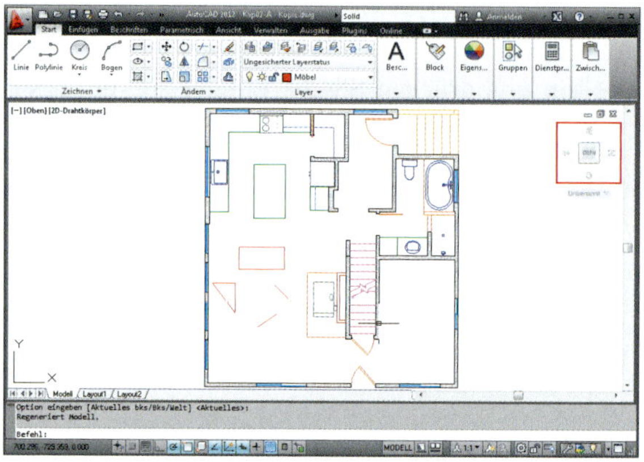

2.19 Die Zeichnung wird dem der xy-Ausrichtung des Benutzerkoordinatensystems angepasst.

9. Klicken Sie auf der Registerkarte Start in der Gruppe Zeichnen auf die Schaltfläche Linie. Klicken Sie auf einen beliebigen Punkt im Wohnzimmer, geben Sie `@75<45` ein und drücken Sie zweimal die Enter-Taste, um den Linienbefehl zu beenden. Sie haben mithilfe polarer Koordinaten (dieselben wie in Schritt 1) eine 75 cm lange Linie gezeichnet. Diese neue Linie hat aber in Bezug auf die ursprüngliche Linie und die Zeichnung eine andere Ausrichtung (siehe Abbildung 2.20).

Plan gemäß Benutzerkoordinatensystem drehen

Benutzerkoordinatensysteme werden in der Regel mit 3D-Modellierung assoziiert. Es gibt aber eine Drehung, die speziell für 2D-Zeichnungen hilfreich ist, die Drehung um die z-Achse. Wenn Sie einen Gebäudeflügel oder ein mechanisches Teil zeichnen, der/das in einem bestimmten Winkel zur Horizontalen steht (vor allem dann, wenn dieser Winkel nicht 90 Grad beträgt), drehen Sie das Benutzerkoordinatensystem um die z-Achse und passen die Zeichnung mit dem Befehl DRSICHT der neuen Horizontalen an.

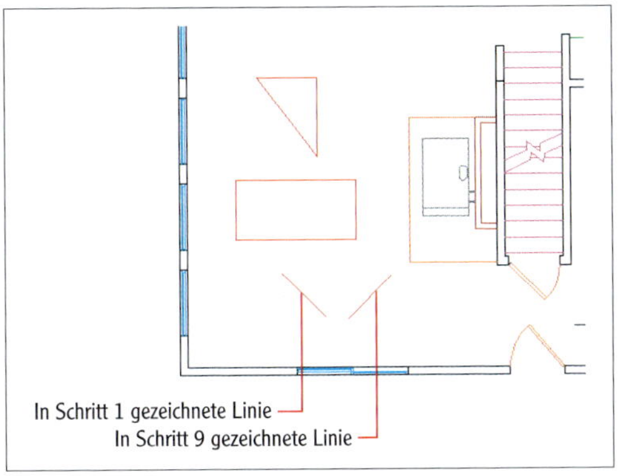

2.20 **Die Winkel beziehen sich stets auf das Koordinatensystem, in dem sie gezeichnet wurden.**

10. Um das aktuelle Koordinatensystem wieder auf das ursprüngliche Koordinatensystem, das WKS (*Weltkoordinatensystem*), zurückzusetzen, geben Sie `BKS` ein und drücken dann zweimal die Enter-Taste. Der Plan wird zurückgedreht und auch der ViewCube-Kompass wird so gedreht, dass Norden wieder oben steht.

Kreise, Bogen und Polygone zeichnen

Ein Bogen stellt ein Segment eines Kreises dar. Das Erstellen von Polygonen bietet eine einfache Möglichkeit zum Zeichnen von gleichseitigen Dreiecken und regelmäßigen Quadraten, Fünfecken, Sechsecken und so weiter. Ein Polygon mit vielen Segmenten sieht unter Umständen wie ein Kreis aus, verhält sich aber nicht so.

Für die Erstellung von Kreisen, Bogen und Polygonen steht eine Vielzahl von Optionen zur Verfügung, um das präzise Zeichnen von Formen in verschiedensten geometrischen Situationen zu gewährleisten, die in der Regel beim Zeichnen auftreten können.

Kreise zeichnen

Im Folgenden zeichnen Sie einige Kreise auf den Küchenherd, die die Herdplatten darstellen sollen:

1. Vergrößern Sie den Herd in der Küche. Dort fehlen zwei Herdplatten.
2. Werfen Sie auf der Registerkarte Start in der Gruppe Layer einen Blick auf das Dropdown-Menü Layer. Dort wird aktuell der Layer Möbel angezeigt. Öffnen Sie das Dropdown-Menü Layer und wählen Sie den Layer Equipment als aktuellen Layer aus (siehe Abbildung 2.21).

> Gezeichnete Objekte werden stets unabhängig vom aktuellen Layer angezeigt.

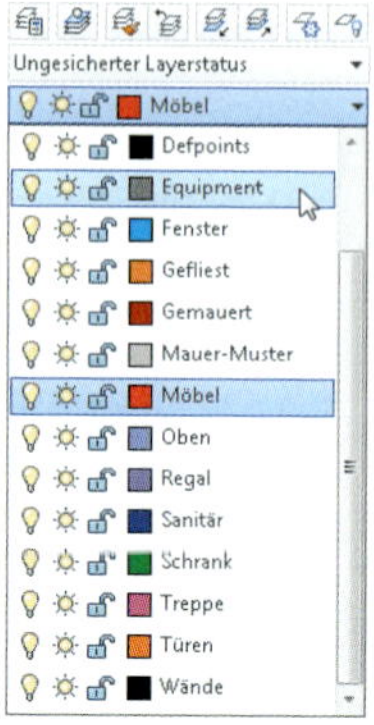

2.21 Der Layer Equipment wird zum aktuellen Layer.

3. Sie werden nun mit bereits vorhandenen Hilfspunkten die Herdplatten zeichnen. Diese Punkte sind aber nicht gut zu erkennen, da sie als winzige Pixel dargestellt werden. Erweitern Sie auf der Registerkarte Start die Gruppe Dienstprogramme und klicken Sie auf den Eintrag Punktstil. Klicken Sie dann im gleichnamigen Dialogfeld auf die Option mit dem großen »X« und bestätigen Sie mit OK (siehe Abbildung 2.22).

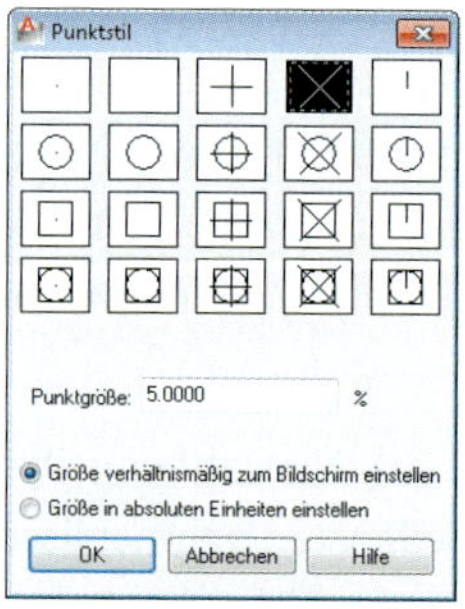

2.22 Einen besser sichtbaren Punktstil wählen

zertifizierungs-relevant

Objekte mit dem bloßen Auge zu zeichnen, ist nicht exakt genug. Arbeiten Sie stets mit einem Objektfang, um Objekte präzise zu verbinden.

4. Klicken Sie auf der Registerkarte Start in der Gruppe Zeichnen auf die Schaltfläche Kreis. Bevor Sie in die Zeichnungsfläche klicken, halten Sie Shift gedrückt und klicken mit der rechten Maustaste, um das Objektfang-Kontextmenü zu öffnen (siehe Abbildung 2.23).

5. Wählen Sie im Kontextmenü den Eintrag Punkt und klicken Sie dann auf Punkt A (siehe Abbildung 2.24). Die Eingabeaufforderung lautet:

```
Radius für Kreis angeben oder[ Durchmesser] :
```

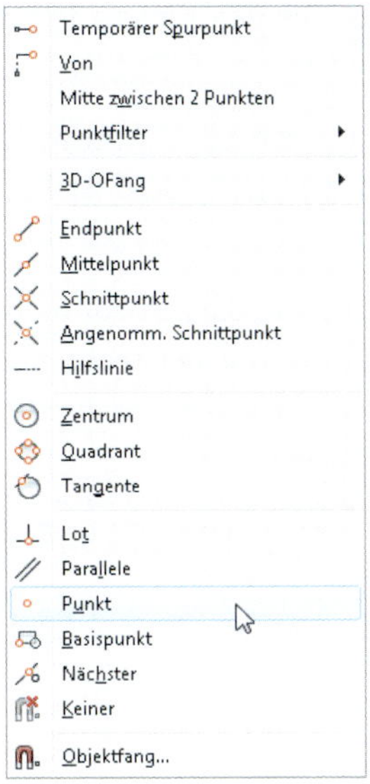

2.23 Das Objektfang-Kontextmenü

Geben Sie `8` ein und drücken Sie die Enter-Taste. AutoCAD zeichnet einen Kreis mit einem Radius von 8 cm.

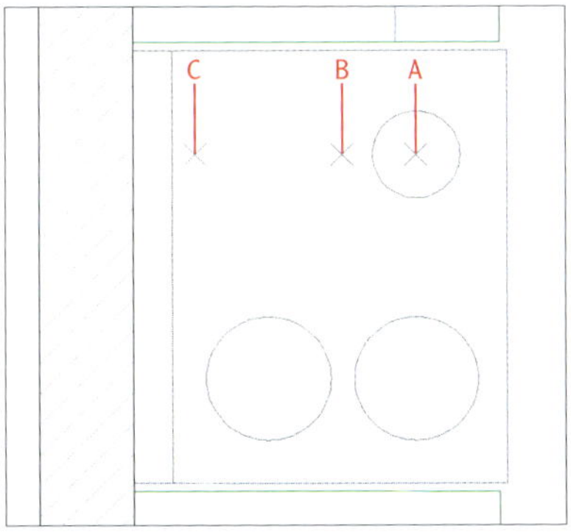

2.24 Einen Kreis zeichnen, dessen Mittelpunkt mit dem Objektfang Punkt ermittelt wird

6. Klicken Sie mit der rechten Maustaste, um den letzten Befehl zu wiederholen. Die Eingabeaufforderung lautet:

   `Zentrum für Kreis angeben oder[ 3P/2P/Ttr (Tangente Tangente Radius)] :`

   Geben Sie `2p` für die Zwei Punkte-Option ein und drücken Sie die Enter-Taste. Halten Sie die Shift-Taste gedrückt und klicken Sie mit der rechten Maustaste, um das Objektfang-Kontextmenü zu öffnen. Wählen Sie den Eintrag Punkt und klicken Sie auf Punkt B (siehe Abbildung 2.24).

> Die Objektfänge müssen für jeden Einsatz erneut im Kontextmenü gewählt werden. In Kapitel 3 erfahren Sie mehr über den Einsatz von Objektfängen.

7. Halten Sie die Shift-Taste wieder gedrückt und klicken Sie mit der rechten Maustaste. Wählen Sie den Eintrag Punkt und klicken Sie auf Punkt C (siehe Abbildung 2.24). Der Kreisbefehl ist beendet.
8. Klicken Sie auf den Pfeil der Schaltfläche Kreis und danach auf den Eintrag 3 Punkte. Halten Sie Shift gedrückt und klicken Sie mit der rechten Maustaste. Wählen Sie im Kontextmenü den Eintrag Tangente. Klicken Sie abschließend auf den Kreis, den Sie im vorherigen Schritt erstellt haben.
9. Halten Sie Shift gedrückt, klicken Sie mit der rechten Maustaste und geben Sie `g` ein. (Im Kontextmenü (siehe Abbildung 2.23) ist »g« der im Wort »Tangente« unterstrichene Buchstabe.) Klicken Sie abschließend auf den Kreis links unten.
10. Geben Sie `tan` ein, drücken Sie die Enter-Taste und klicken Sie auf den Kreis rechts unten. Die Eingabe der ersten drei Buchstaben des jeweiligen Objektfangs stellt eine Alternative zum Arbeiten mit dem Kontextmenü dar. AutoCAD zeichnet einen Kreis, der die drei anderen exakt berührt (siehe Abbildung 2.25).

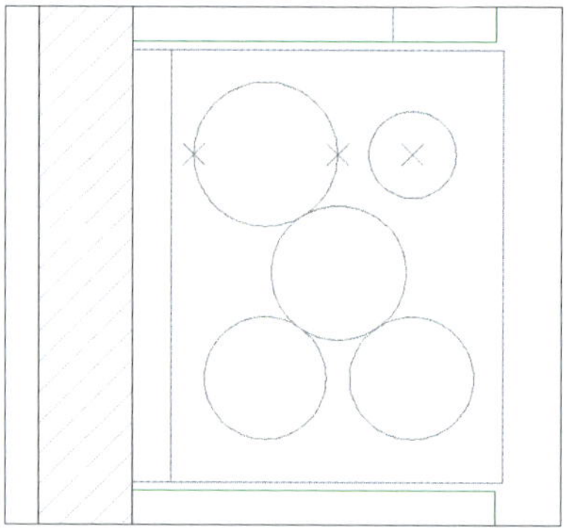

2.25 Kreise mit verschiedenen Optionen zeichnen

11. Löschen Sie die drei Punktobjekte und den zuletzt gezeichneten Kreis. Der Herd enthält jetzt vier Herdplatten.

Bogen zeichnen

Für Bogen stehen aufgrund der Komplexität der geometrischen Möglichkeiten mehr Optionen zur Verfügung als für Kreise. Führen Sie die folgenden Schritte aus und zeichnen Sie mit einer dieser Bogenoptionen den Öffnungsbogen einer Tür.

1. Vergrößern Sie das Badezimmer. Die Badezimmertür benötigt einen Bogen, der die Schwingrichtung repräsentiert.

2. Öffnen Sie auf der Registerkarte Start in der Gruppe Layer das Dropdown-Menü Layer und wählen Sie den Layer Türen.

Bogen

zertifizierungs-relevant

3. Klicken Sie auf der Registerkarte Start in der Gruppe Zeichnen auf den Pfeil der Schaltfläche Bogen. Wählen Sie den Eintrag Mittelp, Startp, Endp. Dies stellt die Reihenfolge dar, in der die Daten eingegeben werden.

4. Geben Sie `sch` ein, drücken Sie die Enter-Taste, um den Objektfang Schnittpunkt zu aktivieren, und klicken Sie auf den Mittelpunkt A (siehe Abbildung 2.26).

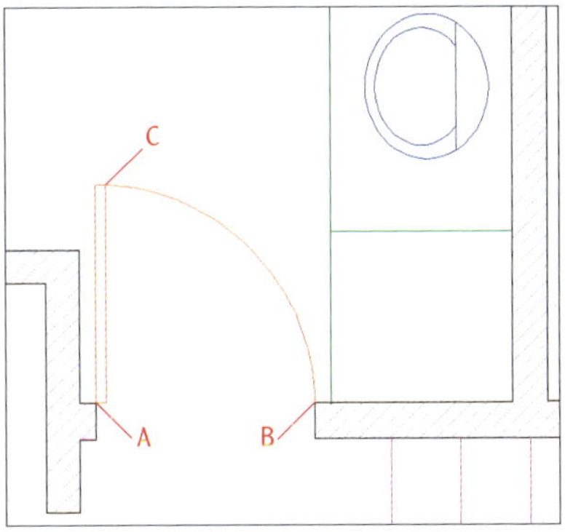

2.26 **Eine Schwingtür mithilfe einer Bogenoption zeichnen**

5. Halten Sie Shift gedrückt, klicken Sie mit der rechten Maustaste. Wählen Sie den Objektfang Endpunkt und klicken Sie auf den Startpunkt B (siehe Abbildung 2.26).

6. Halten Sie Shift gedrückt, klicken Sie erneut mit der rechten Maustaste. Geben Sie `e` (für Endpunkt) ein und klicken Sie auf den Bogenendpunkt C (siehe Abbildung 2.26). Der Bogen wird gezeichnet und der Befehl beendet.

Glättung von Kreisen und Bogen steuern

Kreise und Bogen werden in AutoCAD perfekt geglättet gezeichnet. Dennoch erscheinen sie auf dem Bildschirm unter Umständen wie ein Polygon. Mit der Systemvariablen VIEWRES wird gesteuert, wie glatt Bogen und Kreise auf dem Bildschirm angezeigt werden. Um diese Systemvariable anzupassen, erweitern Sie auf der Registerkarte Ansicht die Gruppe Visuelle Stile. Setzen Sie dort die Systemvariable auf den höchsten Auflösungswert 20.000. Geben Sie `REGEN` ein und drücken Sie die Enter-Taste.

Polygone zeichnen

Wenn Sie Dreiecke, Quadrate oder Fünfecke mit gleich langen Seiten zeichnen wollen, greifen Sie auf den Befehl POLYGON zurück. Sie können diese Formen in einem oder außerhalb eines Kreises zeichnen oder die Seitenlänge angeben, wie in den folgenden Schritten gezeigt wird:

1. Öffnen Sie auf der Registerkarte Start in der Gruppe Layer das Dropdown-Menü Layer und wählen Sie den Layer Möbel.
2. Vergrößern Sie das Wohnzimmer.

3. Klicken Sie auf der Registerkarte Start in der Gruppe Zeichnen auf den Pfeil der Schaltfläche Rechteck und dann auf das Werkzeug Polygon. Die Eingabeaufforderung lautet:

   `Anzahl Seiten eingeben <4>:`

4. Geben Sie gegebenenfalls `4` ein und drücken Sie die Enter-Taste, um ein Quadrat zu zeichnen.
5. Die Eingabeaufforderung lautet nun

   `Polygonmittelpunkt angeben oder [ Seite] :`

   Geben Sie `s` (für Seite) ein und drücken Sie die Enter-Taste, um die Seitenlänge und Richtung zu definieren. Klicken Sie auf einen beliebigen Punkt im Wohnzimmer und geben Sie `@60<0` ein. Damit bestimmen Sie mithilfe von polaren Koordinaten den zweiten Endpunkt relativ zum ersten. Ein Quadrat mit einer Seitenlänge von 60 cm wird gezeichnet.

zertifizierungs-relevant

6. Geben Sie `pol` ein. Das Menü zum automatischen Vervollständigen wird über der Befehlszeile angezeigt. Es enthält die Befehle und Systemvariablen, deren Namen mit dieser Buchstabenfolge beginnen (siehe Abbildung 2.27). Drücken Sie so lange auf die Taste mit dem Pfeil nach unten, bis der Befehl POLYGON ausgewählt ist, und bestätigen Sie mit der Enter-Taste.

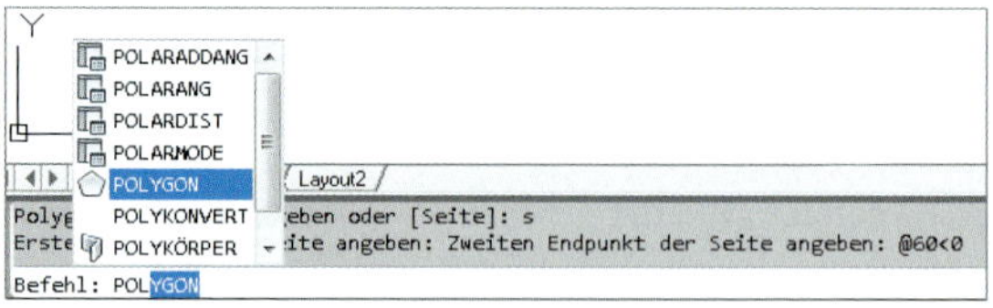

2.27 Im Menü werden alle Befehle und Systemvariablen angeboten, deren Namen mit den von Ihnen eingegebenen Buchstaben beginnen.

7. Geben Sie `6` ein und drücken Sie die Enter-Taste, um ein Sechseck zu zeichnen. Klicken Sie auf einen beliebigen Punkt im Wohnzimmer, der den Mittelpunkt des Sechsecks darstellen soll. Die Eingabeaufforderung lautet:

```
Option eingeben[ Umkreis/Inkreis] <U>:
```

8. Geben Sie `i` (für Inkreis) ein und drücken Sie die Enter-Taste.

9. Geben Sie `30` als Kreisradius ein und drücken Sie die Enter-Taste. AutoCAD zeichnet ein Sechseck, das in einen Kreis mit einem Radius von 30 cm passt.

Linien abrunden und abschrägen

Mit den Befehlen ABRUNDEN und FASE stehen zwei Werkzeuge zum Erstellen von Übergängen zwischen Objekten zur Verfügung. Beim Abrunden wird der Übergang mit einem Bogen, beim Abschrägen mit einer Linie durchgeführt. Das Abrunden wird häufig für eine Aufgabe eingesetzt, für die es wahrscheinlich überhaupt nicht entwickelt wurde – das direkte spitzwinklige Verbinden zweier Linien an ihren Endpunkten (siehe weiter hinten in diesem Abschnitt).

Nicht parallele Linien verbinden

Nicht parallel verlaufende Linien können mithilfe der Funktionen zum Abrunden und Abschrägen verbunden werden. (Das Abschrägen funktioniert nicht mit parallelen Linien. Beim Abrunden werden die Endpunkte der parallelen Linien unabhängig vom dafür erforderlichen Rundungsradius durch einen Halbkreis verbunden.) Im Folgenden experimentieren Sie mit den Befehlen ABRUNDEN und FASE:

1. Zeichnen Sie zwei Linien. Es ist egal, wie lang sie sind oder in welchem Winkel sie zueinander stehen. Sie sollen lediglich nicht parallel zueinander verlaufen.

2. Drücken Sie F12, um die *dynamische Eingabe* zu aktivieren, ein optionaler Modus, bei dem Befehlsoptionen in der Zeichnungsfläche angezeigt werden. Zeigen Sie mit dem Cursor auf die Zeichnungsfläche und geben Sie `fa` ein. Das Menü zum automatischen Vervollständigen wird nun in der Zeichnungsfläche und nicht im Fenster angezeigt. **zertifizierungs-relevant**

3. Drücken Sie die Enter-Taste und dann Pfeil u, um die Befehlsoptionen auf dem Bildschirm zu erweitern.

4. Drücken Sie dreimal auf die Taste mit dem Pfeil nach unten und dann die Enter-Taste, um in der dynamischen Eingabeaufforderung die Option Abstand zu wählen

> Die Vorschau für das Abrunden und Fasen funktioniert nur, wenn im Dialogfeld Optionen (auf Optionen im Anwendungsmenü klicken) auf der Registerkarte Auswahl das Kontrollkästchen Wenn ein Befehl aktiv ist aktiviert ist.

(siehe Abbildung 2.28). Geben Sie `30` ein und drücken Sie zweimal die Enter-Taste, um sowohl den ersten als auch den zweiten Abstand auf 30 cm zu setzen.

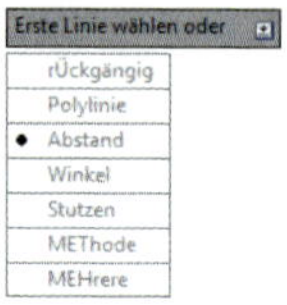

2.28 **Dynamische Eingabe: Die Befehlsoptionen werden in der Zeichnungsfläche angezeigt.**

5. Klicken Sie auf eine Linie und zeigen Sie anschließend auf die zweite Linie. Eine Vorschau der Verbindung wird angezeigt. Klicken Sie auf die zweite Linie, um die Verbindung zwischen den beiden Linien herzustellen und den Befehl abzuschließen. (Die Fasenverbindung ist in der Mitte von Abbildung 2.29 zu sehen.)

zertifizierungs-relevant

6. Zeichnen Sie zwei weitere Linien, die sich nicht kreuzen und auch nicht parallel zueinander verlaufen.

> Ein einmal angegebener Abrundungsradius oder Fasenabstand bleibt so lange gültig, bis Sie einen neuen Radius oder Abstand eingeben.

7. Geben Sie `abrunden` ein und drücken Sie die Enter-Taste, um den Befehl ABRUNDEN auszuführen. Drücken Sie auf die Taste mit dem Pfeil nach unten und wählen Sie in der dynamischen Eingabeaufforderung die Option Radius. Geben Sie `30` ein und drücken Sie die Enter-Taste.

8. Klicken Sie auf die erste Linie und zeigen Sie anschließend auf die zweite Linie. Eine Vorschau der Verbindung wird angezeigt. Klicken Sie auf die zweite Linie, um die Verbindung zwischen den beiden Linien herzustellen und den Befehl abzuschließen. (Die Abrundungsverbindung ist rechts in Abbildung 2.29 zu sehen.)

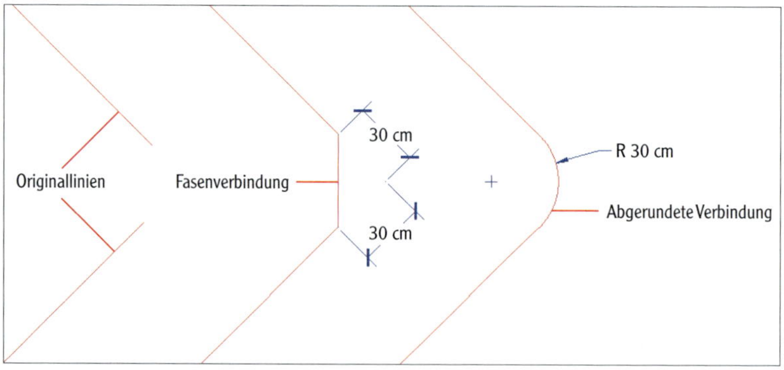

2.29 **Verbindungslinien fasen und abrunden**

Sich kreuzende Linien verbinden

Wenn sich Linien kreuzen, steht eine Vielzahl von Möglichkeiten für Abrundungs- oder Fasenverbindungen auf den jeweiligen Seiten der Schnittstelle zur Verfügung. Im Fall von sich kreuzenden Linien müssen Sie auf die Abschnitte der Linien klicken, die Sie nicht verbinden wollen. Führen Sie dazu die folgenden Schritte aus:

1. Zeichnen Sie zwei sich kreuzende Linien.
2. Geben Sie `abrunden` ein und drücken Sie die Enter-Taste. Zeigen Sie auf die Zeichnungsfläche, drücken Sie auf die Taste mit dem Pfeil nach unten und wählen Sie in der dynamischen Eingabeaufforderung die Option Radius. Geben Sie `0` ein und drücken Sie die Enter-Taste. Dies bedeutet, dass keine Abrundung durchgeführt wird.
3. Klicken Sie auf die Punkte A und B, wie in Abbildung 2.30 zu sehen ist. Die Linien werden an dem Punkt, an dem sie sich kreuzen, verbunden. Die über die Schnittstelle hinausgehenden Linienabschnitte werden gestutzt.
4. Speichern Sie Ihre Arbeit unter dem Dateinamen »Kap02-B.dwg«. Die bereits fertiggestellte gleichnamige Datei finden Sie bei Bedarf unter `www.wiley-vch.de/publish/dt/books/ISBN978-3-527-76013-8` auf der Downloadseite zu Kapitel 2.

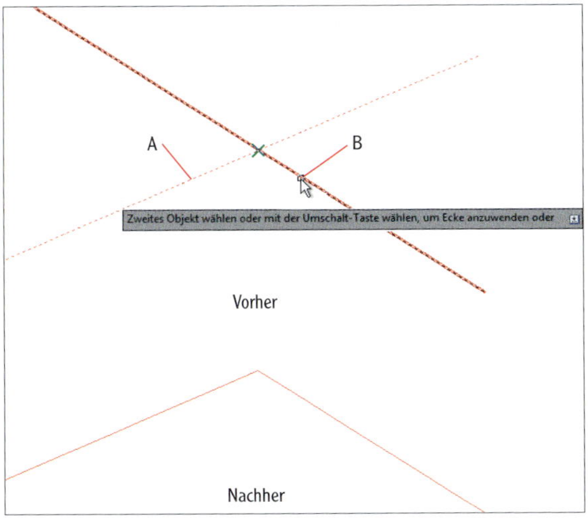

2.30 Abrunden mit einem Radius von 0

Zusammenfassung und Ausblicke

In diesem Kapitel haben Sie die Techniken zum Zeichnen von einfachen Objekttypen wie Linien, Kreise, Bogen und Polygone kennengelernt. Sie wissen nun, wie Sie in 2D-Zeichnungen navigieren und wie Sie Aktionen abbrechen, löschen und rückgängig machen. Außerdem haben Sie erfahren, wie ein präzises Zeichnen mithilfe von Koordinatensystem möglich gemacht wird. Und zu guter Letzt haben Sie praktische Erfahrung beim Verbinden von Linien gesammelt.

Zusätzliche Übung

Eignen Sie sich die Befehle RING und SOLID eigenständig an. Im Unterschied zu den meisten anderen AutoCAD-Zeichnungswerkzeugen erstellen Sie mit diesen beiden Befehlen zweidimensionale Objekte mit Füllung. In der AutoCAD-Hilfe finden Sie weitere Informationen zu diesen Befehlen.

Zeichnungshilfen einsetzen

Die Zeichnungshilfen von AutoCAD stellen die Pendants zu Geodreiecken, Zirkeln und sonstigen Messwerkzeugen beim Konstruieren am Zeichenbrett dar. Es handelt sich hier um Modi und Verfahren der Dateneingabe. Wenn Sie diese erst einmal beherrschen, können Sie schnell und einfach Zeichnungen mit genauen Abmessungen erstellen. Ich empfehle Ihnen dringlich, sich das Arbeiten mit diesen Zeichnungshilfen zur Steigerung der Effizienz und Produktivität anzueignen. Die meisten Zeichnungshilfsmittel werden in der Anwendungsstatusleiste ein- und ausgeschaltet. Weitere Einstellungen und Dialogfelder stehen zur Verfügung, wenn Sie mit der rechten Maustaste in der Statusleiste auf die jeweilige Umschalterschaltfläche klicken.

In diesem Kapitel

- Raster und Rasterfang
- Ortho-Modus und Spurverfolgung
- PolarSnap
- Laufende Objektfänge
- Objektfang Von
- Objektfangspur

Raster und Rasterfang

zertifizierungs-relevant

Eine wichtige Zeichnungshilfe ist das *Raster*. Die gerasterte Zeichnungsfläche sieht so aus, als ob Sie eine Zeichnung mit einem Blatt Millimeterpapier unterlegen. Die Rastergröße und der Abstand der Hauptrasterlinien sind verstellbar, sodass verschiedene Typen von Millimeterpapier simuliert werden können.

Mit dem *Rasterfang* können Sie Objekte nur noch eingeschränkt positionieren. Beim Ziehen rastet der Cursor und damit das gezogene Objekt sozusagen an einem Rasterpunkt ein. Es ist daher zu empfehlen, beide Hilfsmittel einzusetzen. Abbildung 3.1 zeigt einige Umschalterschaltflächen in der Statusleiste, die Sie in diesem Kapitel kennenlernen werden.

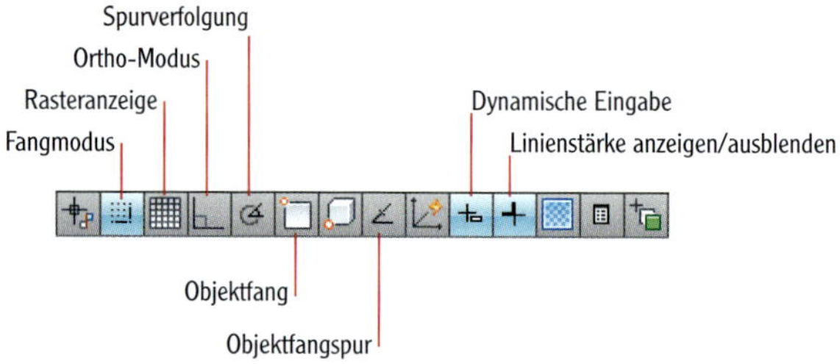

3.1 Umschalterschaltflächen in der Statusleiste

1. Klicken Sie im Schnellzugriffs-Werkzeugkasten auf die Schaltfläche Neu.
2. Klicken Sie im Dialogfeld Vorlage wählen auf die Vorlage acadiso.dwg (siehe Abbildung 3.2) und anschließend auf die Schaltfläche Öffnen.

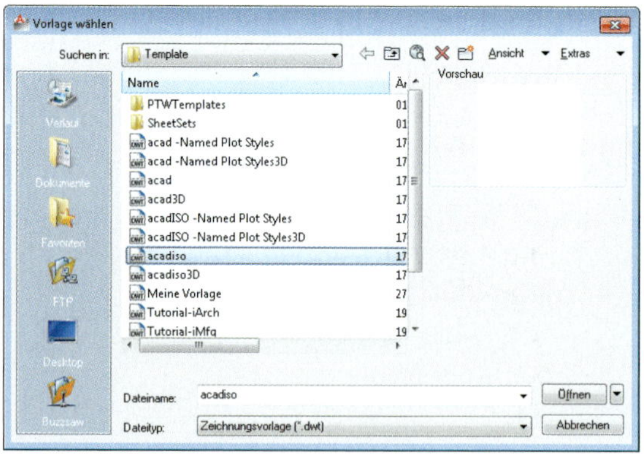

3.2 Eine Vorlage für das Zeichnen wählen

3. Geben Sie `EINHEIT` ein. Die Einheit im Dialogfeld Zeichnungseinheiten ist auf Dezimal und Millimeter gesetzt. Stellen Sie eine Genauigkeit von 0.0 oder 0.00 ein und bestätigen Sie mit OK.

4. Klicken Sie in der Statusleiste mit der rechten Maustaste auf die Schaltfläche Rasteranzeige und wählen Sie im Kontextmenü den Eintrag Einstellungen. Das Dialogfeld Entwurfseinstellungen wird geöffnet. Geben Sie im Feld Raster X-Abstand gegebenenfalls den Abstand `10` ein und drücken Sie die Tab-Taste. Der Abstand im Feld Raster Y-Abstand wird automatisch auf denselben Wert aktualisiert. Geben Sie im Feld Hauptlinie alle `10` ein. Damit wird alle 10 mm eine dunklere Rasterlinie angezeigt. Aktivieren Sie oben links im Dialogfeld das Kontrollkästchen Fangmodus ein und stellen Sie sicher, dass im Bereich Fangtyp die Optionsschaltfläche Rasterfang aktiviert ist (siehe Abbildung 3.3). Bestätigen Sie die Einstellungen mit OK.

> ◀ Der Rasterabstand entspricht in der Regel dem Fangabstand oder einem Vielfachen des Fangabstands.

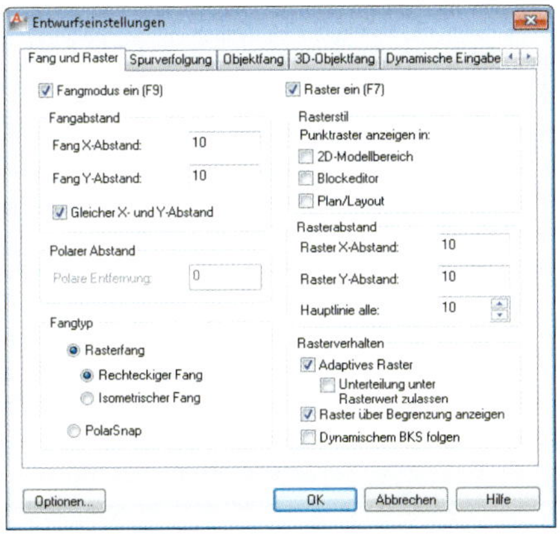

3.3 Rasterabstand definieren und Rasterfang aktivieren

5. Klicken Sie auf der Registerkarte Start in der Gruppe Zeichnen auf die Schaltfläche Linie. Klicken Sie in der linken unteren Ecke der Zeichnungsfläche auf einen Rasterpunkt der dunklen Hauptrasterlinie, um den ersten Linienpunkt zu definieren. Klicken Sie 600 mm über dem ersten Punkt auf den sechsten Hilfsrasterpunkt, um den zweiten Linienpunkt zu definieren. Klicken Sie mit der rechten Maustaste, um den Linienbefehl zu beenden. Die gezeichnete Linie ist aufgrund des Rasters nur schwer zu erkennen.

6. Klicken Sie in der Statusleiste auf die Schaltfläche Linienstärke anzeigen/ausblenden, sodass sie in Blau angezeigt wird. Die gezeichnete Linie ist auch wegen der dünnen Standardlinienstärke schlecht zu erkennen.

In Kapitel 6 erfahren Sie, wie Sie die Linienstärke auf Layern steuern.

7. Klicken Sie mit der rechten Maustaste auf die Schaltfläche Linienstärke anzeigen/ausblenden und wählen Sie im Kontextmenü den Eintrag Einstellungen. Wählen Sie im Dropdown-Menü Vorgabe den Eintrag 0.40 mm (siehe Abbildung 3.4) und bestätigen Sie mit OK. Die in Schritt 4 gezeichnete Linie wird jetzt deutlich dicker angezeigt und ist daher auch besser zu erkennen.

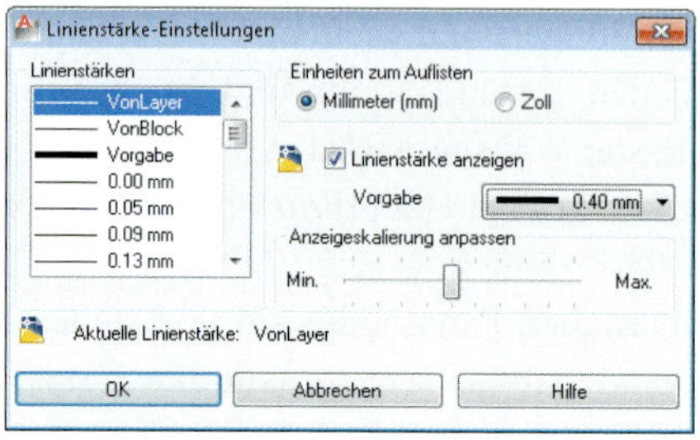

3.4 Die Standardlinienstärke ändern

8. Geben Sie `l` ein und drücken Sie zweimal die Enter-Taste, um die Linie vom letzten Punkt an fortzusetzen. Schalten Sie in der Statusleiste die Rasteranzeige aus und die dynamische Eingabe an. Verschieben Sie den Cursor vom zuletzt definierten Linienpunkt horizontal nach rechts. Beachten Sie, dass der Abstand von der Fangfunktion in Schritten von 10 mm angezeigt werden. Der Rasterfang kann also auch ohne angezeigtes Raster eingesetzt werden. Das Raster stellt eigentlich nur eine optische Hilfe dar. Wenn die dynamische Eingabe 600 anzeigt, klicken Sie in die Zeichnungsfläche, wie in Abbildung 3.5 zu sehen ist. Drücken Sie ESC, um den Linienbefehl zu beenden.

Transparente Befehle

Die Umschalter in der Statusleiste können ein- und ausgeschaltet und ihre Einstellungen können angepasst werden, während ein anderer Befehl gerade ausgeführt wird. Befehle, die während der Ausführung eines anderen Befehls ablaufen, werden *transparente Befehle* genannt. Um Befehle transparent auszuführen, stellen Sie ihnen einen Apostroph (') voran. Wenn Sie während des Zeichnens einer Linie beispielsweise `'raster` eingeben und die Enter-Taste drücken, läuft der Befehl RASTER transparent im Hintergrund ab. Nach seiner Ausführung wird der Befehl LINIE fortgesetzt. Im Befehlsfenster sieht das folgendermaßen aus:

```
Befehl: l
LINIE Ersten Punkt angeben: ' raster
>>Rasterwert (X) angeben oder [ Ein/AUs/Fang/Haupt/aDaptiv/Limiten/fOlgen/ASpekt]
<5.000>:
Nehme LINIE-Befehl wieder auf.
Ersten Punkt angeben:
```

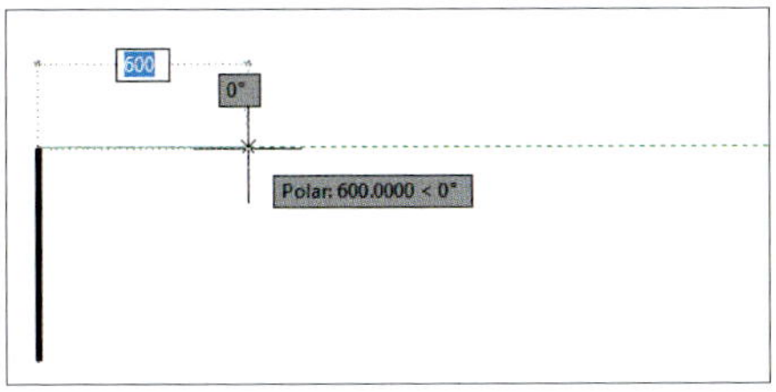

3.5 Die Fangfunktion mit der dynamischen Eingabe – Abstände ohne Eingabe messen

9. Speichern Sie Ihre Arbeit unter dem Dateinamen »Kap03-A.dwg«.

Ortho-Modus und Spurverfolgung

Der Ortho-Modus unterstützt Sie beim Zeichnen orthogonaler Linien, das heißt, die Linien werden nur horizontal oder vertikal von der letzten Position aus positioniert. Die Spurverfolgung ist da flexibler. Hier können Linien in einem Vielfachen eines zuvor definierten Winkels gezeichnet werden. Ein Menü mit gängigen Winkeln ist im Kontextmenü zur Umschalterschaltfläche Spurverfolgung enthalten, beispielsweise 45°, 30°, 22.5°, 10° und so weiter. Die beiden Zeichnungshilfen entsprechen dem Geodreieck und dem Winkelsatz beim Konstruieren am Zeichenbrett.

> Wird die Spurverfolgung auf 90° gesetzt, entspricht sie dem Ortho-Modus.

Zeichnen Sie im Folgenden unter Verwendung der Zeichnungshilfen Ortho-Modus und Spurenverfolgung eine Reihe von Liniensegmenten. Sollen die Linien in einem Winkel von 90° fortgesetzt werden, aktivieren Sie den Ortho-Modus. Für das Zeichnen in einem anderen Winkel wird die Spurverfolgung eingeschaltet.

1. Öffnen Sie gegebenenfalls die gerade erstellte Datei »Kap03-A.dwg« oder wechseln Sie auf der Downloadseite zum Buch (`www.wiley-vch.de/publish/dt/books/ISBN978-3-527-76013-8`) zu Kapitel 3, laden Sie die Dateien herunter und öffnen Sie die Datei »Kap03-A.dwg« in AutoCAD.
2. Geben Sie `l` ein und drücken Sie zweimal die Enter-Taste, um am letzten Linienpunkt mit dem Zeichnen fortzufahren. (Sollten Sie neu mit der Datei beginnen, geben Sie `l` ein und drücken ein Mal die Enter-Taste. Halten Sie dann die Shift-Taste gedrückt, klicken Sie mit der rechten Maustaste auf die Zeichnungsfläche und dann auf den Eintrag Endpunkt, um den Objektfang Endpunkt zu aktivieren. Klicken Sie abschließend auf den rechten Endpunkt der letzten Linie.)
3. Drücken Sie F9, um den Fangmodus auszuschalten.
4. Drücken Sie F8, um den Ortho-Modus einzuschalten.

5. Verschieben Sie den Cursor vom letzten Punkt aus nach unten, geben Sie `240` ein und drücken Sie die Enter-Taste. Der Ortho-Modus sorgt dafür, dass die Linie im eingegebenen Abstand vertikal im 90°-Winkel nach unten verläuft (siehe Abbildung 3.6). Der Fangmodus wird hier überflüssig. Bei der direkten Abstandseingabe brauchen Sie das Komma für das kartesische Koordinatensystem oder das Winkelzeichen für das Polarkoordinatensystem nicht einzugeben.

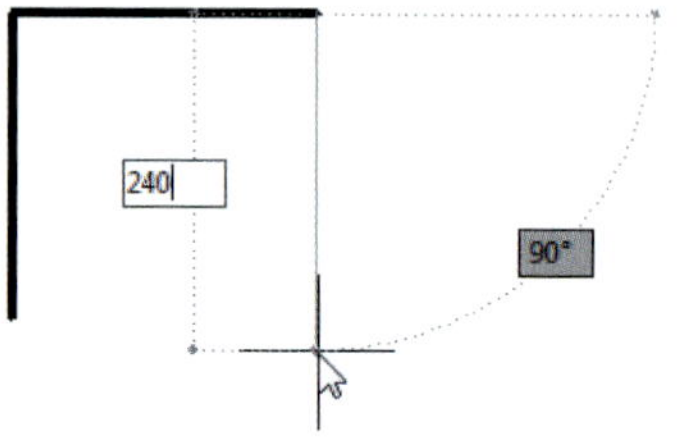

3.6 Eine Linie mit eingeschaltetem Ortho-Modus und direkter Abstandseingabe zeichnen

zertifizierungs-relevant

6. Schalten Sie den Ortho-Modus aus und die Spurverfolgung ein. Klicken Sie dazu in der Statusleiste auf die entsprechenden Schaltflächen. Klicken Sie mit der rechten Maustaste auf die Schaltfläche Spurverfolgung und wählen Sie im Kontextmenü den Eintrag 45.00.

7. Verschieben Sie den Cursor in der Zeichnungsfläche und beachten Sie die lange grün gestrichelte Linie, die jeweils an acht Stellen um einen Kreis (in 45°-Winkeln) angezeigt wird. Verschieben Sie den Cursor vom letzten Punkt aus nach rechts, geben Sie `600` ein und drücken Sie die Enter-Taste (siehe Abbildung 3.7). Drücken Sie ESC, um den Linienbefehl zu beenden.

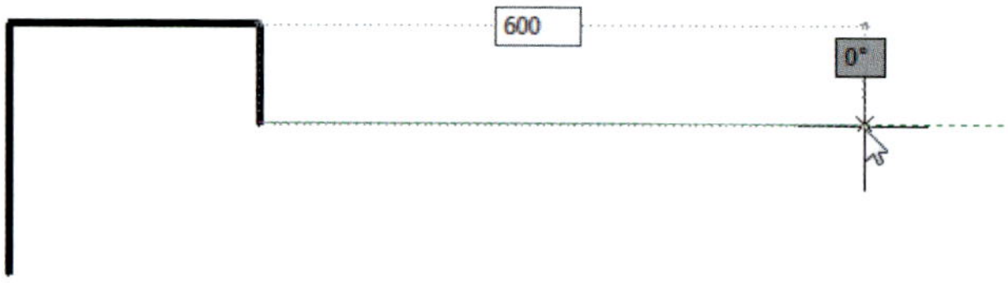

3.7 Eine Linie mit eingeschalteter Spurverfolgung und direkter Abstandseingabe zeichnen

8. Speichern Sie Ihre Arbeit unter dem Dateinamen »Kap03-B.dwg«.

Genau wie der Ortho-Modus stellt die Spurverfolgung sicher, dass die letzte Linie präzise mit dem angegebenen Abstand gezeichnet wurde. Sie mussten dabei lediglich den Cursor in die ungefähre Richtung bewegen, in der Sie die Linie zeichnen wollten. Der eingeschaltete Ortho-Modus beziehungsweise die aktivierte Spurverfolgung macht die Eingabe von Winkeln oder Koordinatenwerte überflüssig. Sie müssen sich dann über Koordinatensysteme überhaupt keine Gedanken mehr machen.

PolarSnap

Der PolarSnap ist ein Fangmodus, der für die Spurverfolgung angepasst ist. Anstatt wie der Rasterfang an ein räumliches Raster gebunden zu sein, basiert PolarSnap auf relativen polaren Koordinaten. Wie Sie in den folgenden Schritten sehen werden, eignet sich PolarSnap für das Zeichnen von Linien mit Längenangaben, die nicht senkrecht oder horizontal verlaufen.

1. Öffnen Sie gegebenenfalls die gerade erstellte Datei »Kap03-B.dwg« oder laden Sie sie von der Webseite zum Buch herunter und öffnen Sie sie in AutoCAD.

2. Klicken Sie in der Statusleiste auf die Schaltfläche Fangmodus, um den Modus einzuschalten. Klicken Sie mit der rechten Maustaste auf die Schaltfläche und wählen Sie im Kontextmenü den Eintrag Einstellungen.

3. Aktivieren Sie im Dialogfeld Entwurfseinstellungen im Bereich Fangtyp die Optionsschaltfläche PolarSnap und geben Sie im Textfeld Polare Entfernung `10` ein (siehe Abbildung 3.8). Bestätigen Sie die Einstellungen mit OK.

zertifizierungs-relevant

> Solange Sie keine polare Entfernung in den Einstellungen eingeben, entspricht die Schrittweite des PolarSnap dem Wert des Fang X-Abstands.

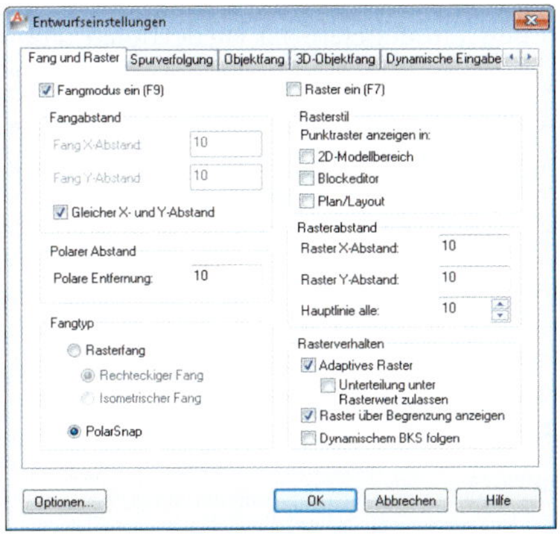

3.8 **PolarSnap aktivieren**

4. Geben Sie `l` ein und drücken Sie zweimal die Enter-Taste, um die Zeichnung vom letzten Punkt aus fortzusetzen. (Sollten Sie neu mit der Datei beginnen, geben Sie `l` ein und drücken ein Mal die Enter-Taste. Halten Sie dann die Shift-Taste gedrückt, klicken Sie mit der rechten Maustaste auf die Zeichnungsfläche und dann auf den Eintrag Endpunkt, um den Objektfang Endpunkt zu aktivieren. Klicken Sie abschließend auf den rechten Endpunkt der letzten Linie.)

5. Bewegen Sie den Cursor vom letzten Punkt aus im 45°-Winkel nach unten und betrachten Sie die Fangwerte in der dynamischen Eingabeaufforderung. Klicken

Sie in die Zeichnungsfläche, sobald der Wert 150 angezeigt wird (siehe Abbildung 3.9). Beim Arbeiten mit Spurverfolgung und PolarSnap sind keine Eingaben mehr erforderlich.

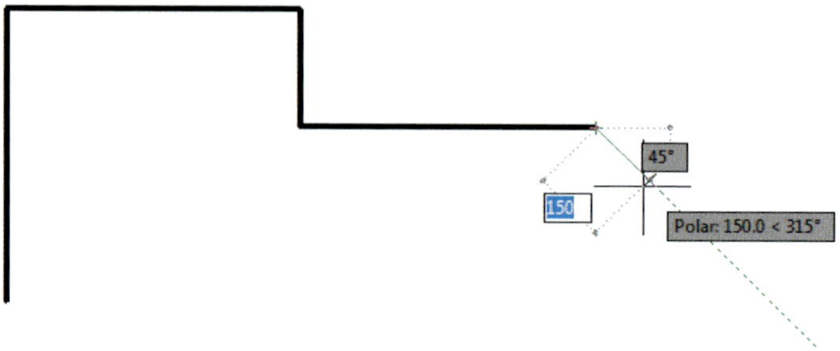

3.9 Eine Linie mit Spurverfolgung und PolarSnap zeichnen

6. Bewegen Sie den Cursor nach unten und klicken Sie, wenn die QuickInfo den Wert 300 anzeigt. Klicken Sie mit der rechten Maustaste, um den Linienbefehl zu beenden.
7. Drücken Sie die Leertaste, um den Linienbefehl zu wiederholen. Halten Sie die Shift-Taste gedrückt und klicken Sie mit der rechten Maustaste, um das Objektfang-Kontextmenü zu öffnen. Wählen Sie den Eintrag Endpunkt und klicken Sie anschließend auf den unteren Endpunkt der senkrechten Linie ganz links.
8. Klicken Sie in der Statusleiste auf die Schaltfläche Spurverfolgung, um PolarSnap auszuschalten.
9. Verschieben Sie den Cursor in der Horizontalen nach rechts, bis er über die in Schritt 5 gezeichnete Linie hinausgeht. Klicken Sie, um die Linie ohne Beachtung ihrer Länge zu zeichnen (siehe Abbildung 3.10). Klicken Sie mit der rechten Maustaste, um den Befehl zu beenden.

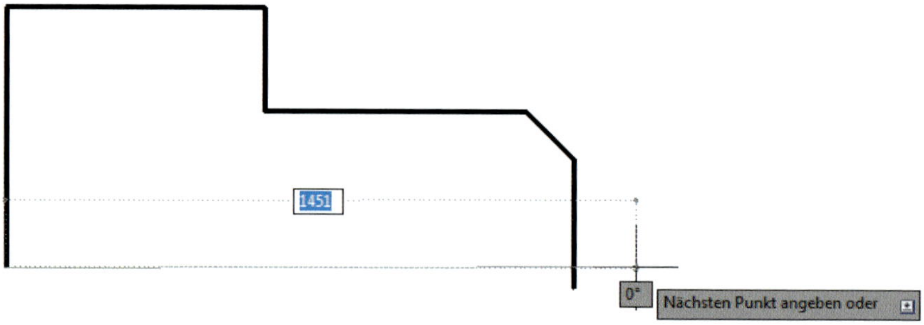

3.10 Eine Linie zeichnen, die über die vertikale Linie hinausragt.

10. Geben Sie `abrunden` ein und drücken Sie die Enter-Taste. Prüfen Sie im Befehlsfenster, dass der Radius auf 0 gesetzt ist. Klicken Sie dann in den vertikalen und horizontalen Linien auf die Bereiche, die erhalten bleiben sollen (in Abbildung 3.11 mit A und B gekennzeichnet). Die überstehenden Linienenden werden gestutzt.

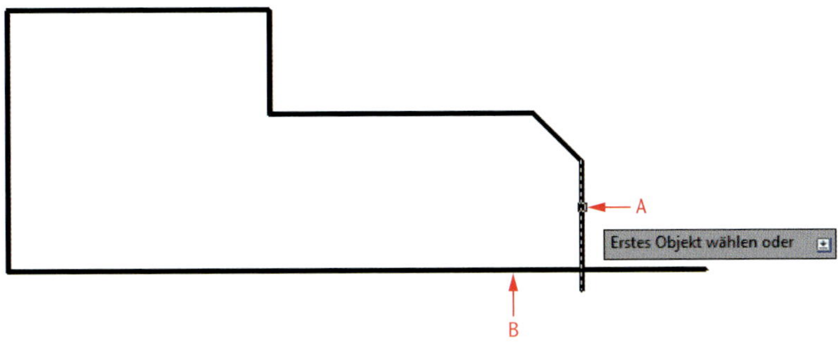

3.11 Eine Ecke mit einem Radius von null konstruieren

11. Speichern Sie Ihre Arbeit unter dem Dateinamen »Kap03-C.dwg«.

Laufende Objektfänge

Die Linien, die Sie im vorherigen Abschnitt gezeichnet haben, sind alle präzise miteinander verbunden, da der letzte Punkt eines jeden Liniensegments als Anfangspunkt für das nächste Segment beim Zeichnen verwendet wurde. Abgesehen von dieser speziellen Situation müssen Linien in der Regel mit dem Zeichnungshilfsmittel Objektfang verbunden werden, um eine saubere Verbindung zu gewährleisten.

In Kapitel 2 haben Sie bereits das Objektfang-Kontextmenü kennengelernt. Es soll hier als Ausgangspunkt zum Erlernen einer effizienteren Methode dienen, dem sogenannten *laufenden Objektfang*. Wie die folgenden Schritte zeigen, können häufig verwendete Objektfänge mithilfe von laufenden Objektfängen fest eingestellt werden. So müssen Sie sie nicht immer wieder explizit für jeden Objektfang aufrufen.

1. Öffnen Sie gegebenenfalls die gerade erstellte Datei »Kap03-C.dwg« oder laden Sie sie von der Webseite zum Buch herunter und öffnen Sie sie in AutoCAD.

2. Schalten Sie die Spurverfolgung ein und den Objektfang aus. Zeichnen Sie mit den Punkten A und B aus Abbildung 3.12 eine Linie. Klicken Sie auf jeden Punkt so sorgfältig wie nur möglich. Sie werden feststellen, dass es ohne Objektfang nicht einwandfrei funktioniert. Drücken Sie ESC, um den Linienbefehl zu beenden.

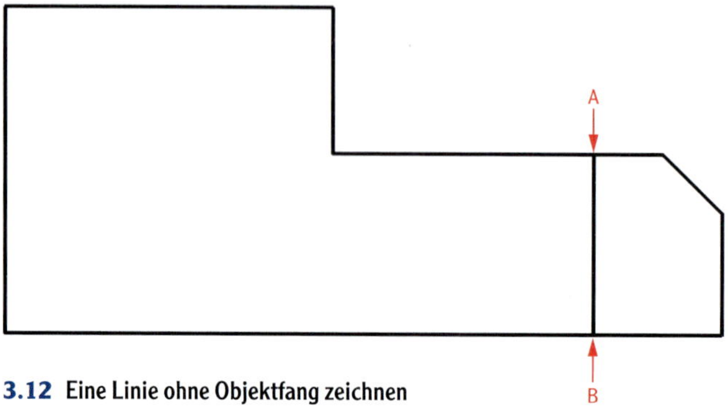

3.12 Eine Linie ohne Objektfang zeichnen

3. Geben Sie `zoom` ein und drücken Sie die Enter-Taste. Klicken Sie auf zwei Punkte um Punkt A herum, um diesen Bereich zu vergrößern. Vergrößern Sie bei Bedarf weiter, bis Sie erkennen können, dass sich der Endpunkt der gerade gezeichneten Linie nicht auf der horizontalen Linie befindet (siehe Abbildung 3.13). Egal wie sorgfältig Sie im vorherigen Schritt auf Punkt A geklickt haben, wird der Endpunkt der neu gezeichneten Linie nie wirklich exakt anliegen. Die Linie ist entweder zu kurz oder steht über.

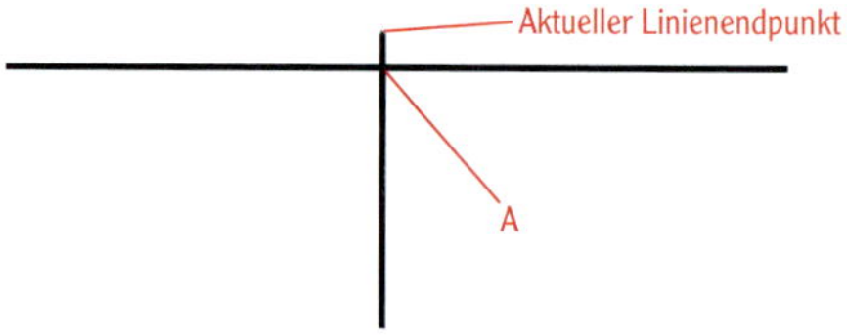

3.13 In der Vergrößerung ist zu sehen, dass sich die Linien nicht präzise treffen.

Im Objektfang-Kontextmenü können Sie jeweils nur einen Objektfangtyp aktivieren. Mithilfe der Entwurfseinstellungen ist es dagegen möglich, eine erweiterte Objektfangauswahl zu treffen

4. Wählen Sie in der Navigationsleiste im Zoom-Menü den Eintrag Zoom Vorher. Klicken Sie bei Bedarf so lange auf die Schaltfläche Zoom Vorher, bis die Originaldarstellung wiederhergestellt ist.
5. Klicken Sie auf die in Schritt 3 gezeichnete Linie und drücken Sie die Entf-Taste.

zertifizierungsrelevant

6. Schalten Sie in der Statusleiste den Umschalter Objektfang ein. Klicken Sie mit der rechten Maustaste auf die Schaltfläche und wählen Sie im Kontextmenü den Eintrag Einstellungen. Klicken Sie im Dialogfeld Entwurfseinstellungen auf die Schaltfläche Alle löschen, um alle aktivierten Kontrollkästchen zu deaktivieren. Aktivieren Sie dann die Kontrollkästchen Endpunkt, Mittelpunkt und Lot als laufende Objektfänge (siehe Abbildung 3.14) und bestätigen Sie mit OK.

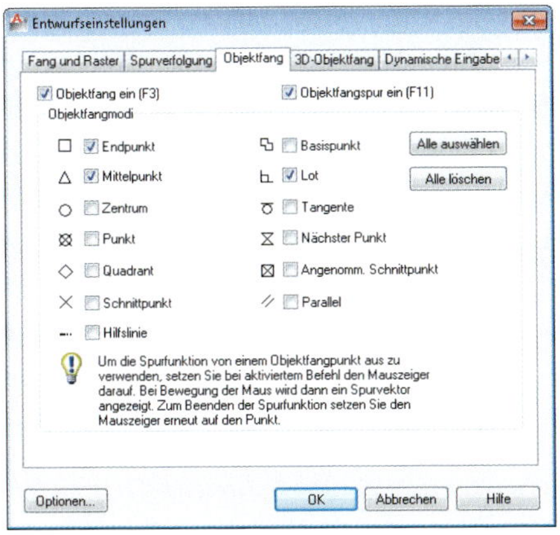

3.14 **Mehrere laufende Objektfangmodi aktivieren**

7. Schalten Sie in der Statusleiste die Spurverfolgung und die dynamische Eingabe aus. Klicken Sie auf der Registerkarte Start in der Gruppe Zeichnen auf die Schaltfläche Linie. Verschieben Sie den Cursor in die Nähe von Punkt A aus Abbildung 3.15 und warten Sie, bis die grüne Endpunktmarkierung eingeblendet wird. Klicken Sie dann, um den ersten Linienpunkt exakt an diesem Punkt einzurasten.

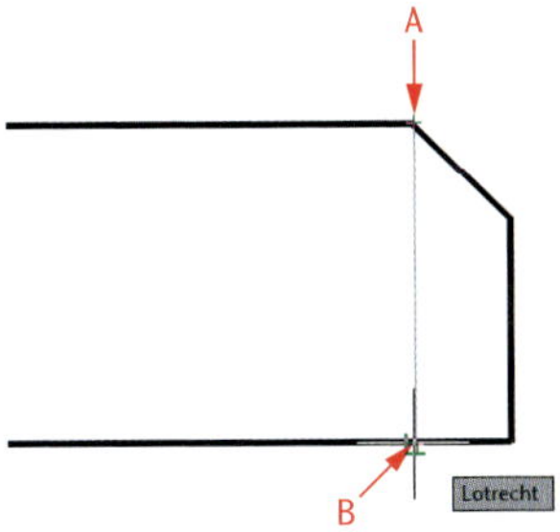

3.15 **Eine Linie mit laufenden Objektfängen zeichnen**

8. Verschieben Sie den Cursor zu Punkt B und warten Sie, bis die grüne Lotmarkierung eingeblendet wird. Klicken Sie dann in die Zeichnungsfläche, um den zweiten Linienpunkt zu definieren. Drücken Sie ESC, um den Befehl zu beenden. Die gezeichnete Linie rastet mithilfe der laufenden Objektfänge präzise an beiden Endpunkten ein.

9. Vergrößern Sie den Bereich um einen Verbindungspunkt herum und prüfen Sie die exakte Verbindung der Linien. Klicken Sie danach in der Navigationsleiste auf die Schaltfläche Zoom Vorher, um zur Originaldarstellung zurückzuschalten.

◀ Sie müssen den Cursor nicht exakt auf den Punkt setzen, der das geometrische Lot zu Punkt A darstellt. Sobald die Lotmarkierung angezeigt wird, berechnet AutoCAD den gewünschten Punkt.

> Der Objektfang Nächster sollte mit Bedacht als laufender Objektfang eingesetzt werden, da es damit zu Konflikten mit anderen Fangmodi kommen kann. Wählen Sie im Objektfang-Kontextmenü den Eintrag Keiner, um alle laufenden Objektfänge aufzuheben, ohne einen neuen zu setzen.

10. Geben Sie `l` ein und drücken Sie die Enter-Taste. Halten Sie die Shift-Taste gedrückt und klicken Sie mit der rechten Maustaste, um das Objektfang-Kontextmenü zu öffnen. Wählen Sie dort den Eintrag Nächster. Objektfänge, die im Kontextmenü aktiviert werden, heben alle aktuell eingestellten laufenden Objektfänge vorübergehend auf. Klicken Sie auf Punkt A (siehe Abbildung 3.16). Mit dem Objektfang Nächster ist gewährleistet, dass die neue Linie in unmittelbarer Nähe des gewählten Punktes mit der horizontalen Linie verbunden wird.

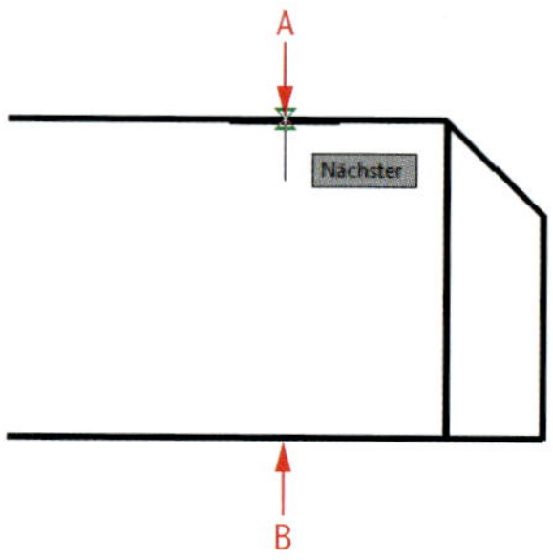

3.16 Laufende Objektfänge durch den Objektfang Nächster ersetzen

11. Zeigen Sie auf Punkt B (siehe Abbildung 3.16) und klicken Sie, sobald die Lotmarkierung eingeblendet wird. Drücken Sie ESC, um den Linienbefehl zu beenden.

12. Speichern Sie Ihre Arbeit unter dem Dateinamen »Kap03-D.dwg«.

Objektfang »Von«

Was passiert, wenn das Einrasten nicht an einem vorhandenen geometrischen Punkt (wie Endpunkt, Mittelpunkt, Schnittpunkt), sondern in einem festgelegten Abstand und in einer definierten Richtung erfolgen soll? Dann arbeiten Sie mit dem Objektfang Von. Führen Sie dazu die folgenden Schritte aus:

1. Öffnen Sie gegebenenfalls die gerade erstellte Datei »Kap03-D.dwg« oder laden Sie sie von der Webseite zum Buch herunter und öffnen Sie sie in AutoCAD.

2. Geben Sie `l` ein und drücken Sie die Enter-Taste. Halten Sie die Shift-Taste gedrückt und klicken Sie mit der rechten Maustaste, um das Objektfang-Kontextmenü zu öffnen. Wählen Sie dort den Eintrag Von aus.

3. Klicken Sie auf Punkt A (siehe Abbildung 3.17). Das ist der Punkt, ab dem das Einrasten in eine Richtung und einem Winkel erfolgen soll. Geben Sie @150<0 für die Verschiebung zum ersten Punkt ein und drücken Sie die Enter-Taste.

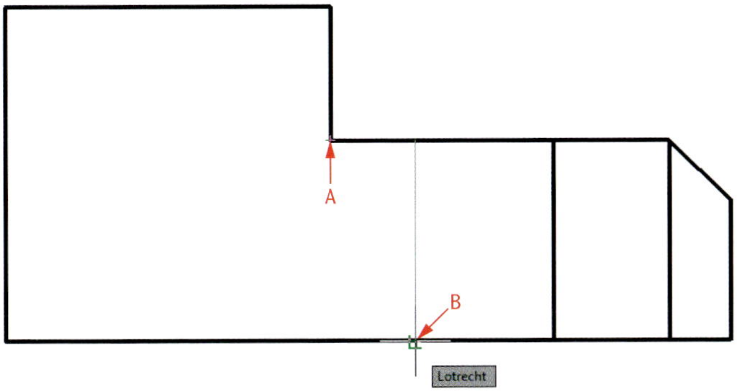

3.17 Eine Linie mit dem Objektfang Von zeichnen

4. Zeigen Sie auf Punkt B und warten Sie, bis die Lotmarkierung für den laufenden Objektfang eingeblendet wird. Klicken Sie dann auf Punkt B (siehe Abbildung 3.17). Drücken Sie ESC, um den Linienbefehl zu beenden. Sie haben eine Linie gezeichnet, die genau 150 mm rechts neben dem Eckpunkt liegt.
5. Wählen Sie die gerade gezeichnete Linie aus und drücken Sie die Entf-Taste.
6. Speichern Sie Ihre Arbeit unter dem Dateinamen »Kap03-E.dwg«.

Objektfangspur

Mit der Zeichnungshilfe Objektfangspur kann das Einrasten an einem Punkt erfolgen, der einen geometrischen Bezug zu zwei oder mehr Einrastpunkten aufweist. Die folgenden Schritte zeigen, dass Sie mit diesem Verfahren viel Zeit sparen, weil damit das Zeichnen von temporären Konstruktionslinien überflüssig wird, die später wieder gelöscht werden müssten.

1. Öffnen Sie gegebenenfalls die gerade erstellte Datei »Kap03-E.dwg« oder laden Sie sie von der Webseite zum Buch herunter und öffnen Sie sie in AutoCAD.

2. Klicken Sie auf der Registerkarte Start in der Gruppe Zeichnen auf die Schaltfläche Kreis.

3. Klicken Sie in der Statusleiste auf die Schaltfläche Objektfangspur, um die Zeichnungshilfe einzuschalten. Prüfen Sie in der Statusleiste, ob der Ortho-Modus eingeschaltet ist. (Wenn nicht, drücken Sie F8.)

zertifizierungs-relevant

4. Zeigen Sie auf Punkt A (siehe Abbildung 3.18). Wenn die Mittelpunktmarkierung des laufenden Objektfangs angezeigt wird, verschieben Sie den Cursor horizontal

nach rechts, um die erste Objektfangspur einzurichten. Klicken Sie aber noch nicht.

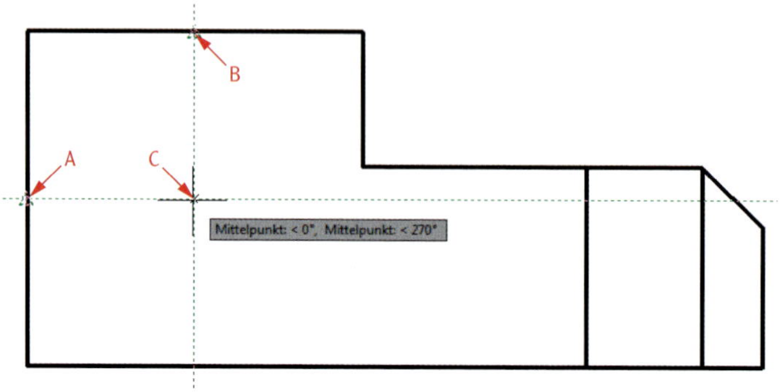

3.18 **Den Mittelpunkt eines Kreises mithilfe von Objektfangspuren ermitteln**

5. Zeigen Sie auf Punkt B (siehe Abbildung 3.18) und warten Sie, bis die Mittelpunktmarkierung eingeblendet wird. Bewegen Sie den Cursor vertikal nach unten, um die zweite Objektfangspur einzurichten. Klicken Sie aber noch nicht.
6. Verschieben Sie den Cursor so lange nach unten, bis sich die beiden Spuren kreuzen. Klicken Sie dann auf den Mittelpunkt für den Kreis (Punkt C in Abbildung 3.18). Geben Sie `220` ein und drücken Sie die Enter-Taste, um einen Kreis mit einem Radius von 220 mm zu zeichnen.
7. Klicken Sie auf der Registerkarte Start in der Gruppe Zeichnen auf die Schaltfläche Rechteck. Zeigen Sie auf die Endpunktmarkierung A aus Abbildung 3.19 und bewegen Sie den Cursor ohne zu klicken nach unten, um die erste Objektfangspur einzurichten.

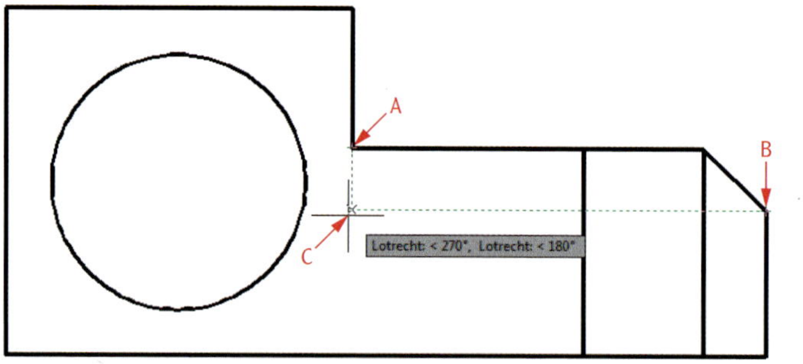

3.19 **Den ersten Eckpunkt eines Rechtecks mit Objektfangspuren ermitteln**

8. Zeigen Sie auf Punkt B (siehe Abbildung 3.19). Bewegen Sie den Cursor horizontal nach links, bis die zweite Spur auf die erste trifft. Klicken Sie auf diesen Schnitt-

punkt (Punkt C in Abbildung 3.19), um die erste Ecke des Rechtecks zu definieren.

9. Geben Sie `@280,-160` ein und drücken Sie die Enter-Taste. Das Rechteck wird gezeichnet (siehe Abbildung 3.20).

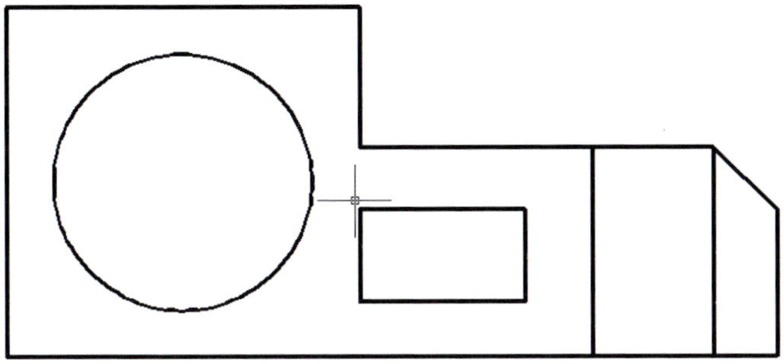

3.20 **Ein fertiggestelltes mechanisches Teil**

10. Schalten Sie in der Statusleiste die Funktion Linienstärke anzeigen/ausblenden aus.

11. Speichern Sie Ihre Arbeit unter dem Dateinamen »Kap03-F.dwg«. Die bereits fertiggestellte gleichnamige Datei finden Sie bei Bedarf unter `www.wiley-vch.de/publish/dt/books/ISBN978-3-527-76013-8` auf der Downloadseite zu Kapitel 3.

Zusammenfassung und Ausblicke

In diesem Kapitel haben Sie die folgenden Zeichnungshilfsmittel zum Erstellen von präzisen Zeichnungen kennengelernt: Raster und Rasterfang, Ortho-Modus und Spurverfolgung, PolarSnap, laufende Objektfänge, Objektfang »Von« sowie Objektfangspur. Diese Methoden werden Sie im Laufe der Arbeit mit AutoCAD verinnerlichen und Sie werden genau erkennen, welche Zeichnungshilfe für die jeweilige geometrische Aufgabe am besten passt.

Zusätzliche Übung

Zeichnen Sie die folgende Grafik mit den angegebenen Abständen. Wenden Sie dabei die in diesem Kapitel vorgestellten Zeichnungshilfsmittel an, um die Grafik präzise anzufertigen. Die fertige Zeichnung »Kap03-weitere-Übungen.dwg« finden Sie bei Bedarf unter `www.wiley-vch.de/publish/dt/books/ISBN978-3-527-76013-8` auf der Downloadseite zu Kapitel 3.

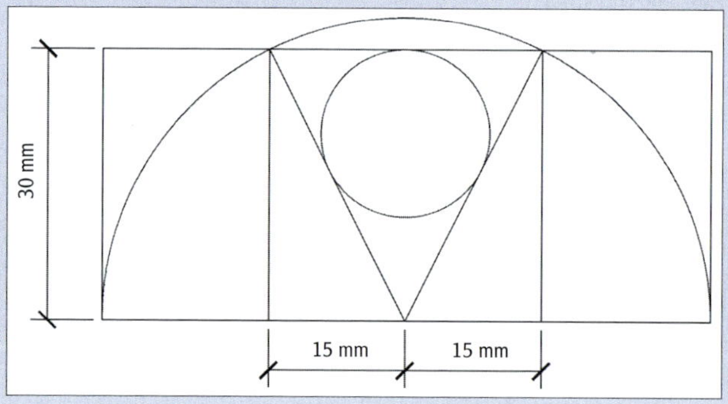

Objekte bearbeiten

Beim Zeichnen in AutoCAD geht es nicht nur um das Erstellen von Linien, Rechtecken, Kreisen und sonstigen Formen. Die meiste Zeit werden Sie mit dem Bearbeiten von Objekten verbringen. Zu den grundlegenden Bearbeitungsverfahren gehören das Verschieben, Kopieren, Drehen und Skalieren von Formen. Aber AutoCAD stellt auch komplexere Bearbeitungswerkzeuge zur Verfügung. Hierzu gehören unter anderem das Stutzen, Dehnen, Verlängern, Strecken, Versetzen, Spiegeln sowie die Befehle BRUCH, VERBINDEN und AUFRÄUM.

In diesem Kapitel

- Objekte auswählen
- Verschieben und Kopieren
- Drehen und Skalieren
- Anordnungen bilden
- Stutzen und Dehnen
- Verlängern und Strecken
- Versetzen und Spiegeln
- Objektbearbeitung mit Griffen

Objekte auswählen

Alle Bearbeitungsbefehle können auf ein oder mehrere Zeichnungsobjekte wie Linien, Kreise, Bogen, Ellipsen etc. angewendet werden. In komplexen Zeichnungen müssen Sie überlegen, wie Sie nur die zu bearbeitenden Objekte auswählen, um die übrigen Elemente unverändert zu lassen. Im Folgenden werden Sie eine Reihe von Verfahren kennenlernen, mit denen Sie Objekte in die *Objektauswahl* aufnehmen beziehungsweise aus der Auswahl entfernen. Unter Auswahl versteht man alle ausgewählten Objekte, auf die der jeweilige Änderungsbefehl angewendet werden soll.

Objektauswahl an der Eingabeaufforderung »Objekte wählen«

Damit Objekte bearbeitet werden können, müssen sie zunächst ausgewählt werden. In komplexen Zeichnungen wäre es äußerst mühsam, wenn Sie auf jedes einzelne zu bearbeitende Objekt klicken müssten. Im Folgenden lernen Sie daher verschiedene Methoden zum Auswählen von Objekten an der Eingabeaufforderung `Objekte wählen` kennen, die mit jedem Änderungsbefehl angezeigt wird.

1. Wechseln Sie auf der Downloadseite zum Buch (`www.wiley-vch.de/publish/dt/books/ISBN978-3-527-76013-8`) zu Kapitel 4, laden Sie die Dateien herunter und öffnen Sie die Datei »Kap04-A.dwg« in AutoCAD.
2. Vergrößern Sie die Treppe A im Zentrum des Gebäudes.
3. Schalten Sie bei Bedarf in der Statusleiste die dynamische Eingabe ein.
4.  Klicken Sie auf der Registerkarte Start in der Gruppe Ändern auf die Schaltfläche Löschen. Die Eingabeaufforderung lautet:

   `Objekte wählen:`

zertifizierungs-relevant

5. Klicken Sie auf Punkt A und B aus Abbildung 4.2. Beachten Sie, dass ein durchsichtiger, blauer Auswahlbereich zwischen diesen beiden Punkten eingeblendet wird. Man nennt diese Methode *Fensterauswahl*. Alle Objekte, die vollständig innerhalb des Auswahlbereichs liegen, sind nun ausgewählt. Die Auswahl in diesem Beispiel beinhaltet die Treppenpfeile, die Handläufe und drei Linien, die die Treppenstufen darstellen.

> Sie können die Auswahl entweder durch Klicken auf zwei Punkte oder durch Klicken und Ziehen durchführen.

6. Geben Sie `e` (für Entfernen) ein und drücken Sie die Enter-Taste. Die Eingabeaufforderung lautet:

   `Objekte entfernen:`

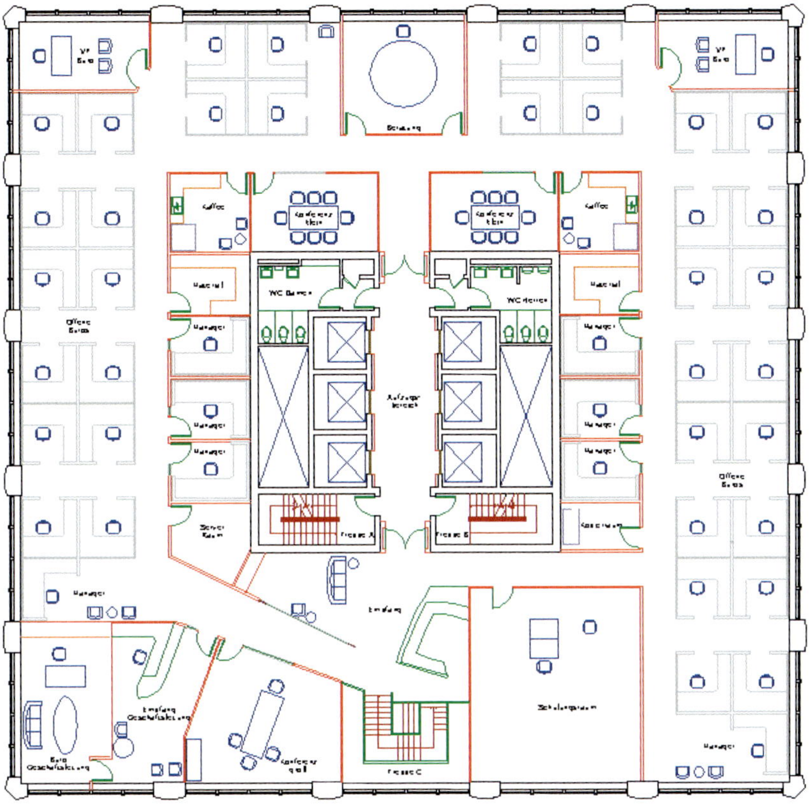

4.1 Bürogebäude

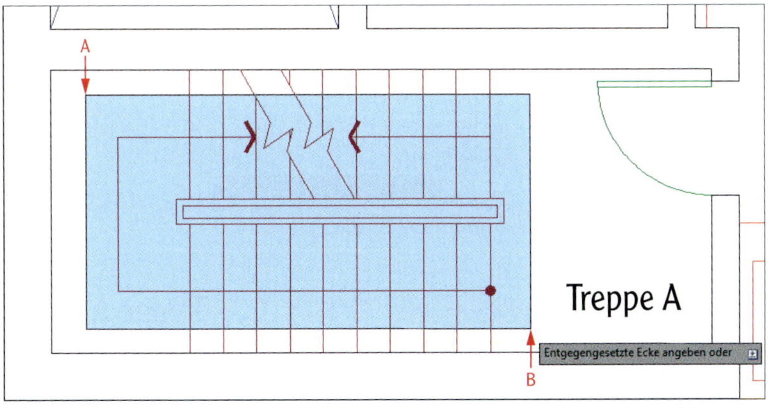

4.2 Fensterauswahl

zertifizierungs-relevant

7. Klicken Sie auf Punkt A und B, wie in Abbildung 4.3 zu sehen ist. Wenn Sie rechts auf den ersten Punkt, Punkt A, klicken und den Cursor nach links in Richtung Punkt B bewegen, wird ein durchsichtiger, grüner Auswahlbereich zwischen den beiden Punkten eingeblendet. Man nennt diese Methode *kreuzende Auswahl*. Alle Objekte, die vollständig innerhalb dieser Auswahl liegen oder von der Auswahl gekreuzt werden, sind nun ausgewählt. Diese kreuzende Auswahl führt zum Entfernen des Handlaufs und zweier Stufen, da die Auswahl an der Eingabeaufforderung `Objekte entfernen:` durchgeführt wurde.

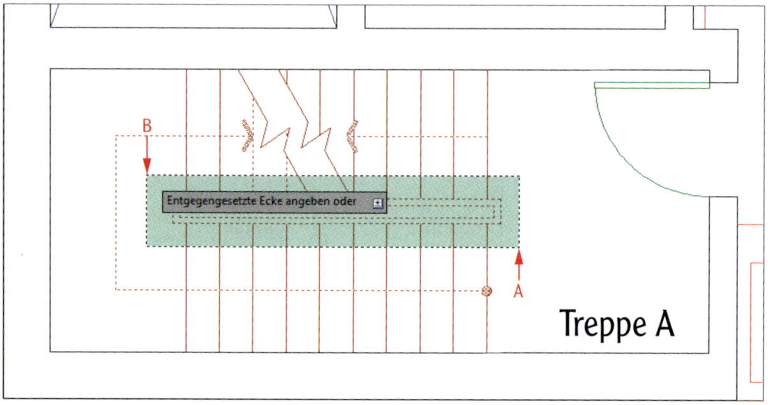

4.3 Kreuzende Auswahl

8. Klicken Sie auf Punkt A und B, wie in Abbildung 4.4 zu sehen ist. Mit dieser Fensterauswahl wird das kurze, in der Bruchlinie eingeschlossene Liniensegment zum Löschen ausgewählt.

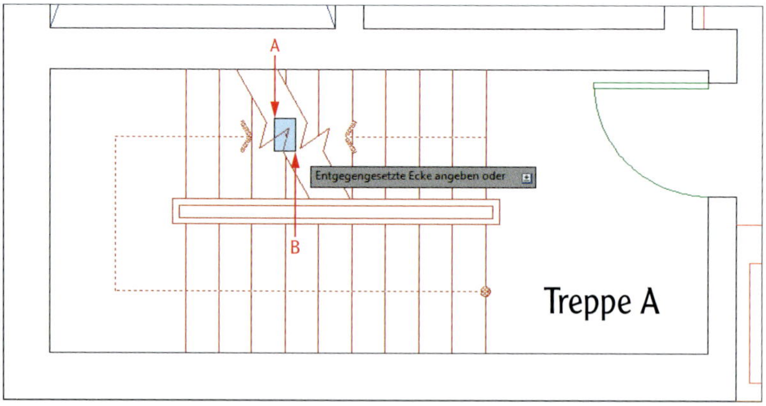

4.4 Eine kurze Linie aus der Fensterauswahl entfernen

zertifizierungs-relevant

9. Geben Sie h (für Hinzufügen) ein und drücken Sie die Enter-Taste. Die Eingabeaufforderung lautet:

   `Objekte wählen:`

10. Klicken Sie auf jede einzelne Bruchlinie, um sie in die Auswahl aufzunehmen. Hierfür genügen zwei Klicks, da beide Bruchlinien als Polygon dargestellt werden.

11. Halten Sie die Shift-Taste gedrückt und klicken Sie erneut auf die Bruchlinie. Sie werden aus der Auswahl entfernt, ohne dass die Eingabeaufforderung `Objekte entfernen:` angezeigt wird.

12. Drücken Sie ESC, um den Löschbefehl abzubrechen.

Objektauswahl vor der Befehlsauswahl

Sie müssen die Objektauswahl nicht unbedingt nach Wahl eines Bearbeitungsbefehls an der Eingabeaufforderung `Objekte wählen:` treffen. Sie können stattdessen auch zunächst die Objektauswahl unabhängig davon definieren, welchen Befehl Sie anschließend wählen werden. (In der dynamischen Eingabe werden zusätzliche QuickInfos zur Verfügung gestellt, wenn Sie zuerst eine Objektauswahl treffen.)

1. Schalten Sie gegebenenfalls in der Statusleiste die dynamische Eingabe ein.

2. Klicken Sie auf Punkt A (siehe Abbildung 4.5). Drücken Sie die Taste mit dem Pfeil nach unten, um das dynamische Eingabemenü zu öffnen. Wählen Sie den Eintrag FPolygon.

Mit der Option KPolygon definieren Sie einen unregelmäßig geformten, kreuzenden Auswahlbereich in transparentem Grün. Mit Zaun können Sie eine aus mehreren Segmenten bestehende Linie ziehen, die alle Objekte auswählt, die sie kreuzt.

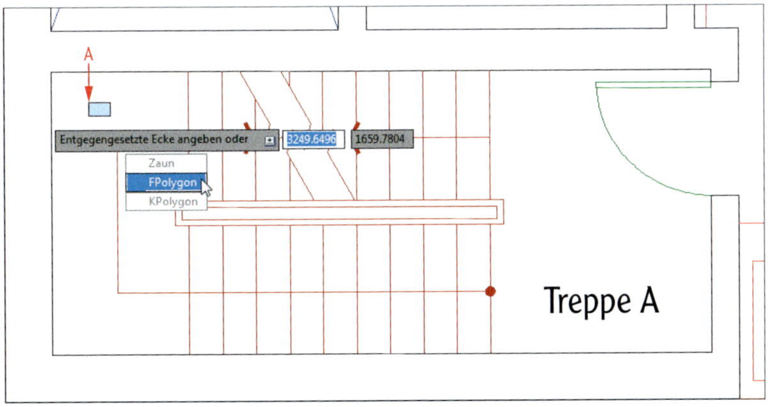

4.5 Den Auswahlmodus FPolygon in der Eingabeaufforderung der dynamischen Eingabe wählen

3. Klicken Sie nacheinander auf die Punkte B bis H (siehe Abbildung 4.6). Das gerade gezeichnete transparente blaue Polygon funktioniert wie eine rechteckige Fensterauswahl, ist aber flexibler, da Sie die Form wählen können.

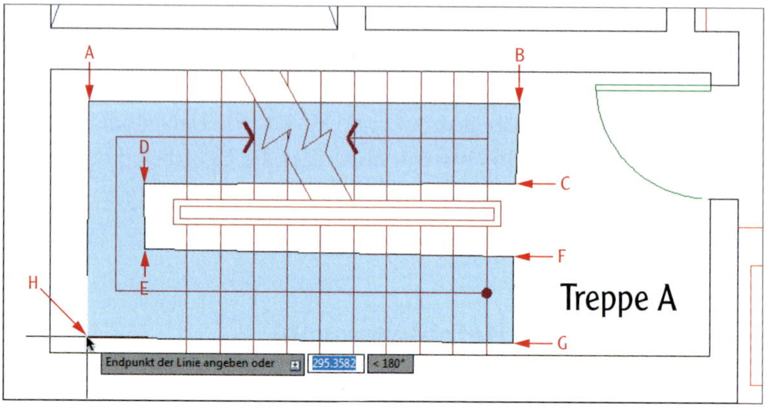

4.6 Eine unregelmäßig geformte Fensterauswahl

Es werden nur die Objekte in die Auswahl aufgenommen, die sich vollständig innerhalb des blauen Polygons befinden.

4. Drücken Sie die Enter-Taste, um die Auswahl zu bestätigen. Blaue quadratische Punkte werden auf den ausgewählten Objekten angezeigt, die sogenannten *Griffe*, deren Funktionsweise weiter hinten in diesem Kapitel beschrieben wird. Drücken Sie ESC, um die Auswahl aufzuheben.

5. Schalten Sie in der Statusleiste den Ortho-Modus ein. Zeichnen Sie eine Linie unter dem Wort »Treppe«, einen Kreis um den Buchstaben »A« und ein Rechteck um diesen Bereich (siehe Abbildung 4.7). Gehen Sie dabei in der hier genannten Reihenfolge vor und achten Sie nicht auf Abstände und Genauigkeit.

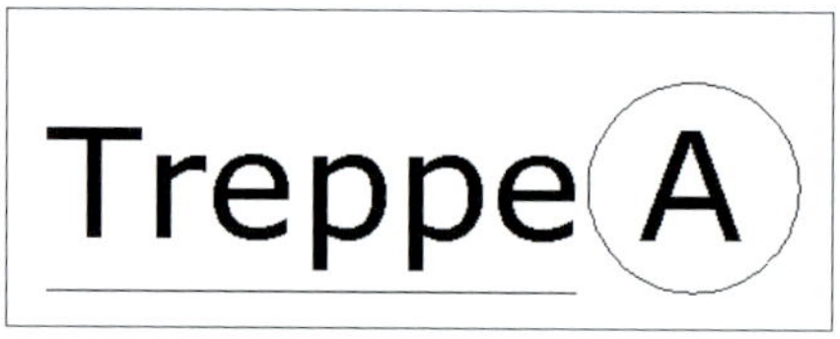

4.7 Objekte zeichnen

6. Geben Sie `wahl` ein und drücken Sie die Enter-Taste. Klicken Sie auf den Kreis und auf die Linie und drücken Sie die Enter-Taste. Mit dem Befehl WAHL wird lediglich die Objektauswahl definiert. Die Griffe werden auf dem Kreis und der Linie angezeigt. Drücken Sie ESC, um die Auswahl aufzuheben.

7. Klicken Sie auf der Registerkarte Start in der Gruppe Ändern auf die Schaltfläche Löschen. Geben Sie an der Eingabeaufforderung `Objekte wählen:` den Buchstaben `v` (für Vorher) ein und drücken Sie die Enter-Taste. Der Kreis und die Linie werden ausgewählt, da sie in der zuletzt definierten Objektauswahl enthalten waren. Drücken Sie erneut die Enter-Taste, um die beiden Objekte zu löschen.

8. Drücken Sie die Leertaste, um den Löschbefehl zu wiederholen. Geben Sie `l` (für Letztes) ein und drücken Sie die Enter-Taste. Das Rechteck wird ausgewählt, da es sich um das zuletzt erstellte Objekt handelt. Es gibt immer nur ein zuletzt erstelltes Objekt. Drücken Sie erneut die Enter-Taste, um das Rechteck zu entfernen.

> Wenn Sie an der Eingabeaufforderung `Objekte wählen:` die Option `alle` eingeben, wird die gesamte Zeichnung ausgewählt.

9. Schalten Sie in der Statusleiste die wechselnde Auswahl ein.

10. Klicken Sie auf den Endpunkt der Treppenverlaufslinie (Abbildung 4.8). Dort treffen sich die horizontale Treppenverlaufslinie und die vertikale Stufenlinie. Bei aktivierter Schaltfläche Wechselnde Auswahl wird immer dann das Fenster Auswahl angezeigt, wenn die von Ihnen getroffene Auswahl nicht eindeutig ist. Wenn Sie im Fenster Auswahl auf ein Element in der Liste zeigen, werden die dazugehörigen Griffe im Zeichnungsfenster eingeblendet. Wählen Sie das dritte Element in der Liste (Linie) aus und drücken Sie ESC.

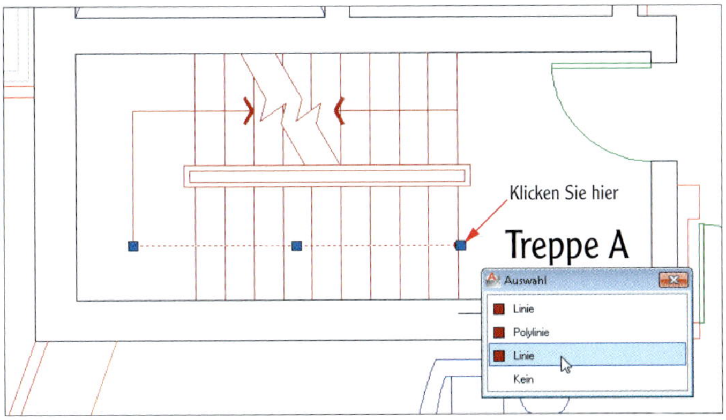

4.8 Wechselnde Auswahl

11. Drücken Sie Strg+W, um die wechselnde Auswahl auszuschalten.

12. Klicken Sie auf eine vertikale Stufenlinie in Treppe A, um sie auszuwählen. Klicken Sie mit der rechten Maustaste und wählen Sie im Kontextmenü den Eintrag Ähnliche auswählen. Alle Linien auf demselben Layer werden ausgewählt (siehe Abbildung 4.9). Andere Objekttypen auf demselben Layer werden nicht ausgewählt, da sie nicht ähnlich genug sind. Drücken Sie ESC.

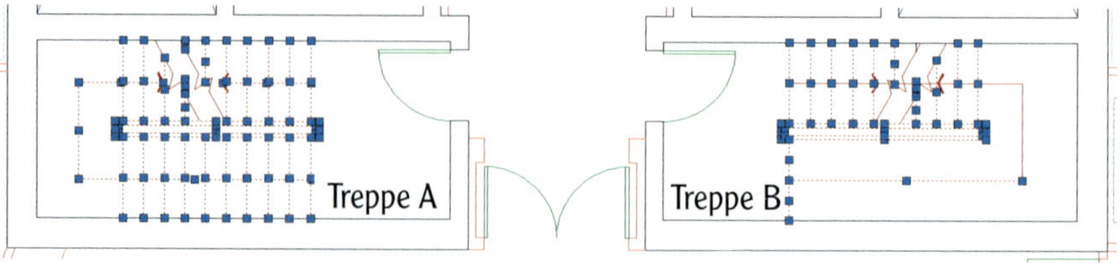

4.9 Ähnliche Objekte auswählen

Ähnliche Objekte auswählen

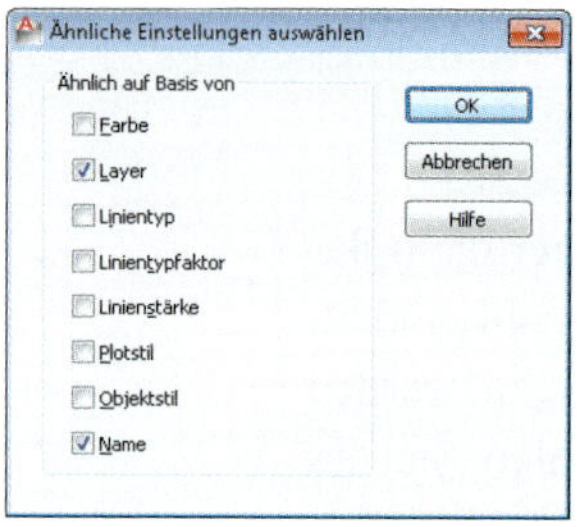

Geben Sie `selectsimilar` ein, drücken Sie die Enter-Taste, geben Sie `eins` (für EINStellungen) ein und drücken Sie erneut die Enter-Taste, um das Dialogfeld Ähnliche Einstellungen auswählen zu öffnen. Hier legen Sie die Objekteigenschaften fest, die übereinstimmen müssen, damit ein Objekt als ähnlich ausgewählt wird.

Verschieben und Kopieren

SCHIEBEN und KOPIEREN sind die wahrscheinlich am häufigsten angewendeten Befehle in AutoCAD. Sie arbeiten ähnlich. Beide machen die Angabe eines Abstands und einer Richtung erforderlich, um festzulegen, wo die ausgewählten Objekte positioniert werden sollen.

Das Verschieben durch Ziehen hat folgende Nachteile: Die Verschiebung erfolgt ohne Maßangabe und der Objektfang kann nicht verwendet werden.

1. Schwenken Sie zum Schulungsraum, in dem sich zwei Tische und zwei Stühle befinden.
2. Klicken Sie auf den einzeln stehenden Stuhl, um ihn auszuwählen.
3. Zeigen Sie auf den ausgewählten Stuhl, aber nicht auf seinen Griff. Ziehen Sie den Stuhl mit gedrückter Maustaste näher an den oberen Tisch heran, wie in Abbildung 4.10 zu sehen ist.

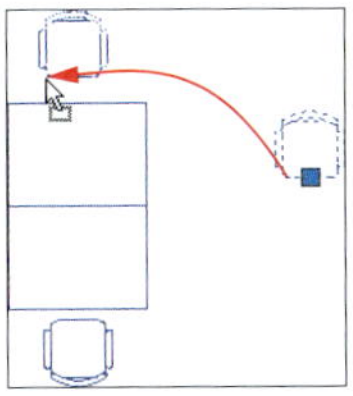

4.10 **Ein ausgewähltes Objekt durch Ziehen an eine neue Position verschieben**

4. Um den Stuhl genauer zu positionieren, klicken Sie auf der Registerkarte Start in der Gruppe Ändern auf die Schaltfläche Verschieben. Wählen Sie den in Schritt 4 verschobenen Stuhl aus und drücken Sie die Enter-Taste. Die Eingabeaufforderung lautet:

   `Basispunkt oder[ Verschiebung] <Verschiebung>:`

5. Klicken Sie in der Statusleiste mit der rechten Maustaste auf die Schaltfläche Objektfang und wählen Sie im Kontextmenü bei Bedarf den Eintrag Mittelpunkt. Klicken Sie auf den Mittelpunkt der Stuhlvorderseite, um ihn als Basispunkt zu definieren (Punkt A in Abbildung 4.11). **zertifizierungsrelevant**

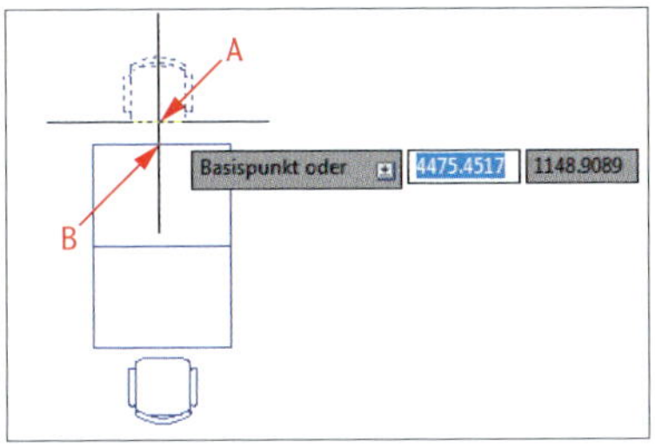

4.11 **Den Basispunkt zum Verschieben wählen.**

6. Klicken Sie auf den zweiten Punkt (Punkt B in Abbildung 4.11). Der Stuhl wird genau an den Mittelpunkt der Tischkante verschoben.

7. Drücken Sie die Leertaste um den Befehl SCHIEBEN zu wiederholen, geben Sie `v` (für Vorher) ein und drücken Sie zweimal die Enter-Taste, um denselben Stuhl erneut auszuwählen. Drücken Sie erneut die Enter-Taste, um die Standardoption `<Verschiebung>` zu bestätigen. Im Verschiebenmodus stellt der erste Punkt den Ursprung dar. Alle Koordinaten, die Sie eingeben, sind relativ zu diesem Ursprungspunkt. Es ist daher nicht nötig, das »@«-Zeichen zu tippen. Geben Sie `10<90` ein und drücken Sie die Enter-Taste. Der Stuhl wird nach oben verschoben. Der Abstand zwischen ihm und dem Tisch entspricht dem Abstand zwischen dem unteren Stuhl und dem Tisch. **zertifizierungsrelevant**

8. Klicken Sie auf der Registerkarte Start in der Gruppe Ändern auf die Schaltfläche Kopieren. Ziehen Sie eine Fensterauswahl um die beiden Tische und Stühle. Alle vier Objekte sind nun ausgewählt. Drücken Sie die Enter-Taste. Aktivieren Sie bei Bedarf den Objektfangtyp Endpunkt.

9. Klicken Sie auf Punkt A (siehe Abbildung 4.12) als Basispunkt. Klicken Sie auf die Punkte B, C und D und drücken Sie die Enter-Taste, um die Auswahl dreimal zu kopieren. Im Schulungsraum stehen nun insgesamt acht Tische und Stühle.

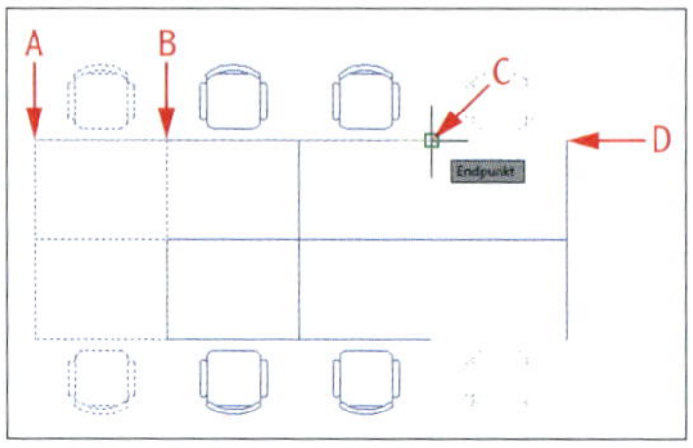

4.12 Vier Objekte per Klick mehrfach kopieren

zertifizierungs-relevant

10. Geben Sie `ko` (für KOPIEREN) ein und drücken Sie die Enter-Taste. Wählen Sie die acht Tische und Stühle in einer kreuzenden Auswahl aus und drücken Sie die Enter-Taste. Schalten Sie gegebenenfalls den Ortho-Modus ein. Klicken Sie auf die untere linke Tischkante, um den Basispunkt zu definieren. Verschieben Sie den Cursor nach unten. Geben Sie `440` ein und drücken Sie zweimal die Enter-Taste. Sie haben zwei Gruppen mit jeweils acht Stühlen und Tischen erstellt.

11. Klicken Sie auf das Wort `Schulungsraum`, um das Textfeld auszuwählen, das jetzt von der neuen Sitzgruppe überdeckt wird. Halten Sie die Strg-Taste gedrückt und drücken Sie dann mehrfach die Pfeiltasten, um das markierte Objekt jeweils um einige Pixel zu verschieben. Setzen Sie das Textfeld in die Raummitte. Diese Verschiebenmethode ist zwar einfach und bequem, aber nicht sehr präzise. Drücken Sie ESC, um die Auswahl aufzuheben.

12. Schwenken Sie zum großen Konferenzraum und klicken Sie auf der Registerkarte Start in der Gruppe Ändern auf die Schaltfläche Kopieren. Wählen Sie die beiden Stühle an der Längsseite des Tisches aus und drücken Sie die Enter-Taste.

13. Halten Sie die Shift-Taste gedrückt und klicken Sie mit der rechten Maustaste, um das Objektfang-Kontextmenü zu öffnen. Wählen Sie dort den Eintrag Nächster und klicken Sie dann auf Punkt A (siehe Abbildung 4.14) als Basispunkt.

14. Die Eingabeaufforderung lautet:

```
Zweiten Punkt angeben oder [ Anordnung] <ersten Punkt als Verschiebung
verwenden>:
```

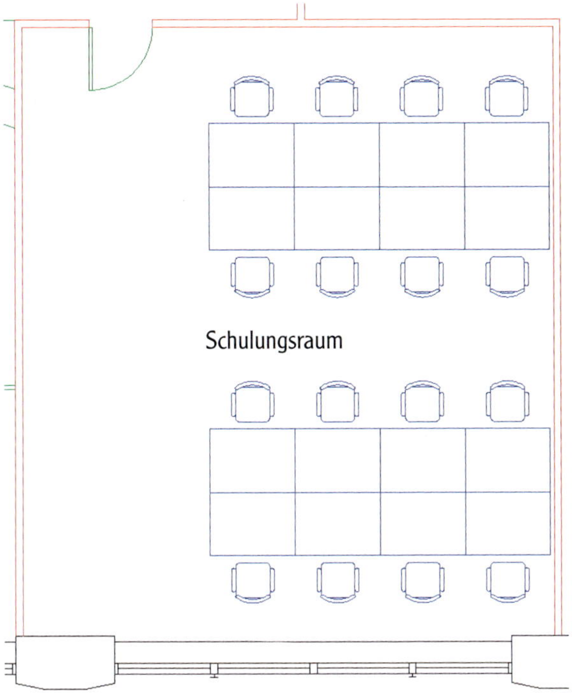

4.13 **Der fertige Schulungsraum**

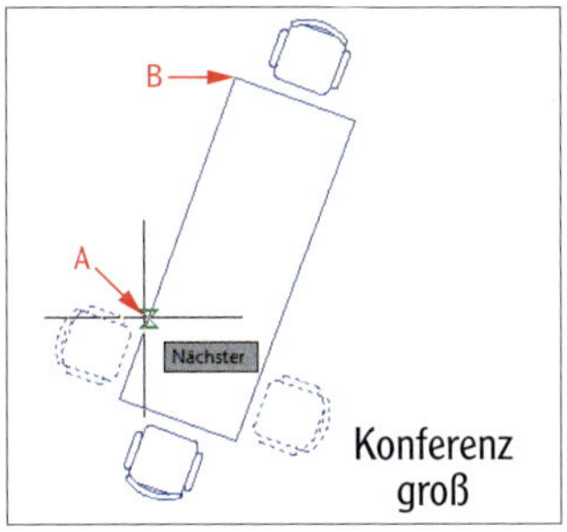

4.14: **Den Basispunkt für eine Kopieranordnung definieren**

15. Geben Sie a (für Anordnung) ein und drücken Sie die Enter-Taste. Geben Sie 4 für die Anzahl der Elemente ein und drücken Sie die Enter-Taste. Geben Sie z (für Zbereich) ein und drücken Sie die Enter-Taste. Klicken Sie auf Punkt B (siehe Abbildung 4.14) und drücken Sie die Enter-Taste, um die Anordnung abzuschließen. Im großen Konferenzraum sind jetzt je acht Stühle in gleichmäßigen Abständen entlang der Tischlängsseite positioniert. Drücken Sie ESC, um den Befehl zu beenden.

16. Speichern Sie Ihre Arbeit unter dem Dateinamen »Kap4-B.dwg«.

Drehen und Skalieren

DREHEN und VARIA sind zwei weitere Befehle für das Bearbeiten von Zeichnungen. Beide Befehle benötigen einen Basispunkt, von dem aus die Objekte geändert werden. Die Drehung wird in der Regel in Grad und die Skalierung in Prozent eingegeben. Das Drehen und Skalieren ist mithilfe der Bezugsoption aber auch ohne Eingaben möglich. In diesem Fall drehen und skalieren Sie eine Objektauswahl im Verhältnis zu anderen Objekten. Führen Sie die folgenden Schritte durch:

1. Öffnen Sie gegebenenfalls die gerade erstellte Datei »Kap04-B.dwg« oder laden Sie sie von der Webseite zum Buch herunter und öffnen Sie sie in AutoCAD.
2. Schalten Sie den Ortho-Modus aus, kopieren Sie einen Stuhl im Schulungsraum und verschieben Sie ihn hinter den Empfangstisch.

3. Klicken Sie auf der Registerkarte Start in der Gruppe Ändern auf die Schaltfläche Drehen, wählen Sie den kopierten Stuhl am Empfang aus und drücken Sie die Enter-Taste. Die Eingabeaufforderung lautet:

   ```
   Basispunkt angeben:
   ```

   Klicken Sie auf einen Punkt in der Mitte des Stuhls. Es ist nicht nötig, den Punkt einrasten zu lasten. Die ungefähre Mitte reicht hier aus.
4. Drehen Sie mit dem Cursor um den Basispunkt. Eine elastische Hilfslinie verbindet den Basispunkt mit dem Cursor und eine Drehvorschau des Stuhls wird über dem Originalstuhl angezeigt. Verschieben Sie den Cursor, bis die elastische Hilfslinie in etwa parallel zur Tischkante verläuft (siehe Abbildung 4.15), und klicken Sie.

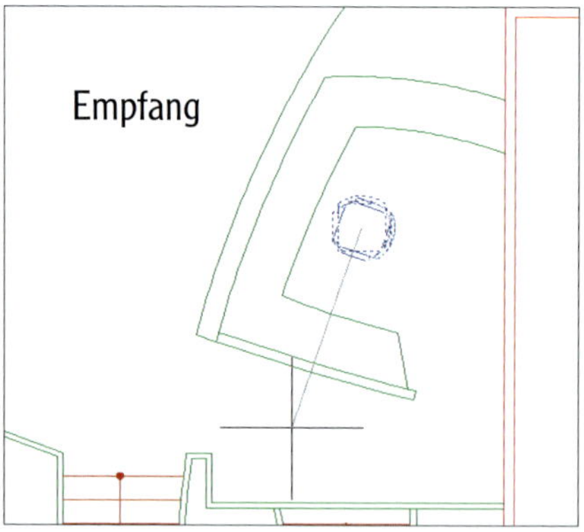

4.15 Einen Stuhl mit Augenmaß drehen

5. Drücken Sie die Leertaste, um den Befehl DREHEN zu wiederholen. Wählen Sie die Couch im Empfang aus und drücken Sie die Enter-Taste. Klicken Sie auf den oberen linken Endpunkt der oberen Couchlinie und drücken Sie die Enter-Taste. Der Basispunkt für die Drehung ist definiert.

6. Schalten Sie den Ortho-Modus ein und bewegen Sie den Cursor nach unten. Das Sofa wird in 90°-Schritten gedreht. Klicken Sie, um die Drehung abzuschließen.

7. Rücken Sie die Couch mit gedrückter Strg-Taste und den Pfeiltasten nach unten und nach rechts. Positionieren Sie sie neben dem runden Beistelltisch (siehe Abbildung 4.16).

8. Verschieben Sie den Sessel im Empfang so, dass der Mittelpunkt der Sesselvorderkante an der Fensterscheibe ausgerichtet wird (siehe Abbildung 4.17).

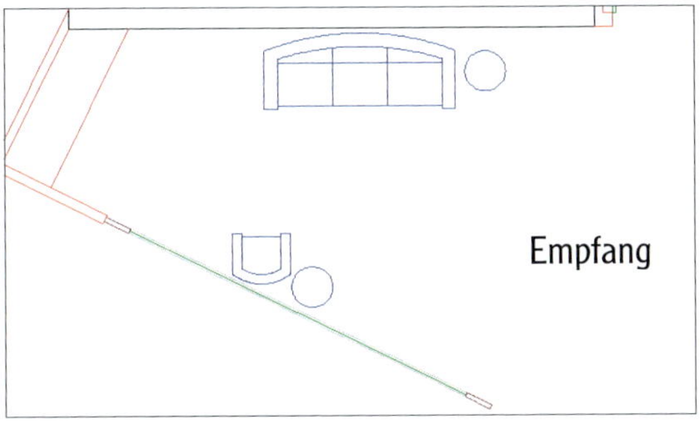

4.16 Im Ortho-Modus drehen und an die gewünschte Position rücken

9. Geben Sie `drehen` ein und drücken Sie die Enter-Taste. Wählen Sie den Sessel aus und drücken Sie die Enter-Taste. Klicken Sie auf Punkt A (siehe Abbildung 4.17).

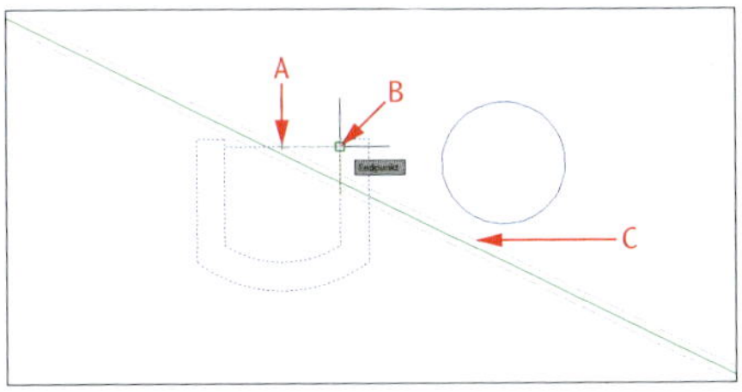

4.17 Mit der Bezugsoption drehen

10. Die Eingabeaufforderung lautet:

```
Drehwinkel angeben oder[ Kopie/Bezug] <270>:
```

Geben Sie `b` (für Bezug) ein und drücken Sie die Enter-Taste. Klicken Sie erneut auf Punkt A und anschließend auf die Punkte B und C. Punkt C ist auf dem Fensterrahmen. Der Sessel dreht sich so, dass seine Vorderseite entlang der Linie verläuft.

11. Verschieben Sie den Sessel neben den runden Beistelltisch.

12. Schwenken Sie nach unten zum Empfang der Geschäftsleitung. Klicken Sie auf der Registerkarte Start in der Gruppe Ändern auf die Schaltfläche Skalieren, wählen Sie den großen runden Tisch aus und drücken Sie die Enter-Taste. Halten Sie die Shift-Taste gedrückt und klicken Sie mit der rechten Maustaste, um das Objektfang-Kontextmenü zu öffnen. Aktivieren Sie dort den Objektfang Zentrum und klicken Sie auf den Kreismittelpunkt. Geben Sie `.75` ein und drücken Sie die Enter-Taste. Der Beistelltisch wird auf 75 Prozent der Originalgröße verkleinert.

13. Einer der Stühle ist minimal kleiner als die anderen. Geben Sie VARIA ein (der Befehl zum Skalieren) und drücken Sie die Enter-Taste. Wählen Sie den kleinen Stuhl aus und drücken Sie erneut die EnterTaste. Definieren Sie den Endpunkt A (siehe Abbildung 4.18) als Basispunkt.

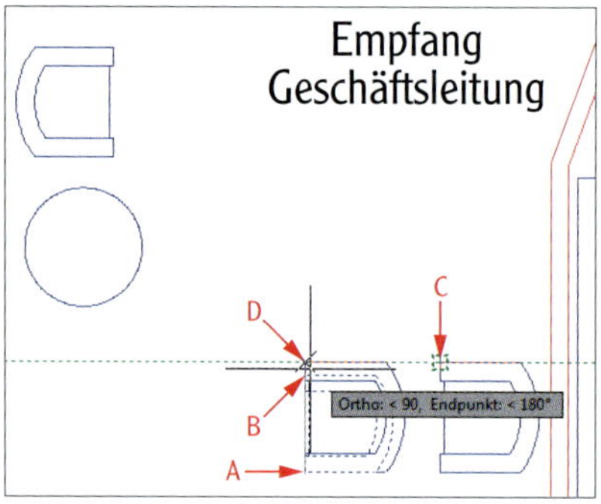

4.18 Einen Stuhl auf die Größe eines anderen Stuhls skalieren

14. Die Eingabeaufforderung lautet:

```
Skalierfaktor angeben oder[ Kopie/Bezug] :
```

Geben Sie `b` (für Bezug) ein und drücken Sie die Enter-Taste. Klicken Sie erneut auf Punkt A und dann auf den Endpunkt B, um die Bezugslänge anzugeben.

15. Schalten Sie die Objektfangspur ein, zeigen Sie auf Punkt C und anschließend auf Punkt D. Klicken Sie auf Punkt D, wenn die zwei Spurlinien sich kreuzen. Der kleinere Stuhl wurde in der Größe an die anderen Stühle angepasst.

16. Speichern Sie Ihre Arbeit unter dem Dateinamen »Kap04-C.dwg«.

Anordnungen bilden

Der Befehl REIHE wurde in AutoCAD 2012 komplett überarbeitet. Frühere Versionen stellten für das Arbeiten mit diesem Befehl ein komplexes Dialogfeld zur Verfügung. In der Version 2012 arbeiten Sie mit Befehlen im Zeichnungsfenster und mit einer kontextabhängigen Registerkarte in der Multifunktionsleiste. In früheren Versionen wurden mit dem Befehl REIHE einzelne Objekte als Ergebnis ausgegeben, die nach ihrer Erstellung nicht mehr miteinander in Verbindung standen. In der Version 2012 sind die Ergebnisobjekte als Anordnung miteinander verbunden und Sie können so schnell und einfach die Reihenparameter bearbeiten. Im Folgenden erfahren Sie, wie Sie rechteckige und polare Anordnungen definieren.

Rechteckige Anordnungen

Rechteckige Anordnungen verlaufen in einem Raster aus horizontalen Zeilen und vertikalen Spalten. Führen Sie die folgenden Schritte aus:

1. Öffnen Sie gegebenenfalls die gerade erstellte Datei »Kap04-C.dwg« oder laden Sie sie von der Webseite zum Buch herunter und öffnen Sie sie in AutoCAD.
2. Schwenken Sie zur Treppe B. Dort fehlt ein Treppenlauf.

3. Klicken Sie auf der Registerkarte Start in der Gruppe Ändern auf die Schaltfläche Rechteckige Anordnung. Wählen Sie die beiden kurzen Liniensegmente aus, die Teil des ansonsten fehlenden Treppenlaufs sind, und drücken Sie die Enter-Taste. Die Eingabeaufforderung lautet:

```
Typ = Rechteckig Assoziativ = Ja
Entgegengesetzte Ecke für die Anzahl der Elemente angeben oder
[ Basispunkt/Winkel/Anzahl] <Anzahl>:
```

4. Geben Sie `b` (für Basispunkt) ein und drücken Sie die Enter-Taste. Klicken Sie auf Punkt A (siehe Abbildung 4.19), um den Basispunkt zu definieren.
5. Geben Sie an der nächsten Einforderung `a` (für Anzahl) ein und drücken Sie die Enter-Taste. Geben Sie `a` (für Ausdruck) ein und drücken Sie die Enter-Taste; geben Sie dann `1` als Zeilenanzahl ein und drücken Sie erneut die Enter-Taste. Geben Sie noch einmal `a` (für Ausdruck) ein und drücken Sie die Enter-Taste; geben Sie dann `12` als Spaltenanzahl ein und drücken Sie erneut die Enter-Taste.
6. Die Eingabeaufforderung lautet:

```
Entgegengesetzte Ecke für Abstand zwischen Elementen angeben oder[ Ab-
stand]
<Abstand>:
```

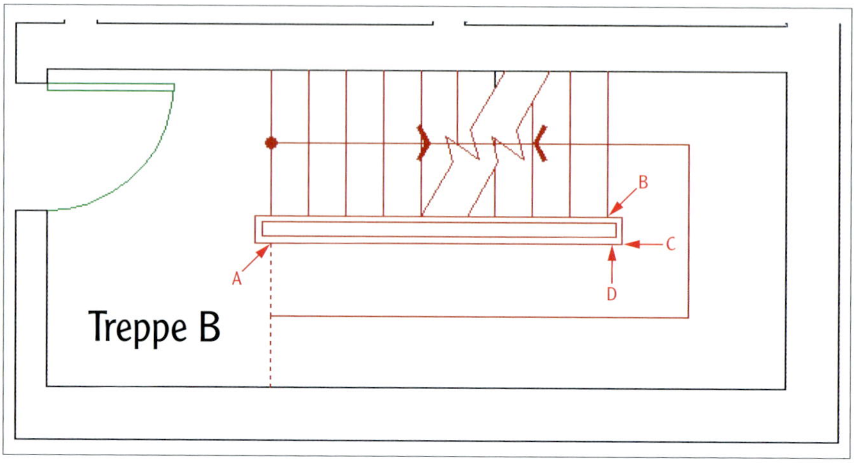

4.19 **Die beiden Liniensegmente, die als Ausgangspunkt für die Anordnung dienen**

Ermitteln Sie Punkt D folgendermaßen mithilfe der Objektfangspur: Zeigen Sie auf Punkt B und verschieben Sie den Cursor nach unten. Zeigen Sie dann auf Punkt C und zeigen Sie nach links. Klicken Sie auf Punkt D, sobald sich die beiden Hilfsspuren kreuzen. Drücken Sie ESC, um den Befehl zu beenden.

7. Beim Vergleich des neuen Treppenlaufs mit dem darüberliegenden fällt sofort auf, dass die Anzahl der Stufen nicht übereinstimmt. Klicken Sie auf den neuen Treppenlauf, um ihn auszuwählen. In der Multifunktionsleiste wird die kontextabhängige Registerkarte Anordnung eingeblendet (siehe Abbildung 4.20). Geben Sie dort in der Gruppe Spalten im Feld Spaltenanzahl die Zahl `10` ein und klicken Sie auf die Schaltfläche Anordnung zurücksetzen. Drücken Sie ESC.

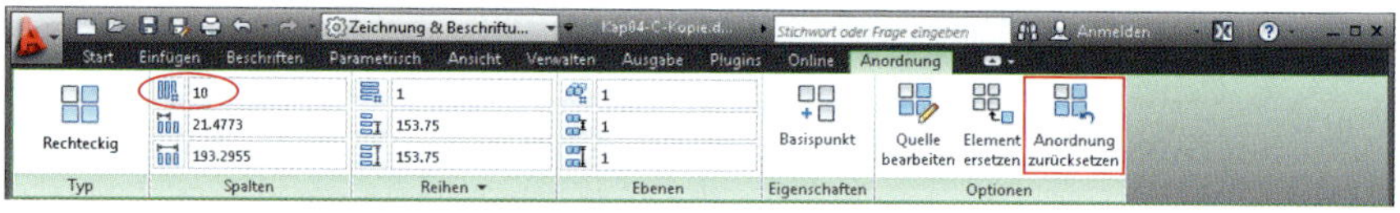

4.20 **Die kontextabhängige Registerkarte Anordnung**

8. Jetzt stimmt die Anzahl der Stufen, aber der Abstand zwischen den Stufen ist noch nicht korrekt. Wählen Sie die Anordnung erneut aus und zeigen Sie auf den rechten Dreiecksgriff. Wählen Sie im Griffmenü den Eintrag Gesamter Spaltenabstand. Ermitteln Sie erneut Punkt D aus Abbildung 4.19 (siehe Schritt 6). Die Anordnung wirkt korrekt angepasst. Drücken Sie ESC.

9. Geben Sie `ursprung` ein und drücken Sie die Enter-Taste. Wählen Sie den gerade erstellten Treppenlauf aus und drücken Sie die Enter-Taste. Die Zusammengehörigkeit der Anordnung wird aufgelöst. Die Linienobjekte können nicht mehr gemeinsam als Anordnung bearbeitet werden.
10. Speichern Sie Ihre Arbeit unter dem Dateinamen »Kap04-D.dwg«.

Polare Anordnungen

Polare Anordnungen werden zum Drehen und Kopieren von Objekten um einen gemeinsamen zentralen Punkt verwendet. Führen Sie die folgenden Schritte durch:

1. Öffnen Sie gegebenenfalls die gerade erstellte Datei »Kap04-D.dwg« oder laden Sie sie von der Webseite zum Buch herunter und öffnen Sie sie in AutoCAD.
2. Schwenken Sie zum Beratungsraum oben im Plan (siehe Abbildung 4.21).

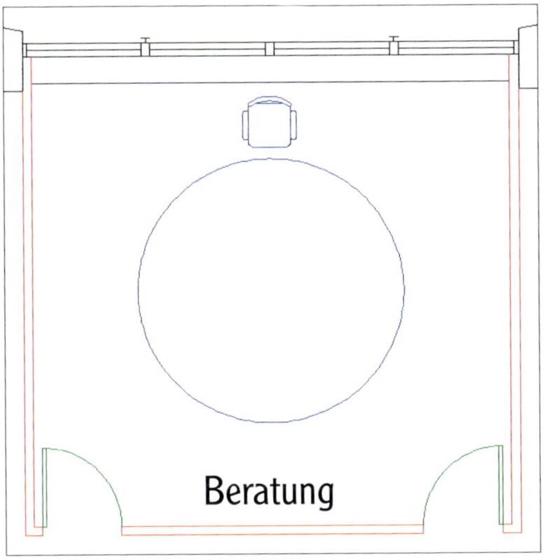

4.21 Der Beratungsraum

3. Geben Sie `reihe` ein und drücken Sie die Enter-Taste. Wählen Sie den Stuhl am oberen Tischende aus und drücken Sie die Enter-Taste.
4. Die Eingabeaufforderung lautet:

   `Anordnungstyp eingeben -[ Rechteckig/PFad/POlar] <Rechteckig>:`

5. Geben Sie `po` (für POlar) ein und drücken Sie die Enter-Taste.
6. Halten Sie die Shift-Taste gedrückt und klicken Sie mit der rechten Maustaste, um das Objektfang-Kontextmenü zu öffnen. Wählen Sie den Eintrag Zentrum und kli-

cken Sie auf den Zentrumspunkt des Tisches, um den Mittelpunkt für die Anordnung festzulegen.

7. Geben Sie `12` für die Anzahl der Elemente ein und drücken Sie die Enter-Taste. Drücken Sie erneut die Enter-Taste, um den zu füllenden Standardwinkel von 360 Grad zu bestätigen. Drücken Sie ESC, um den Reihenbefehl zu beenden.

8. Der Tisch ist ein bisschen zu groß. Klicken Sie auf den Kreis, um den Tisch auszuwählen. Klicken Sie auf den oberen blauen Griff und verschieben Sie den Cursor nach unten. Geben Sie als neuen Radius `132` ein und drücken Sie die Enter-Taste. Drücken Sie ESC, um die Auswahl aufzuheben.

9. Klicken Sie auf einen Stuhl, um die polare Anordnung auszuwählen. Zeigen Sie auf den Griff des Basispunkts und wählen Sie im Griffmenü Streckradius (siehe Abbildung 4.22). Geben Sie `175` ein und drücken Sie die Enter-Taste. Drücken Sie ESC, um die Auswahl aufzuheben. Die Stühle werden näher an den verkleinerten Tisch gerückt.

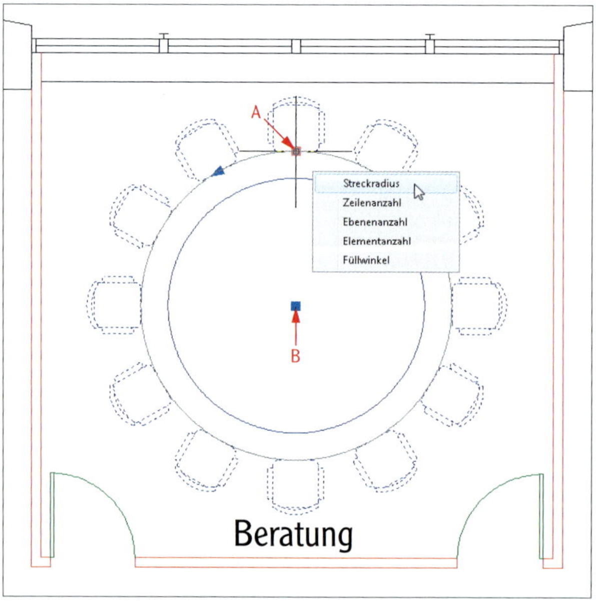

4.22 Eine polare Anordnung mithilfe ihrer Griffe bearbeiten

10. Sie können auch einzelne Elemente in einer Anordnung bearbeiten. Wählen Sie die polare Anordnung erneut aus und klicken Sie auf der Registerkarte Anordnung in der Gruppe Optionen auf die Schaltfläche Element ersetzen. Klicken Sie dann auf den Stuhl im Gang links daneben und drücken Sie die Enter-Taste.

11. Die Eingabeaufforderung lautet:

```
Basispunkt der Ersatzobjekte auswählen oder [ Hauptpunkt] <Schwer-
punkt>:
```

Drücken Sie die Enter-Taste, um die Vorgabe Schwerpunkt zu übernehmen.

12. Klicken Sie auf den Stuhl am oberen Tischende, um ihn mit dem gewählten Ersatzstuhl zu ersetzen. Drücken Sie zweimal die Enter-Taste. Der neue Stuhl »thront« am oberen Tischende (siehe Abbildung 4.23).

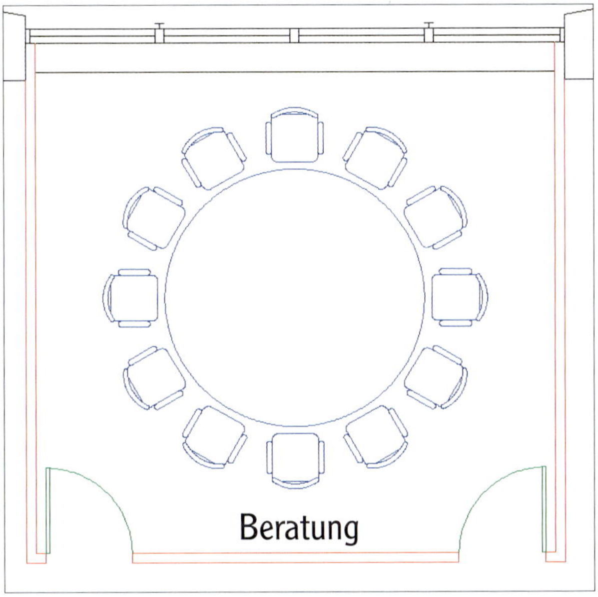

4.23 **Ein Element in der Anordnung durch ein anderes ersetzen**

13. Speichern Sie Ihre Arbeit unter dem Dateinamen »Kap04-E.dwg«.

Die Befehle TEILEN und MESSEN

Mit den beiden Befehlen TEILEN und MESSEN können Sie Objekte in einem rechteckigen Raster nicht so kopieren und um einen gemeinsamen zentralen Punkt drehen, wie das mit dem Befehl REIHE möglich ist. Stattdessen werden diese Befehle zum Erstellen von Pfadanordnungen verwendet. TEILEN unterteilt einen Pfad in gleichmäßigen Abständen mit einer vorgegebenen Anzahl von Punkten. Mit MESSEN werden Punkte in einem vorgegebenen Abstand verteilt. In diesem Fall bleibt am Ende meist Platz übrig. Sie lernen den Befehl TEILEN in Kapitel 5 kennen.

Stutzen und Dehnen

zertifizierungs-relevant

Die Befehle STUTZEN und DEHNEN führen gegensätzliche Aufgaben aus. Sie können während der Ausführung des einen Befehls durch Drücken der Shift-Taste auf die Ausführung des jeweils anderen Befehls umschalten. Dies ist sehr hilfreich, da die beiden Befehle häufig zusammen verwendet werden.

1. Öffnen Sie gegebenenfalls die gerade erstellte Datei »Kap04-E.dwg« oder laden Sie sie von der Webseite zum Buch herunter und öffnen Sie sie in AutoCAD.

2. Schwenken Sie unten im Plan zur Treppe C.

3. Klicken Sie auf der Registerkarte Start in der Gruppe Ändern auf die Schaltfläche Stutzen. Die Eingabeaufforderung lautet:

   ```
   Aktuelle Einstellungen: Projektion=BKS, Kante=Keine
   Schnittkanten wählen ...
   Objekte wählen oder <Alle wählen>:
   ```

   Drücken Sie die Enter-Taste, um alle Kanten als potenzielle Schnittkanten zu wählen.

> Der Befehl DEHNEN funktioniert genauso wie der Befehl STUTZEN.

4. Definieren Sie eine kreuzende Auswahl, indem Sie auf die Punkte A und B in Abbildung 4.24 klicken. Drei Segmente werden stutzt. Halten Sie die Shift-Taste gedrückt und definieren Sie durch Klicken auf die Punkte C und D eine weitere kreuzende Auswahl. Vier Linien werden gedehnt. Drücken Sie die Enter-Taste, um den Stutzenbefehl zu beenden.

5. Geben Sie `stutzen` ein und drücken Sie zweimal die Enter-Taste. Vergrößern Sie die Darstellung und klicken Sie auf jede der drei Stufenlinien, die in den Handlauf hineinragen, um sie zu stutzen. Beenden Sie den Befehl durch Drücken der Enter-Taste.

6. Speichern Sie Ihre Arbeit unter dem Dateinamen »Kap04-F.dwg«.

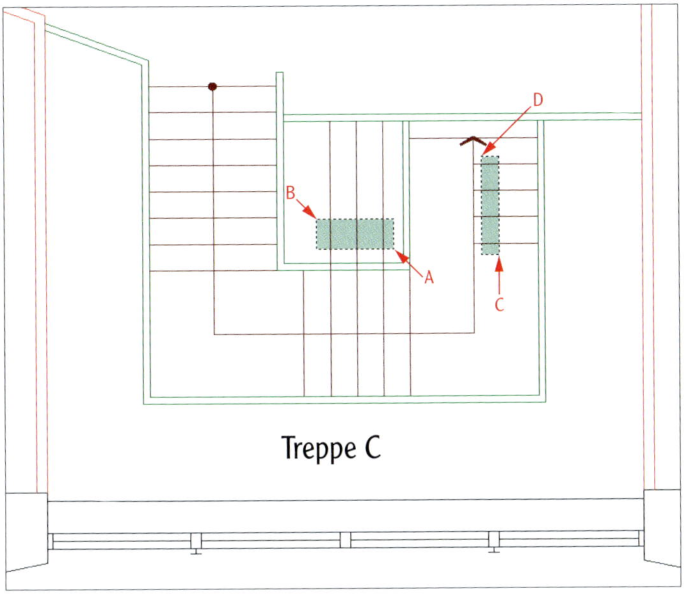

4.24 Stutzen und Dehnen

Verlängern und Strecken

Mit den beiden Befehlen LÄNGE und STRECKEN ändern Sie die Länge von Objekten. Der Befehl STRECKEN ist flexibler, da Sie damit auch gleichzeitig verbundene Objekte neu positionieren können. Im Folgenden verlängern Sie eine Linie und strecken eine Tür in einer Wand:

1. Öffnen Sie gegebenenfalls die gerade erstellte Datei »Kap04-F.dwg« oder laden Sie sie von der Webseite zum Buch herunter und öffnen Sie sie in AutoCAD.
2. Schwenken Sie zum Kopierraum. Die obere Linie des Kopierers ist nicht durchgezogen. Dieses Problem könnte auch mit den Befehlen ABRUNDEN und DEHNEN gelöst werden. Geben Sie hier aber `lä` (für LÄNGE) ein und drücken Sie die Enter-Taste. Die Eingabeaufforderung lautet:

   `Objekt wählen oder[ DElta/Prozent/Gesamt/DYnamisch] :`

   Geben Sie `p` (für Prozent) ein und drücken Sie die Enter-Taste.
3. Geben Sie `200` ein und drücken Sie die Enter-Taste. Klicken Sie auf die rechte Seite des linken Liniensegments, damit die Verlängerung nach rechts erfolgt. Der Kopierer ist jetzt korrekt gezeichnet.

zertifizierungs-relevant

4. Klicken Sie auf der Registerkarte Start in der Gruppe Ändern auf die Schaltfläche Strecken. Die Eingabeaufforderung lautet:

   `Objekte, die gestreckt werden sollen, mit Kreuzen-Fenster oder Kreuzen-Polygon wählen...`

   Eine Fensterauswahl funktioniert hier nicht. Es wird nur ein Kreuzen-Fenster oder ein Kreuzen-Polygon akzeptiert. Klicken Sie auf die Punkte A und B in Abbildung 4.25, um die zu streckenden Objekte auszuwählen, und drücken Sie die Enter-Taste.

5. Definieren Sie Punkt C als Basispunkt. Halten Sie die Shift-Taste gedrückt, klicken Sie mit der rechten Maustaste und wählen Sie im Kontextmenü den Eintrag Von. Klicken Sie auf Punkt D und bewegen Sie den Cursor nach unten. Geben Sie `10` ein und drücken Sie die Enter-Taste. Der zweite Punkt ist festgelegt. Mauer, Tür und Bogen enden 10 cm vor der oberen Mauer.

6. Speichern Sie Ihre Arbeit unter dem Dateinamen »Kap04-G.dwg«.

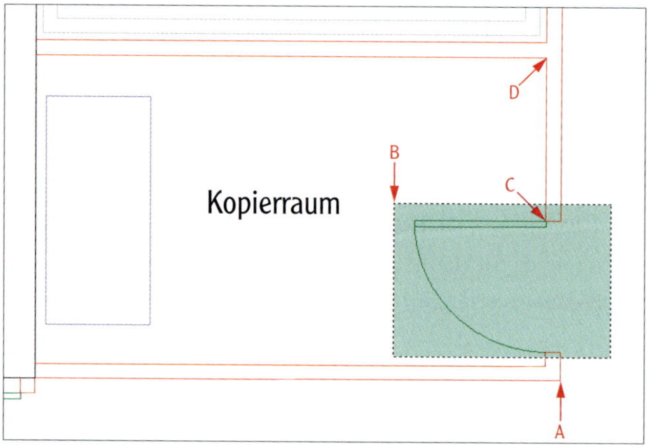

4.25 Mauer, Tür und Bogen strecken

Versetzen und Spiegeln

Mit den Befehlen VERSETZ und SPIEGELN werden in der Regel neue Objekte erstellt. Mit dem Befehl VERSETZ wird die Kopie eines Objekts in einem angegebenen Abstand vom Original erstellt. Der Befehl SPIEGELN zeichnet eine gespiegelte Kopie eines Objekts in einem angegebenen Abstand vom Original entfernt. Dieser Abstand wird durch die Position einer Spiegelachse definiert. Führen Sie die folgenden Schritte aus:

1. Öffnen Sie gegebenenfalls die gerade erstellte Datei »Kap04-G.dwg« oder laden Sie sie von der Webseite zum Buch herunter und öffnen Sie sie in AutoCAD.
2. Schwenken Sie zum Büro der Geschäftsleitung. Dort werden zwei Wände nur mit einer Linie dargestellt.

3. Klicken Sie auf der Registerkarte Start in der Gruppe Ändern auf die Schaltfläche Versetzen. Die Eingabeaufforderung lautet:

```
Aktuelle Einstellungen: Quelle löschen=Nein Layer=Quelle OFFSETGAP-
TYPE=0
Abstand angeben oder[ Durch punkt/lÖschen/Layer] <1.0000>:
```

Anstatt einen numerischen Abstand einzugeben, können Sie den Abstand durch Klicken auf zwei Punkte auch grafisch definieren.

4. Klicken Sie auf Punkt A (siehe Abbildung 4.26). Klicken Sie mit der rechten Maustaste in der Statusleiste auf die Schaltfläche Objektfang und wählen Sie im Objektfang-Kontextmenü den Eintrag Lotrecht, falls dieser Fangtyp noch nicht aktiviert ist. Klicken Sie senkrecht zur roten horizontalen Linie auf B. Der Abstand zwischen A und B entspricht dem Versetzungsabstand.

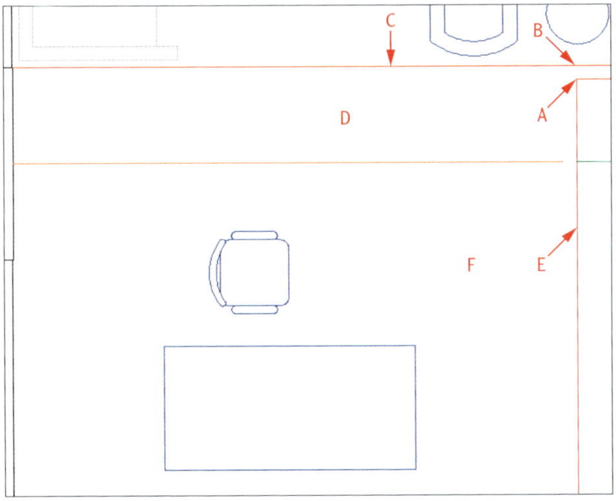

4.26 **Wände um einen Abstand versetzen, der dem Abstand zu angrenzenden Wänden entspricht**

5. Klicken Sie in der Wandlinie auf Punkt C, um das Objekt als zu verschiebendes Element zu definieren. Der Befehl VERSETZ wird automatisch fortgesetzt.

```
Punkt auf Seite angeben, auf die versetzt werden soll, oder
[ Beenden/Mehrfach/Rückgängig] <Beenden>:
```

Klicken Sie auf Punkt D, um eine Kopie der horizontalen roten Linie nach unten zu versetzen. Der Befehl VERSETZ wird automatisch fortgesetzt.

6. Klicken Sie auf die Punkte E und F. Damit wird die vertikale Linie um den in Schritt 4 definierten Abstand nach links versetzt. Drücken Sie die Enter-Taste, um den Befehl zu beenden.

7. Klicken Sie auf der Registerkarte Start in der Gruppe Ändern auf die Schaltfläche Spiegeln. Wählen Sie das Sofa im Büro der Geschäftsleitung aus und drücken Sie die Enter-Taste. Die Eingabeaufforderung lautet:

   `Ersten Punkt der Spiegelachse angeben:`

   Sie werden aufgefordert, eine Spiegelachse zu ziehen, an der das Objekt gespiegelt wird.

8. Halten Sie die Shift-Taste gedrückt und klicken Sie mit der rechten Maustaste, um das Objektfang-Kontextmenü zu öffnen. Wählen Sie dort den Eintrag Zentrum. Klicken Sie dann auf den Mittelpunkt des Couchtisches. Schalten Sie gegebenenfalls den Ortho-Modus mit F8 ein und bewegen Sie den Cursor nach oben oder nach unten. Die vertikale Spiegelachse wird mittig auf dem Tisch angezeigt (siehe Abbildung 4.27)

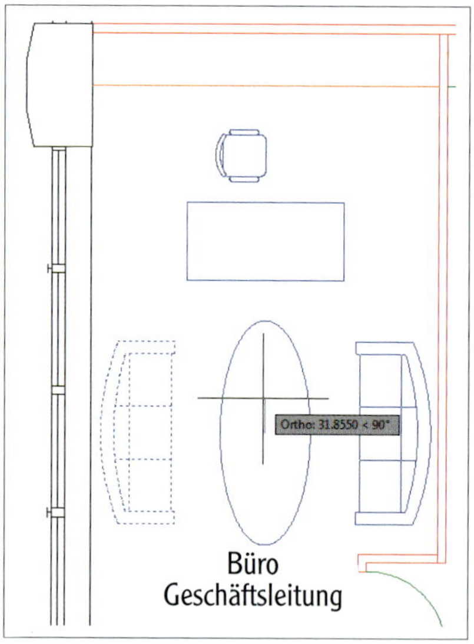

4.27 Ein Sofa spiegeln

9. Klicken Sie, um das Sofa zu spiegeln. Die Eingabeaufforderung lautet:

   `Quellobjekte löschen? [ Ja/Nein] <N>:`

Drücken Sie die Enter-Taste, um die Standardoption Nein zu übernehmen. Sie wollen das Original zusätzlich zu seiner Spiegelung beibehalten.

10. Speichern Sie Ihre Arbeit unter dem Dateinamen »Kap04-H.dwg«.

Objektbearbeitung mit Griffen

Alle Objekte verfügen über Griffe, die quadratischen blauen Symbole, die auf AutoCAD-Objekten eingeblendet werden, sobald Sie sie auswählen, ohne einen Befehl auszuführen. Die Griffe verfügen über zusätzliche Möglichkeiten, auf eine Reihe von Bearbeitungsbefehle zuzugreifen, unter anderem auf die Befehle zum Strecken, Verschieben, Drehen, Skalieren und Spiegeln. Führen Sie die folgenden Schritte aus:

1. Öffnen Sie gegebenenfalls die gerade erstellte Datei »Kap04-H.dwg« oder laden Sie sie von der Webseite zum Buch herunter und öffnen Sie sie in AutoCAD.
2. Im Büro der Geschäftsleitung steht der Stuhl weggedreht vor dem Schreibtisch. Wählen Sie den Stuhl aus. Ein einziger Griff wird eingeblendet, da es sich bei dem Stuhl um einen *Block* handelt. (Ausführliche Informationen zu Blöcken finden Sie in Kapitel 7.)
3. Klicken Sie auf diesen Griff, um ihn zu aktivieren. Die Eingabeaufforderung lautet:

   ```
   ** STRECKEN**
   Streckpunkt angeben oder[ BAsispunkt/Kopieren/Zurück/Exit] :
   ```

   Drücken Sie die Leertaste. Die Eingabeaufforderung lautet:

   ```
   ** SCHIEBEN**
   Punkt für Verschieben angeben oder [ BAsispunkt/Kopieren/Zurück/
   Exit] :
   ```

4. Drücken Sie die Leertaste. Die Eingabeaufforderung lautet:

   ```
   ** DREHEN**
   Drehwinkel angeben oder[ BAsispunkt/Kopieren/Zurück/BEzug/Exit] :
   ```

   Verschieben Sie den Cursor nach unten und achten Sie darauf, dass der Ortho-Modus eingeschaltet ist, damit der Stuhl in präzisen 90°-Schritten gedreht werden kann. Klicken Sie in die Zeichnungsfläche. Der Stuhl wird gedreht und steht nun gerade vor dem Schreibtisch. Drücken Sie ESC, um den Griffbearbeitungsmodus zu beenden. Drücken Sie ESC, um die Auswahl aufzuheben.

5. Wählen Sie den Stuhl erneut aus und klicken Sie auf seinen Griff. Drücken Sie die Leertaste, um zum Verschiebenbefehl zu wechseln. Bewegen Sie den Cursor nach unten und klicken Sie auf eine beliebige Stelle weiter unten, um den Stuhl dichter an den Schreibtisch zu rücken.

6. Wählen Sie den großen ovalen Tisch im Büro der Geschäftsleitung aus. Klicken Sie auf seinen Zentrumsgriff und blättern Sie durch die Griffbearbeitungsmöglichkeiten, bis der Skalierbefehl angezeigt wird. Geben Sie `.75` ein und drücken Sie die Enter-Taste, um den Tisch auf 75 Prozent seiner Originalgröße zu skalieren. Drücken Sie ESC, um den Griffbearbeitungsmodus zu beenden. Abbildung 4.28 zeigt den Bürogebäudeplan mit allen in diesem Kapitel durchgeführten Änderungen. Wenn Sie diese Abbildung mit 1 vergleichen, können Sie erkennen, was Sie schon alles gelernt haben.

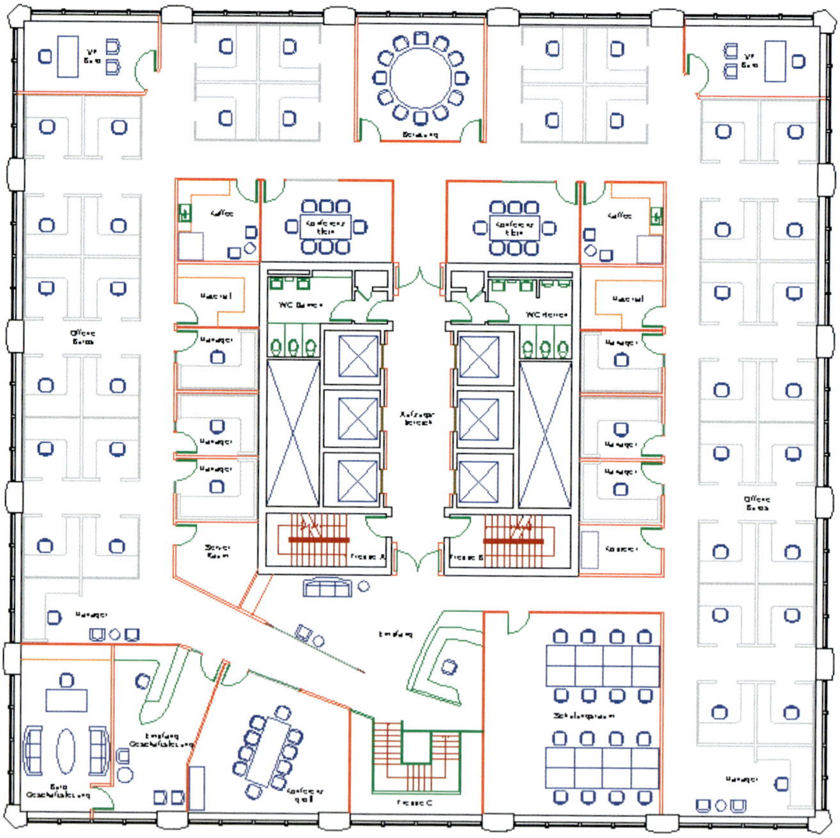

4.28 Das überarbeitete Bürogebäude

7. Speichern Sie Ihre Arbeit unter dem Dateinamen »Kap04-I.dwg«. Die bereits fertiggestellte gleichnamige Datei finden Sie bei Bedarf unter `www.wiley-vch.de/publish/dt/books/ISBN978-3-527-76013-8` auf der Downloadseite zu Kapitel 4.

Zusammenfassung und Ausblicke

In diesem Kapitel haben Sie erfahren, wie Sie Objekte bearbeiten. Sie wählen sie zunächst aus, um sie anschließend zu verschieben, zu drehen und zu skalieren. Sie haben gelernt, wie Sie eine rechteckige und eine polare Anordnung erstellen und bearbeiten. Außerdem haben Sie die komplexeren Bearbeitungsmethoden Stutzen, Dehnen, Verlängern, Strecken, Versetzen und Spiegeln sowie den Griffbearbeitungsmodus kennengelernt.

Zusätzliche Übung

Probieren Sie das Arbeiten mit den Befehlen BRUCH, VERBINDEN und AUFRÄUM aus. Mit dem Befehl BRUCH unterbrechen Sie ein Objekt an einer oder an mehreren Stellen. (Es entstehen Lücken.) Mit dem Befehl VERBINDEN verbinden Sie zwei oder mehr Linien zu einem Objekt. Und der Befehl AUFRÄUM beseitigt doppelte Objekte, zum Beispiel übereinanderliegende Linien. Alle drei Befehle dienen also der Bereinigung von Zeichnungen.

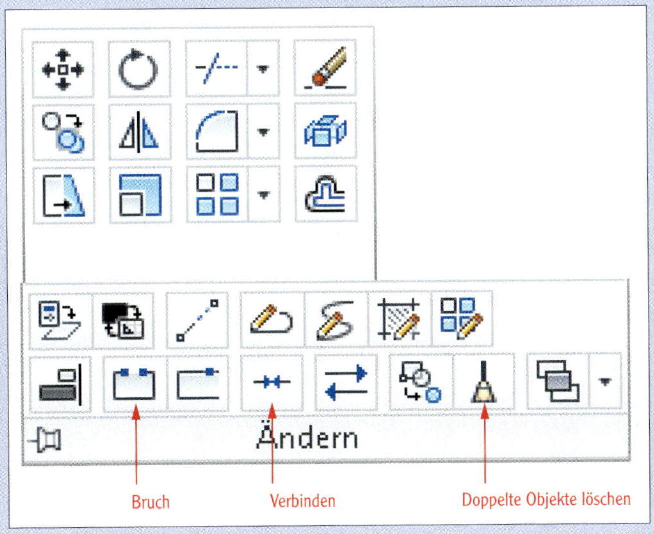

Kurven zeichnen

Viele Jahre lang war es mit AutoCAD schwierig, exakte Kurven zu zeichnen. Natürlich konnten Sie Kreise, Bogen und Ellipsen erstellen, aber das Zeichnen von Kurven funktionierte im Vergleich zu ähnlichen Programmen nicht so gut.

In AutoCAD 2011 änderte sich dies mit der Einführung des Befehls SPLINE. Dieser Befehl unterstützt mithilfe von Anpassungs- und Kontrollscheitelpunkten das Zeichnen von echten NURBS-Kurven (Non-Uniform Rational B-Splines). In AutoCAD 2012 wurde diese Funktion weiter optimiert. Sie können jetzt jede gewünschte Kurve zeichnen und sie sogar zum Modellieren von Oberflächen einsetzen. Informationen zu diesem Thema finden Sie in Kapitel 17.

In diesem Kapitel

- Kurvenpolylinien zeichnen und bearbeiten
- Ellipsen zeichnen
- Splines zeichnen und bearbeiten
- Objekte mit Splines verschmelzen

Kurvenpolylinien zeichnen

Kreise und Bogen (Kreissegmente) stellen die einfachsten Kurvenobjekte dar, da eine Kurve von einem Mittelpunkt aus mit einem festen Radius definiert wird. In den folgenden Schritten verbinden Sie eine Reihe von Bogen und/oder Linien zu einem einzigen Polylinienobjekt. Ein einziges Objekt kann einfacher ausgewählt und bearbeitet werden und garantiert einen gleichmäßigen Kurvenverlauf.

1. Wechseln Sie auf der Downloadseite zum Buch (`www.wiley-vch.de/publish/dt/books/ISBN978-3-527-76013-8`) zu Kapitel 5, laden Sie die Dateien herunter und öffnen Sie die Datei »Kap05-A.dwg« in AutoCAD.

Wenn Sie die Originaldatei beibehalten wollen, klicken Sie im Schnellzugriffs-Werkzeugkasten auf die Schaltfläche Speichern unter und speichern die Beispieldatei unter einem anderen Namen.

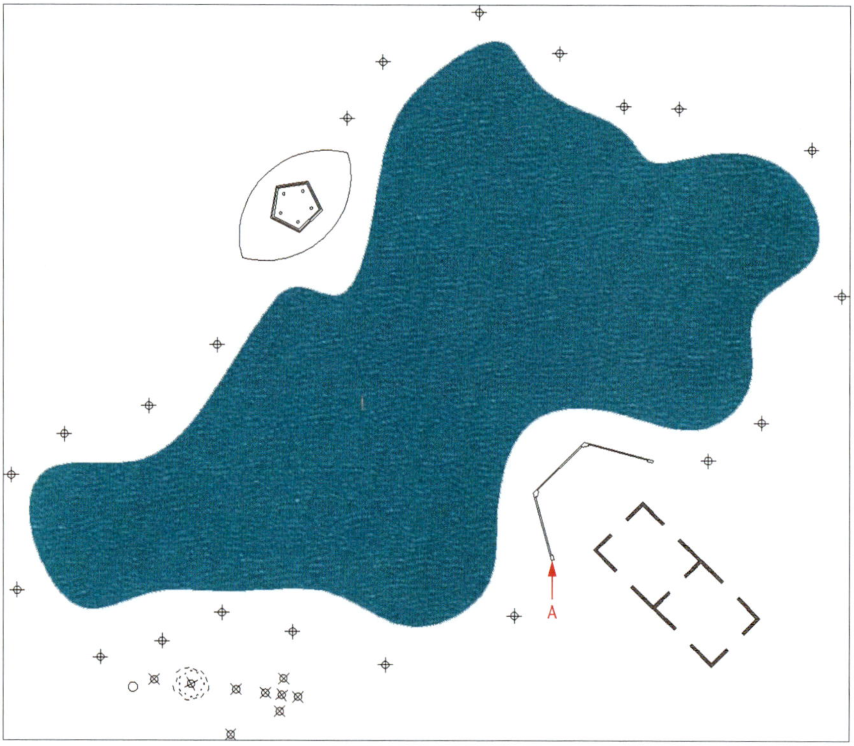

5.1 Ein Landschaftsplan

zertifizierungs-relevant

2. Zunächst sollen Wege um den See gezeichnet werden. Schalten Sie gegebenenfalls den Objektfang ein. Klicken Sie auf der Registerkarte Start in der Gruppe Zeichnen auf die Schaltfläche Polylinie. Klicken Sie auf den ersten Punkt (Punkt A in Abbildung 5.1). Geben Sie `k` (für Kreisbogen) ein und drücken Sie die Enter-Taste.

3. Schalten Sie gegebenenfalls den Ortho-Modus aus. Wie Sie sehen können, versucht AutoCAD, einen Kreisbogen zu zeichnen, der sich unzureichend an den Verlauf des Seeufers anpasst (siehe Abbildung 5.2). Die Eingabeaufforderung lautet:

   ```
   Endpunkt des Bogens angeben oder
   [ Winkel/ZEntrum/RIchtung/Halbbreite/LInie/RAdius/zweiter
   Pkt/ZUrück/Breite] :
   ```

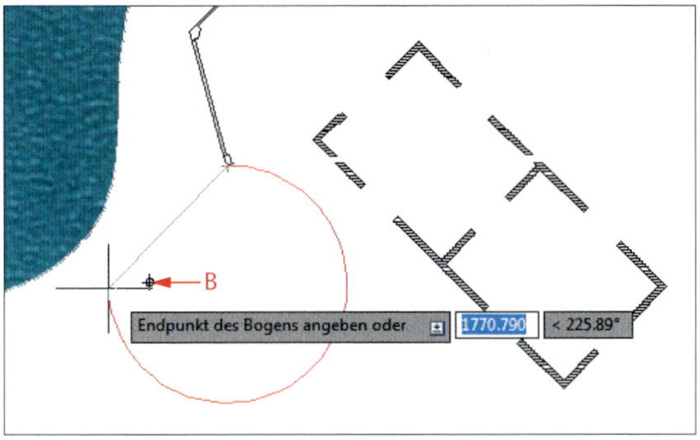

5.2 Die Wölbung der Standardpolylinie passt nicht zum Seeverlauf.

4. Geben Sie p (für zweiter Punkt) ein und drücken Sie die Enter-Taste. Das ist Punkt B in Abbildung 5.2. In der Regel werden Polylinienbogen mit zwei Punkten definiert. Mit der Option Zweiter Punkt legen Sie fest, dass der Bogen mit drei Punkten erstellt wird, ein Punkt mehr zum Festlegen der Kurvenwölbung.

5. Klicken Sie in der Statusleiste mit der rechten Maustaste auf die Schaltfläche Objektfang und wählen Sie dort gegebenenfalls den Eintrag Punkt. Mithilfe des Punktfangs können Sie die Bogen an allen Punktobjekten einrasten lassen, die den See umgeben. Aktivieren Sie, falls noch nicht geschehen, Endpunkt als laufenden Objektfang. Klicken Sie auf Punkt B (siehe Abbildung 5.2).

> Die Punktobjekte um den See in der Beispieldatei sind zum Zeichnen von Kurven nicht wirklich notwendig. Sie dienen in dieser Übung lediglich Ihrer Unterstützung beim Erstellen des Uferwegs.

6. Klicken Sie auf alle Punktobjekte unterhalb und links neben dem See, bis Sie schließlich auf Punkt C in Abbildung 5.3 klicken. Drücken Sie die Enter-Taste, um den Polylinienbefehl zu beenden.

7. Drücken Sie die Leertaste, um den letzten Befehl zu wiederholen. Klicken Sie auf Punkt D (siehe Abbildung 5.4). Geben Sie k (für Kreisbogen) ein und drücken Sie die Enter-Taste.

8. Geben Sie p (für zweiter Punkt) ein und drücken Sie die Enter-Taste. Klicken Sie auf den Punkt neben Punkt D.

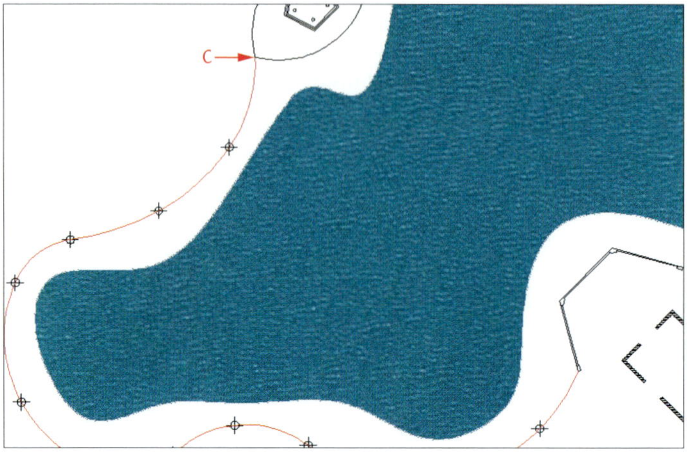

5.3 Die erste Polylinie um den See

9. Klicken Sie auf alle Punkte oberhalb und rechts vom See, bis Sie am Schluss bei Punkt E (siehe Abbildung 5.4) angelangt sind. Drücken Sie die Enter-Taste.

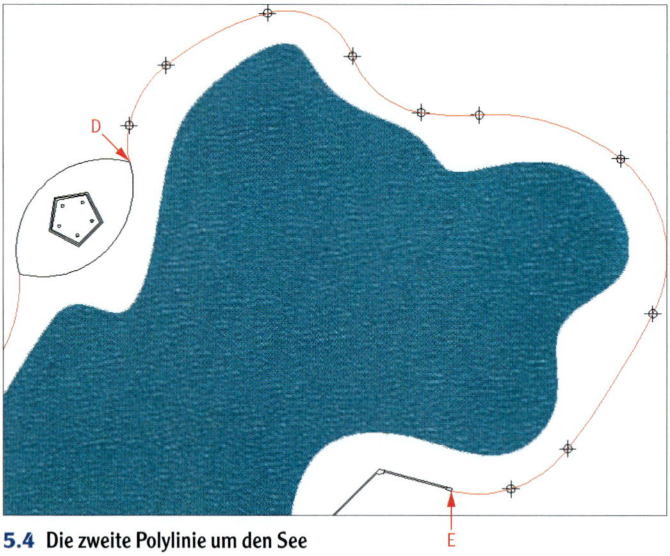

5.4 Die zweite Polylinie um den See

zertifizierungs-relevant

10. Geben Sie `versetz` ein und drücken Sie die Enter-Taste. Geben Sie `2` (für zwei Meter) ein und drücken Sie erneut die Enter-Taste. Klicken Sie auf die untere linke Polylinie, die Sie in den Schritten 1 bis 6 gezeichnet haben und anschließend auf einen Punkt unterhalb beziehungsweise links neben der Linie. Klicken Sie auf die

zweite Polylinie und anschließend auf einen Punkt oberhalb beziehungsweise rechts neben der Linie.

11. Wiederholen Sie den Versetzenbefehl für den in der Zeichnung bereits enthaltenen äußeren Bogen zwischen den beiden Punkten C und D.

12. Klicken Sie auf der Registerkarte Start in der Gruppe Ändern auf die Schaltfläche Stutzen. Wählen Sie durch Drücken der Enter-Taste alle Objekte als potenzielle Kanten zum Stutzen aus und klicken Sie auf den Bogenbereich, der im oberen in Abbildung 5.5 gekennzeichneten Bereich überlappt. Vergrößern Sie den zweiten in Abbildung 5.5 gekennzeichneten Bereich und stutzen Sie die Bogen so, dass sie an ihren Enden zusammenlaufen. Abbildung 5.5 zeigt den bereinigten Weg. Drücken Sie ESC, um den Stutzenbefehl zu beenden.

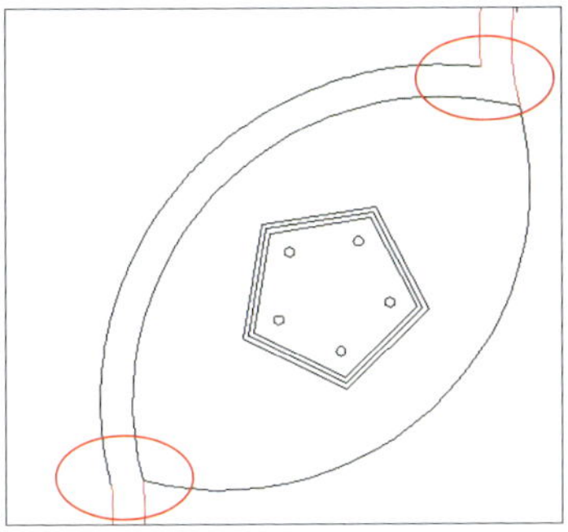

5.5 Polylinien und Bogen stutzen

13. Schwenken Sie zu dem Gebäude unten am See. Der Weg soll sich hier zum Gebäude öffnen. Klicken Sie auf die äußere untere Polylinie, um sie auszuwählen. Klicken Sie dann auf ihren Endpunktgriff, ziehen Sie ihn ein Stück nach unten und klicken Sie erneut (siehe Abbildung 5.6). Sie können das Wegende nicht weiter öffnen, ohne den Wegverlauf zu verzerren.

14. Drücken Sie ESC und klicken Sie im Schnellzugriffs-Werkzeugkasten auf die Schaltfläche Rückgängig.

15. Klicken Sie auf der Registerkarte Start in der Gruppe Zeichnen auf die Schaltfläche Bogen. Halten Sie die Shift-Taste gedrückt und klicken Sie mit der rechten Maustaste. Wählen Sie im Kontextmenü den Eintrag Nächster. Klicken Sie auf die in Abbildung 5.7 gezeigten Punkte A, B und C, um den Bogen wie dort gezeigt zu formen.

16. Drücken Sie die Enter-Taste. Der Bogenbefehl wird wiederholt. Geben Sie `nächster` ein und drücken Sie die Enter-Taste. Klicken Sie auf die Punkte D, E und F, die in Abbildung 5.7 zu sehen sind.

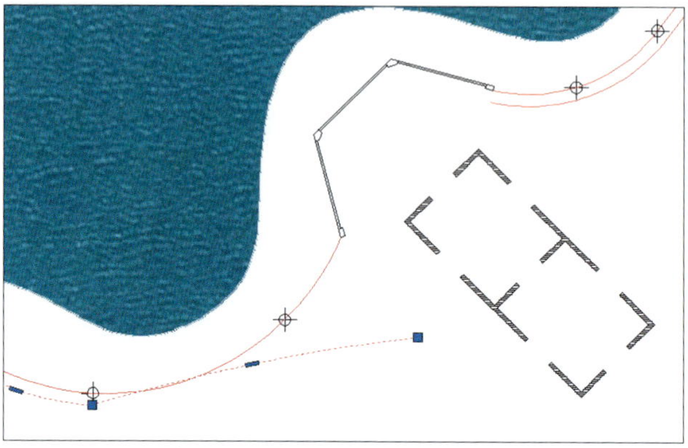

5.6 Eine Polylinie mit seinen Griffen anpassen

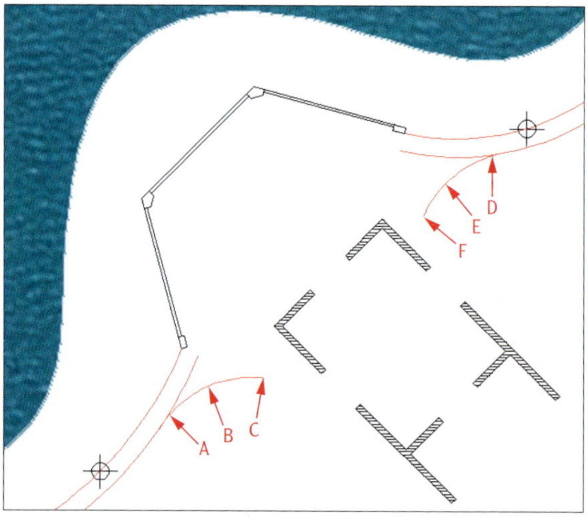

5.7 Neue kleine Bogen mit kurzem Radius zeichnen und entlang der längeren, bereits vorhandenen Bogen einrasten

17. Vergrößern Sie die Bereiche mit den ursprünglichen Polylinien, die über die neuen, gerade gezeichneten Bogen hinausragen, und stutzen Sie sie.

zertifizierungs-relevant

18. Geben Sie `verbinden` ein und drücken Sie die Enter-Taste. Wählen Sie alle fünf Objekte aus, die den äußeren Wegrand darstellen (drei Bogen und zwei Polylinien) und drücken Sie die Enter-Taste. Die Eingabeaufforderung lautet:

`12 Segmente verbunden zu 1 Polylinie`

Aus den ursprünglich zwölf Objekten wird eine einzige Polylinie, die den äußeren Rand des Weges kennzeichnet.

19. Drücken Sie die Leertaste, um den Verbindenbefehl zu wiederholen. Wählen Sie die drei Objekte am Innenrand des Weges aus (zwei Polylinien und der innere Bogen über dem Fünfeck). Drücken Sie die Enter-Taste. Die Segmente werden zu einer einzigen Polylinie verbunden (siehe Abbildung 5.8).

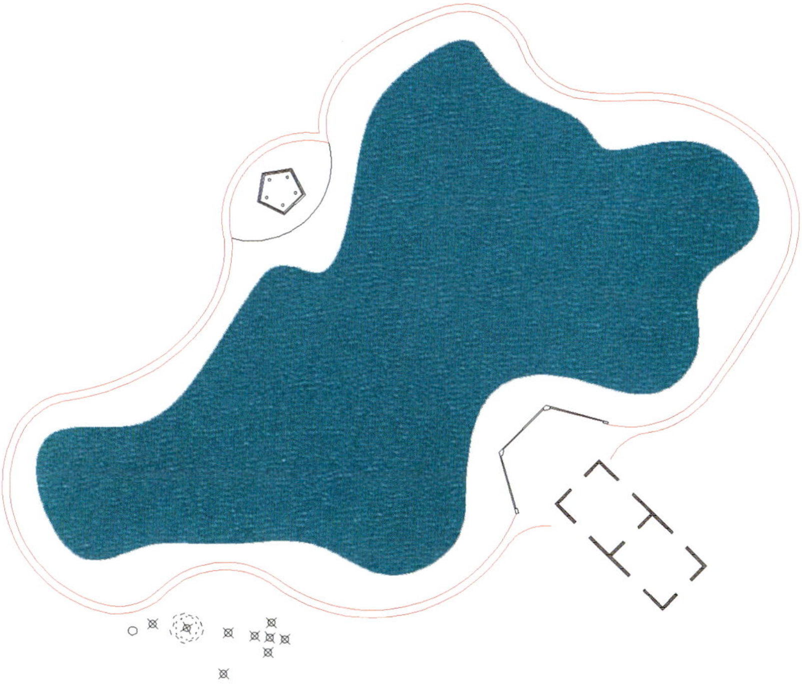

5.8 Der Weg um den See besteht jetzt aus zwei Objekten.

VERBINDEN oder PEDIT?

In früheren AutoCAD-Versionen mussten Objekte zunächst in Polylinien umgewandelt und anschließend mit dem Bearbeitungsbefehl für Polylinien PEDIT verbunden werden. Der optimierte Befehl VERBINDEN macht diese Vorgehensweise überflüssig. Verwenden Sie ihn für Linien, 2D- und 3D-Polylinien, Bogen, elliptische Bogen (Ellipsensegmente) und/oder Spiralen. In AutoCAD 2012 können verschiedene Objekttypen in einem Schritt verbunden werden. Der Ergebnisobjekttyp hängt dabei von der Objektauswahl ab.

Sie können kollineare Linien mit dem Befehl VERBINDEN auch dann verbinden, wenn zwischen ihnen eine Lücke ist. Der Befehl BRUCH ist das Gegenstück zum Befehl VERBINDEN.

Ellipsen zeichnen

Mit AutoCAD können Sie schnell und einfach Ovale, das heißt Ellipsen, zeichnen. In AutoCAD geben Sie zum Zeichnen einer Ellipse die Längen ihrer ersten und zweiten Achse an.

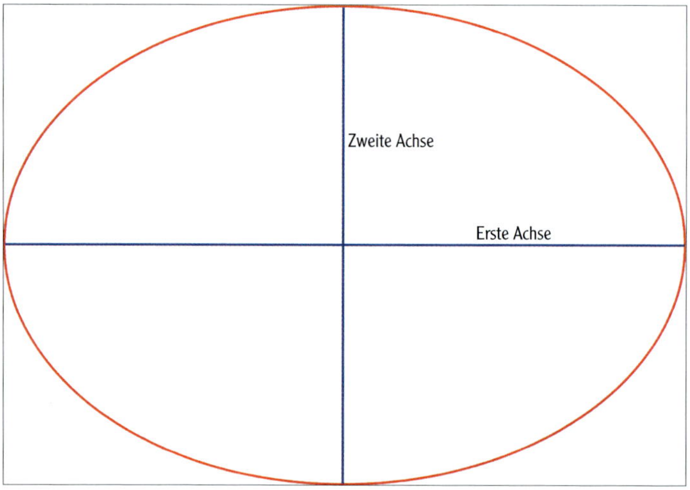

5.9 Die erste und zweite Achse einer Ellipse

In der folgenden Übung zeichnen Sie eine Ellipse und verteilen Büsche entlang ihrer Kante.

1. Vergrößern Sie den linken unteren Bereich mit den noch nicht genutzten Punktobjekten.
2. Geben Sie `regen` (für Regenerieren) ein und drücken Sie die Enter-Taste. Die Größe der Punktobjekte wird neu berechnet, wenn die Zeichnung neu gezeichnet, das heißt regeneriert wird.

zertifizierungs-relevant

3. Klicken Sie auf der Registerkarte Start in der Gruppe Zeichnen auf den Pfeil der Ellipsenschaltfläche und wählen Sie im Menü den Eintrag Mittelpunkt. Klicken Sie auf die in Abbildung 5.10 gezeigten Punkte: Zentrum der Ellipse, Endpunkt der ersten Achse und Endpunkt der zweiten Achse.
4. Geben Sie `Bruch` ein und drücken Sie die Enter-Taste. Wählen Sie die Ellipse aus. Die Eingabeaufforderung lautet:

```
Zweiten Brechpunkt eingeben oder [Erster Punkt]:
```

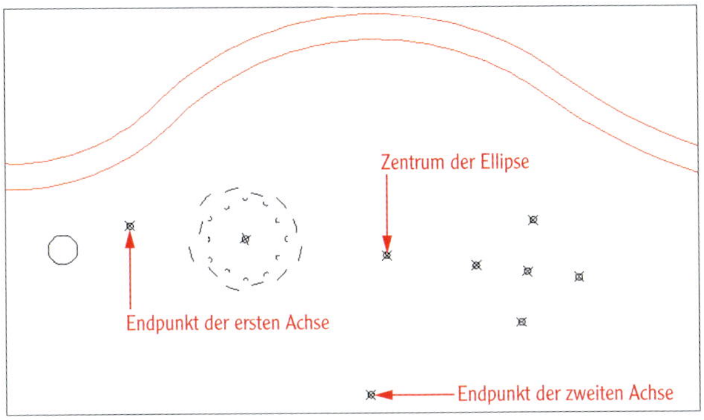

5.10 **Eine Ellipse zeichnen**

Geben Sie `e` (für Erster Punkt) ein und drücken Sie die Enter-Taste. Klicken Sie in der Statusleiste mit der rechten Maustaste auf die Schaltfläche Objektfang und wählen Sie im Kontextmenü den Eintrag Quadrant. Klicken Sie auf den Quadrantpunkt, der dem Endpunkt der ersten Achse gegenüberliegt, und dann auf den gerade genannten Endpunkt (siehe Abbildung 5.10). Damit wird die Ellipse halbiert. Der untere Bereich bleibt als *elliptischer Bogen* erhalten.

> Das Brechen von Ellipsen, Bogen und Kreisen wird gegen den Uhrzeigersinn durchgeführt.

5. Geben Sie `teilen` ein, drücken Sie die Enter-Taste und wählen Sie den elliptischen Bogen aus. Die Eingabeaufforderung lautet:

   `Anzahl der Segmente eingeben oder [Block]:`

   Geben Sie `b` (für Block) ein und drücken Sie die Enter-Taste. In Kapitel 7 erfahren Sie mehr über das Arbeiten mit Blöcken.

6. Die Datei enthält einen bereits definierten Block mit der Bezeichnung »Busch«. Geben Sie daher an der Eingabeaufforderung

   `Namen des einzufügenden Blocks eingeben:`

   `busch` ein und drücken Sie die Enter-Taste.

7. Bestätigen Sie durch Drücken der Enter-Taste, dass der Block mit dem Objekt ausgerichtet werden soll.

8. Geben Sie `13` (für die Anzahl der Segmente) ein und drücken Sie die Enter-Taste. Mit dem Befehl TEILEN wird stets ein Punkt oder Block weniger als die angegebene Segmentzahl erstellt. Entlang der Ellipse werden jetzt also zwölf Büsche gezeichnet (siehe Abbildung 5.11).

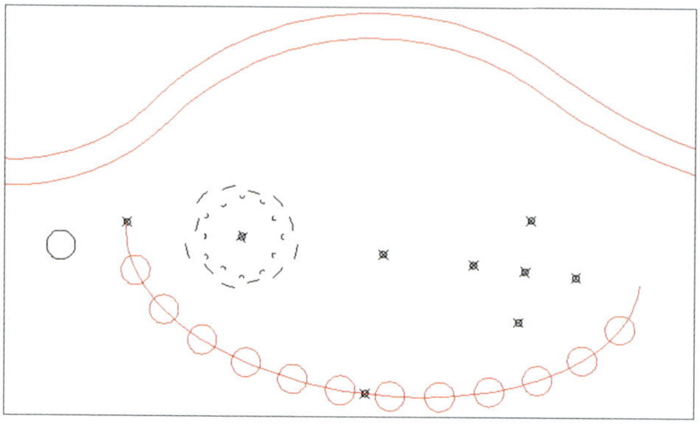

5.11 Der elliptische Bogen wurde in zwölf Blöcke unterteilt.

9. Löschen Sie die Ellipse, die drei Punktobjekte sowie den schwarzen Kreis, der den ursprünglichen Block darstellt.

Splines zeichnen und bearbeiten

Splines entsprechen dem Kurvenlineal beim Konstruieren am Zeichenbrett zum Erstellen von Kurven mit sich ständig verändernden Radien. Splines gibt es schon lange in AutoCAD. In der Version 2011 wurde der Befehl SPLINE aber vollständig überarbeitet. Die AutoCAD-Splines sind seit dieser Version auf NURBS basierende Kurven (derselbe Kurventyp wie in Alias, Maya, 3ds Max und vielen anderen High-End-3D-Programmen). Es gibt zwei Typen von NURBS-Kurven:

- Kurven, die durch Kontrollscheitelpunkte definiert werden, die entweder gar nicht auf der Kurve oder auf ihrem Anfangs- beziehungsweise Endpunkt liegen.
- Kurven, die durch Anpassungspunkte definiert werden, die auf der Kurve liegen.

Die Form der Kurve lässt sich mithilfe von Kontrollscheitelpunkten besser steuern. Soll die Kurve aber durch bestimmte Punkte verlaufen oder knicken, sind Anpassungspunkte vorzuziehen. Sie können in AutoCAD schnell und einfach zwischen diesen beiden Bearbeitungsmodi hin- und herschalten.

Kontrollscheitelpunkte verwenden

Kontrollscheitelpunkte bieten die höchste Flexibilität beim präzisen Formen von NURBS-Kurven. Die Punkte werden dabei durch einen *Kontrollrahmen* verbunden, der die maximale Wölbung zwischen benachbarten Kontrollscheitelpunkten darstellt. Führen Sie die folgenden Schritte aus, um einen Spline mit Kontrollscheitelpunkten um den See zu zeichnen:

zertifizierungsrelevant

1. Geben Sie `spl` (für SPLINE) ein und drücken Sie die Enter-Taste. Die Eingabeaufforderung lautet:

   ```
   Aktuelle Einstellungen: Verfahren=Anpassen Knoten=Sehne
   Ersten Punkt angeben oder[ Verfahren/Knoten/Objekt] :
   ```

   Geben Sie `v` (für Verfahren) ein und drücken Sie die Enter-Taste.

2. Die Eingabeaufforderung lautet:

   ```
   Spline-Erstellungsverfahren eingeben[ Anpassen/KS] <Anpassen>:
   ```

   Schalten Sie bei Bedarf in der Statusleiste Objektfang, Ortho-Modus und Spurverfolgung aus. Geben Sie `ks` ein und drücken Sie die Enter-Taste. Klicken Sie auf einen beliebigen Punkt am Seerand, um den ersten Punkt zu definieren. Klicken Sie auf weitere Punkte rund um den See, bis Sie wieder in die Nähe des ersten Punktes gelangen. Geben Sie `s` (für Schließen) ein und drücken Sie die Enter-Taste. Wählen Sie den gerade erstellten Spline aus, um seine Kontrollscheitelpunkte anzuzeigen (siehe Abbildung 5.12).

   Kurven mit Kontrollscheitelpunkten werden sehr grob erstellt und in der Regel gleich anschließend verfeinert.

3. Zeigen Sie auf einen Kontrollscheitelpunkt. Das Menü des Multifunktionsgriffs wird eingeblendet. Wählen Sie den Eintrag Scheitelpunkt strecken und klicken Sie auf einen anderen Punkt, um den Kontrollscheitelpunkt neu zu positionieren.

4. Fügen Sie über das Griffmenü Scheitelpunkte hinzu und entfernen Sie vorhandene Scheitelpunkte (siehe Abbildung 5.13).

5. Beim Verfeinern eines Scheitelpunkts wird der Punkt in zwei nebeneinanderliegende Scheitelpunkte umgewandelt. Wenden Sie dieses Verfahren in Bereichen mit vielen Richtungsänderungen an.

6. Sie können außerdem den Kurvenverlauf durch das Gewicht der einzelnen Scheitelpunkte ändern. Doppelklicken Sie dazu auf den Spline (nicht auf einen Scheitelpunkt oder auf den Kontrollrahmen). Damit wird der Befehl SPLINEEDIT ausgeführt. Die Eingabeaufforderung lautet:

   ```
   Option eingeben[ Öffnen/Anpassungsdaten/scheitelpunkt Bearbeiten/in
   Polylinie
   konvertieren/Umkehren/Zurück/eXit] <eXit>:
   ```

Geben Sie b (für scheitelpunkt Bearbeiten) ein und drücken Sie die Enter-Taste.

Geben Sie c (für sCheitelpunkt bearbeiten) ein und drücken Sie die Enter-Taste.

Bei Scheitelpunkten mit höherem Gewicht wird der Kurvenverlauf in Richtung Kontrollrahmen verschoben. Bei Scheitelpunkten mit einem Gewicht von unter 1 (aber über null) wird der Spline-Verlauf vom Scheitelpunkt weg bewegt.

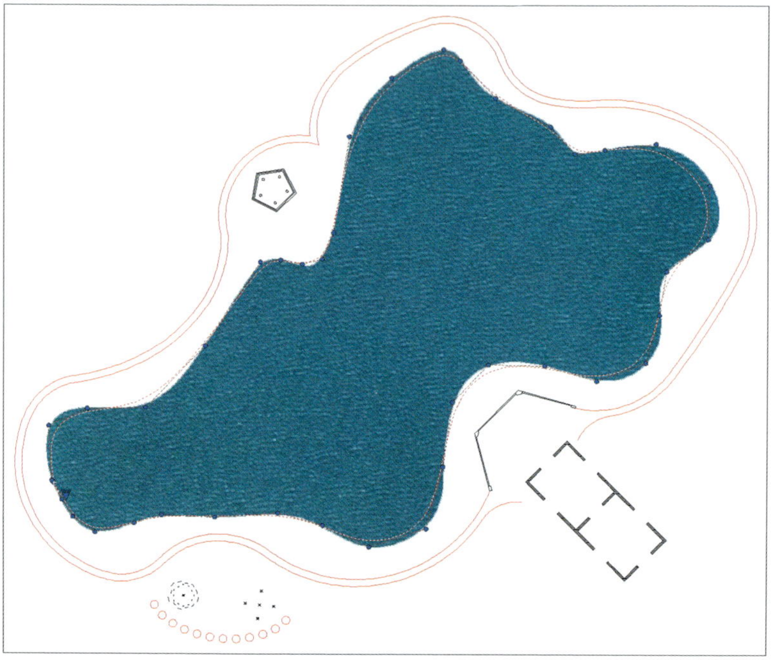

5.12 Ein grober Spline mit Kontrollscheitelpunkten um den See herum

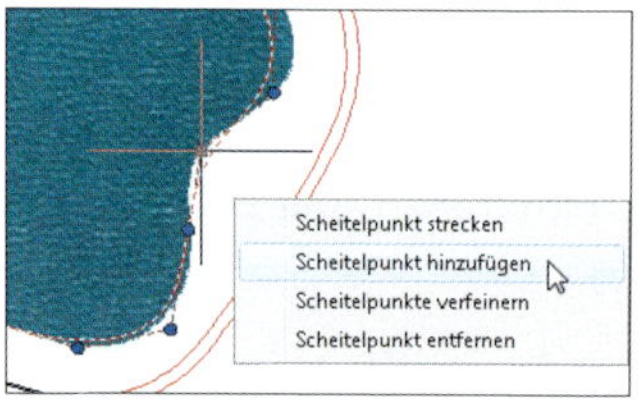

5.13 Kontrollscheitelpunkte hinzufügen und entfernen

7. Die Eingabeaufforderung lautet:

```
Option zum Bearbeiten des Scheitelpunkts eingeben[ Hinzufügen/
Löschen/höherer
Grad/Verschieben/liNienstärke/eXit] <eXit>:
```

Geben Sie n (für liNienstärke) ein und drücken Sie die Enter-Taste. Bevor Sie das Gewicht eines Punktes ändern können, müssen Sie ihn auswählen. Drücken Sie dazu so lange die Enter-Taste (für die Standardoption Nächster), bis der gewünschte Scheitelpunkt als roter Punkt dargestellt wird.

8. Geben Sie `2` ein und drücken Sie die Enter-Taste (siehe Abbildung 5.14). Der Spline rückt näher an den roten Scheitelpunkt und den Kontrollrahmen. Geben Sie `.5` ein und drücken Sie erneut die Enter-Taste. Der Kurvenverlauf wird vom Kontrollrahmen weggerückt. Geben Sie hier einen Wert ein, der zum gewählten Scheitelpunkt passt, und drücken Sie die Enter-Taste. Für den in Abbildung 5.14 gewählten Punkt wurde eine Gewichtung von 0.75 eingegeben, um ihn vom Kontrollrahmen wegzurücken. So passt sich der Kurvenverlauf besser dem Umriss des Sees an. Der einzugebende Gewichtungswert hängt von der in Schritt 2 definierten Position des jeweiligen Scheitelpunkts ab. Geben Sie dreimal `x` (für eXit) ein, um den Befehl SPLINEEDIT zu beenden.

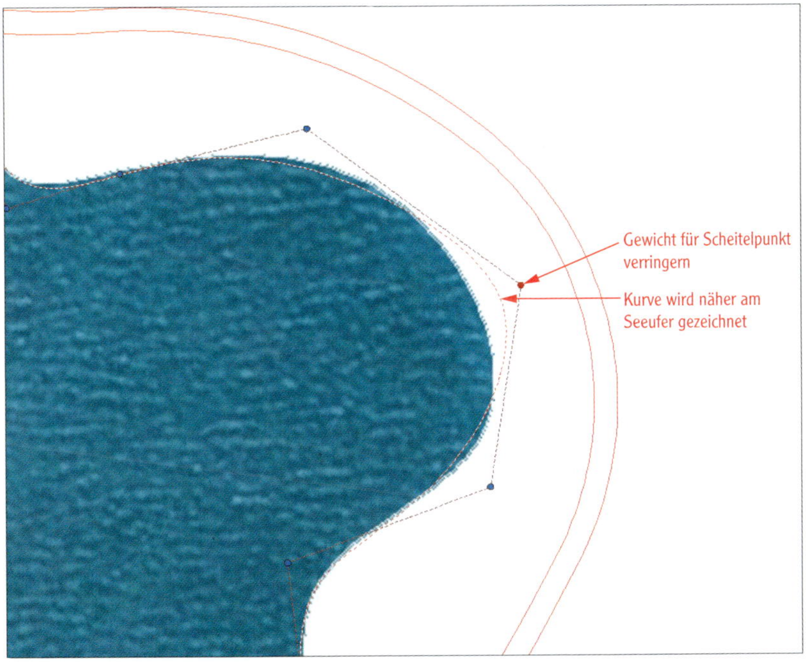

5.14 Die Gewichtung eines Kontrollscheitelpunkts anpassen

9. Fahren Sie mit der Anpassung des Splines fort, bis er den Umrissen des Sees entspricht.

10. Geben Sie `bild` ein und drücken Sie die Enter-Taste. Die Palette Externe Referenzen wird geöffnet. (Diese Palette werden Sie in Kapitel 9 näher kennenlernen.) Der See, um den Sie den Spline gezeichnet haben, ist ein Bild.

11. Klicken Sie in der Palette Externe Referenzen mit der rechten Maustaste auf den Eintrag Pond und wählen Sie im Kontextmenü den Eintrag Lösen. Schließen Sie die Palette. Wählen Sie den Spline aus, klicken Sie auf der Registerkarte Start in der Gruppe Eigenschaften auf die Schaltfläche Objektfarbe und wählen Sie Blau. Der See wird nun durch eine blaue Kurve und nicht mehr durch ein blaues Bild dargestellt (siehe Abbildung 5.15).

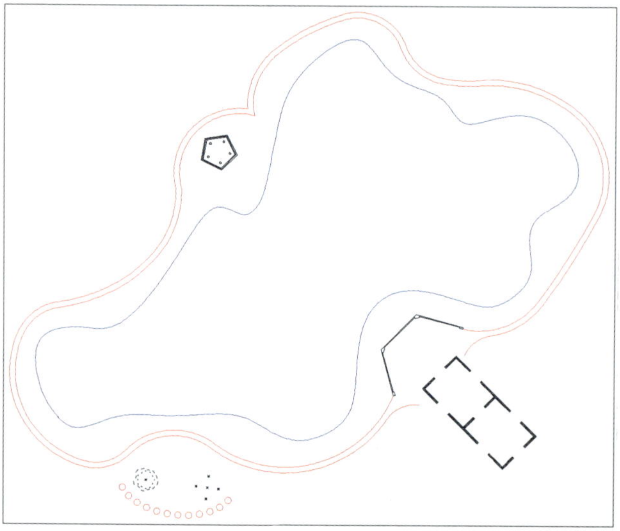

5.15 **Der See wird durch den Spline und nicht mehr durch das Bild dargestellt.**

Kontrollscheitelpunkte skizzieren und Kurve neu zeichnen

Anstatt Scheitelpunkte zu strecken, hinzuzufügen, zu löschen, zu verfeinern und/oder anzupassen, können Sie den Spline-Verlauf auch per Hand skizzieren. Es ist aber schwierig, den Befehl mit der Maus durchzuführen. Am besten funktioniert er mit einem Stift auf einem Tablet-PC. Beim Skizzieren von Splines kommt es in der Regel leider zu einer unregelmäßigen Verteilung der Scheitelpunkte. Dies können Sie mit dem Befehl KSNEUERSTELL beheben. Mit diesem Befehl wird das Dialogfeld Kurve neu erstellen angezeigt.

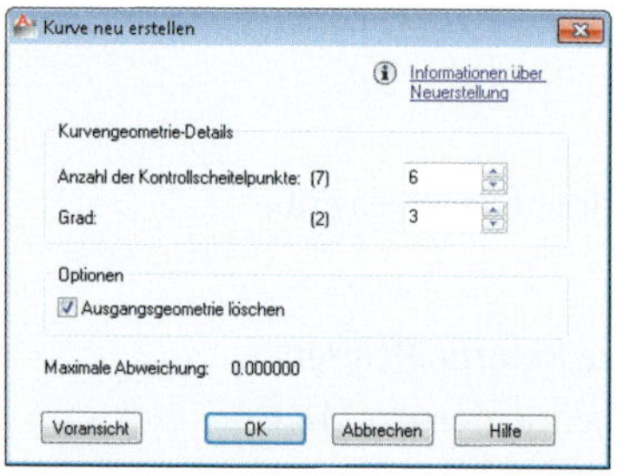

Anpassungspunkte verwenden

Die Kurvendefinition mit Anpassungspunkten ist ein äußerst direktes Verfahren, da sich die Anpassungspunkte auf der Kurve befinden. Grundlegend kann man sagen: Je mehr Anpassungspunkte Sie an strategischen Punkten definieren, umso besser können Sie den Kurvenverlauf steuern. Es gibt aber noch eine Reihe anderer Optionen, die den Verlauf eines Splines zwischen den Anpassungspunkten beeinflussen (Tangente, Toleranz, Knick, Punkt). Im Folgenden definieren Sie mithilfe der Knickoption einen scharfen Knick im Spline:

1. Vergrößern Sie im Bereich links unten, in dem Sie die Büsche entlang des elliptischen Bogens verteilt haben, den Bereich mit den fünf Punkten.

2. Erweitern Sie auf der Registerkarte Start die Gruppe Zeichnen und klicken Sie auf die Schaltfläche Spline-Angleichung. Schalten Sie in der Statusleiste den Objektfang mit Punktfang ein und klicken Sie dann in der Zeichnung auf den oberen, dann auf den rechten, danach auf den unteren und abschließend auf den linken Punkt. Geben Sie `s` (für Schließen) ein und drücken Sie die Enter-Taste. Der Spline mit Anpassungspunkten ähnelt einem Kreis, ist aber nicht wirklich rund (siehe Abbildung 5.16). Dieser Spline soll als Basis für eine abstrakte Baumdarstellung dienen.

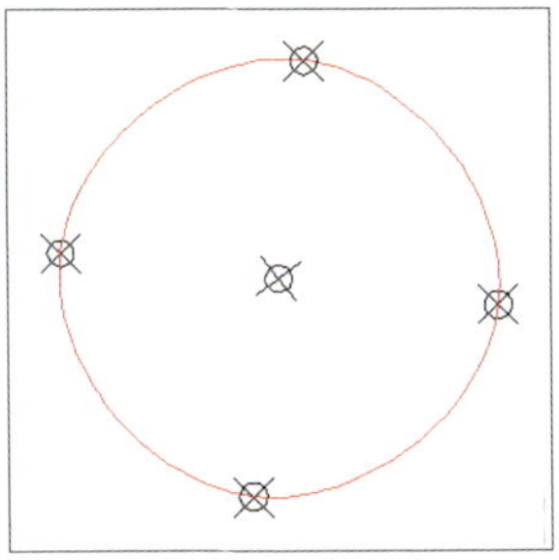

5.16 Einen Spline mit Punktfang erstellen

3. Schalten Sie bei Bedarf in der Statusleiste die dynamische Eingabe ein. Wählen Sie den gerade gezeichneten Spline aus, geben Sie `splineedit` ein und drücken Sie die Enter-Taste. Wählen Sie im dynamischen Eingabemenü den Eintrag Anpassungsdaten und danach den Eintrag Hinzufügen.

4. Die Eingabeaufforderung lautet:

```
Bestehenden Kontrollscheitelpunkt auf Spline angeben <exit>:
```

Klicken Sie auf den oberen Punkt.

5. Die Eingabeaufforderung lautet nun:

`Neuen hinzuzufügenden Anpassungspunkt definieren <exit>:`

Geben Sie `Nächster` ein (um den neuen Anpassungspunkt mit dem Objektfang Nächster einzurasten) und drücken Sie die Enter-Taste. Klicken Sie in der Kurve auf einen Punkt zwischen dem oberen und dem rechten Anpassungspunkt. Drücken Sie viermal die Enter-Taste, um den Befehl SPLINEEDIT zu beenden.

6. Es ist darüber hinaus möglich, mit den Multifunktionsgriffen Anpassungspunkte hinzuzufügen. Dieses Verfahren funktioniert aber nicht mit dem ersten Punkt. Klicken Sie zunächst auf den Spline, um ihn auszuwählen. Zeigen Sie dann auf den rechten Punkt und wählen Sie im Griffmenü den Eintrag Anpassungspunkt hinzufügen. Halten Sie die Shift-Taste gedrückt, klicken Sie mit der rechten Maustaste und wählen Sie im Kontextmenü den Eintrag Nächster. Klicken Sie abschließend auf einen Punkt zwischen dem rechten und dem unteren Punkt.

7. Wiederholen Sie Schritt 6 zweimal und fügen Sie so zwei weitere Anpassungspunkte zwischen dem unteren, dem linken und dem oberen Punkt ein (siehe Abbildung 5.17).

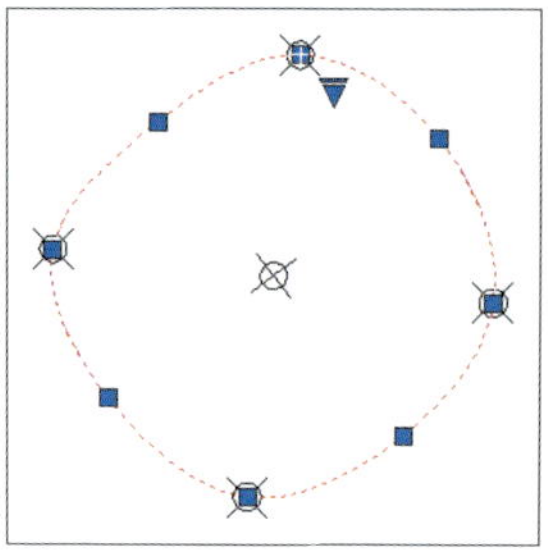

5.17 Anpassungspunkte zwischen den ursprünglichen Punkten hinzufügen

8. Doppelklicken Sie auf den Spline, um den Befehl SPLINEEDIT auszuführen. Geben Sie `a` (für Anpassungsdaten) ein und drücken Sie die Enter-Taste. Die Eingabeaufforderung lautet:

`Option für Datenanpassung eingeben`
`[ Hinzufügen/Öffnen/Löschen/Knick/Verschieben/Bereinigen/TAngenten/TOleranz/eXit]`
`<eXit>:`

Es ist im Fall der Knickoption im Anpassungsdaten-Modus des Befehls SPLINEEDIT nicht notwendig, den Objektfang Nächster zu aktivieren.

Geben Sie `k` (für Knick) ein, drücken Sie die Enter-Taste und fügen Sie dann zwischen allen bereits vorhandenen Punkten acht weitere Punkte durch Klicken ein (siehe Abbildung 5.18). Drücken Sie dreimal die Enter-Taste, um den Befehl SPLINEEDIT abzuschließen.

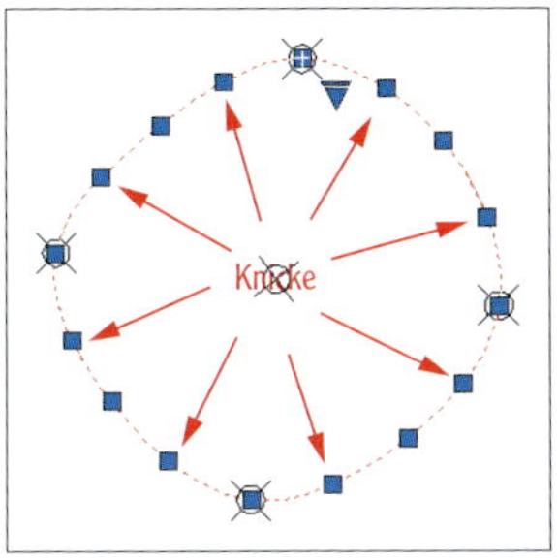

5.18 **Dem Spline mit Anpassungspunkten Knicke hinzufügen**

9. Klicken Sie auf die einzelnen Knickgriffe, ziehen Sie sie in Richtung des Mittelpunkts und klicken Sie erneut, um eine abstrakte Darstellung für einen Baum zu erstellen. Löschen Sie die fünf Objektpunkte, die als Basis für das Baumlayout gedient haben (siehe Abbildung 5.19).

5.19 **Die abstrakte Baumdarstellung wurde durch Strecken der Knicke auf dem Anpassungspunkt-Spline erstellt.**

Objekte mit Splines verschmelzen

Mit dem Befehl MISCHEN wird ein Spline mit Kontrollscheitelpunkten zwischen zwei ausgewählten Objekten (Linien, Kreis- oder elliptische Bogen, Splines oder eine beliebige Kombination aus diesen Objekttypen) erstellt. Dieser Spline verbindet die Endpunkte beider Objekte mit einer Kurve mit tangentialer oder glatter Kontinuität. Diese beiden Verbindungstypen unterscheiden sich minimal.

Der Kontrollrahmen einer Verbindungskurve mit tangentialer Kontinuität verläuft parallel zum Kontrollrahmen der angrenzenden Kurve. Für Verbindungskurven mit glatter Kontinuität trifft dies auch zu. Darüber hinaus sind die Kontrollrahmen gleich lang. Vereinfacht ausgedrückt: Mit tangentialer Kontinuität erstellen Sie glatte Kurven, mit glatter Kontinuität sehr glatte Kurven. Im Folgenden erstellen Sie beide Verbindungskurventypen:

1. Schwenken Sie zu dem Baum links neben dem gerade gezeichneten Baum mit Knicken. Geben Sie `mischen` ein und drücken Sie die Enter-Taste.
2. Die Eingabeaufforderung lautet:

   ```
   Kontinuität = Tangente
   Erstes Objekt auswählen oder[ KONtinuität] :
   ```

   Wählen Sie einen flachen und einen gewölbten Bogen aus. Der Befehl wird ausgeführt und die beiden Bogen werden mit einem Kontrollscheitelpunkt-Spline mit tangentialer Kontinuität verbunden.
3. Drücken Sie die Leertaste, um den Mischenbefehl zu wiederholen. Geben Sie dieses Mal `kon` (für KONtinuität) ein und drücken Sie die Enter-Taste. Geben Sie `g` (für Glatt) ein und drücken Sie erneut die Enter-Taste. Klicken Sie abschließend auf zwei nebeneinanderliegende Bogen, um sie mit einer Verschmelzungskurve zu verbinden (siehe Abbildung 5.20).

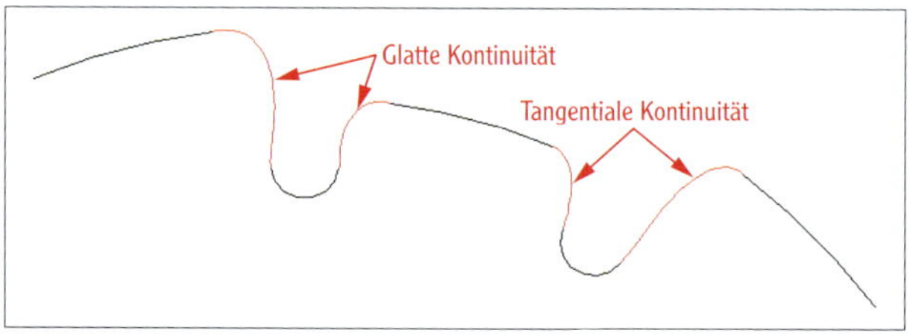

5.20 Bogen mit unterschiedlicher Kontinuität verbinden

4. Verschmelzen Sie alle übrigen nebeneinanderliegenden Kurven des Baums. Löschen Sie abschließend das Punktobjekt in der Baummitte. Abbildung 5.21 zeigt die Zeichnung mit allen in diesem Kapitel durchgeführten Änderungen.
5. Speichern Sie Ihre Arbeit unter dem Dateinamen »Kap05-B.dwg«. Die bereits fertiggestellte gleichnamige Datei finden Sie bei Bedarf unter `www.wiley-vch.de/publish/dt/books/ISBN978-3-527-76013-8` auf der Downloadseite zu Kapitel 5.

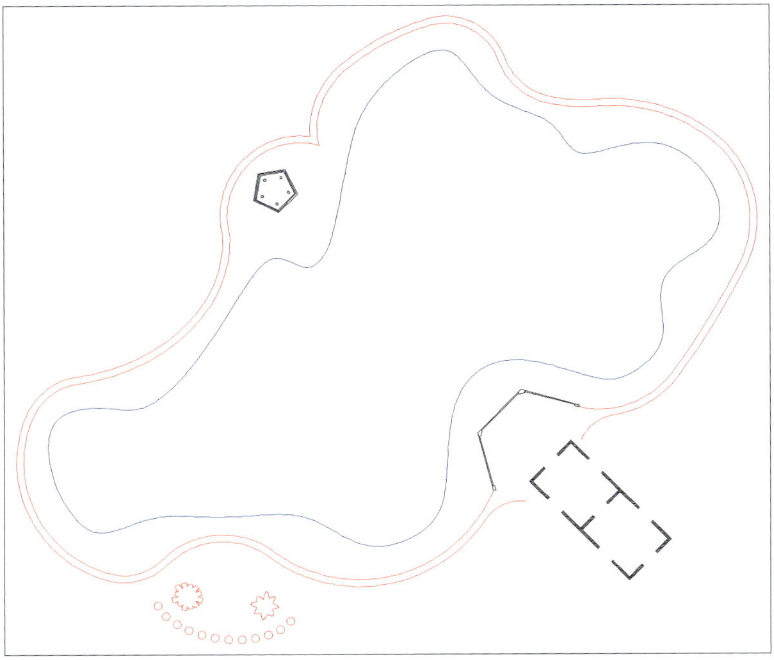

5.21 Die fertiggestellte Landschaftszeichnung

Zusammenfassung und Ausblicke

In diesem Kapitel haben Sie erfahren, wie Sie Kurvenobjekte zeichnen. Hierzu gehören kreis- und elliptische Bogen, Polylinien, Ellipsen und auf NURBS basierende Splines mit Kontrollscheitel- und Anpassungspunkten. Sie wissen nun, wie Sie Objekte brechen und verbinden und zwei nebeneinanderliegende Kurven durch eine weitere Kurve verbinden. Sie sind nun in der Lage, jede beliebige Kurve exakt zu formen. Und genau darum geht es beim Arbeiten mit AutoCAD.

Zusätzliche Übung

Probieren Sie den Befehl SPIRALE aus. Zum jetzigen Zeitpunkt reicht es aus, zweidimensionale Spiralen mit diesem Befehl zu zeichnen. Wenn Sie später erfahren haben, wie Sie 3D-Objekte erstellen (mehr hierzu in den Kapiteln 16 und 17), können Sie mit diesem Befehl Antriebsfedern, Gewinde, ja sogar DNA zeichnen.

Anzeige und Darstellung von Objekten steuern

Objekte werden von Layern gesteuert, unabhängig davon, ob sie sichtbar sind oder nicht. Und alle Objekte verfügen über Eigenschaften, mit denen ihre Darstellung definiert wird, beispielsweise Farbe, Linientyp, Linienstärke etc. Der Layer, dem ein Objekt zugewiesen ist, definiert in der Regel die allgemeinen Objekteigenschaften. Diese Eigenschaften können auch direkt pro Objekt festgelegt werden. In diesem Kapitel lernen Sie eine Reihe von Layerwerkzeugen kennen und Sie erfahren, wie wichtig das Prinzip der Layer für die Verwaltung komplexer Zeichnungen ist.

In diesem Kapitel

- Objekteigenschaften ändern
- Aktuellen Layer einrichten
- Objektzuordnungen ändern
- Layeranzeige steuern
- Linientyp zuweisen
- Eigenschaften nach Objekt oder Layer zuweisen
- Layereigenschaften verwalten

Objekteigenschaften ändern

Alle Objekte verfügen über Eigenschaften, mit denen ihre Darstellung definiert wird. So bestimmen Sie beispielsweise beim Zeichnen einer Linie ihre geometrischen Eigenschaften (den Start- und den Endpunkt). Beim Zeichnen eines Kreises legen Sie den Kreismittelpunkt sowie den Radius als Eigenschaften fest. Die geometrischen Eigenschaften bestimmen, wie ein Objekt aussieht und wo sich das Objekt im Raum befindet.

Neben den geometrischen Eigenschaften verfügen alle Objekte über eine kurze Liste mit allgemeinen Eigenschaften: Layer, Farbe, Linientyp, Linientypfaktor, Linienstärke und Transparenz. Auch wenn die allgemeinen Eigenschaften in der Regel pro Objekt bestimmt werden, werden sie in der Regel mithilfe von Layern gesteuert.

Im Folgenden prüfen und ändern Sie die Objekteigenschaften in einer Zeichnung. Außerdem führen Sie Layer zusammen, denen Objekte zugewiesen sind.

1. Wechseln Sie auf der Downloadseite zum Buch (`www.wiley-vch.de/publish/dt/books/ISBN978-3-527-76013-8`) zu Kapitel 6, laden Sie die Dateien herunter und öffnen Sie die Datei »Kap06-A.dwg« in AutoCAD. Es handelt sich um einen Plan für ein kleines Büro (siehe Abbildung 6.1).

Wenn Sie die Originaldatei beibehalten wollen, klicken Sie im Schnellzugriffs-Werkzeugkasten auf die Schaltfläche Speichern unter und speichern die Beispieldatei unter einem anderen Namen.

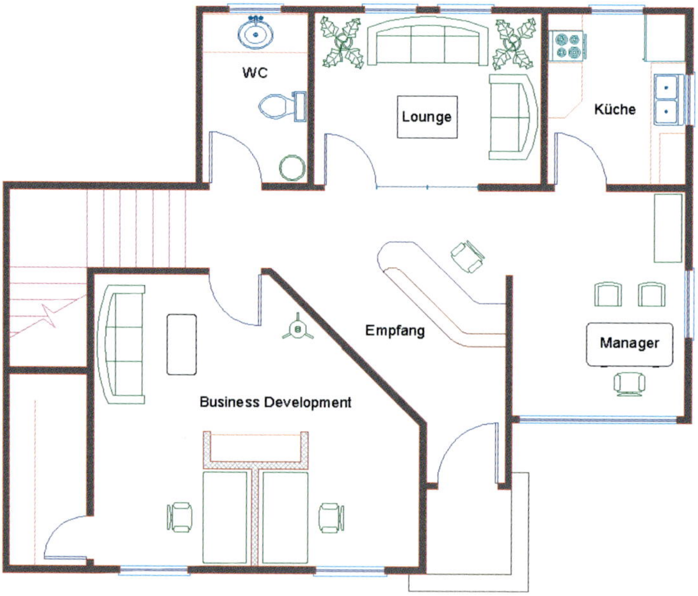

6.1 Ein Büroplan

2. Vergrößern Sie die Empfangstheke, die sich in der Mitte des Plans befindet.

3. Schalten Sie in der Statusleiste die Schnelleigenschaften ein.

zertifizierungs-relevant

4. Klicken Sie auf die Thekenlinie, die sich direkt über dem Textobjekt Empfang befindet. Die Schnelleigenschaftenpalette wird rechts neben dem ausgewählten Objekt eingeblendet. Klicken Sie auf den Layernamen Theke, um das Dropdown-Menü Layer auszuwählen (siehe Abbildung 6.2).

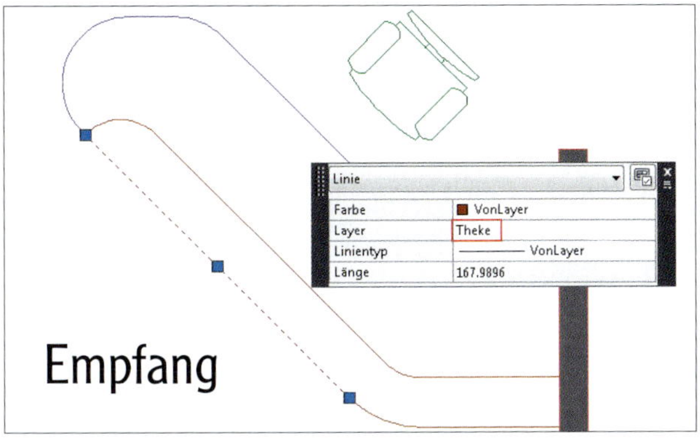

6.2 Die Schnelleigenschaftenpalette mit der Layerbezeichnung für das aktuell ausgewählte Objekt

Sie können die Eigenschaften mehrerer Objekte in einem Schritt ändern. Wählen Sie dazu die entsprechenden Objekte aus. Es können aber nur die Eigenschaften geändert werden, die allen ausgewählten Objekten gemeinsam sind.

5. Wählen Sie im Dropdown-Menü Layer den Eintrag Tisch. Drücken Sie anschließend ESC, um die Schnelleigenschaftenpalette auszublenden. Die Linie, deren Layereigenschaften gerade geändert wurde, wird jetzt in Lila dargestellt, der Linienfarbe für alle Objekte auf dem Layer Tisch.

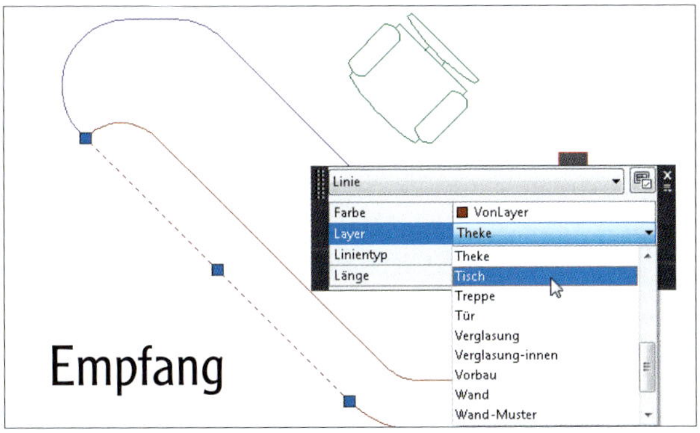

6.3 Dem ausgewählten Objekt einen anderen Layer zuweisen

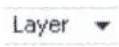

6. Erweitern Sie auf der Registerkarte Start die Gruppe Layer.

7. Klicken Sie auf das Werkzeug Zusammenführen. Die Eingabeaufforderung lautet:

```
Objekt auf Layer zum Zusammenführen auswählen oder[ Name] :
```

8. Klicken Sie auf eine braune Linie innerhalb des Thekenobjekts und drücken Sie die Enter-Taste.

9. Klicken Sie auf die lila Linie, der Sie in Schritt 5 einen anderen Layer zugewiesen haben, und drücken Sie die Enter-Taste. Die Eingabeaufforderung lautet:

```
Objekt auf Ziellayer auswählen oder[ Name] :
******** WARNUNG ********
Sie sind im Begriff, Layer ,,Theke" mit Layer ,,Tisch"
zusammenzuführen.
Möchten Sie fortfahren? [ Ja/Nein] <Nein>:
```

Führen Sie den Befehl LAYLÖSCH aus, um einen Layer zusammen mit seinen Objekten zu entfernen.

10. Geben Sie `j` (für Ja) ein und drücken Sie die Enter-Taste. Der Layer Theke wird gelöscht und die dort enthaltenen Objekte werden auf den Layer Tisch verschoben. Der Befehl LAYMISCH ist beendet.

Liste

11. Erweitern Sie auf der Registerkarte Start die Gruppe Eigenschaften und klicken Sie auf den Eintrag Liste. Schwenken Sie zum Textobjekt Business Development, klicken Sie darauf und drücken Sie die Enter-Taste. Das AutoCAD-Textfenster wird geöffnet. Es enthält die folgenden Eigenschaftsdaten:

```
TEXT Layer: "Beschriftung"
Bereich: Modellbereich
Referenz = 71e
Stil = "Standard"
Beschriftung: Nein
Schriftbild = Arial
mitte Punkt, X= 484.7012 Y= 332.0200 Z= 0.0000
Höhe 18.7500
Text Business Development
Drehung Winkel 0
Breite Skalierfaktor 1.0000
Neigung Winkel 0
Generation normal
```

Diese Liste ist hilfreich, wenn Sie eine bestimmte Eigenschaft nachlesen möchten. Sie können hier aber keine Eigenschaften bearbeiten. Schließen Sie das AutoCAD-Textfenster.

zertifizierungs-relevant

Eigenschaften

12. Klicken Sie auf der Registerkarte Ansicht in der Gruppe Paletten auf die Schaltfläche Eigenschaften, um die gleichnamige Palette zu öffnen.

13. Wählen Sie das Textobjekt Business Development erneut aus. Viele seiner Eigenschaften werden in der Palette angezeigt. Eigenschaften mit weißem Hintergrund können bearbeitet werden, Eigenschaften mit grauem Hintergrund dienen lediglich Ihrer Information (siehe Abbildung 6.4).

Auch wenn mit dem Befehl LISTE einige Eigenschaften angezeigt werden, die nicht in der Eigenschaftenpalette enthalten sind, ist das Arbeiten mit der Palette in der Regel vorzuziehen, da Sie dort viele Eigenschaften direkt bearbeiten können.

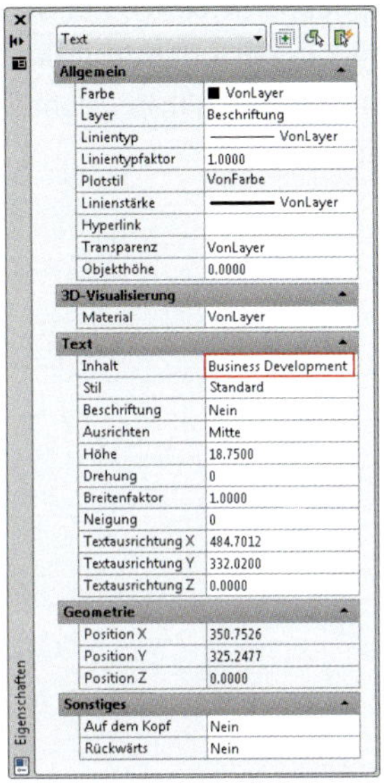

6.4 **Eine Eigenschaft in der Palette Eigenschaften bearbeiten**

14. Klicken Sie in der Palette auf die Inhalt-Eigenschaft Business Development. Geben Sie `Marketing` ein und drücken Sie die Enter-Taste. Der Name der Abteilung wurde geändert. Schließen Sie die Palette Eigenschaften. Drücken Sie ESC, um die Objektauswahl aufzuheben.

Aktuellen Layer einrichten

Die Layer 0 und DEFPOINTS können weder gelöscht noch umbenannt werden. Außerdem ist es nicht möglich, direkt auf dem Layer DEFPOINTS zu zeichnen.

Objekte werden stets auf dem aktuellen Layer gezeichnet und es gibt stets nur jeweils einen aktuellen Layer. Jede Zeichnung liegt daher zumindest auf einem Layer, dem Layer 0, der standardmäßig beim Erstellen einer neuen Zeichnung den aktuellen Layer darstellt.

Es gibt noch einen weiteren Speziallayer mit der Bezeichnung DEFPOINTS, der automatisch erstellt wird, sobald Sie eine Zeichnung mit einer Assoziativbemaßung versehen (mehr zu diesem Thema in Kapitel 11).

Im Folgenden zeichnen Sie ein paar Objekte und experimentieren mit den Einstellungen des aktuellen Layers.

1. Vergrößern Sie das Managementbüro.

2. Klicken Sie auf der Registerkarte Start in der Gruppe Zeichnen auf die Schaltfläche Rechteck. Klicken Sie dann auf einen Punkt in der unteren linken Ecke des Büros. Geben Sie `@45,180` ein und drücken Sie die Enter-Taste. Damit haben Sie im Büro eine Anrichte eingefügt (siehe Abbildung 6.5).

> Halten Sie die Shift-Taste gedrückt, klicken Sie mit der rechten Maustaste und wählen Sie den Objektfang Keiner, um bei Bedarf alle aktivierten Objektfänge auszuschalten.

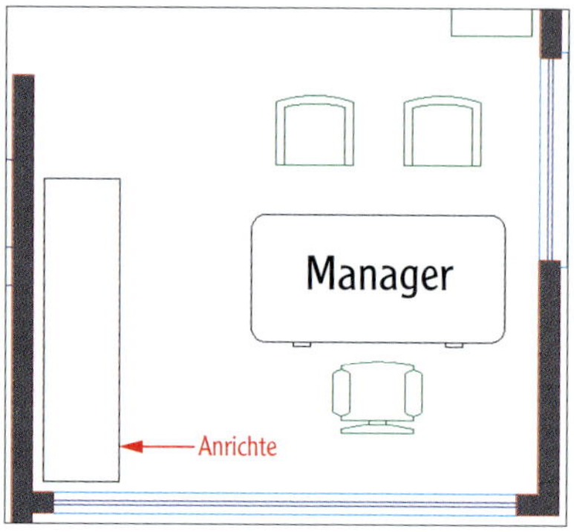

6.5 Ein Möbelstück auf Layer 0 zeichnen

3. Wählen Sie das gerade gezeichnete Rechteck aus und ändern Sie in der dann angezeigten Schnelleigenschaftenpalette seine Layerzuordnung auf Möbel. Drücken Sie ESC, um die Auswahl aufzuheben.
4. Wenn Sie vorhaben, mehrere Objekte zu zeichnen, ist es effektiver, zunächst den Layer zu wechseln und dann die neuen Objekte auf dem gewünschten Layer zu erstellen. Klicken Sie auf der Registerkarte Start in der Gruppe Layer auf das Dropdown-Menü Layer und wählen Sie dort den Layer Möbel (siehe Abbildung 6.6). Der Layer Möbel wird im Dropdown-Menü als aktueller Layer angezeigt.
5. Schwenken Sie zum Marketingraum.
6. Klicken Sie auf der Registerkarte Start in der Gruppe Zeichnen auf die Schaltfläche Rechteck. Klicken Sie dann auf einen Punkt in der unteren rechten Ecke des Büros. Geben Sie `@-45,180` ein und drücken Sie die Enter-Taste. Damit haben Sie auch im Marketingbüro eine Anrichte eingefügt (siehe Abbildung 6.7).
7. Wählen Sie das gerade gezeichnete Rechteck aus und überprüfen Sie in der dann angezeigten Schnelleigenschaftenpalette die Layerzuordnung Möbel. Drücken Sie ESC.

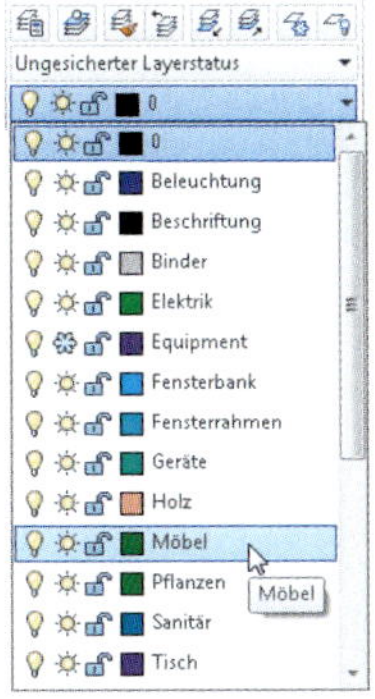

6.6 **Den aktuellen Layer in der Gruppe Layer wechseln**

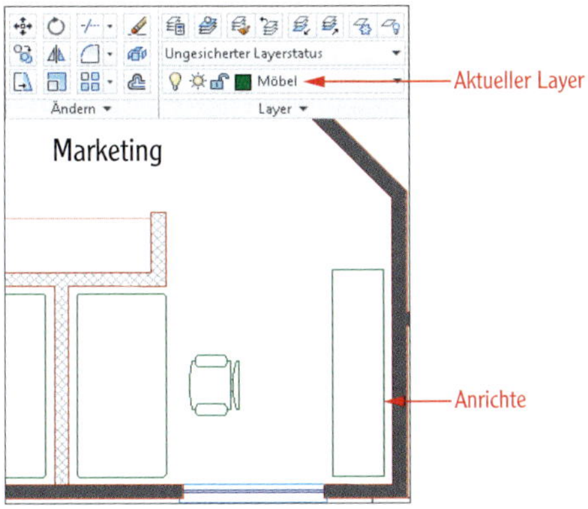

6.7 **Eine weitere Anrichte auf dem Layer Möbel zeichnen**

8. Schwenken Sie im Marketingraum nach links zum Wandschrank. Dort fehlt eine Linie für ein Regalbrett. Diese Linie soll nun auf demselben Layer gezeichnet werden, auf dem sich die bereits vorhandene Regalbrettlinie befindet.

9. Sie könnten nun die vorhandene Linie auswählen, ihren Layer anzeigen und zum aktuellen Layer machen. Es gibt aber eine effizientere Methode. Klicken Sie auf der Registerkarte Start in der Gruppe Layer auf die Schaltfläche Objektlayer zum aktuellen machen. Klicken Sie dann auf die bereits vorhandene Regallinie. Der Layer dieser Linie, Holz, wird im Dropdown-Menü Layout angezeigt und als aktuellen Layer definiert.

10. Aktivieren Sie in der Statusleiste die Objektfänge Endpunkt und Lotrecht.

11. Klicken Sie auf der Registerkarte Start in der Gruppe Zeichnen auf die Schaltfläche Linie und zeichnen Sie die in Abbildung 6.8 gezeigte Linie. Drücken Sie ESC, um den Linienbefehl zu beenden.

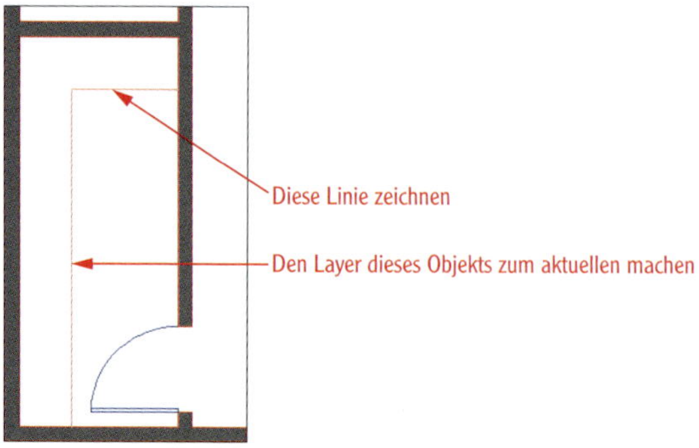

6.8 **Mit Objektlayer zum aktuellen machen eine Linie auf dem Layer einer bereits vorhandenen Linie zeichnen**

Objektzuordnungen ändern

Sie haben weiter vorne in diesem Kapitel bereits einmal die Layerzuordnung in der Schnelleigenschaftenpalette geändert. Es gibt dafür aber effizientere Methoden, bei denen Sie sich zum Teil nicht einmal den Layernamen merken müssen. Im Folgenden lernen Sie einige Verfahren zum Ändern der Layerzuordnung kennen.

1. Schalten Sie in der Statusleiste die Schnelleigenschaften aus.
2. Wählen Sie den Couchtisch im Marketingbereich aus. Beachten Sie, dass die Anzeige des aktuellen Layers in der Multifunktionsleiste auf 0 wechselt. Dies bedeutet aber nicht, dass der aktuelle Layer nun 0 lautet. Der aktuelle Layer ist weiterhin der Layer Holz. Es bedeutet lediglich, dass sich das ausgewählte Objekt auf Layer 0 befindet.
3. Klicken Sie auf der Registerkarte Start in der Gruppe Layout auf das Dropdown-Menü Layer und wählen Sie dort den Eintrag Möbel (siehe Abbildung 6.9), um die Layerzuordnung des Tisches zu ändern. Drücken Sie ESC, um die Auswahl aufzuheben.
4. Schwenken Sie zur Lounge.

5. Klicken Sie auf der Registerkarte Start in der Gruppe Layout auf die Schaltfläche Entsprechung. Wählen Sie den Tisch in der Lounge aus und drücken Sie die Enter-Taste. Die Eingabeaufforderung lautet:

```
Objekt auf Ziellayer auswählen oder[ Name] :
```

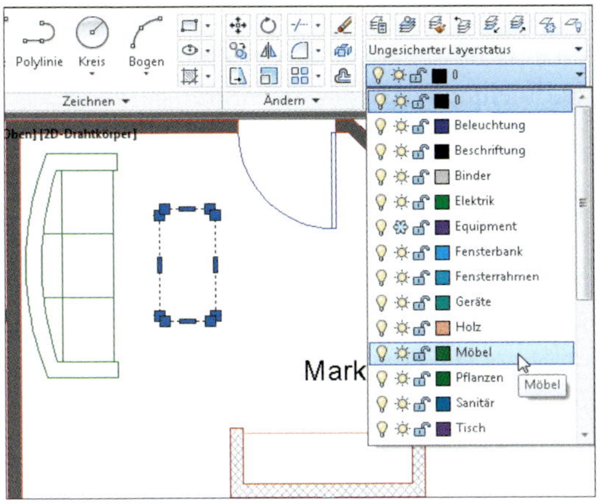

6.9 Die Layerzuordnung im Dropdown-Menü Layer ändern

6. Klicken Sie auf eines der Loungesofas. Der Tisch wird dem Layer des Sofas zugeordnet (Möbel).

7. Schwenken Sie zum Büro für die Manager.

8. Klicken Sie auf der Registerkarte Start in der Gruppe Zwischenablage auf die Schaltfläche Eigenschaften anpassen. Wählen Sie die Anrichte im Managementbüro aus. Die Eingabeaufforderung lautet:

zertifizierungs-relevant

```
Zielobjekt(e) wählen oder[ Einstellungen] :
```

9. Geben Sie e (für Einstellungen) ein und drücken Sie die Enter-Taste. Das Dialogfeld Eigenschafteneinstellungen wird geöffnet. Hier können Sie außer den Layern eine Reihe weiterer Eigenschaften anpassen (siehe Abbildung 6.10). Klicken Sie auf OK, um das Dialogfeld zu schließen.

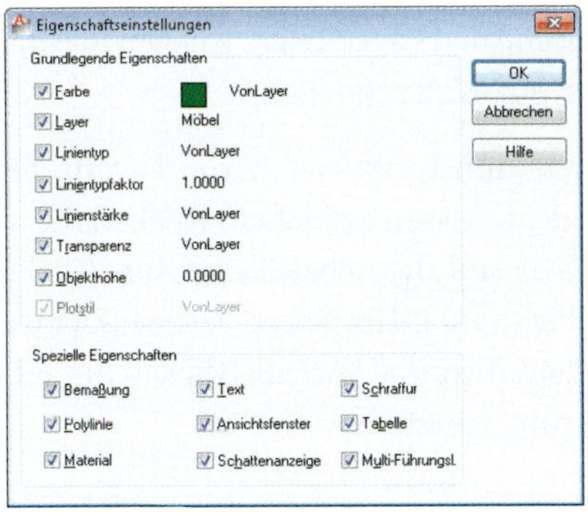

6.10 Das Dialogfeld Eigenschafteneinstellungen

10. Klicken Sie auf den Schreibtisch im Managerbüro und drücken Sie die Enter-Taste. Der Tisch wird nun in Grün angezeigt, da er sich nun auf dem Layer Möbel befindet. Drücken Sie ESC, um den Befehl EIGANPASS zu beenden.

Layeranzeige steuern

Beim Konstruieren am Zeichenbrett müssen Sie verschiedene Zeichnungen für den Grundriss und die dazugehörende Decke erstellen, um beide Bereiche desselben Raums darzustellen. In AutoCAD geht das einfacher. Sie zeigen einige Layer an, während sie andere ausblenden. So können Sie die Zeichnungen für die jeweiligen Bereiche fertigstellen.

Dafür benötigen Sie einige spezielle Techniken. Sie müssen wissen, wie Sie einen Layerstatus ein- und ausschalten, Layer zum Bearbeiten bestimmter Objekte isolieren und Layerstatuseinstellungen speichern, um schnell verschiedene Layereinstellungen abrufen zu können.

Layerstatus ändern

Neben den Objekteigenschaften wie Farbe, Linientyp, Linienstärke etc. gibt es verschiedene Layerstatuseinstellungen, zum Beispiel Ein/Aus, Tauen/Frieren oder Sperren/Entsperren. Wie Sie in den folgenden Schritten sehen, steuern Sie mithilfe dieser Layerstatuseinstellungen, wie die einem Layer zugewiesenen Objekte angezeigt und bearbeitet werden können.

1. Erweitern Sie auf der Registerkarte Start die Gruppe Layer und klicken Sie auf die Schaltfläche Alle Layer aktivieren. Nun werden die Layer Elektrik ($-Symbole), Beleuchtung und Binder angezeigt. Abbildung 6.11 zeigt das Ergebnis.

2. Klicken Sie auf der Registerkarte Start in der Gruppe Layer auf das Dropdown-Menü Layer und dann auf die Glühbirne des Layers Geräte, um den Layer zu deaktivieren. Deaktivieren Sie anschließend den Layer Tisch. Klicken Sie auf eine Stelle außerhalb des Dropdown-Menüs, um es zu schließen.

3. Es gibt noch ein weiteres Verfahren zum Deaktivieren von Layern, bei dem Sie nicht einmal den Namen des Layers zu wissen brauchen. Klicken Sie auf der Registerkarte Start in der Gruppe Layer auf die Schaltfläche Aus. Klicken Sie anschließend auf die folgenden Objekte: Spüle, Tür, Stuhl, Treppe, Pflanze, niedrige Wand, Füllmuster der niedrigen Wand, Text und Vorbau. Klicken Sie auf einen Küchenschrank. Die Eingabeaufforderung lautet:

```
Layer "Holz" ist aktuell, möchten Sie ihn deaktivieren? [Ja/Nein]
<Nein>:
```

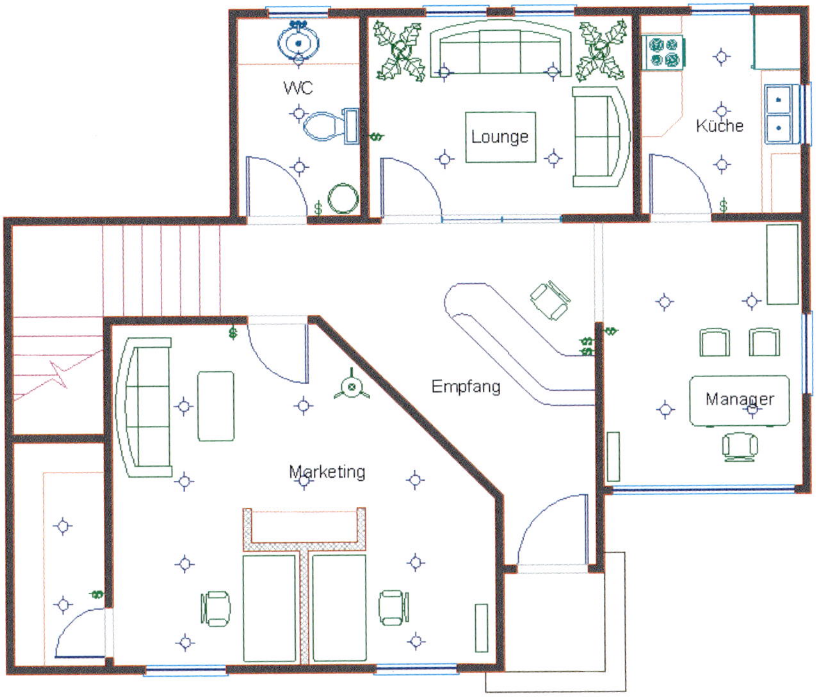

6.11 **Der Büroplan mit allen Layern**

4. Geben Sie j (für Ja) ein und drücken Sie die Enter-Taste. Drücken Sie ESC, um den Befehl LAYAUS zu beenden. Abbildung 6.12 zeigt das Ergebnis.

5. Wählen Sie auf der Registerkarte Start in der Gruppe Layer im Dropdown-Menü Layer den Eintrag 0.

> Wenn Sie den aktuellen Layer deaktivieren, wird alles, was Sie anschließend zeichnen, nicht angezeigt.

6. Klicken Sie in der Navigationsleiste auf die Schaltfläche Zoom Grenzen. Beachten Sie den Spalt zwischen der unteren Mauer und dem unteren Ende des Zeichenbereichs. Auch wenn der Layer Vorbau deaktiviert ist, so definiert er immer noch die Grenzen der Zeichnung.

7. Öffnen Sie auf der Registerkarte Start in der Gruppe Layer das Dropdown-Menü Layer und frieren Sie den Layer Vorbau. Drücken Sie ESC, um das Dropdown-Menü zu schließen.

8. Klicken Sie in der Navigationsleiste erneut auf die Schaltfläche Zoom Grenzen. Der Spalt zwischen der unteren Mauer und dem unteren Ende des Zeichenbereichs verschwindet, da der Layer Vorbau in gefrorenem Zustand nicht mehr mitberechnet wird und daher nicht mehr Teil der Zeichnungsgrenzen ist.

Das Sperren eines Layers bietet keine wirkliche Sicherheit, sondern unterbindet lediglich die Objektauswahl. Der Layer ist genauso schnell wieder entsperrt wie er gesperrt wurde. Ziehen Sie in der erweiterten Gruppe Layout den Regler für die Transparenz gesperrter Layer, um im Plan besser zwischen gesperrten und nicht gesperrten Layern unterscheiden zu können.

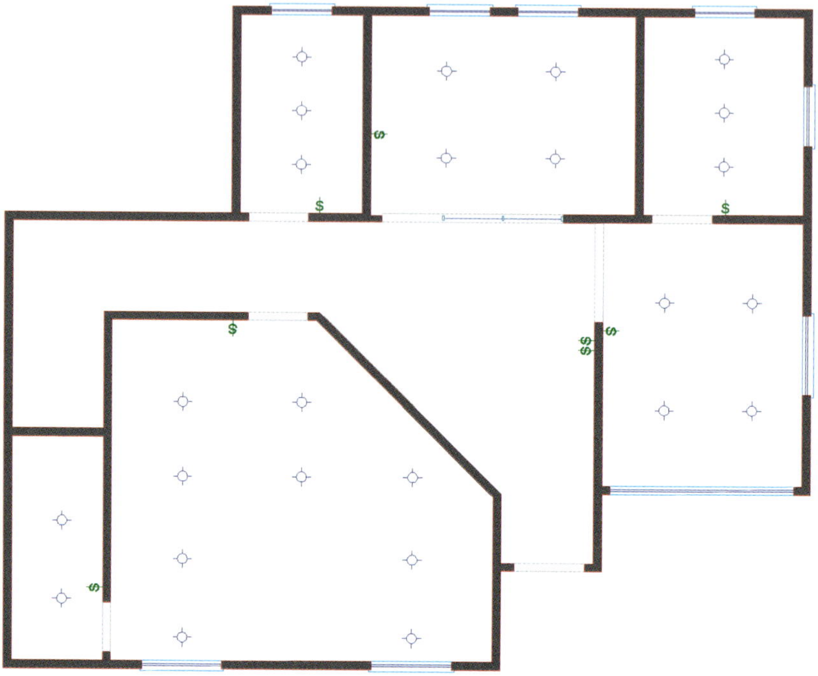

6.12 Layer deaktivieren, um Deckenplan zu erstellen

9. Erweitern Sie auf der Registerkarte Start die Gruppe Layer und klicken Sie auf die Schaltfläche Sperren. Wählen Sie eine der Lampen aus. Damit wird der Layer Beleuchtung gesperrt.

Damit das Vorhängeschloss angezeigt wird, muss im Dialogfeld Optionen auf der Registerkarte Auswahl im Bereich Auswahlvoransicht das Kontrollkästchen Wenn ein Befehl aktiv ist aktiviert sein. Das Dialogfeld wird mit dem Befehl OPTIONEN geöffnet.

10. Geben Sie `lö` (für LÖSCHEN) ein und drücken Sie die Enter-Taste. Klicken Sie auf eine Beleuchtung. Ein kleines Vorhängeschloss wird eingeblendet (siehe Abbildung 6.13). Sie können das Objekt nicht auswählen, da es gesperrt ist.

6.13 Objekte auf gesperrten Layern können nicht ausgewählt werden.

Layer isolieren

Sie können jederzeit einen oder mehrere Layer isoliert anzeigen, um die dort enthaltenen Objekte ohne die störende Anzeige der auf anderen Layern befindlichen Objekte zu bearbeiten. Führen Sie dazu die folgenden Schritte aus:

1. Vergrößern Sie das Managerbüro.

2. Klicken Sie auf der Registerkarte Start in der Gruppe Layout auf die Schaltfläche Isolieren. Führen Sie dann eine kreuzende Auswahl in einem Fenster durch. Drücken Sie die Enter-Taste. Alle anderen, noch angezeigten Layer werden ausgeblendet (siehe Abbildung 6.14).

6.14 **Einige Layer für fokussiertes Arbeiten isolieren**

3. Erweitern Sie auf der Registerkarte Start die Gruppe Layer und klicken Sie auf die Schaltfläche Objekte in neuen Layer kopieren. Klicken Sie auf alle neun inneren Fensterbanklinien und drücken Sie die Enter-Taste. Die Eingabeaufforderung lautet:

   `Objekt auf Ziellayer auswählen oder[ Name] <Name>:`

4. Geben Sie `n` (für Name) ein und drücken Sie die Enter-Taste. Das Dialogfeld Auf Layer kopieren wird geöffnet. Wählen Sie in der Liste Ziellayer den Layer Binder aus (siehe Abbildung 6.15) und bestätigen Sie mit OK. Drücken Sie die Enter-Taste. Jetzt gibt es neun Fensterbanklinien auf dem Layer Fensterbank und neun

duplizierte Linien auf dem Layer Binder. (Hierbei handelt es sich um in Hellgrau dargestellte Konstruktionsträger.)

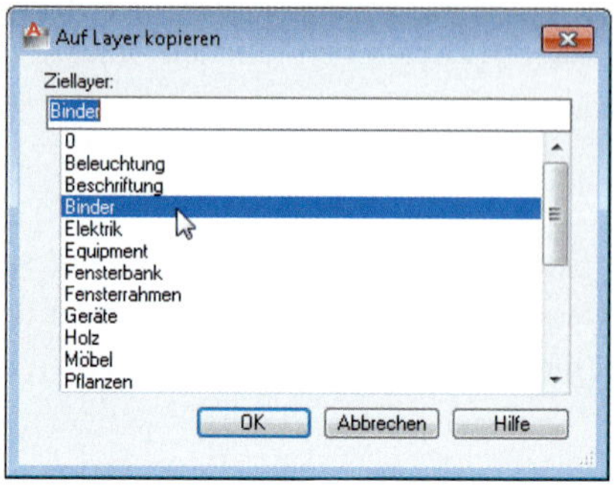

6.15 Einen Layer im Dialogfeld Auf Layer kopieren auswählen

5. Klicken Sie auf der Registerkarte Start in der Gruppe Layer auf die Schaltfläche Isolierung aufheben. Alle zuvor mit der Schaltfläche Isolieren deaktivierten Layer werden wiederhergestellt.

6. Geben Sie `layaus` ein und drücken Sie die Enter-Taste. Klicken Sie auf eine äußere Fensterbrettlinie, um den Layer Fensterbank zu deaktivieren, und drücken Sie die Enter-Taste.

7. Klicken Sie auf der Registerkarte Start in der Gruppe Dienstprogramme auf die Schaltfläche Messen. Klicken Sie auf die in Abbildung 6.16 gezeigten Punkte A und B, um die Wandstärke zu messen. Die Eingabeaufforderung lautet:

```
Abstand = 12.5000, Winkel in XY-Ebene = 270, Winkel von XY-Ebene = 0
Delta X = 0.0000, Delta Y = -12.5000, Delta Z = 0.0000
```

8. Drücken Sie ESC, um den Befehl ABSTAND zu beenden.

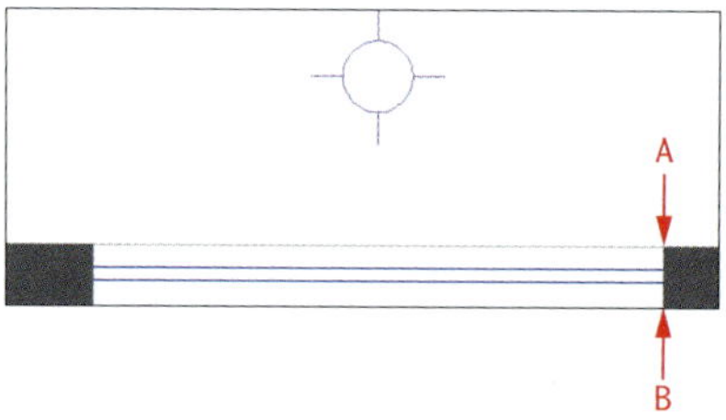

6.16 Die Wandstärke mit dem Befehl ABSTAND messen

9. Geben Sie `versetz` ein, drücken Sie die Enter-Taste, geben Sie `12.7` ein und drücken Sie erneut die Enter-Taste. Klicken Sie in der Fensteröffnung auf die hell-

graue Binderlinie und anschließend auf einen darunterliegenden Punkt, um die Binderlinie am äußeren Rand der Wand versetzt zu duplizieren.

10. Klicken Sie in allen anderen acht Fensteröffnungen auf die Binderlinie und anschließend auf einen Punkt außerhalb des Gebäudes, um eine Linie am äußeren Rand der Wand zu versetzen. Drücken Sie die Enter-Taste, um den Versetzenbefehl zu beenden. Der gespiegelte Deckenplan ist fertig.

Layerstatus speichern

Im Folgenden speichern Sie eine Reihe von Layerstatuseinstellungen für die spätere Verwendung. Sie speichern den in diesem Kapitel erstellten gespiegelten Deckenplan als einen Layerstatus. So ersparen Sie sich zukünftig die Wiederholung der Layereinstellungen.

1. Öffnen Sie auf der Registerkarte Start in der Gruppe Layer das Dropdown-Menü Layerstatus (standardmäßig steht dort Ungesicherter Layerstatus) und wählen Sie den Eintrag Neuer Layerstatus (siehe Abbildung 6.17).

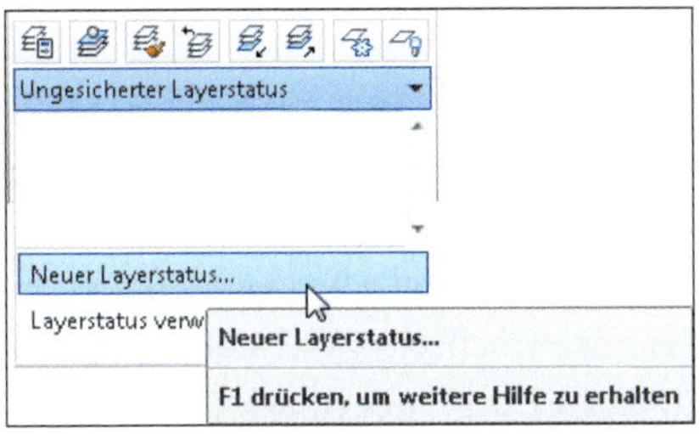

6.17 Einen neuen Layerstatus speichern

2. Geben Sie im Dialogfeld Neuer zu speichernder Layerstatus den Namen `Gespiegelter Deckenplan` ein und bestätigen Sie mit OK. Im Dropdown-Menü Layerstatus der Gruppe Layer steht jetzt der gerade vergebene Layerstatusname.

3. Erweitern Sie auf der Registerkarte Start die Gruppe Layer und klicken Sie auf die Schaltfläche Alle Layer aktivieren.

Mit dem Befehl LAYERV werden die letzten Änderungen an Layern rückgängig gemacht. Im Unterschied dazu betrifft der Befehl ZURÜCK nicht nur die Layer.

4. Erweitern Sie auf der Registerkarte Start erneut die Gruppe Layer und klicken Sie auf die Schaltfläche Alle Layer auftauen.

5. Klicken Sie auf der Registerkarte Start in der Gruppe Layout auf die Schaltfläche Frieren und anschließend auf folgende Objekte: Lampe, Schalter, Binderlinie (hellgraue Linie in den Fensteröffnungen) und (lila) Computer. Damit frieren Sie die Layer Beleuchtung, Elektrik, Binder und Equipment. Drücken Sie ESC, um den Befehl LAYFRIER zu beenden.

6. Öffnen Sie auf der Registerkarte Start in der Gruppe Layer das Dropdown-Menü Layerstatus und klicken Sie auf den Eintrag Neuer Layerstatus. Geben Sie dann im Dialogfeld Neuer zu speichernder Layerstatus den Namen `Möbelplan` ein und bestätigen Sie mit OK.

7. Öffnen Sie auf der Registerkarte Start in der Gruppe Layer erneut das Dropdown-Menü Layerstatus und wählen Sie den Status Gespiegelter Deckenplan aus (siehe Abbildung 6.18). Alle mit dem Layerstatus gespeicherten Einstellungen werden aktiviert. Wechseln Sie zum Layerstatus Möbelplan, um dessen Einstellungen zu aktivieren. Durch das Speichern des Layerstatus sparen Sie viel Arbeit und Zeit.

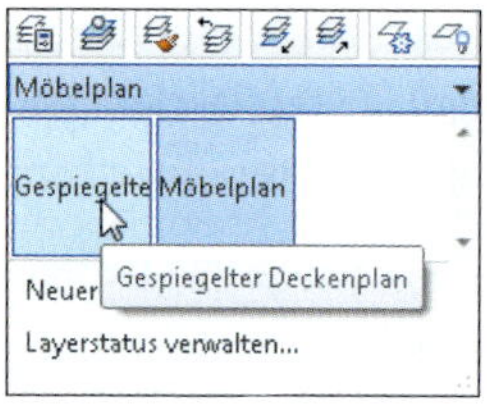

6.18 **Schnell zwischen verschiedenen gespeicherten Layerstatus hin und her schalten**

Linientyp zuweisen

Beim Konstruieren am Zeichenbrett zeichnen Sie gestrichelte Liniensegmente, um anzuzeigen, dass es sich um sogenannte *verdeckte Linien* handelt. Verdeckte Linien repräsentieren Objekte über der Schnittebene, beispielsweise Hochschränke, hohe Regale oder Dachkanten. Diese werden als verdeckt angezeigt, da sie über einer imaginären Bereichslinie liegen, die das Gebäude horizontal teilt.

In AutoCAD werden diese Strichelungen nicht wirklich gezeichnet. Stattdessen wird versteckten Linien ein Linientyp zugewiesen, der gestrichelt aussieht. So können Sie den Abstand der Strichelung schnell und einfach ändern, ohne zahllose kleine Linien neu ziehen zu müssen. Im Folgenden experimentieren Sie mit Linientyp und Linientypfaktor.

zertifizierungs-relevant

1. Öffnen Sie auf der Registerkarte Start in der Gruppe Eigenschaften das Dropdown-Menü Linientyp und wählen Sie dort den Eintrag Sonstige (siehe Abbildung 6.19).

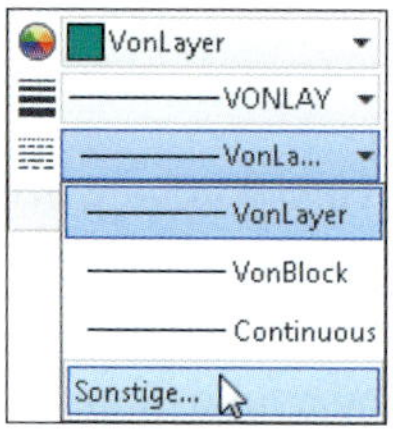

6.19 **Auf weitere Linientypen zugreifen**

2. Das Dialogfeld Linientyp-Manager wird geöffnet. Klicken Sie auf die Schaltfläche Laden und blättern Sie im dann angezeigten Dialogfeld Linientypen laden oder neu laden in der Liste nach unten. Wählen Sie den Eintrag VERDECKT aus (siehe Abbildung 6.20) und bestätigen Sie mit OK. Der Linientyp VERDECKT wird geladen und im Dialogfeld Linientyp-Manager angezeigt. Klicken Sie auf OK, um das Dialogfeld Linientyp-Manager zu schließen.

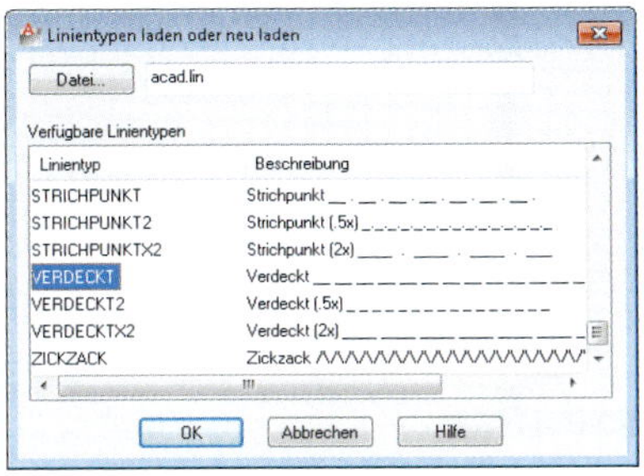

6.20 Verdeckten Linientyp laden

3. Vergrößern Sie den Wandschrank im Marketingbereich und wählen Sie die beiden Linien auf dem Layer Holz aus, die ein Hochregal darstellen sollen.

4. Öffnen Sie auf der Registerkarte Start in der Gruppe Eigenschaften das Dropdown-Menü Linientyp und wählen Sie den Eintrag VERDECKT. Den beiden Linien wird der verdeckte Linientyp zugewiesen.

5. Je nach Vergrößerungsfaktor sind aber immer noch keine gestrichelten Linien zu erkennen, da der Linientypfaktor standardmäßig sehr klein eingestellt ist. Geben Sie `ltfaktor` (für Linientypfaktor) ein und drücken Sie die Enter-Taste. Die Eingabeaufforderung lautet:

   `Neuen Linientyp für Skalierfaktor eingeben <1.0000>:`

6. Geben Sie `50` ein und drücken Sie die Enter-Taste. Die Linie wird gestrichelt dargestellt und zeigt damit an, dass das Regal über der Schnittebene liegt (siehe Abbildung 6.21).

> Bei einem Maßstab von 1:50 passt der Faktor 50.

7. Wählen Sie die horizontale Regallinie aus, klicken Sie mit der rechten Maustaste und wählen Sie im Kontextmenü den Eintrag Eigenschaften.

8. Geben Sie in der Eigenschaftenpalette im Bereich Allgemein für den Linientypfaktor `0.5` ein (siehe Abbildung 6.22) und drücken Sie die Enter-Taste.

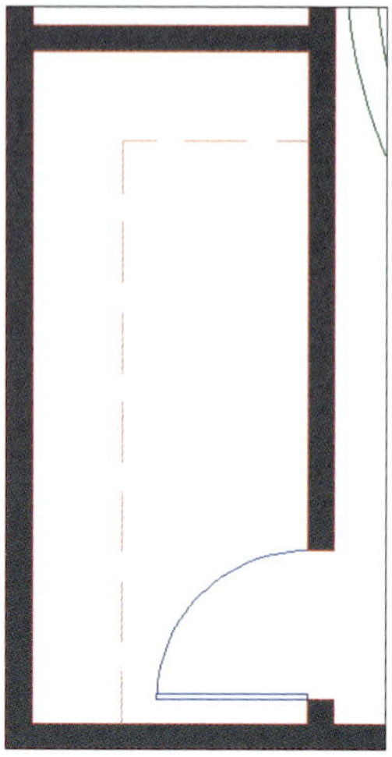

6.21 Die gestrichelten Linien stellen ein Hochregal dar.

Mit dem Befehl LTFAKTOR definieren Sie einen Linientypfaktor, der für die gesamte Zeichnung gilt. Je höher der mit diesem Befehl eingegebene Wert ist, umso feiner wird die Strichelung.

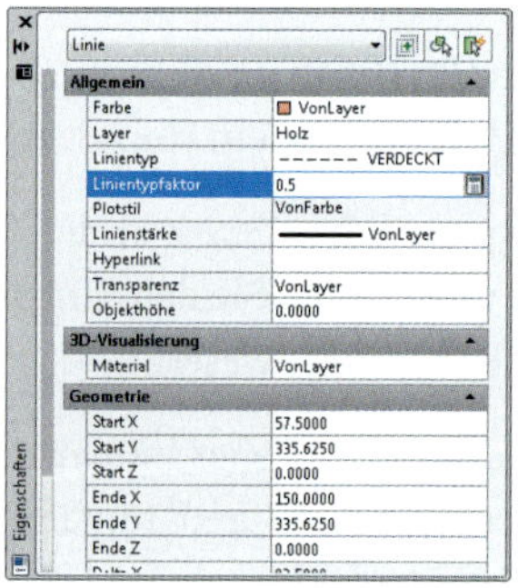

6.22 Die Eigenschaft Linientypfaktor ändern

Um den Linientypfaktor für bestimmte Objekte zu ändern, definieren Sie den Faktor in der Eigenschaftenpalette. Je kleiner der Wert, umso feiner wird die Strichelung.

9. Schließen Sie die Eigenschaftenpalette und drücken Sie ESC, um die Auswahl der Regallinie aufzuheben. Die Unterbrechungen in der horizontalen Linie sind halb so groß wie die in der vertikalen Linie (siehe Abbildung 6.23).

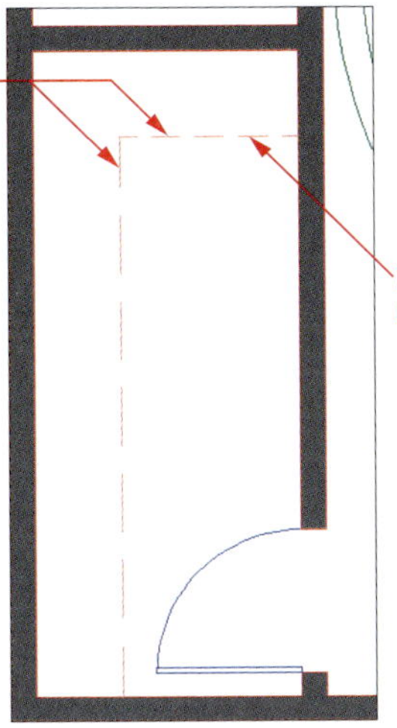

6.23 Den Linientyp eines einzelnen Objekts skalieren

Eigenschaften nach Objekt oder Layer zuweisen

Eigenschaften wie Farbe, Linientyp und Linienstärke werden in der Regel pro Layer und nicht pro Objekt definiert. Es gibt auch einen speziellen Eigenschaftenwert VonLayer, mit dem die Steuerung bestimmter Eigenschaften an die Eigenschaften übergeben wird, die von dem Layer verwaltet werden, dem das Objekt zugeordnet ist. Wenn Sie die folgenden Schritte ausführen, werden Sie feststellen, dass das Arbeiten mit der Eigenschaft VonLayer gar nicht so kompliziert ist, wie es vielleicht klingen mag.

1. Vergrößern Sie den Managerbereich.
2. Öffnen Sie auf der Registerkarte Start in der Gruppe Eigenschaften das Dropdown-Menü Linientyp und wählen Sie den Eintrag VERDECKT (siehe Abbildung 6.24). Zeichnen Sie auf der Zeichnungsfläche eine beliebig lange Linie.

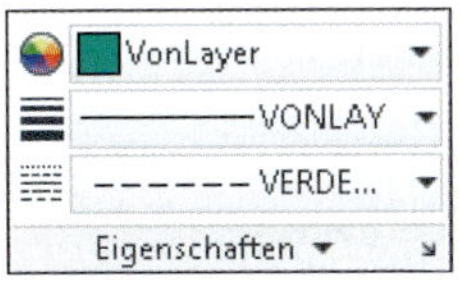

6.24 Die Einstellungen in der Gruppe Eigenschaften wirken sich auf alle Objekte aus, die Sie erstellen.

3. Öffnen Sie erneut das Dropdown-Menü Linientyp und wählen Sie den Eintrag VonLayer.

4. Zeichnen Sie eine weitere Linie. Diese Linie wird nicht gestrichelt, sondern durchgängig gezeichnet.

5. Wenn Sie die Eigenschaften eines bestimmten Objekts ändern wollen, führen Sie dies in der Schnelleigenschaftenpalette statt in der Gruppe Eigenschaften durch. Schalten Sie dazu in der Statusleiste die Schnelleigenschaften ein.

> Sie sollten einzelnen Objekten nur in begründeten Ausnahmen andere Farben, Linientypen oder Linienstärken zuweisen.

6. Wählen Sie die durchgängige, in Schritt 2 erstellte Linie aus und ändern Sie ihren Linientyp in VERDECKT (siehe Abbildung 6.25).

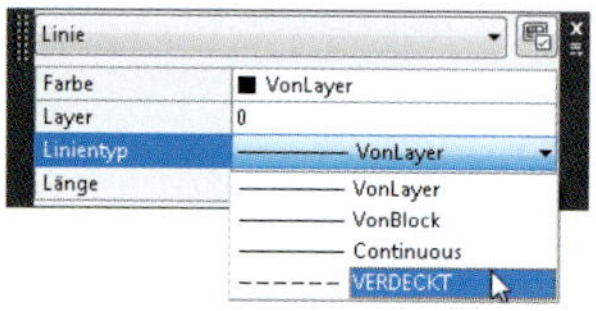

6.25 Die Eigenschaften eines ausgewählten Objekts ändern

7. Zeichnen Sie eine weitere Linie. Achten Sie darauf, dass sie durchgehend gezeichnet ist.

8. Löschen Sie die drei gerade erstellten Linien.

Layereigenschaften verwalten

AutoCAD stellt den Layereigenschaften-Manager zum Erstellen von Layern und zum Verwalten der den Layern zugewiesenen Eigenschaften zur Verfügung. Im Folgenden lernen Sie das Arbeiten mit dem Layereigenschaften-Manager anhand eines praktischen Beispiels kennen.

1. Klicken Sie auf der Registerkarte Start in der Gruppe Layer auf die Schaltfläche Layereigenschaften, um den Layereigenschaften-Manager zu öffnen (siehe Abbildung 6.26).

2. Klicken Sie auf den Doppelpfeil zum Ausblenden der Layerfilterstruktur, um mehr Platz für die Anzeige der Layereigenschaften zu schaffen.

3. Klicken Sie auf die Schaltfläche Neuer Layer, geben Sie `Holzarbeiten-oben` als neuen Layernamen ein und drücken Sie die Enter-Taste.

4. Doppelklicken Sie auf das blaue Parallelogramm links neben dem neuen Layer. Damit wird er zum aktuellen Layer, was an dem grünen Häkchen zu erkennen ist.

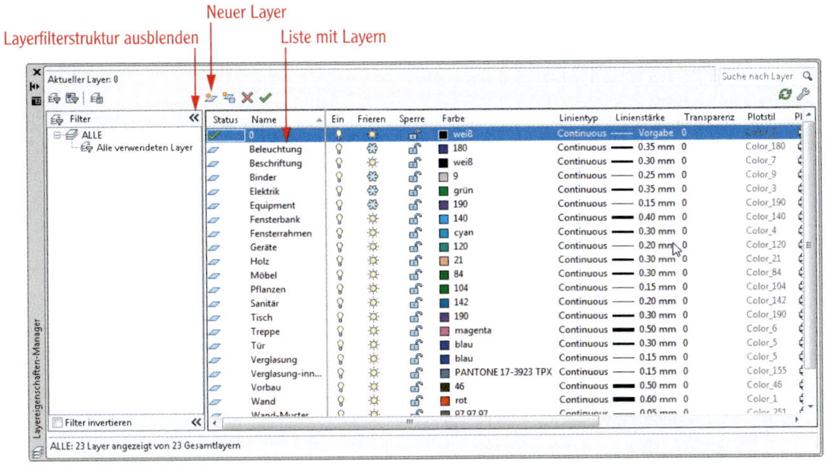

6.26 Der Layereigenschaften-Manager

5. Klicken Sie mit der rechten Maustaste auf eine der Spaltenbeschriftungen. Wählen Sie im Kontextmenü den Eintrag Alle Spalten maximieren (siehe Abbildung 6.27). Der Inhalt aller Spalten wird jetzt vollständig angezeigt und ist so besser lesbar.

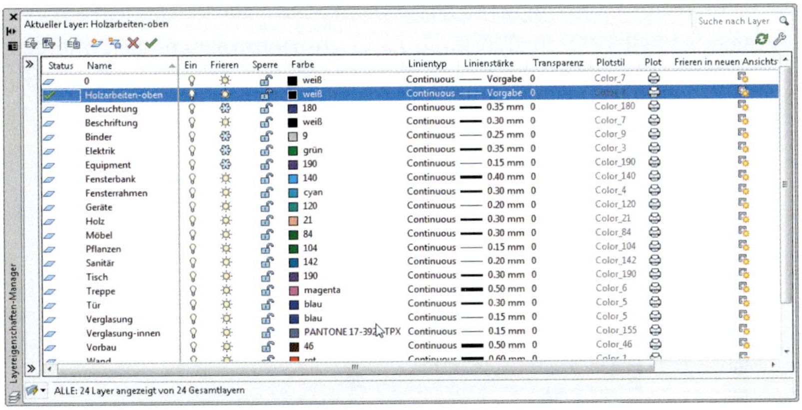

6.27 Bessere Lesbarkeit durch Spaltenmaximierung

Das Sortieren der Liste nach Spalten stellt ein effizientes Verfahren zum Anzeigen von Layern mit ähnlichen Eigenschaften dar. Ziehen Sie die vertikalen Balken in den Spaltenbeschriftungen, um einzelne Spaltenbreiten zu ändern.

6. Klicken Sie bei dem neuen Layer auf die Spaltenbeschriftung Frieren, um die Liste nach diesem Kriterium zu sortieren. Klicken Sie erneut auf diese Spaltenbeschriftung, um die Sortierfolge wieder umzukehren. Sie können die Layerliste nach allen Spalten sortieren.

7. Klicken Sie bei dem neuen Layer in der Spalte Linientyp auf das Wort Continuous. Das Dialogfeld Linientyp wählen wird geöffnet. Wählen Sie den Eintrag VERDECKT und bestätigen Sie mit OK.

8. Klicken Sie bei dem neuen Layer in der Spalte Farbe auf das Farbkästchen. Das Dialogfeld Farbe wählen wird geöffnet. Klicken Sie im unteren Bereich auf das rote Kästchen (siehe Abbildung 6.28) und bestätigen Sie mit OK.

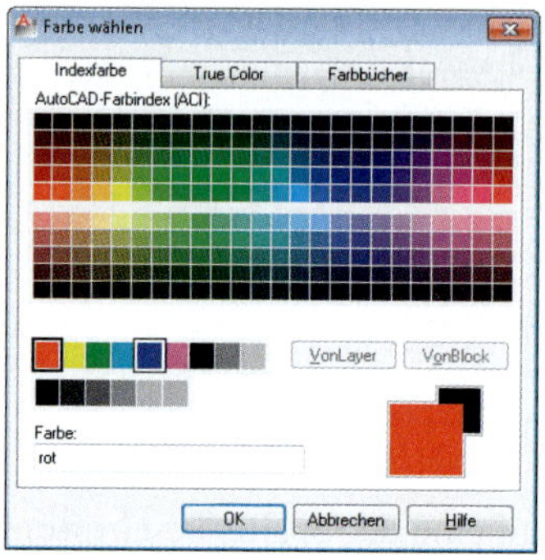

6.28 Eine Layerfarbe wählen

9. Schließen Sie den Layereigenschaften-Manager. Vergrößern Sie den Wandschrank im Marketingbereich und wählen Sie beide Regallinien aus. Ändern Sie in den Schnelleigenschaften ihren Layer auf Holzarbeiten-oben und den Linientyp auf VonLayer (siehe Abbildung 6.29). Die beiden Linien werden jetzt in Rot und mit gestricheltem Linientyp dargestellt.

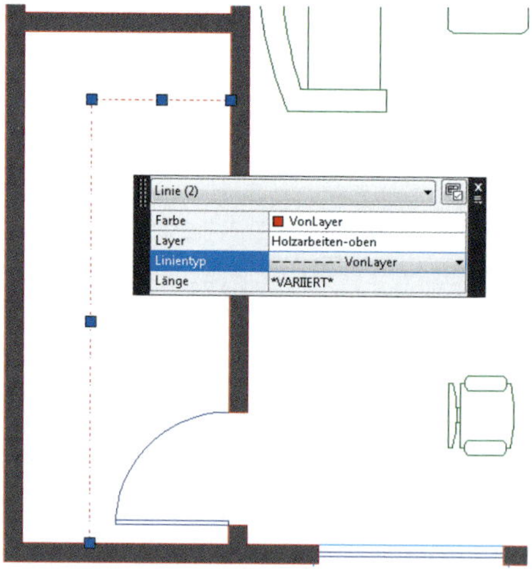

6.29 Layerzuordnung und Linientyp ändern

10. Speichern Sie Ihre Arbeit unter dem Dateinamen »Kap06-B.dwg«. Die bereits fertiggestellte gleichnamige Datei finden Sie bei Bedarf unter `www.wiley-vch.de/publish/dt/books/ISBN978-3-527-76013-8` auf der Downloadseite zu Kapitel 6.

Zusammenfassung und Ausblicke

In diesem Kapitel haben Sie erfahren, wie Sie mithilfe von Layern und Eigenschaften die Anzeige von Objekten steuern und ihre Darstellung ändern. Sie haben verschiedene Verfahren zum Ändern von Objekteigenschaften, Bestimmen des aktuellen Layers, Ändern der Layerzuordnung, Steuern der Layersichtbarkeit, Anwenden von Linientypen, Arbeiten mit der Eigenschaft VonLayer und Verwalten der Layereigenschaften kennengelernt. Sie sind nun in der Lage, komplexe Zeichnungen zu verwalten.

Zusätzliche Übung

Öffnen Sie eine schreibgeschützte Beispieldatei, die zum Lieferumfang von AutoCAD gehört, beispielsweise

```
C:\Programme\Autodesk\AutoCAD 2012-Deutsch\Sample\
Sheet Sets\Architectural\A-01.dwg
```

und experimentieren Sie mit Layereigenschaften und Gruppenfiltern. Das Arbeiten mit Layerfilter ist vor allem in sehr komplexen Zeichnungen zu empfehlen, wenn Sie Dutzende oder gar Hunderte von Layern verwalten müssen.

Objekte verwalten

Linien, Polylinien, Kreise, Bogen und Text stellen die grundlegenden Zeichnungsformen von AutoCAD dar. Wenn Sie diese Elemente zu Blöcken und/oder Gruppen verbinden, sind Sie in der Lage, komplexe Objekte zu erstellen und zu bearbeiten, beispielsweise Stühle, mechanische Bauteile, Bäume oder welche Elemente auch immer in Ihrem Arbeitsbereich wichtig sind. Das Arbeiten mit Blöcken ist eine effiziente Arbeitsmethode, nicht nur weil damit die Anzahl der auszuwählenden Objekte reduziert wird, sondern auch weil ein Block mit einer einzigen Definition eine Vielzahl von Referenzen steuern kann. In diesem Kapitel lernen Sie außerdem Gruppen, zu denen häufig auch Blöcke gehören, als flexibles Verfahren für die Objektverwaltung kennen. Sie lernen, wie Sie eine Gruppe als Ganzes auswählen und bearbeiten oder bei Bedarf auf einzelne Elemente der Gruppe zugreifen.

In diesem Kapitel

- Blöcke definieren
- Blöcke einfügen
- Blöcke bearbeiten
- Blockdefinitionen ändern
- Mit Gruppen arbeiten

Blöcke definieren

Sparen Sie Zeit und Arbeit. Bevor Sie eine Reihe von identischen Elementen zeichnen und kopieren, sollten Sie das jeweilige Element als Block definieren. Damit erreichen Sie bessere Steuerungsmöglichkeiten als für einzelne Elemente. In diesem Abschnitt zeichnen Sie einen Stuhl und eine Tür und definieren beide jeweils als einen Block.

Einen Stuhl zeichnen und als Block definieren

In den folgenden Schritten zeichnen Sie mithilfe der bisher erworbenen Kenntnisse einen Stuhl. Dieser wird anschließend in eine Blockdefinition umgewandelt.

> Wenn Sie die Originaldatei beibehalten wollen, klicken Sie im Schnellzugriffs-Werkzeugkasten auf die Schaltfläche Speichern unter und speichern die Beispieldatei unter einem anderen Namen.

1. Wechseln Sie auf der Downloadseite zum Buch (`www.wiley-vch.de/publish/dt/books/ISBN978-3-527-76013-8`) zu Kapitel 7, laden Sie die Dateien herunter und öffnen Sie die Datei »Kap07-A.dwg« in AutoCAD (siehe Abbildung 7.1).

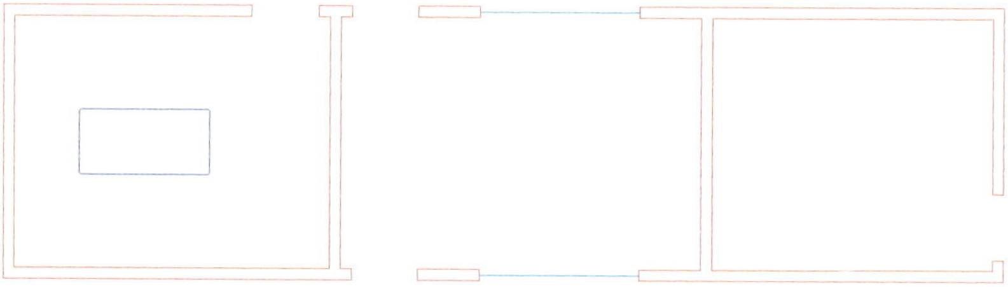

7.1 Drei Räume

2. Vergrößern Sie im linken Raum den Bereich über dem Tisch.

3. Klicken Sie auf der Registerkarte Start in der Gruppe Zeichnen auf die Schaltfläche Rechteck und dann auf einen Punkt über dem Tisch (das blaue Rechteck), um den ersten Eckpunkt für das neue Rechteck zu definieren. Die Eingabeaufforderung lautet:

   `Anderen Eckpunkt angeben oder[ Fläche/Abmessungen/Drehung] :`

   Geben Sie `@45,45` ein und drücken Sie die Enter-Taste.

4. Klicken Sie auf der Registerkarte Start in der Gruppe Ändern auf die Schaltfläche Ursprung. Wählen Sie das gerade gezeichnete Rechteck aus und drücken Sie die Enter-Taste. Die Rechteck-Polylinie wird in vier einzelne Linienobjekte aufgeteilt.

5. Klicken Sie auf der Registerkarte Start in der Gruppe Ändern auf die Schaltfläche Abrunden. Geben Sie `r` (für Radius) ein und drücken Sie die Enter-Taste. Geben

Sie 7 als Rundungsradius ein und drücken Sie die Enter-Taste. Klicken Sie abschließend auf die linke Linie und danach auf die untere Linie, um links unten zu runden.

6. Drücken Sie die Leertaste, um den Abrundenbefehl zu wiederholen. Klicken Sie auf die untere Linie und dann auf die rechte Linie. Die rechte untere Ecke wird gerundet (siehe Abbildung 7.2).

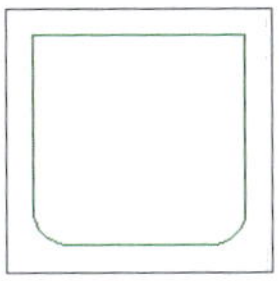

7.2 **Mit dem Werkzeug Abrunden zwei Ecken runden**

7. Erweitern Sie auf der Registerkarte Start die Gruppe Ändern und klicken Sie auf die Schaltfläche Verbinden. Wählen Sie alle zum Stuhl gehörenden Objekte aus und drücken Sie die Enter-Taste. Damit werden die vier Linien und die zwei Bogen in eine einzige Polylinie umgewandelt.

8. Schalten Sie in der Statusleiste den Ortho-Modus ein.
9. Wählen Sie die in Schritt 7 erstellte Polylinie aus, zeigen Sie auf den oberen Mittelgriff und wählen Sie im Griffmenü den Eintrag In Bogen konvertieren (siehe Abbildung 7.3).

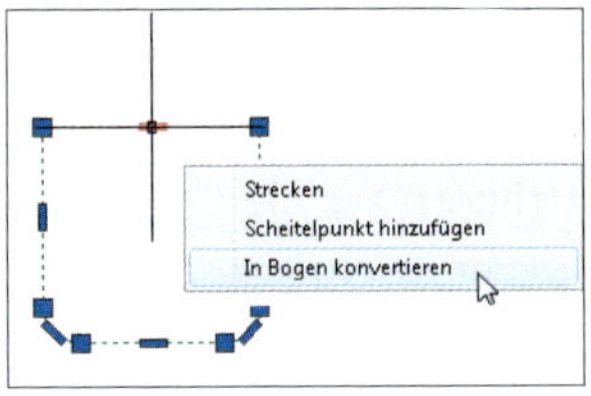

7.3 **Ein gerades Polyliniensegment in einen Bogen umwandeln**

10. Verschieben Sie den Cursor nach oben, geben Sie 7 ein und drücken Sie die Enter-Taste. Drücken Sie ESC, um die Auswahl aufzuheben. Sie haben die Kurve für die Rückenlehne erstellt.

11. Geben Sie `ur` (für URSPRUNG) ein und drücken Sie die Enter-Taste. Wählen Sie den Stuhl aus und drücken Sie erneut die Enter-Taste. Die Polylinie wird in drei Linien und drei Bogen umgewandelt.

12. Klicken Sie auf der Registerkarte Start in der Gruppe Ändern auf die Schaltfläche Versetzen. Geben Sie 5 ein und drücken Sie die Enter-Taste. Wählen Sie den zuvor

erstellten Bogen für die Rückenlehne und klicken Sie auf einen darüberliegenden Punkt. Eine Kopie des Bogens wird 5 cm über dem Original versetzt gezeichnet. Drücken Sie ESC, um den Versetzenbefehl zu beenden.

13. Geben Sie `mischen` ein und drücken Sie die Enter-Taste. Wählen Sie die beiden Bogen jeweils auf ihrer linken Hälfte aus. Ein Spline wird als glatte Verbindung zwischen den beiden Bogen eingefügt.

14. Drücken Sie die Enter-Taste, um den Mischenbefehl zu wiederholen. Klicken Sie auf die rechten Hälften der beiden Bogen. Sie werden durch einen Spline miteinander verbunden (siehe Abbildung 7.4).

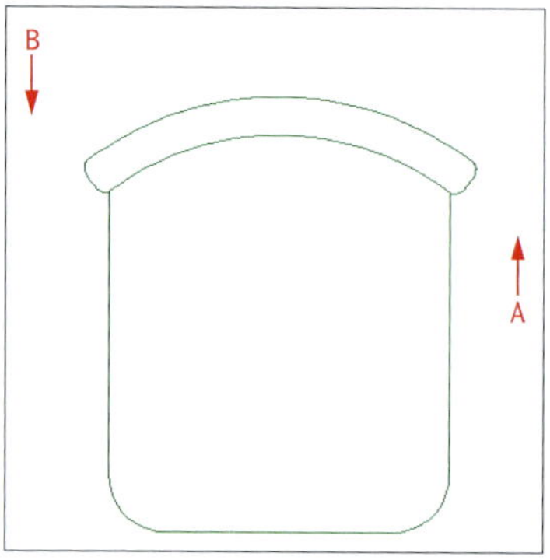

7.4 Zwei Bogen mischen

15. Klicken Sie auf der Registerkarte Start in der Gruppe Ändern auf die Schaltfläche Strecken. Klicken Sie dann auf die Punkte A und B, wie in Abbildung 7.4 gezeigt, um eine kreuzende Auswahl zu definieren. Drücken Sie die Enter-Taste. Klicken Sie anschließend auf einen beliebigen Punkt in der Zeichnungsfläche, verschieben Sie den Cursor nach unten, geben Sie `7` ein und drücken Sie die Enter-Taste. Die Sitztiefe wird verkürzt.

zertifizierungs-relevant

> Da Sie alle Objekte des neuen Blocks vor dem Öffnen des Dialogfeldes ausgewählt haben, wird im Dialogfeld neben dem Namensfeld eine Vorschau des Blocks angezeigt.

16. Wählen Sie den gesamten Stuhl mit einem Auswahlfenster aus. Klicken Sie auf der Registerkarte Start in der Gruppe Block auf die Schaltfläche Erstellen. Das Dialogfeld Blockdefinition wird geöffnet. Geben Sie im Textfeld Name die Blockbezeichnung `Stuhl` ein. Jeder Block benötigt einen Namen.

17. Jeder Block verfügt über einen *Basispunkt*. Klicken Sie im Dialogfeld im Bereich Basispunkt auf die Schaltfläche Auswahlpunkt. Das Dialogfeld wird ausgeblendet. Halten Sie die Shift-Taste gedrückt und klicken Sie mit der rechten Maustaste. Wählen Sie im dann angezeigten Kontextmenü den Eintrag Mittelpunkt. Klicken Sie anschließend auf den Mittelpunkt der vorderen Stuhlkante. Das Dialogfeld

Blockdefinition wird wieder angezeigt und enthält nun die Koordinaten des gewählten Auswahlpunktes (siehe Abbildung 7.5).

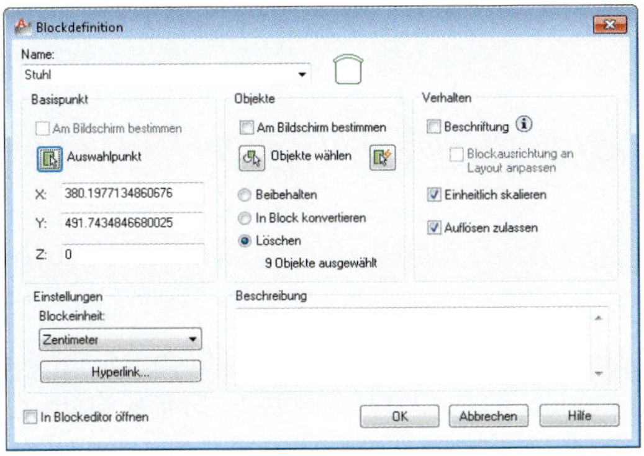

7.5 Den Block Stuhl definieren

Wenn der Stuhl aus der Zeichnungsfläche ausgeblendet wird, ist er in der *Blocktabelle* der Zeichnung definiert. Jede Zeichnung verfügt über eine Blocktabelle. Sie ist aber nicht sichtbar. Alle in der Blocktabelle enthaltenen Blöcke können als Blockreferenzen in die Zeichnung eingefügt werden. Änderungen in den Blockdefinitionen (die in der Blocktabelle gespeichert werden) wirken sich auf alle Blockreferenzen in der Zeichnung aus.

18. Aktivieren Sie im Bereich Objekte die Option Löschen und im Bereich Verhalten das Kontrollkästchen Einheitlich skalieren. Das Kontrollkästchen Auflösen zulassen und die beiden Kontrollkästchen Beschriftung und In Blockeditor öffnen müssen deaktiviert bleiben. Die Einheit im Dropdown-Menü Blockeinheit muss Zentimeter lauten. Bestätigen Sie mit OK. Der Stuhl wird im Zeichnungsfenster ausgeblendet. Sie fügen ihn später erneut ein.

Eine Tür zeichnen und als Block definieren

Im Folgenden zeichnen Sie eine Tür und ihren Öffnungsbogen. Beide Elemente werden dann als Block definiert.

1. Schwenken Sie in der Zeichnung zum mittleren Zimmer. Vergrößern Sie die untere Türöffnung.

2. Schalten Sie bei Bedarf in der Statusleiste den Objektfang ein. Klicken Sie dann mit der rechten Maustaste auf die Schaltfläche Objektfang und wählen Sie den Objektfang Endpunkt, falls dieser im Kontextmenü noch nicht hervorgehoben dargestellt wird.

3. Klicken Sie auf der Registerkarte Start in der Gruppe Zeichnen auf die Schaltfläche Rechteck. Lassen Sie den Cursor an Punkt A (siehe Abbildung 7.6) einrasten. Geben Sie `@4,75` ein und drücken Sie die Enter-Taste. Die Tür wird gezeichnet.

Alle Türöffnungen in der Beispieldatei sind 75 cm breit.

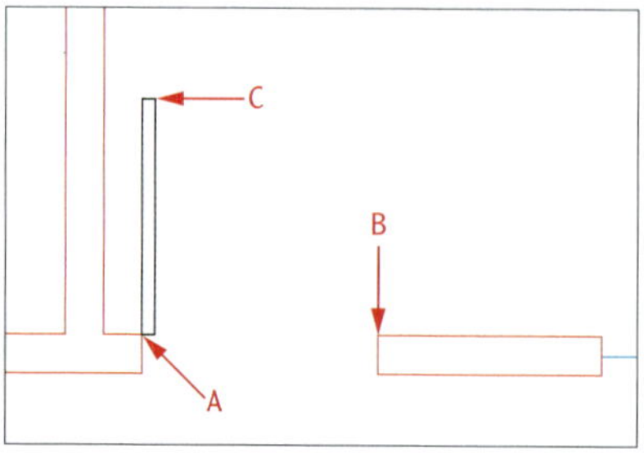

7.6 Eine Tür zeichnen

4. Klicken Sie auf der Registerkarte Start in der Gruppe Zeichnen auf den Pfeil der Schaltfläche Bogen und wählen Sie den Eintrag Mittelp, Startp, Endp. Klicken Sie, wie in Abbildung 7.6 gezeigt, auf die Punkte A, B und C, um den Öffnungsbogen der Tür zu zeichnen.

5. Geben Sie `bl` (für BLOCK) ein und drücken Sie die Enter-Taste. Das Dialogfeld Blockdefinition wird geöffnet.

6. Geben Sie im Textfeld Name `Tür` ein und klicken Sie auf die Schaltfläche Auswahlpunkt. Klicken Sie erneut auf Punkt A.

> Mit der Option In Block konvertieren wird eine Blockdefinition erstellt und gleichzeitig eine Blockreferenz in die Zeichnung eingefügt.

7. Klicken Sie im Dialogfeld auf die Schaltfläche Objekte wählen. Wählen Sie das Rechteck und den Bogen aus und drücken Sie die Enter-Taste. Aktivieren Sie die Option In Block konvertieren und bestätigen Sie mit OK.

8. Wählen Sie die Tür aus. Sie verfügt nur über einen Griff, da sie jetzt eine Blockdefinition darstellt (siehe Abbildung 7.7). Drücken Sie ESC, um die Auswahl aufzuheben.

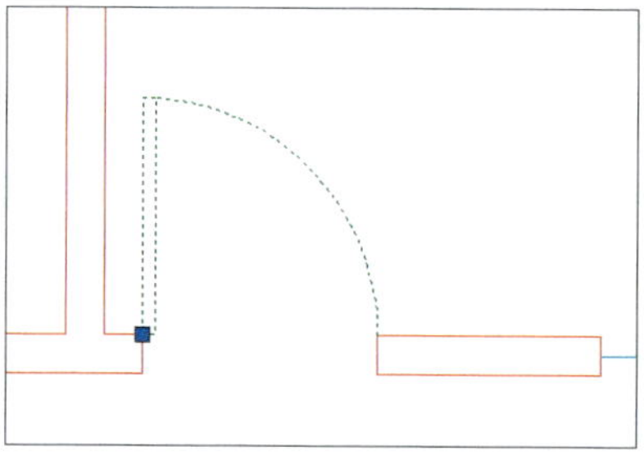

7.7 Die Tür verfügt als Blockreferenz nur über einen einzigen Griff.

9. Speichern Sie Ihre Arbeit unter dem Dateinamen »Kap07-B.dwg«.

Blöcke einfügen

Nach der Erstellung einer Blockdefinition können Sie eine *lokale Blockreferenz* (aus der Blocktabelle der aktuellen Zeichnung) in die Zeichnung einfügen. In Kapitel 9 erfahren Sie, wie Sie *globale Blöcke* erstellen und einfügen. Es handelt sich hierbei um Blöcke, die außerhalb der aktuellen Zeichnungsdatei gespeichert sind. In diesem Abschnitt beschränken Sie sich darauf, die im vorigen Abschnitt erstellten lokalen Stuhl- und Türblöcke einzufügen.

1. Öffnen Sie gegebenenfalls die gerade erstellte Datei »Kap07-B.dwg« oder laden Sie unter `www.wiley-vch.de/publish/dt/books/ISBN978-3-527-76013-8` in Kapitel 7 die Datei »Kap07-B.dwg« herunter und öffnen Sie sie in AutoCAD.

2. Geben Sie `einheit` ein und drücken Sie die Enter-Taste. Stellen Sie sicher, dass die Zeichnungseinheiten im gleichnamigen Dialogfeld auf Zentimeter gesetzt sind (siehe Abbildung 7.8). Bestätigen Sie mit OK.

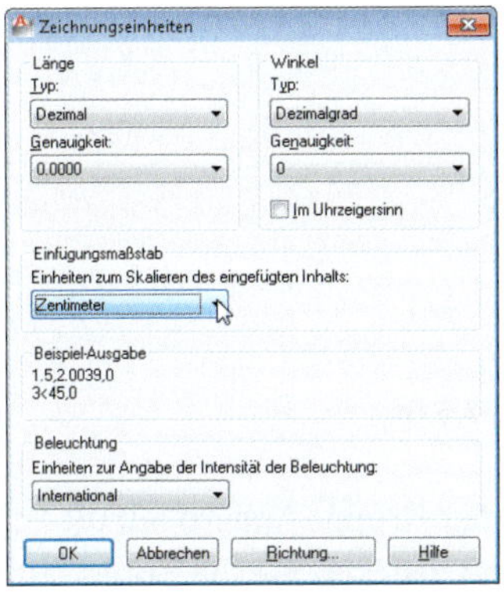

7.8 Zeichnungseinheiten festlegen

Die im Dialogfeld Blockdefinition verwendeten Einheiten sollten, wenn möglich, mit den im Dialogfeld Zeichnungseinheiten gewählten Einheiten übereinstimmen. Ist dies nicht der Fall, skaliert AutoCAD die Blöcke beim Einfügen in die Zeichnung.

3. Vergrößern Sie den linken Raum der Zeichnung. Achten Sie darauf, dass in der Statusleiste die dynamische Eingabe eingeschaltet ist.

4. Klicken Sie in der Statusleiste mit der rechten Maustaste auf die Schaltfläche Objektfang und wählen Sie im Kontextmenü den Eintrag Mittelpunkt, falls dieser noch nicht aktiviert wurde.

5. Klicken Sie auf der Registerkarte Start in der Gruppe Block auf die Schaltfläche Einfügen. Öffnen Sie das Dropdown-Menü Name und wählen Sie den Block Stuhl aus. Achten Sie darauf, dass im Bereich Einfügepunkt das Kontrollkästchen Am Bildschirm bestimmen aktiviert ist (siehe Abbildung 7.9). Bestätigen Sie mit OK.

zertifizierungsrelevant

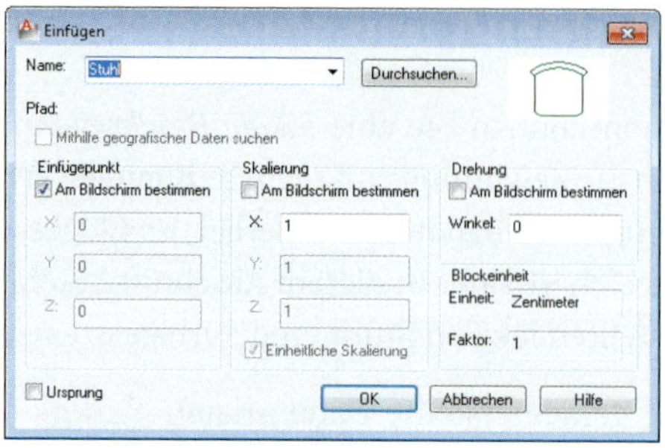

7.9 Den Block Stuhl wählen

6. Halten Sie die Shift-Taste gedrückt, klicken Sie mit der rechten Maustaste und wählen Sie im Kontextmenü den Eintrag Von. Klicken Sie auf den Mittelpunkt der oberen Tischkante, geben Sie `@0,7` ein und drücken Sie die Enter-Taste. Der Stuhlblock wird 7 cm über der oberen Tischkante eingefügt (Abbildung 7.10).

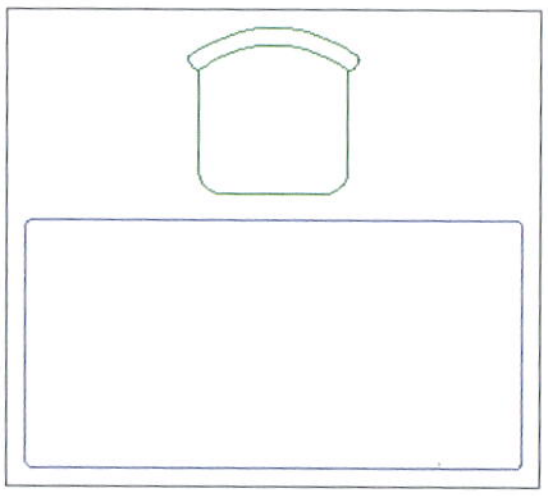

7.10 Der Abstand zwischen Stuhl und Tisch beträgt 7,5 cm.

7. Klicken Sie auf der Registerkarte Start in der Gruppe Ändern auf die Schaltfläche Verschieben. Wählen Sie den Stuhl aus und drücken Sie die Enter-Taste. Klicken Sie auf einen beliebigen Punkt in der Zeichnungsfläche, geben Sie `40<180` ein und drücken Sie die Enter-Taste. Der Stuhl wird nach links verschoben.

8. Klicken Sie auf der Registerkarte Start in der Gruppe Ändern auf die Schaltfläche Kopieren, geben Sie `l` (für Letzter) ein und drücken Sie zweimal die Enter-Taste. Klicken Sie auf einen beliebigen Punkt in der Zeichnungsfläche, geben Sie `@80<0` ein und drücken Sie die Enter-Taste. Eine Kopie des Stuhls wird rechts neben dem Original eingefügt (siehe Abbildung 7.11). Drücken Sie ESC, um den Kopierbefehl zu beenden.

9. Geben Sie `ein` (für EINFÜGE) ein und drücken Sie die Enter-Taste. Geben Sie im Dialogfeld Einfügen im Bereich Drehung im Textfeld Winkel `180` ein und bestätigen Sie mit OK.

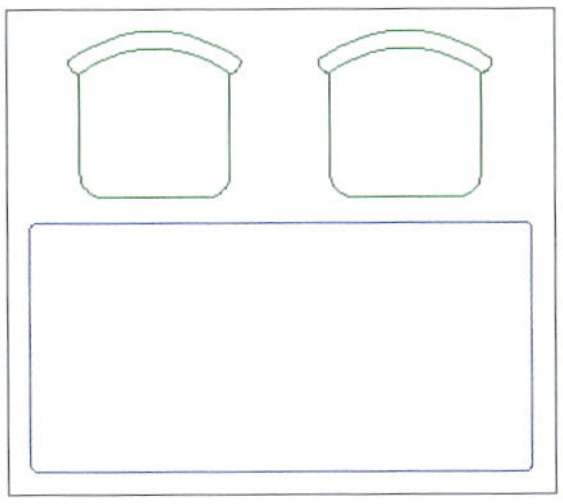

7.11 **Blockreferenz kopieren**

10. Halten Sie die Shift-Taste gedrückt, klicken Sie mit der rechten Maustaste und wählen Sie im Kontextmenü den Eintrag Von. Klicken Sie auf den Mittelpunkt der unteren Tischkante, geben Sie `@0,-7` ein und drücken Sie die Enter-Taste. Der Stuhlblock wird 7 cm unter der unteren Tischkante eingefügt.

11. Drücken Sie die Enter-Taste zum Wiederholen des letzten Befehls. Wählen Sie im Dialogfeld Einfügen im Dropdown-Menü Name den Block Tür. Aktivieren Sie im Bereich Drehung das Kontrollkästchen Am Bildschirm bestimmen und bestätigen Sie mit OK.

12. Achten Sie darauf, dass der Ortho-Modus eingeschaltet ist. Klicken Sie im linken Raum auf Punkt A, wie in Abbildung 7.12 zu sehen ist. Verschieben Sie den Cursor nach links, damit die Tür die gewünschte Ausrichtung erhält (siehe Abbildung 7.12). Klicken Sie in die Zeichnungsfläche, um die Tür einzufügen.

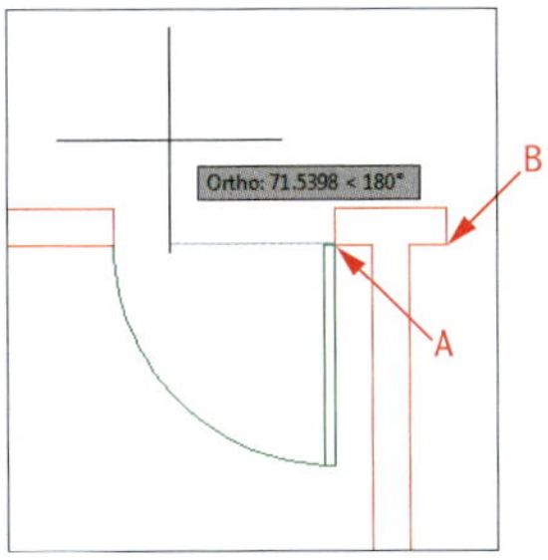

7.12 **Eine Tür einfügen und auf dem Bildschirm drehen**

13. Drücken Sie die Leertaste, um den Einfügebefehl zu wiederholen. Aktivieren Sie im Dialogfeld Einfügen in den Bereichen Skalierung und Drehung jeweils das Kontrollkästchen Am Bildschirm bestimmen (siehe Abbildung 7.13) und bestätigen Sie mit OK.

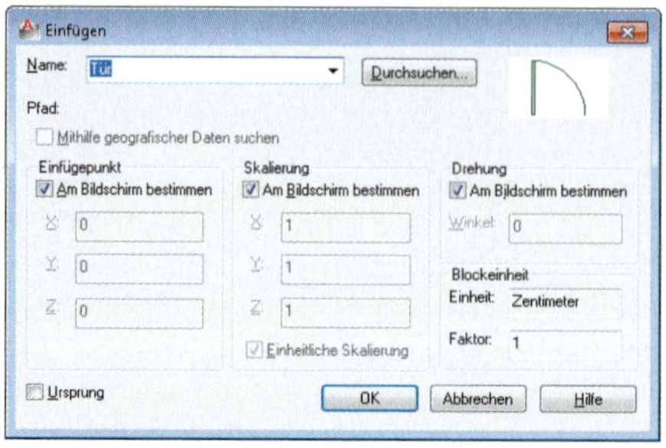

7.13 Einfügeoptionen auf dem Bildschirm bestimmen

> Ein negativer Skalierfaktor spiegelt den Block um seinen Basispunkt.

14. Klicken Sie auf Punkt B, wie in Abbildung 7.12 zu sehen ist. Die Eingabeaufforderung lautet:

    `Einfügepunkt angeben oder [ Basispunkt/Faktor/Drehen] : Skalierfaktor angeben <1>:`

    Geben Sie `-1` ein und drücken Sie die Enter-Taste.

15. Die Eingabeaufforderung lautet nun:

    `Drehwinkel angeben <0>:`

    Geben Sie `180` ein und drücken Sie die Enter-Taste. Die Tür wird korrekt im mittleren Raum eingefügt.

16. Klicken Sie auf der Registerkarte Start in der Gruppe Ändern auf die Schaltfläche Kopieren. Wählen Sie im mittleren Raum die untere Tür aus und drücken Sie die Enter-Taste. Klicken Sie auf die Punkte A und B, wie in Abbildung 7.14 zu sehen ist. Damit wird eine Kopie des Türblocks im rechten Raum eingefügt. Drücken Sie ESC, um den Kopierbefehl zu beenden.

> Das Kopieren eines Blocks entspricht dem Einfügen eines neuen Blocks – eine neue Blockreferenz wird eingefügt.

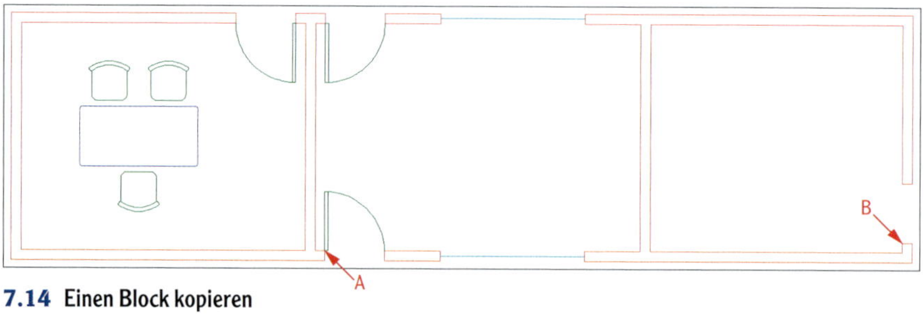

7.14 Einen Block kopieren

17. Wählen Sie die Tür im rechten Raum aus. Klicken Sie auf den einzigen Griff des Blocks. Der Griffbearbeitungsmodus wird eingeschaltet. Drücken Sie zweimal die Leertaste. Die Eingabeaufforderung lautet:

```
** DREHEN**
Drehwinkel angeben oder[ BAsispunkt/Kopieren/Zurück/BEzug/Exit] :
```

Geben Sie `90` ein und drücken Sie die Enter-Taste, um die Tür um ihren Basispunkt zu drehen.

18. Speichern Sie Ihre Arbeit unter dem Dateinamen »Kap07-C.dwg«.

Blöcke bearbeiten

Blöcke können nach dem Erstellen und Einfügen jederzeit bearbeitet werden. Sie können dabei die Geometrie, sprich: ihre Form, ändern, variable Eigenschaften zur Steuerung der Eigenschaftenübernahme aus aktuellen Einstellungen zuweisen, Blöcke ineinander verschachteln oder Blöcke komplett auflösen. Alle diese Themen werden im Folgenden beschrieben.

Die Geometrie von Blockdefinitionen ändern

Blockdefinitionen sind nichts Endgültiges. Sie können ihre Form später ändern, auch wenn sie bereits als Blockreferenzen eingefügt wurden. Und genau das ist einer der Hauptgründe für das Arbeiten mit Blöcken: effiziente Steuerung einer Vielzahl von Objekten von einer einzigen, änderbaren Definition aus. Im Folgenden ändern Sie den Türblock und testen, wie alle Türblockreferenzen automatisch aktualisiert werden.

1. Öffnen Sie gegebenenfalls die gerade erstellte Datei »Kap07-C.dwg« oder laden Sie unter `www.wiley-vch.de/publish/dt/books/ISBN978-3-527-76013-8` in Kapitel 7 die Datei »Kap07-C.dwg« herunter und öffnen Sie sie in AutoCAD.

2. Vergrößern Sie die untere Tür im mittleren Raum.

3. Wählen Sie die Tür aus. Klicken Sie mit der rechten Maustaste und wählen Sie im Kontextmenü den Eintrag Block an jeweiligen Stelle bearbeiten. Schließen Sie das dann angezeigte Dialogfeld Referenz bearbeiten (siehe Abbildung 7.15) durch Klicken auf OK.

4. Klicken Sie auf der Registerkarte Start in der Gruppe Ändern auf die Schaltfläche Drehen. Wählen Sie die Tür (nicht ihren Öffnungsbogen) aus und drücken Sie die

Enter-Taste. Klicken Sie auf den Drehpunkt der Tür (unten links). Die Eingabeaufforderung lautet:

`Drehwinkel angeben oder[ Kopie/Bezug] <0>:`

Geben Sie `-45` ein und drücken Sie die Enter-Taste.

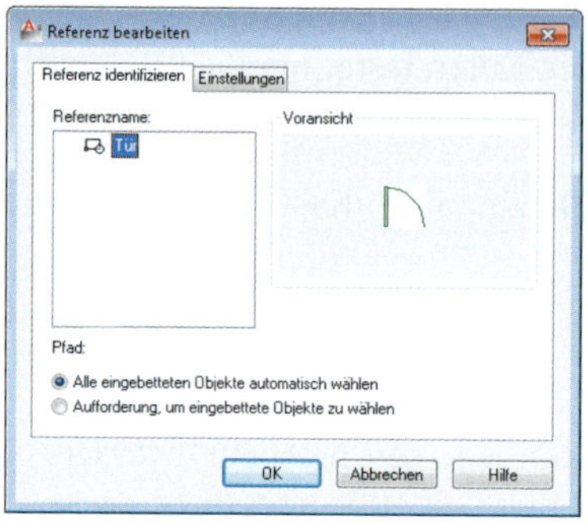

7.15 Eine Blockreferenz bearbeiten

5. Klicken Sie auf der Registerkarte Start in der Gruppe Ändern auf die Schaltfläche Stutzen und drücken Sie die Enter-Taste. Klicken Sie auf den Bereich des Bogens, der über die Tür hinausragt, um ihn zu stutzen. Drücken Sie ESC, um den Stutzenbefehl zu beenden.

6. Erweitern Sie auf der Registerkarte Start die kontextabhängige Gruppe Referenz-Bearbeitung und klicken Sie auf die Schaltfläche Änderungen speichern. Bestätigen Sie die AutoCAD-Meldung »Alle Änderungen an den Referenzen werden gespeichert.« durch Klicken auf OK. In Abbildung 7.16 sehen Sie das Ergebnis. Alle Türreferenzen wurden automatisch mit der neuen Türform aktualisiert.
7. Speichern Sie Ihre Arbeit unter dem Dateinamen »Kap07-D.dwg«.

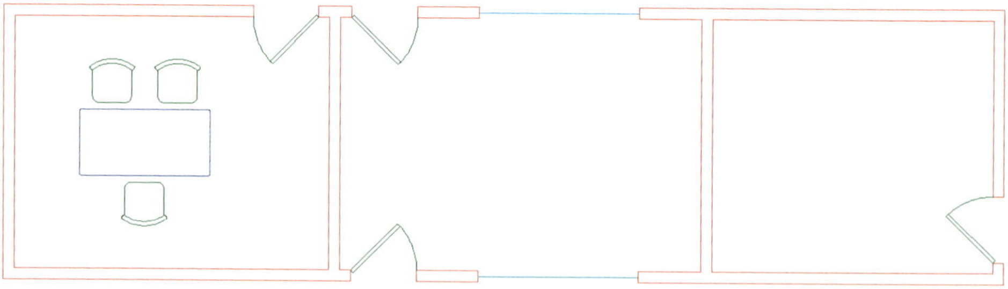

7.16 Alle Türen wurden automatisch der geänderten Blockdefinition angepasst.

Variable Eigenschaften zuweisen

Wenn Sie die Farbe, den Linientyp oder die Linienstärke eines Objekts auf bestimmte Werte setzen, zum Beispiel Rot, Verdeckt oder 0,5 mm, sind dies feste, zum Objekt gehörende Eigenschaften. Diese festen Eigenschaften von Objekten, die zu einer Blockdefinition gehören, bleiben erhalten, wenn die Blöcke auf andere Layer in der Zeichnung eingefügt werden.

Häufig ist es daher von Vorteil, Objekten in Blockdefinitionen sogenannte variable Eigenschaften zuzuweisen – entweder mit der Methode VonLayer oder mit VonBlock. Mithilfe der variablen Eigenschaften können Blockreferenzen Eigenschaften des aktuellen Layers übernehmen, in dem sie eingefügt werden. Oder Sie heben die Übernahme der Eigenschaften durch die Definition von festen Eigenschaften in der Blockreferenz wieder auf.

Der Layer Tür war bisher im gesamten Kapitel der aktuelle Layer. Das heißt, die von Ihnen bisher gezeichneten Objekte zur Definition der Blöcke Tür und Stuhl befinden sich ebenfalls auf diesem Layer. Im Folgenden weisen Sie den Blöcken Tür und Stuhl variable Eigenschaften zu.

1. Öffnen Sie gegebenenfalls die gerade erstellte Datei »Kap07-D.dwg« oder laden Sie unter `www.wiley-vch.de/publish/dt/books/ISBN978-3-527-76013-8` in Kapitel 7 die Datei »Kap07-D.dwg« herunter und öffnen Sie sie in AutoCAD.

2. Klicken Sie auf die drei Stuhlblockreferenzen, um sie auszuwählen. Geben Sie qp (für QUICKPROPERTIES) ein und drücken Sie die Enter-Taste. Wählen Sie im Dropdown-Menü Layer den Eintrag Möbel (siehe Abbildung 7.17). Beachten Sie, dass die Stühle weiterhin in Grün angezeigt werden, auch wenn der Layer Möbel auf Blau gesetzt ist. Klicken Sie in der Schnelleigenschaftenpalette oben rechts auf das »x«, um sie zu schließen. Drücken Sie ESC, um die Auswahl aufzuheben.

> Der Befehl QP ist eine Alternative zum Ein- und Ausschalten der Schnelleigenschaften in der Statusleiste.

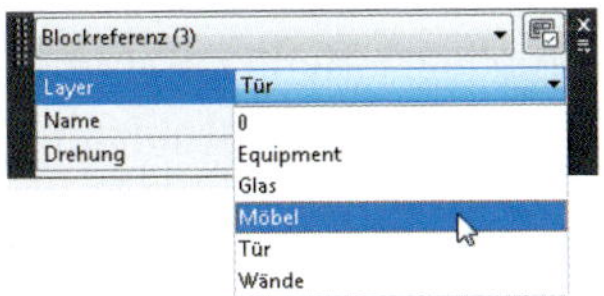

7.17 Den Stuhlblockreferenzen den Layer Möbel zuweisen

3. Wählen Sie einen der Stühle aus (egal welchen), klicken Sie mit der rechten Maustaste und wählen Sie im Kontextmenü den Eintrag Block an jeweiligen Stelle bearbeiten. Klicken Sie im Dialogfeld Referenz bearbeiten auf OK.

4. Wählen Sie alle neun Objekte des Stuhls in einer Fensterauswahl aus.

5. Geben Sie qp (für QUICKPROPERTIES) ein und drücken Sie die Enter-Taste. Öffnen Sie das Dropdown-Menü Farbe und wählen Sie VonBlock aus. Schließen Sie die Schnelleigenschaftenpalette durch Klicken auf das »x« und drücken Sie ESC, um die Auswahl aufzuheben.

6. Erweitern Sie auf der Registerkarte Start die kontextabhängige Gruppe Referenz-Bearbeitung und klicken Sie auf die Schaltfläche Änderungen speichern. Bestätigen Sie die AutoCAD-Meldung durch Klicken auf OK. Die Stühle werden nun in Blau angezeigt, da die variable VonBlock-Eigenschaft die Übernahme der aktuellen Layerfarbe, nämlich Blau, ermöglicht.

7. Wählen Sie den unteren Stuhl aus. Öffnen Sie auf der Registerkarte Start in der Gruppe Eigenschaften das Dropdown-Menü Objektfarbe und klicken Sie dann auf die Farbe Magenta. Drücken Sie ESC, um die Auswahl aufzuheben. Der Stuhl wird in Magenta angezeigt, da es durch die Eigenschaft VonBlock möglich ist, dass fest zugewiesene Eigenschaften von Blockreferenzen (hier: die Farbe Magenta) die aus dem Layer übernommenen Eigenschaften überschreiben.

8. Öffnen Sie auf der Registerkarte Start in der Gruppe Layer das Dropdown-Menü Layer und wählen Sie den Layer 0.

9. Öffnen Sie erneut das Dropdown-Menü Layer und schalten Sie den Layer Tür aus. Alle Stühle und Türen werden ausgeblendet, da die Geometrie der Tür- und Stuhlblockdefinitionen auf dem Layer Tür enthalten sind. Schalten Sie den Layer Tür wieder ein und klicken Sie außerhalb des Dropdown-Menüs, um es zu schließen.

10. Wählen Sie den unteren Stuhl aus, klicken Sie mit der rechten Maustaste und wählen Sie im Kontextmenü den Eintrag Block an jeweiligen Stelle bearbeiten. Klicken Sie im Dialogfeld Referenz bearbeiten auf OK.

11. Wählen Sie alle neun Objekte des Stuhls in einer Fensterauswahl aus.

12. Öffnen Sie in den Schnelleigenschaften das Dropdown-Menü Layer und weisen Sie der Auswahl den Layer 0 zu. Drücken Sie ESC, um die Auswahl aufzuheben.

Blöcke und der Layer 0

Ich empfehle, Objekte in Blockdefinitionen stets auf dem Layer 0 zu zeichnen, damit die Blockreferenzen die Eigenschaften des Layers übernehmen, auf dem sie eingefügt werden. Layer 0 ist der einzige Layer, der so mit Blockdefinitionen funktioniert. Außerdem sollten Sie den Objekten in Blockdefinitionen variable Eigenschaften für Farbe, Linientyp und/oder Linienstärke zuweisen.

13. Erweitern Sie auf der Registerkarte Start die kontextabhängige Gruppe Referenz-Bearbeitung und klicken Sie auf die Schaltfläche Änderungen speichern. Bestätigen Sie die AutoCAD-Meldung durch Klicken auf OK.

14. Öffnen Sie auf der Registerkarte Start in der Gruppe Layer das Dropdown-Menü Layer und schalten Sie den Layer Tür aus. Die Türen werden ausgeblendet. Die Stühle bleiben weiterhin sichtbar, da die Stuhlreferenzen die Eigenschaften des Layers Möbel übernommen haben (siehe Abbildung 7.18). Drücken Sie ESC.

Wenn Sie den Layer 0 deaktivieren, werden Blockdefinitionsformen, die anderen Layern zugeordnet sind, weiterhin angezeigt.

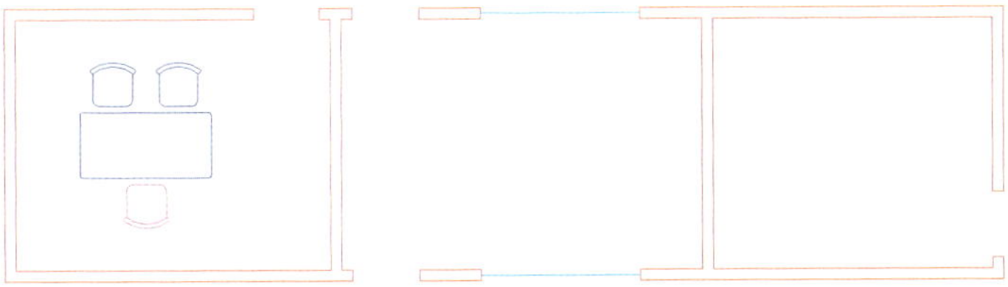

7.18 Die Türen auf dem Layer Tür werden nicht mehr angezeigt.

15. Zeigen Sie den Layer Tür wieder an.

16. Speichern Sie Ihre Arbeit unter dem Dateinamen »Kap07-E.dwg«.

Blöcke verschachteln

Sie können Blöcke in andere Blöcke *einbetten*. So wird die Erstellung komplexer Blockdefinitionen vereinfacht. Es ist aber nicht möglich, Zirkelbezüge zu erstellen, in denen Blockreferenzen auf sich selbst verweisen. Damit würden Sie eine Endlosschleife definieren. Im Folgenden betten Sie die Blockreferenz Telefon in die Blockdefinition Tisch ein. Damit wird mit jedem Tisch, den Sie in die Zeichnung einfügen, auch gleichzeitig ein Telefon eingefügt.

1. Öffnen Sie gegebenenfalls die gerade erstellte Datei »Kap07-E.dwg« oder laden Sie unter `www.wiley-vch.de/publish/dt/books/ISBN978-3-527-76013-8` in Kapitel 7 die Datei »Kap07-E.dwg« herunter und öffnen Sie sie in AutoCAD.

2. Geben Sie `bbe` (für BBEARB) ein und drücken Sie die Enter-Taste. Wählen Sie im Dialogfeld Blockdefinition bearbeiten den Block Tisch aus (siehe Abbildung 7.19) und bestätigen Sie mit OK.

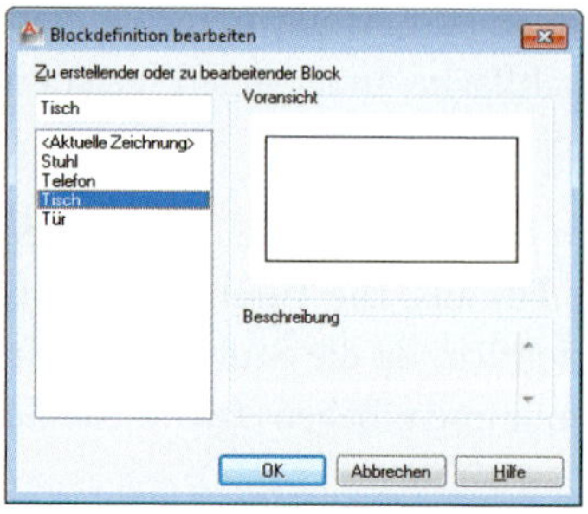

7.19 Eine Blockdefinition für die Bearbeitung auswählen

Der Blockeditor stellt eine Alternative zum Bearbeiten von Blöcken an ihren jeweiligen Stellen dar.

3. Die kontextabhängige Registerkarte Blockeditor wird in der Multifunktionsleiste eingeblendet. Außerdem füllt der ausgewählte Block Tisch den Zeichnungsbereich. Klicken Sie auf der Registerkarte Blockeditor in der Gruppe Verwalten auf die Schaltfläche Erstellungs-Paletten (siehe Abbildung 7.20), um die Palette zu schließen. Sie benötigen sie in dieser Übung nicht.

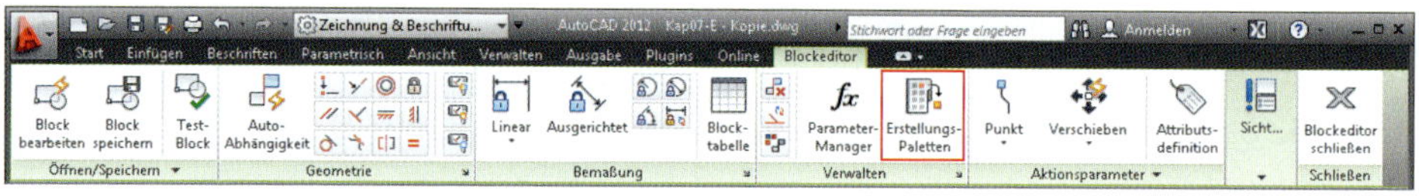

7.20 Die kontextabhängige Registerkarte Blockeditor

4. Geben Sie `ein` (für EINFÜGE) ein und drücken Sie die Enter-Taste. Wählen Sie im Dialogfeld Einfügen im Dropdown-Menü Name den Block Telefon. Deaktivieren Sie in den Bereichen Skalierung und Drehung jeweils das Kontrollkästchen Am Bildschirm bestimmen. Bestätigen Sie mit OK.

Das Telefon wird in Magenta angezeigt, da die Objekte in der Telefonblockdefinition über variable Eigenschaften verfügen, die die Übernahme der Farbe Magenta des Layers Equipment erlauben.

5. Klicken Sie auf einen beliebigen Punkt auf der rechten Tischseite, um die Telefonblockreferenz einzufügen.

6. Wählen Sie den Telefonblock aus, geben Sie `qp` (für QUICKPROPERTIES) ein und drücken Sie die Enter-Taste. Ändern Sie die Layerzuordnung auf Equipment, schließen Sie die Schnelleigenschaftenpalette und drücken Sie ESC, um die Auswahl aufzuheben.

7. Klicken Sie auf der Registerkarte Blockeditor in der Gruppe Schließen auf die Schaltfläche Blockeditor schließen. Klicken Sie anschließend im Meldungsfenster auf den Eintrag Änderungen speichern in Tisch. Das Ergebnis ist in Abbildung 7.21 zu sehen.

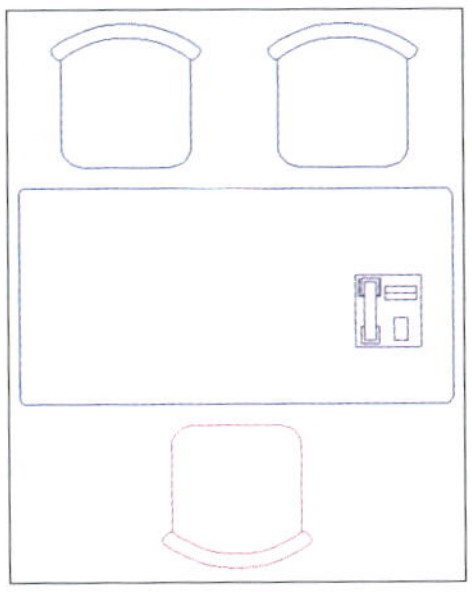

7.21 Der Tischblock mit eingebettetem Telefon

8. Speichern Sie Ihre Arbeit unter dem Dateinamen »Kap07-F.dwg«.

Blöcke auflösen

Es gibt für das Auflösen von Blöcken zwei Befehle: URSPRUNG und XPLODE. Mit beiden Befehlen lösen Sie die Blockstruktur auf. Die einzelnen geometrischen Formen bleiben bestehen. Mit URSPRUNG wird ein Block ohne weitere Angaben aufgelöst. Mit XPLODE können Sie bestimmen, wie mit den Objekteigenschaften beim Auflösen verfahren werden soll.

1. Öffnen Sie gegebenenfalls die gerade erstellte Datei »Kap07-F.dwg« oder laden Sie unter `www.wiley-vch.de/publish/dt/books/ISBN978-3-527-76013-8` in Kapitel 7 die Datei »Kap07-F.dwg« herunter und öffnen Sie sie in AutoCAD.
2. Geben Sie `ursprung` ein und drücken Sie die Enter-Taste. Wählen Sie den magenta Stuhl aus und drücken Sie die Enter-Taste.
3. Wählen Sie die Stuhlteile aus. Prüfen Sie in der Multifunktionsleiste die Gruppen Layer und Eigenschaften. Im Dropdown-Menü Layer sollte der Layer 0 stehen und das Dropdown-Menü Objektfarbe sollte auf VonBlock gesetzt sein (siehe Abbildung 7.22). Drücken Sie ESC, um die Auswahl aufzuheben.

> Mit dem Befehl BEREINIG löschen Sie alle nicht verwendeten Blockdefinitionen. So wird die Zeichnungsdatei nicht so groß.

4. Klicken Sie im Schnellzugriffs-Werkzeugkasten auf die Schaltfläche Rückgängig. Der Block wird wiederhergestellt.

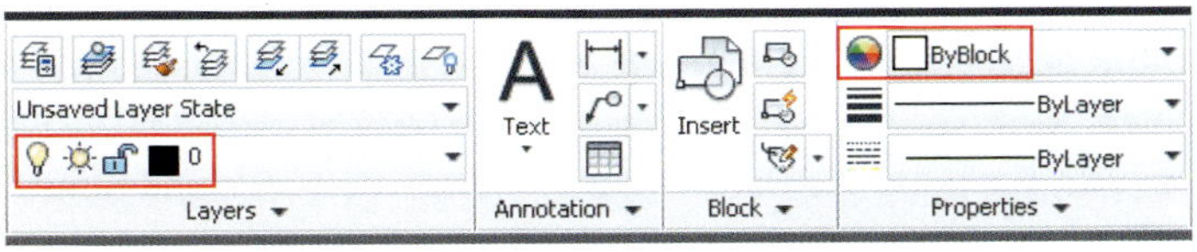

7.22 Layer und Objekteigenschaften nach der Blockauflösung prüfen

5. Geben Sie `xplode` ein und drücken Sie die Enter-Taste. Wählen Sie den magenta Stuhl aus und drücken Sie die Enter-Taste. Die Eingabeaufforderung lautet:

   ```
   [Alle/Farbe/LAyer/LTyp/LStärke/von Hauptblock übernehmen/Ursprung]
   <Ursprung>:
   ```

   Geben Sie `h` (für von Hauptblock übernehmen) ein und drücken Sie die Enter-Taste.

6. Wählen Sie alle Stuhlteile aus und prüfen Sie ihre Layer- und Farbeinstellungen. Der Layer ist auf Möbel und die Objektfarbe auf Magenta gesetzt. Mit dem Befehl XPLODE werden den Objekten des aufgelösten Blocks der Layer und die Objekteigenschaften der Blockreferenz zugewiesen.

7. Erweitern Sie auf der Registerkarte Start die Gruppe Ändern und klicken Sie auf die Schaltfläche Als VonLayer einstellen. Die Eingabeaufforderung lautet:

   ```
   VonBlock in VonLayer ändern? [Ja/Nein] <Ja>:
   ```

   Bestätigen Sie mit der Enter-Taste die Vorgabe Ja. Die Eingabeaufforderung lautet nun folgendermaßen:

   ```
   Blöcke einbeziehen? [Ja/Nein] <ja>:
   ```

   Geben Sie `n` (für Nein) ein und drücken Sie die Enter-Taste. Der Befehl wird beendet. Der Stuhl wird in Blau dargestellt, da er seine Farbe nun von der Farbe des Möbellayers übernimmt.

8. Speichern Sie Ihre Arbeit unter dem Dateinamen »Kap07-G.dwg«.

Blockdefinitionen ändern

Sie wissen bereits, dass Blockdefinitionen benannt sind und Blöcke über ihren Namen eingefügt werden. Was passiert wohl, wenn Sie einen neuen Block mit einem Namen definieren, der bereits in der Zeichnung verwendet wird?

In den folgenden Schritten wird diese Situation dargestellt. Sie haben dabei die Möglichkeit, eine Blockdefinition zu ändern. Alle dazugehörigen Blockreferenzen in der Zeichnung werden automatisch mit der geänderten Definition aktualisiert.

1. Öffnen Sie gegebenenfalls die gerade erstellte Datei »Kap07-G.dwg« oder laden Sie unter `www.wiley-vch.de/publish/dt/books/ISBN978-3-527-76013-8` in Kapitel 7 die Datei »Kap07-G.dwg« herunter und öffnen Sie sie in AutoCAD.

2. Vergrößern Sie den unteren Stuhl, dessen Block im vorherigen Abschnitt aufgelöst wurde.

3. Klicken Sie auf der Registerkarte Start in der Gruppe Zeichnen auf die Schaltfläche Rechteck. Die Eingabeaufforderung lautet:

   `Ersten Eckpunkt angeben oder [ Fasen/Erhebung/Abrunden/Objekthöhe/Breite] :`

   Geben Sie `a` (für Abrunden) ein und drücken Sie die Enter-Taste. Die Eingabeaufforderung lautet nun:

   `Rundungsradius für Rechtecke angeben <0.0000>:`

   Geben Sie `3` als Rundungsradius ein und drücken Sie die Enter-Taste. Das einzufügende Rechteck wird über runde Ecken verfügen.

4. Klicken Sie zum Definieren der ersten Ecke auf Punkt A aus Abbildung 7.23, geben Sie `@7,-25` ein und drücken Sie die Enter-Taste, um den Rechteckbefehl zu beenden.

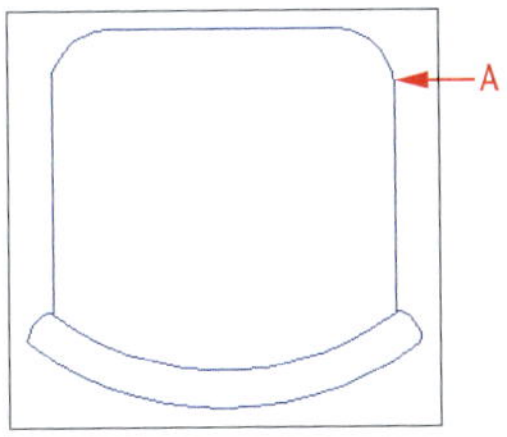

7.23 **Den ersten Eckpunkt für die Armlehne bestimmen**

5. Klicken Sie auf der Registerkarte Start in der Gruppe Ändern auf die Schaltfläche Spiegeln. Geben Sie `l` (für Letzter) ein und drücken Sie zweimal die Enter-Taste. Die Eingabeaufforderung lautet:

   `Ersten Punkt der Spiegelachse angeben:`

   Lassen Sie den ersten Punkt am Mittelpunkt der Stuhlvorderkante einrasten, verschieben Sie den Cursor nach unten und klicken Sie in die Zeichnungsfläche, um den zweiten Punkt der Spiegelachse zu definieren. Drücken Sie die Enter-Taste, um den Spiegelbefehl zu beenden (siehe Abbildung 7.24).

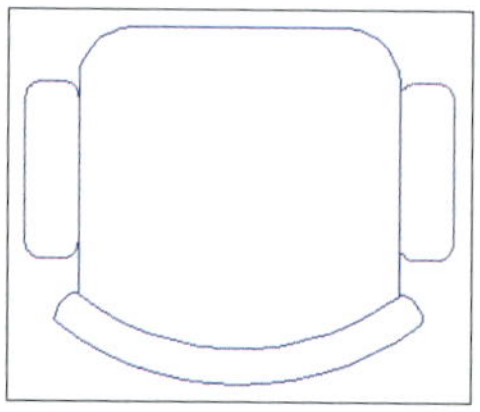

7.24 Eine Armlehne spiegeln

6. Wählen Sie alle Stuhlobjekte einschließlich Armlehnen aus. Öffnen Sie auf der Registerkarte Start in der Gruppe Layer das Dropdown-Menü Layer und wählen Sie den Layer 0 aus.
7. Geben Sie `bl` (für BLOCK) ein und drücken Sie die Enter-Taste. Geben Sie im Dialogfeld Blockdefinition im Textfeld Name `Stuhl` ein. Klicken Sie auf die Schaltfläche Auswahlpunkt und lassen Sie den Auswahlpunkt am Mittelpunkt der Stuhlvorderkante einrasten.
8. Aktivieren Sie die Option In Block konvertieren und bestätigen Sie mit OK. Klicken Sie im dann angezeigten Meldungsfenster auf Block neu definieren. Abbildung 7.25 zeigt das Ergebnis. Alle drei Stuhlblockreferenzen wurden aktualisiert.

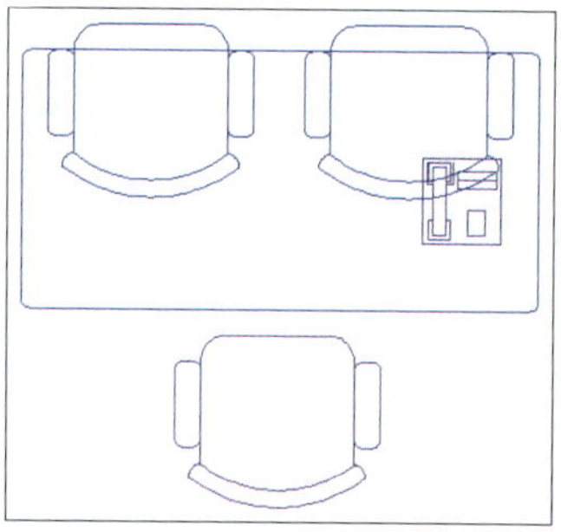

7.25 Durch die Neudefinition des Blocks verlieren die Stühle ihre ursprüngliche Ausrichtung.

9. Leider behalten die bearbeiteten Stuhlblockreferenzen ihre Ausrichtung nicht bei. Klicken Sie auf der Registerkarte Start in der Gruppe Ändern auf die Schaltfläche Spiegeln, wählen Sie die beiden oberen Stühle aus und drücken Sie die Enter-Taste. Lassen Sie den ersten Punkt der Spiegelachse am Mittelpunkt der Vorderkante einer der beiden ausgewählten Stühle einrasten, verschieben Sie den Cursor nach rechts und klicken Sie in die Zeichnungsfläche. Die Eingabeaufforderung lautet:

   `Quellobjekte löschen? [ Ja/Nein] <N>:`

   Geben Sie `j` (für Ja) ein und drücken Sie die Enter-Taste. Die Stühle werden korrekt ausgerichtet (siehe Abbildung 7.26).

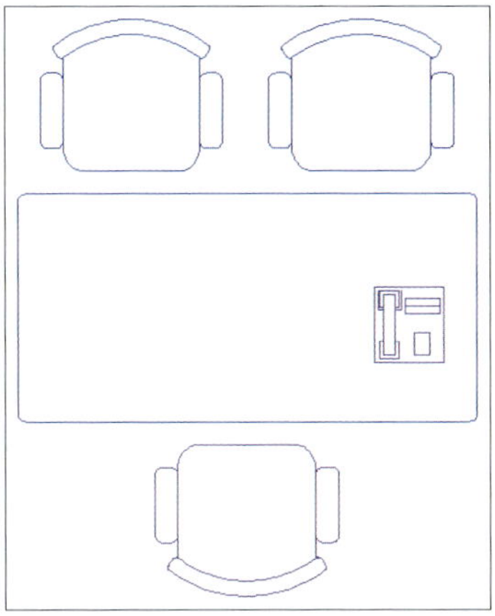

7.26 Zwei Stuhlblöcke wurden gespiegelt.

10. Speichern Sie Ihre Arbeit unter dem Dateinamen »Kap07-H.dwg«.

In Gruppen arbeiten

Das Arbeiten mit Gruppen eignet sich für das Verwalten von Objekten und ist weniger starr als das Arbeiten mit Blöcken. Gruppen benötigen keine Namen und auch keine Basispunkte. Sie können die Gruppenauswahl ein- und ausschalten und so bestimmen, ob Sie die gesamte Gruppe oder lediglich ein Element der Gruppe bearbeiten. Im Folgenden gruppieren Sie den Tisch und die Stühle, kopieren diese Gruppe in die angrenzenden Räume und nehmen Änderungen an verschiedenen Blöcken in den Gruppen vor.

1. Öffnen Sie gegebenenfalls die gerade erstellte Datei »Kap07-H.dwg« oder laden Sie unter `www.wiley-vch.de/publish/dt/books/ISBN978-3-527-76013-8` in Kapitel 7 die Datei »Kap07-H.dwg« herunter und öffnen Sie sie in AutoCAD.

2. Klicken Sie auf der Registerkarte Start in der Gruppe Gruppen auf die Schaltfläche Gruppe. Wählen Sie den Tisch und die drei Stühle aus und drücken Sie die Enter-Taste.

3. Klicken Sie auf der Registerkarte Start in der Gruppe Ändern auf die Schaltfläche Kopieren, wählen Sie die Gruppe aus und drücken Sie die Enter-Taste. Klicken Sie auf einen beliebigen Punkt im Tisch und klicken Sie anschließend zunächst in den mittleren und dann in den rechten Raum, um die Gruppe zweimal zu kopieren. Drücken Sie ESC, um den Kopierbefehl zu beenden.

4. Klicken Sie auf der Registerkarte Start in der Gruppe Ändern auf die Schaltfläche Drehen, wählen Sie die Gruppe im rechten Raum aus und drücken Sie die Enter-Taste. Klicken Sie auf einen beliebigen Punkt im Tisch, geben Sie `-90` ein und drücken Sie die Enter-Taste (siehe Abbildung 7.27).

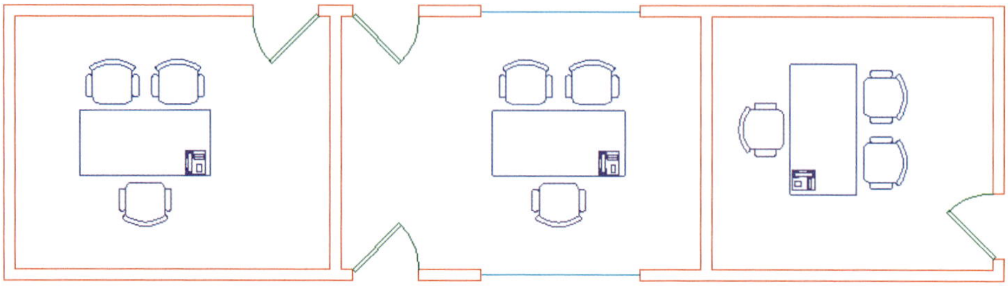

7.27 Gruppen kopieren und eine Gruppe drehen

5. Klicken Sie auf der Registerkarte Start in der Gruppe Gruppen auf die Schaltfläche Gruppenauswahl ein/aus, um die Gruppenauswahl zu deaktivieren.
6. Wählen Sie im mittleren Raum den unteren Stuhl aus und drücken Sie die Entf-Taste.

7. Klicken Sie auf der Registerkarte Start in der Gruppe Ändern auf die Schaltfläche Kopieren. Wählen Sie den rechten Stuhl aus und drücken Sie die Enter-Taste. Lassen Sie die Punkte an den Mittelpunkten (Punkt A und Punkt B in Abbildung 7.28) einrasten und drücken Sie die Enter-Taste. Ein dritter Stuhl wird rechts neben die beiden Stühle kopiert. Die Abstände zwischen allen drei Stühlen sind identisch.

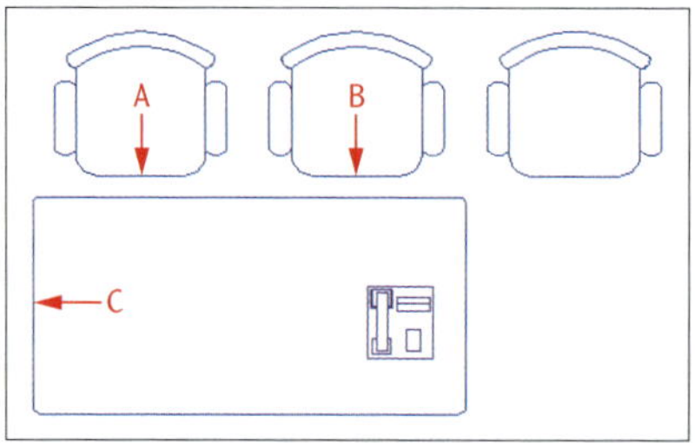

7.28 Einen Stuhl kopieren

8. Klicken Sie auf der Registerkarte Start in der Gruppe Ändern auf die Schaltfläche Spiegeln, wählen Sie im mittleren Raum die drei Stühle aus und drücken Sie die Enter-Taste. Klicken Sie auf Punkt C (siehe Abbildung 7.28), verschieben Sie den Cursor nach rechts und klicken Sie in die Zeichnungsfläche, um die Spiegelachse zu definieren. Mit Drücken der Enter-Taste spiegeln Sie die drei Stühle an die gegenüberliegende Tischseite.

9. Geben Sie `xplode` ein und drücken Sie die Enter-Taste, wählen Sie den Tisch aus und drücken Sie die Enter-Taste. Geben Sie `h` (für von Hauptblock übernehmen) ein und drücken Sie die Enter-Taste.

10. Klicken Sie auf der Registerkarte Start in der Gruppe Ändern auf die Schaltfläche Strecken. Wählen Sie die rechte Tischseite mit einer kreuzenden Auswahl aus und drücken Sie die Enter-Taste. Klicken Sie auf einen beliebigen Punkt im Tisch, verschieben Sie den Cursor nach rechts, geben Sie `80` ein und drücken Sie die Enter-Taste.

11. Wählen Sie das Telefon auf dem Tisch aus und drücken Sie die Entf-Taste.

12. Klicken Sie auf der Registerkarte Start in der Gruppe Gruppe auf die Schaltfläche Gruppenbearbeitung und wählen Sie im mittleren Raum den oberen, linken Stuhl aus. Die Eingabeaufforderung lautet:

    `Option eingeben[ objekte Hinzufügen/objekte Entfernen/Umbenennen] :`

    Geben Sie `h` (für objekte Hinzufügen) ein und drücken Sie die Enter-Taste. Wählen Sie alle sechs Stühle und den Tisch aus und drücken Sie die Enter-Taste.

13. Klicken Sie auf der Registerkarte Start in der Gruppe Gruppen auf die Schaltfläche Gruppenauswahl ein/aus, um die Gruppenauswahl einzuschalten. Zeigen Sie mit dem Cursor auf den Tisch. Die gesamte Gruppe wird hervorgehoben (siehe Abbildung 7.29). Drücken Sie ESC, um die Auswahl aufzuheben.

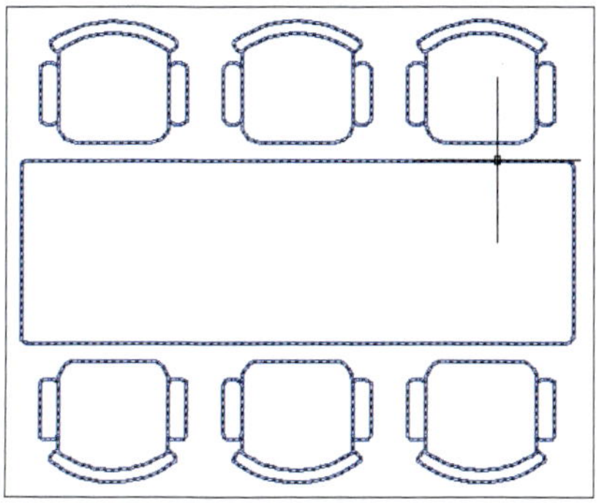

7.29 **Die Gruppe nach dem Löschen, Hinzufügen und Strecken von Objekten neu definieren**

14. Speichern Sie Ihre Arbeit unter dem Dateinamen »Kap07-I.dwg«. Die bereits fertiggestellte gleichnamige Datei finden Sie bei Bedarf unter `www.wiley-vch.de/publish/dt/books/ISBN978-3-527-76013-8` auf der Downloadseite zu Kapitel 7.

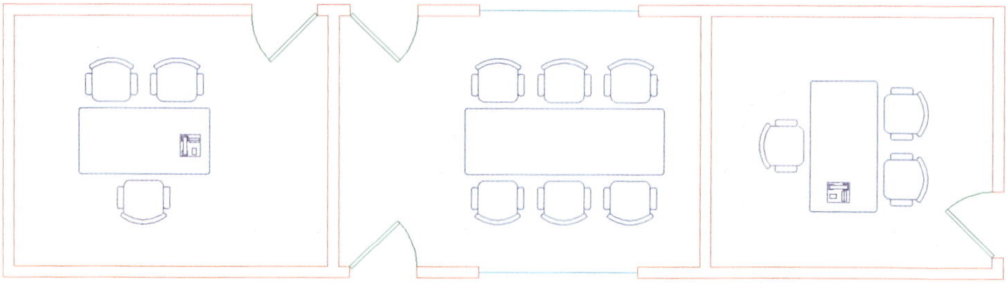

7.30 Der fertiggestellte Plan mit Blöcken und Gruppen

Zusammenfassung und Ausblicke

In diesem Kapitel haben Sie erfahren, wie Sie Objekte in Blöcken und Gruppen verwalten. Sie haben Blöcke definiert, eingefügt, bearbeitet, eingebettet, aufgelöst und neu definiert. Sie haben außerdem gelernt, wie variable Eigenschaften und der Layer 0 die Eigenschaftenübernahme beim Einfügen von Blockreferenzen in die Zeichnung beeinflussen. Abschließend haben Sie eine Gruppe erstellt, diese als Ganzes bearbeitet, auf die einzelnen Objekte innerhalb der Gruppe zugegriffen und Objekte einer bereits vorhandenen Gruppe hinzugefügt. Sie verfügen nun über die notwendigen Kenntnisse zum Verwalten von Objekten.

Zusätzliche Übung

Erarbeiten Sie sich den Befehl BKONSTRUKTION. Mit diesem Befehl wird Geometrie in Konstruktionsgeometrie umgewandelt, die nur im Blockeditor für Layoutzwecke sichtbar ist. Zeichnen Sie beispielsweise im Blockeditor eine vertikale Linie in der Mitte des Stuhlblocks und wandeln Sie sie mit dem Befehl BKONSTRUKTION in Konstruktionsgeometrie um. Diese Spiegelachse dient als hilfreiche visuelle Referenz während der Blockbearbeitung im Blockeditor. Sie wird aber nicht in den Blockreferenzen in der Zeichnung angezeigt.

Schraffuren und Farbverläufe

Unter *Schraffur* versteht man die Füllung von abgegrenzten Flächen mit Farben, Mustern und/oder Farbverläufen. Mithilfe von Schraffuren können Übergänge zwischen Materialien gekennzeichnet und die Lesbarkeit von Zeichnungen verbessert werden. Aus einfachen Strichzeichnungen werden so aussagekräftige und attraktive Illustrationen. In diesem Kapitel werden die Grundlagen der Schraffurtechnik vermittelt, die Sie dann in Ihren eigenen Zeichnungen anwenden können.

In diesem Kapitel

- Schraffurbereiche definieren
- Schraffuren mit Umgrenzungen verknüpfen
- Schraffuren mit Mustern
- Schraffuren mit Abstufungsfüllungen

Schraffurbereiche definieren

Jeder Schraffurbereich wird durch Umgrenzungen definiert, innerhalb derer die Füllung, das Muster oder der Farbverlauf enthalten ist. Die Grenzen werden dabei entweder mit einem Punkt auf der Zeichnungsfläche oder durch die Auswahl eines oder mehrerer Objekte definiert.

Umgrenzung mit Punkt bestimmen

Wenn eine Umgrenzung durch Klicken auf einen Punkt definiert wird, startet AutoCAD einen Algorithmus zur Bestimmung der genauen Ausmaße des umgrenzten Bereichs. Im Folgenden bestimmen Sie mithilfe von Punkten die Umgrenzung mehrerer zu schraffierender Objekte.

1. Wechseln Sie auf der Downloadseite zum Buch (`www.wiley-vch.de/publish/dt/books/ISBN978-3-527-76013-8`) zu Kapitel 8, laden Sie die Dateien herunter und öffnen Sie die Datei »Kap08-A.dwg« in AutoCAD. Sie stellt einen Ausschnitt der Zeichnung dar, die in Abbildung 8.1 zu sehen ist. Diese Zeichnung basiert auf einem 100 Jahre alten Patent von Nikola Tesla, dem Flüssigkeitsantrieb (CA 135174). Tesla ist vor allem für seine Erfindungen auf dem Gebiet der Wechselstromtechnik bekannt.

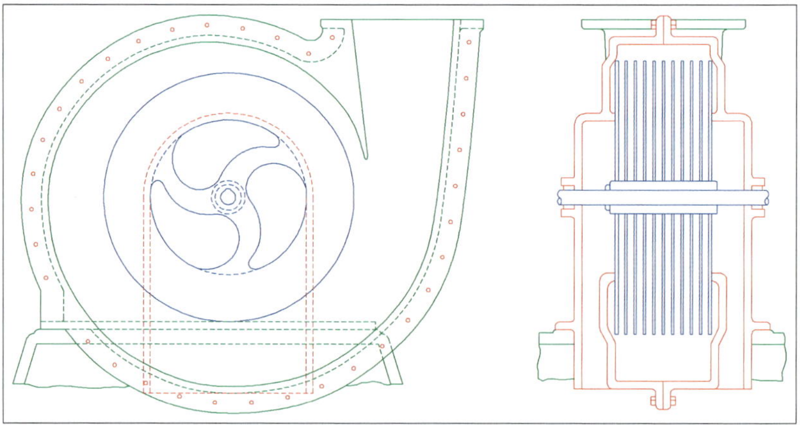

8.1 Zeichnung auf der Grundlage von Teslas Patent für Flüssigkeitsantriebe

2. Vergrößern Sie das Zentrum des Rotors links in der Zeichnung.

zertifizierungs-relevant

3. Klicken Sie auf der Registerkarte Start in der Gruppe Zeichnen auf die Schaltfläche Schraffur. Klicken Sie auf Punkt A, wie in Abbildung 8.2 zu sehen ist.

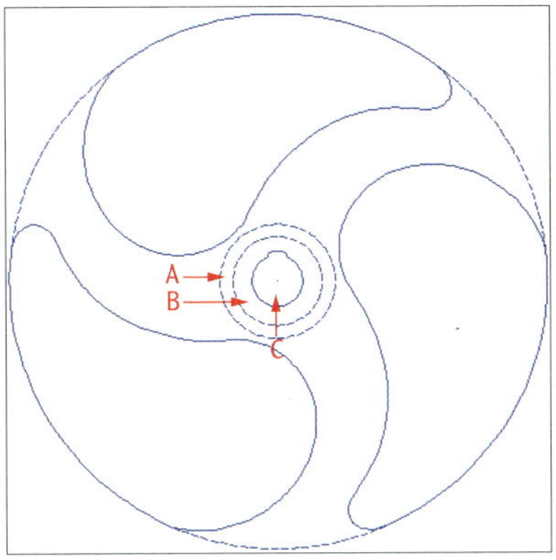

8.2 **Durch Klicken auf einen Punkt die Umgrenzung finden**

4. In der Multifunktionsleiste wird die kontextabhängige Registerkarte Schraffurerstellung eingeblendet. Diese Registerkarte bleibt so lange aktiv, bis Sie die Konfiguration des Schraffurobjekts beendet haben. Klicken Sie auf der kontextabhängigen Registerkarte Schraffurerstellung in der Gruppe Muster auf die Schaltfläche SOLID und schalten Sie dann durch Klicken auf die Schaltfläche Assoziativ in der Gruppe Optionen die assoziative Schraffur aus (siehe Abbildung 8.3). Die assoziative Schraffur ist Thema des nächsten Abschnitts.

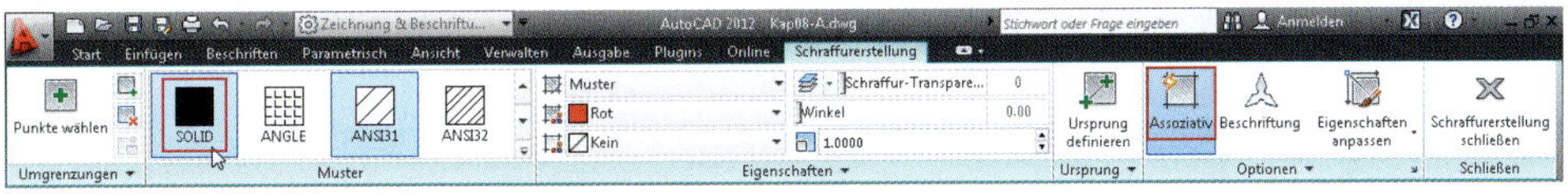

8.3 **Die kontextabhängige Registerkarte Schraffurerstellung**

5. Erweitern Sie auf der Registerkarte Schraffurerstellung die Gruppe Optionen. Öffnen Sie dort bei Bedarf das zweite Dropdown-Menü und wählen Sie den Eintrag Äußere Inselerkennung. Die kleinen Symbole im Dropdown-Menü zeigen verschiedene Möglichkeiten zum Umgang mit verschachtelten Umgrenzungen, die *Inseln* genannt werden. In diesem Beispiel soll nur die äußere Insel mit einer Farbschraffur gefüllt werden.

6. Öffnen Sie in der Gruppe Eigenschaften das Dropdown-Menü Schraffurfarbe und wählen Sie unten in der Liste den Eintrag Farben auswählen. Wählen Sie im Dialogfeld Farben auswählen die Farbe 255 (siehe Abbildung 8.4) und bestätigen Sie mit OK.

Sie können die Vorgabefarbe, -transparenz und -layerzuweisung von Schraffurobjekten auf der kontextabhängigen Registerkarte Schraffurerstellung mithilfe der Elemente der Gruppe Eigenschaften ändern.

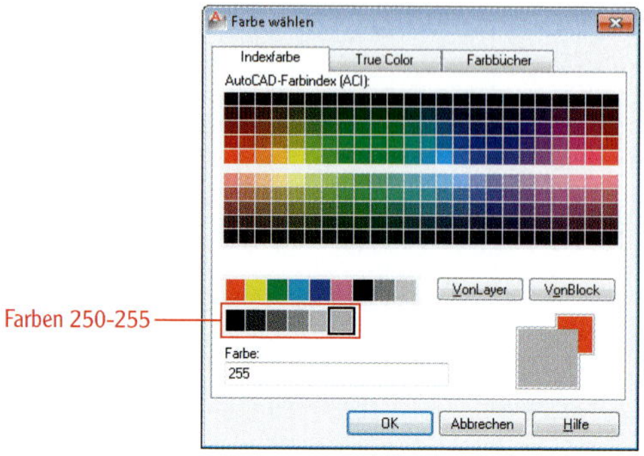

8.4 Eine Farbe zum Einfärben des Schraffurobjekts wählen

7. Erweitern Sie die Gruppe Eigenschaften, öffnen Sie das Dropdown-Menü Schraffurlayer-Überschreibung und wählen Sie den Layer Füllung aus (siehe Abbildung 8.5).

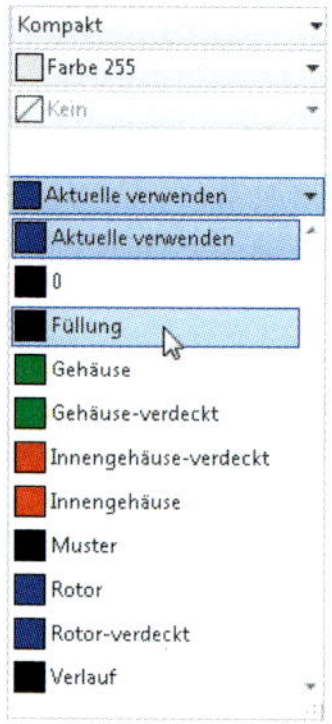

8.5 Schraffurlayer-Überschreibung

8. Klicken Sie in der Gruppe Schließen auf die Schaltfläche Schraffurerstellung schließen.

9. Geben Sie `sc` (für SCHRAFF) ein und drücken Sie die Enter-Taste. Klicken Sie auf den in Abbildung 8.2 gezeigten Punkt B.

10. Öffnen Sie in der Gruppe Eigenschaften das Dropdown-Menü Schraffurfarbe und wählen Sie unten in der Liste den Eintrag Farben auswählen. Wählen Sie im Dialogfeld Farben auswählen die Farbe 253 und bestätigen Sie mit OK.

11. Klicken Sie in der Gruppe Schließen auf die Schaltfläche Schraffurerstellung schließen.

Alle Einstellungen und Überschreibungen, die Sie auf der Registerkarte Schraffurerstellung vornehmen, bleiben bestehen, das heißt, sie gelten auch für alle anschließend erstellten Schraffurobjekte.

12. Drücken Sie die Leertaste, um den letzten Befehl zu wiederholen, und klicken Sie anschließend auf den in Abbildung 8.2 gekennzeichneten Punkt C.

13. Öffnen Sie in der Gruppe Eigenschaften das Dropdown-Menü Schraffurfarbe und wählen Sie unten in der Liste den Eintrag Farben auswählen. Wählen Sie im Dialogfeld Farben auswählen die Farbe 250 und bestätigen Sie mit OK.

14. Klicken Sie in der Gruppe Schließen auf die Schaltfläche Schraffurerstellung schließen. Die kontextabhängige Registerkarte Schraffurerstellung wird nicht mehr angezeigt.

15. Klicken Sie auf der Registerkarte Start in der Gruppe Zeichnen auf die Schaltfläche Schraffur und dann auf Punkt A (siehe Abbildung 8.6).

Mit dem Befehl UMGRENZUNG erstellen Sie beim Klicken auf einen Punkt eine Polylinie oder eine Region. Der Befehl arbeitet mit demselben Algorithmus wie der Befehl SCHRAFF.

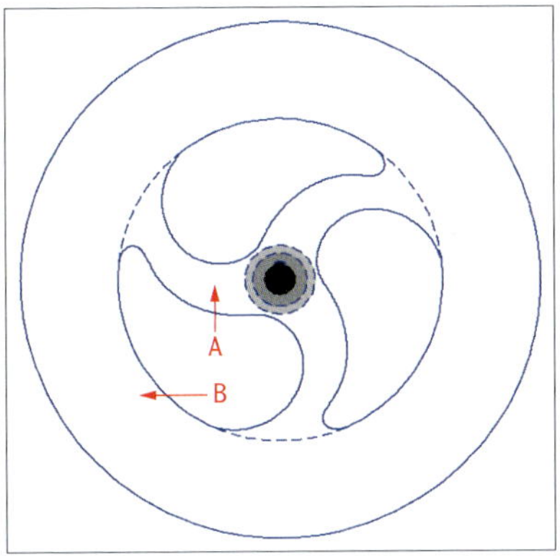

8.6 Punkt auf dem Rotor wählen

16. Öffnen Sie in der Gruppe Eigenschaften das Dropdown-Menü Schraffurfarbe und wählen Sie unten in der Liste den Eintrag Farben auswählen. Wählen Sie im Dialogfeld Farben auswählen die Farbe 255 und bestätigen Sie mit OK.

17. Ziehen Sie in der Gruppe Eigenschaften den Schraffur-Transparenz-Regler so weit nach rechts, bis der Wert 50 angezeigt wird (siehe Abbildung 8.7). Drücken Sie ESC.

8.7 Die Layertransparenz mit dem SCHRAFF-Befehl überschreiben

18. Aktivieren Sie in der Statusleiste die Schaltfläche Transparenz aktivieren/deaktivieren. Die erstellte Schraffur wird etwas heller.

19. Speichern Sie Ihre Arbeit unter dem Dateinamen »Kap08-B.dwg«.

Programmabsturz

Der Algorithmus von AutoCAD kann bei der Analyse komplexer Bereiche wie Bogen, Splines oder Kreise (wie in diesem Beispiel die Umgrenzung des äußeren Rotorbereichs) zu Programmabstürzen führen.

Wenn Sie im aktuellen Beispiel `sc` (für SCHRAFF) eingeben, die Enter-Taste drücken und dann, wie in Abbildung 8.6 gezeigt, auf Punkt B klicken, lautet die Eingabeaufforderung folgendermaßen:

```
Alles wird gewählt.
```

AutoCAD kann in diesem Fall keinen Bereich erkennen. Wenn Sie dann nicht rechtzeitig ESC drücken, stürzt das Programm ab.

Umgrenzung durch Objektwahl bestimmen

In komplexen Zeichnungen funktioniert die Bestimmung der Umgrenzung durch Klicken auf einen Punkt unter Umständen nicht. In diesen Fällen bietet es sich an, die Umgrenzung mithilfe von geschlossenen Objekten zu definieren. Im Folgenden wählen Sie zwei geschlossene Objekte für die Bestimmung der Schraffurumgrenzung aus.

1. Öffnen Sie gegebenenfalls die gerade erstellte Datei »Kap08-B.dwg« oder laden Sie unter `www.wiley-vch.de/publish/dt/books/ISBN978-3-527-76013-8` in Kapitel 8 die Datei »Kap08-B.dwg« herunter und öffnen Sie sie in AutoCAD.

2. Am Ende des vorherigen Abschnitts wurde beschrieben, wie der Algorithmus zur Ermittlung der Umgrenzung des Rotorinnenrings, wo sich Bogen und Splines treffen, unter Umständen zu einem Programmabsturz führen kann. Um die Umgrenzung einfacher zu gestalten, zeichnen Sie einen Kreis. Klicken Sie dazu auf der Registerkarte Start in der Gruppe Zeichnen auf die Schaltfläche Kreis.

Es ist nicht wichtig, auf welchem Layer sich der gerade gezeichnete Kreis befindet. Sie werden den Kreis später wieder löschen.

3. Halten Sie die Shift-Taste gedrückt und klicken Sie mit der rechten Maustaste. Wählen Sie im Kontextmenü den Eintrag Punkt. Klicken Sie auf Punkt A (siehe Abbildung 8.8), um ihn als Kreismittelpunkt zu definieren. Geben Sie `quadrant` ein und drücken Sie die Enter-Taste. Klicken Sie auf Punkt B (siehe Abbildung 8.8), um den Kreisradius zu bestimmen. Der Kreisbefehl ist beendet.

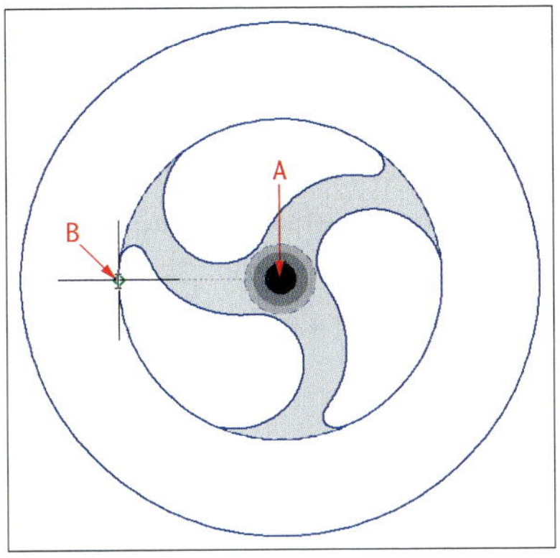

8.8 **Einen Kreis zeichnen**

4. Geben Sie `sc` (für SCHRAFF) ein und drücken Sie die Enter-Taste. Klicken Sie auf der Registerkarte Schraffurerstellung in der Gruppe Umgrenzungen auf die Schaltfläche Umgrenzungsobjekte auswählen. Wählen Sie den gerade gezeichneten Kreis und den Außenkreis aus. Wählen Sie in der Gruppe Muster die Schaltfläche SOLID. Die Schraffur wird korrekt angezeigt (siehe Abbildung 8.9). Klicken Sie in der Gruppe Schließen auf die Schaltfläche Schraffurerstellung schließen.

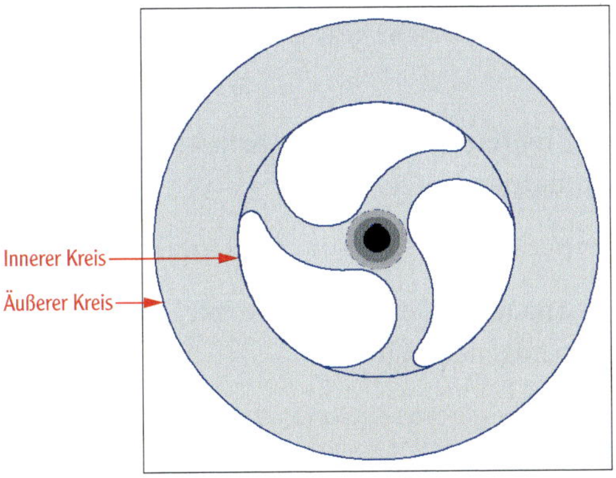

8.9 **Den äußeren Ring mit einer Schraffur versehen**

5. Klicken Sie auf der Registerkarte Start in der Gruppe Ändern auf die Schaltfläche Löschen. Wählen Sie den inneren, in Schritt 3 gezeichneten Kreis aus und drücken Sie die Enter-Taste. Die gestrichelten Bogen sind wieder sichtbar.

6. Speichern Sie Ihre Arbeit unter dem Dateinamen »Kap08-C.dwg«.

Schraffuren mit der Umgrenzung verknüpfen

Wenn Schraffuren mit ihren Umgrenzungsobjekten verknüpft werden, bestimmen die Umgrenzungsobjekte die Fläche der Füllung, des Musters oder des Farbverlaufs. Sobald die Form eines Umgrenzungsobjekts geändert wird, ändert sich auch die Fläche des assoziierten Schraffurobjekts. Angenommen, der Rotor benötigt einen größeren Durchmesser. Wenn Sie die Schraffur dem äußeren Kreis zuordnen, wird die Schraffur automatisch mit der Vergrößerung des Durchmessers erweitert.

Bei Schraffuren, die nicht mit ihrer Umgrenzung verknüpft sind, wird die schraffierte Fläche nicht geändert, wenn sich die Umgrenzungsobjekte ändern.

Im Folgenden erstellen Sie erneut die Umgrenzungsobjekte aus dem vorherigen Abschnitt. Anschließend ändern Sie die Form eines Umgrenzungsobjekts und damit auch die schraffierte Fläche.

1. Öffnen Sie gegebenenfalls die gerade erstellte Datei »Kap08-C.dwg« oder laden Sie unter `www.wiley-vch.de/publish/dt/books/ISBN978-3-527-76013-8` in Kapitel 8 die Datei »Kap08-C.dwg« herunter und öffnen Sie sie in AutoCAD.
2. Klicken Sie auf den äußeren Rotorbereich, um das Schraffurobjekt auszuwählen. Die kontextabhängige Registerkarte Schraffur-Editor wird zur Bearbeitung der Schraffur eingeblendet.
3. Klicken Sie in der Gruppe Umgrenzungen auf die Schaltfläche Umgrenzung neu erstellen. Die Eingabeaufforderung lautet:

   `Typ des Umgrenzungsobjekts eingeben[ Region/Polylinie] <Polylinie>:`

   Übernehmen Sie durch Drücken der Enter-Taste die Vorgabe Polylinie. Die Eingabeaufforderung lautet nun folgendermaßen:

   `Schraffur mit neuer Umgrenzung verknüpfen? [ Ja/Nein] <J>:`

   Drücken Sie erneut die Enter-Taste, um die Vorgabe Ja zu übernehmen. Zwei neue Kreise werden gezeichnet und mit dem Schraffurobjekt verknüpft.
4. Klicken Sie in der Gruppe Schließen auf die Schaltfläche Schraffur-Editor schließen.
5. Schalten Sie in der Statusleiste den Objektfang ein. Klicken Sie dann mit der rechten Maustaste auf die Schaltfläche und wählen Sie bei Bedarf Zentrum, Quadrant und Endpunkt als laufenden Objektfang aus.

6. Schalten Sie in der Statusleiste den Ortho-Modus ein.

7. Schalten Sie in der Statusleiste die Objektfangspur ein.

8. Klicken Sie auf der Registerkarte Start in der Gruppe Ändern auf die Schaltfläche Skalieren, wählen Sie den äußeren Rotorkreis aus und drücken Sie die Enter-Taste. Wählen Sie den Mittelpunkt des Rotors (Punkt A in Abbildung 8.10) als Basispunkt. Die Eingabeaufforderung lautet:

```
Skalierfaktor angeben oder[ Kopie/Bezug] :
```

Geben Sie `b` (für Bezug) ein und drücken Sie die Enter-Taste. Klicken Sie auf Punkt A und auf Punkt B (siehe Abbildung 8.10).

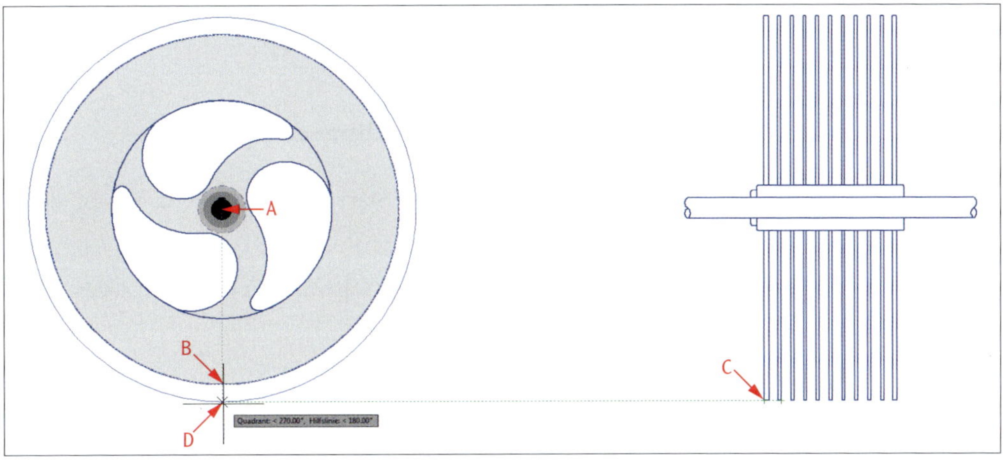

8.10 **Den äußeren Kreis des Rotors skalieren, um seine verknüpfte Schraffur zu erweitern**

9. Zeigen Sie mit dem Cursor auf Punkt C und dann auf Punkt D (siehe Abbildung 8.10). Klicken Sie auf den Punkt, sobald sich die Spurlinien kreuzen. Der äußere Rotorbereich wird vergrößert. Das verbundene Schraffurobjekt wird in seiner Größe automatisch angepasst.

10. Klicken Sie auf den äußeren Bereich, um das Schraffurobjekt auszuwählen. Die kontextabhängige Registerkarte Schraffur-Editor wird eingeblendet. zertifizierungsrelevant

11. Klicken Sie in der Gruppe Optionen auf die Schaltfläche Assoziativ, um das Objekt in ein nicht verknüpftes Schraffurobjekt umzuwandeln. Klicken Sie in der Gruppe Schließen auf die Schaltfläche Schraffur-Editor schließen.

12. Klicken Sie auf der Registerkarte Start in der Gruppe Ändern auf die Schaltfläche Löschen, wählen Sie die beiden neu erstellten Umgrenzungen aus (siehe Abbildung 8.11) und drücken Sie die Enter-Taste.

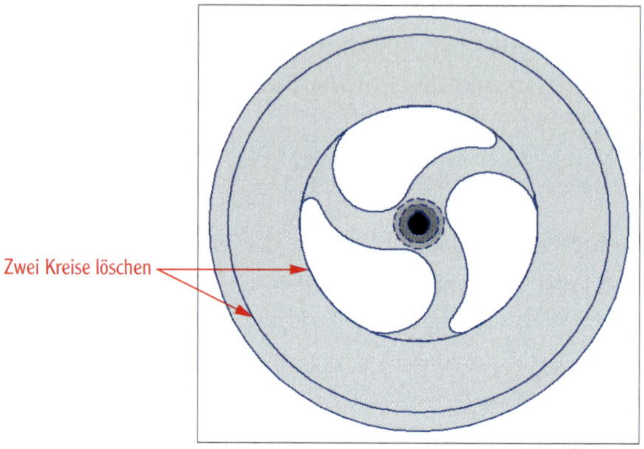

8.11 Die neu erstellten Umgrenzungen löschen

13. Klicken Sie auf der Registerkarte Start in der Gruppe Layer auf die Schaltfläche Isolierung aufheben.

14. Speichern Sie Ihre Arbeit unter dem Dateinamen »Kap08-D.dwg«.

Schraffuren mit Muster

Unter Schraffurmustern versteht man eine Anordnung von Linien und/oder Punkten, mit denen Materialien gekennzeichnet oder Bereiche hervorgehoben werden. Im folgenden Abschnitt erfahren Sie, wie Sie Mustereigenschaften festlegen, Schraffurbereiche trennen und den Ursprung für Muster setzen.

Mustereigenschaften definieren

Schraffurmuster verfügen über ein paar Eigenschaften mehr als kompakte Schraffuren mit Füllfarben. Im Folgenden wählen Sie ein Muster aus, skalieren es und passen den Musterwinkel an.

1. Öffnen Sie gegebenenfalls die gerade erstellte Datei »Kap08-D.dwg« oder laden Sie unter `www.wiley-vch.de/publish/dt/books/ISBN978-3-527-76013-8` in Kapitel 8 die Datei »Kap08-D.dwg« herunter und öffnen Sie sie in AutoCAD.

2. Schwenken Sie zur rechten Zeichnungsgruppe.

Auf das Dialogfeld »Schraffur bearbeiten« zugreifen

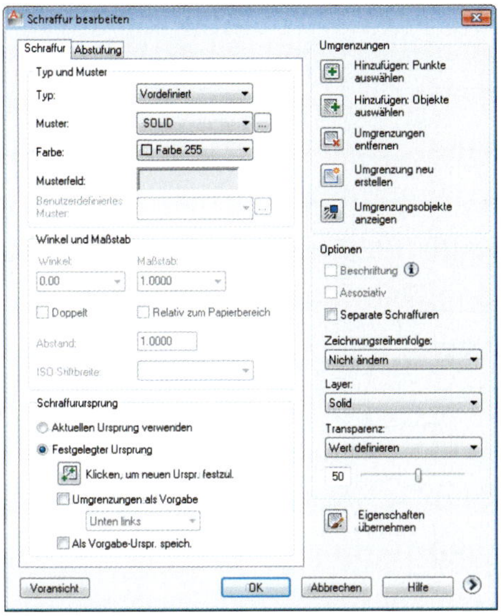

Alle Schraffuroptionen auf der kontextabhängigen Registerkarte Schraffur-Editor werden alternativ auch in einem Dialogfeld angeboten. Geben Sie dazu den Befehl `SCHRAFFEDIT` ein und wählen Sie ein Schraffurobjekt aus. Das Dialogfeld Schraffur bearbeiten wird auch mit dem Befehl SCHRAFF angezeigt, wenn Sie in einer Arbeitsumgebung ohne Multifunktionsleiste arbeiten, zum Beispiel in der Umgebung AutoCAD Klassisch.

3. Klicken Sie auf der Registerkarte Start in der Gruppe Zeichnen auf die Schaltfläche Schraffur.
4. Klicken Sie im roten Innengehäuse auf die Punkte A bis F, wie in Abbildung 8.12 zu sehen ist. Die Fläche zwischen den roten Umgrenzungen wird mit einer Schraffur in der zuletzt eingestellten Schraffurfarbe gefüllt.
5. Wählen Sie in der Gruppe Muster das Muster mit der Bezeichnung ANSI31 aus. Entscheiden Sie sich in der Gruppe Eigenschaften im Dropdown-Menü Schraffurfarbe für den Eintrag Rot und im Dropdown-Menü Hintergrundfarbe für den Eintrag Farbe 255. Klicken Sie im Feld Schraffurmuster-Skalierung wiederholt auf den nach oben zeigenden Pfeil, um den Wert auf 3.500 zu erhöhen. Erweitern Sie die Gruppe Eigenschaften und wählen Sie im Dropdown-Menü Schraffurlayer-Überschreibung den Layer Muster aus (siehe Abbildung 8.13).

6. Klicken Sie in der Gruppe Schließen auf die Schaltfläche Schraffurerstellung schließen.
7. Speichern Sie Ihre Arbeit unter dem Dateinamen »Kap08-E.dwg«.

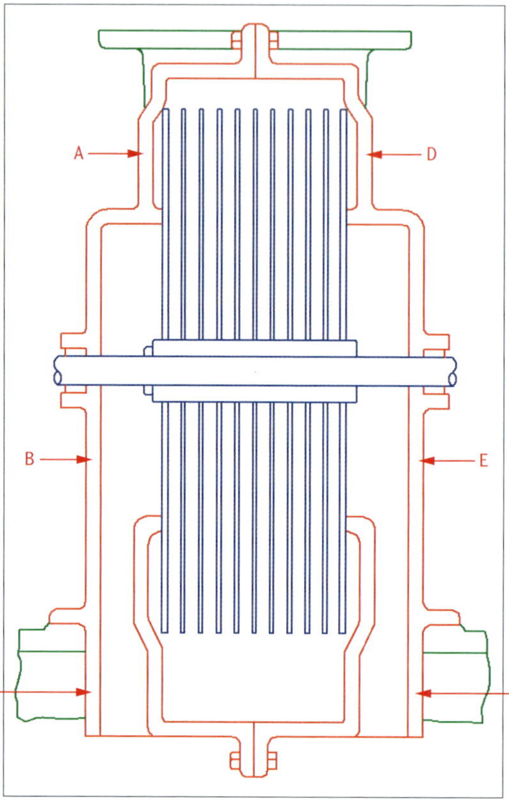

8.12 Durch Klicken auf Punkte die Schraffurumgrenzungen definieren

Falls Sie die Meldung erhalten, dass die Umgrenzung nicht geschlossen ist, erhöhen Sie in der Gruppe Optionen die Abstandstoleranz auf 0.1.

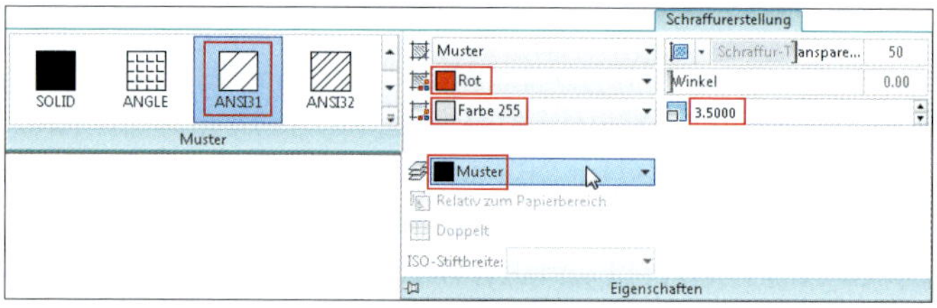

8.13 Schraffurmuster-Eigenschaften definieren

Schraffurbereiche trennen

Wenn Sie wie im vorherigen Abschnitt auf mehrere Punkte in verschiedenen Umgrenzungen klicken, wird ein einziges Schraffurobjekt erstellt, und alle anschließend definierten Eigenschaften gelten für das gesamte Objekt. Nun soll aber das Muster auf der rechten Seite um 90 Grad gedreht werden, um die unterschiedlichen miteinander befestigten Metallteile zu kennzeichnen. Im Folgenden trennen Sie die Mehrfachumgrenzungen des Objekts in einzelne Schraffurobjekte und drehen das Muster auf der rechten Seite.

1. Öffnen Sie gegebenenfalls die gerade erstellte Datei »Kap08-E.dwg« oder laden Sie unter `www.wiley-vch.de/publish/dt/books/ISBN978-3-527-76013-8` in Kapitel 8 die Datei »Kap08-E.dwg« herunter und öffnen Sie sie in AutoCAD.
2. Wählen Sie das im vorherigen Abschnitt erstellte Schraffurobjekt aus.
3. Erweitern Sie die Gruppe Optionen und klicken Sie auf den Eintrag Schraffuren trennen (siehe Abbildung 8.14).

4. Klicken Sie in der Gruppe Schließen auf die Schaltfläche Schraffur-Editor schließen.

8.14 **Bereiche mit Mehrfachumgrenzung in mehrere Schraffurobjekte trennen**

Beim Auflösen von Schraffurmustern wird ihre Verknüpfung zur Umgrenzung (falls vorhanden) entfernt. Wenn Sie sie erneut auflösen, wird das Muster in seine Musterlinien umgewandelt und enthaltene Hintergrundfarben gehen verloren.

5. Wählen Sie das obere rechte Schraffurmuster aus, geben Sie in der Gruppe Eigenschaften im Textfeld Winkel `90` ein und drücken Sie die Tab-Taste. Klicken Sie in der Gruppe Ursprung auf die Schaltfläche Ursprung definieren und anschließend auf den in Abbildung 8.15 gekennzeichneten Punkt A. Klicken Sie abschließend auf ESC, um die Registerkarte Schraffur-Editor zu schließen.

6. Wählen Sie das Schraffurmuster auf der linken Seite aus, klicken Sie in der Gruppe Ursprung auf die Schaltfläche Ursprung definieren, klicken Sie auf Punkt A (siehe Abbildung 8.15) und drücken Sie dann ESC. Die Linien der äußeren Musterobjekte auf der rechten und der linken Seite treffen sich symmetrisch in Punkt A.

7. Wählen Sie das Schraffurmuster auf der unteren rechten Seite aus, klicken Sie in der Gruppe Optionen auf die Schaltfläche Eigenschaften anpassen und wählen Sie anschließend das obere rechte Muster aus. Drücken Sie ESC, um die Bearbeitung

des Schraffurmusters zu beenden. Das untere Muster passt sich im Winkel dem oberen an.

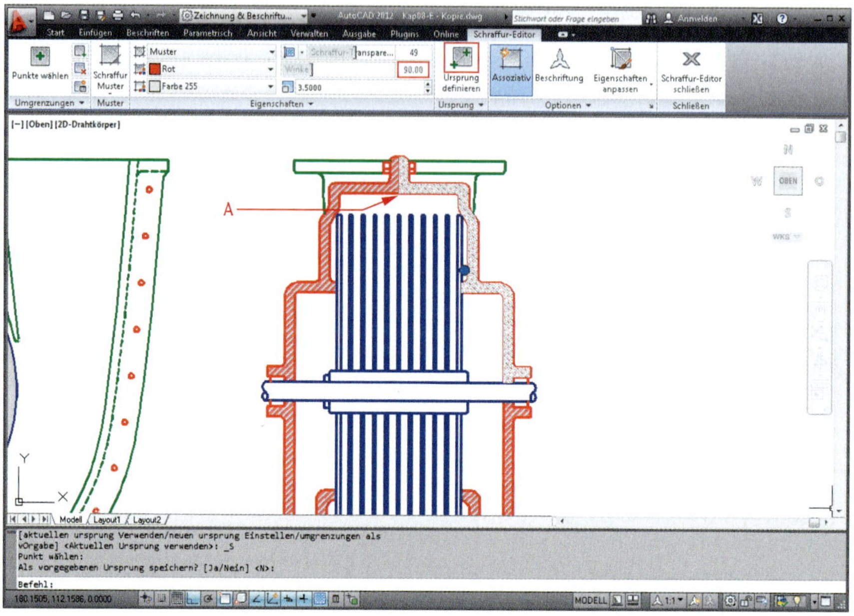

8.15 Den Musterwinkel ändern und den Ursprung für ein individuelles Schraffurmusterobjekt definieren

8. Wählen Sie das innere Schraffurmuster auf der rechten Seite aus, klicken Sie in der Gruppe Optionen auf die Schaltfläche Eigenschaften anpassen und wählen Sie anschließend das untere rechte Muster aus.

9. Klicken Sie in der Gruppe Ursprung auf die Schaltfläche Ursprung definieren, klicken Sie auf Punkt B (siehe Abbildung 8.16) und drücken Sie dann ESC.

10. Wählen Sie das innere Schraffurmuster auf der linken Seite aus, klicken Sie in der Gruppe Ursprung auf die Schaltfläche Ursprung definieren, klicken Sie auf Punkt B (siehe Abbildung 8.16) und drücken Sie dann ESC. Die Linien der inneren Musterobjekte auf der rechten und der linken Seite treffen sich symmetrisch in Punkt B.

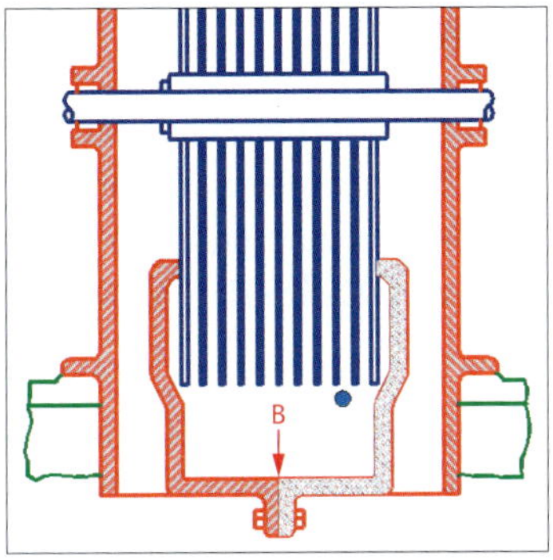

8.16 Den Ursprung für das innere Muster setzen

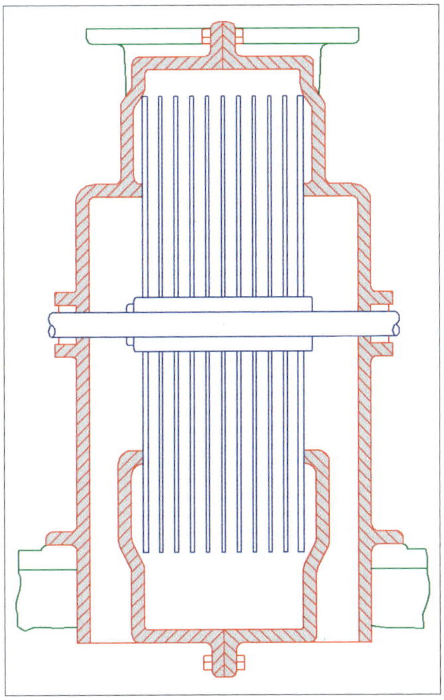

8.17 Symmetrisch gestrichelte Schraffurmuster kennzeichnen separate Metallgießformen.

11. Speichern Sie Ihre Arbeit unter dem Dateinamen »Kap08-F.dwg«.

Schraffuren mit Abstufungsfüllungen

Sie haben bisher Schraffuren mit Füllungen und mit Linienmuster kennengelernt. Darüber hinaus gibt es Schraffuren mit *Abstufungsfüllungen* mit einer oder zwei Farben. Mit diesen Farbverläufen kann geschickt eine zusätzliche Dimension zur besseren Lesbarkeit der Zeichnung angedeutet werden. Im Folgenden erstellen Sie Farbverlaufschraffuren, die den Metallteilen in der Zeichnung Tiefe verleihen.

1. Öffnen Sie gegebenenfalls die gerade erstellte Datei »Kap08-F.dwg« oder laden Sie unter `www.wiley-vch.de/publish/dt/books/ISBN978-3-527-76013-8` in Kapitel 8 die Datei »Kap08-F.dwg« herunter und öffnen Sie sie in AutoCAD.

zertifizierungs-relevant

2. Klicken Sie auf der Registerkarte Start in der Gruppe Zeichnen auf den Pfeil der Schaltfläche Schraffur und wählen Sie den Eintrag Abstufung. Klicken Sie, wie in Abbildung 8.18 gezeigt, auf die Punkte A bis F.

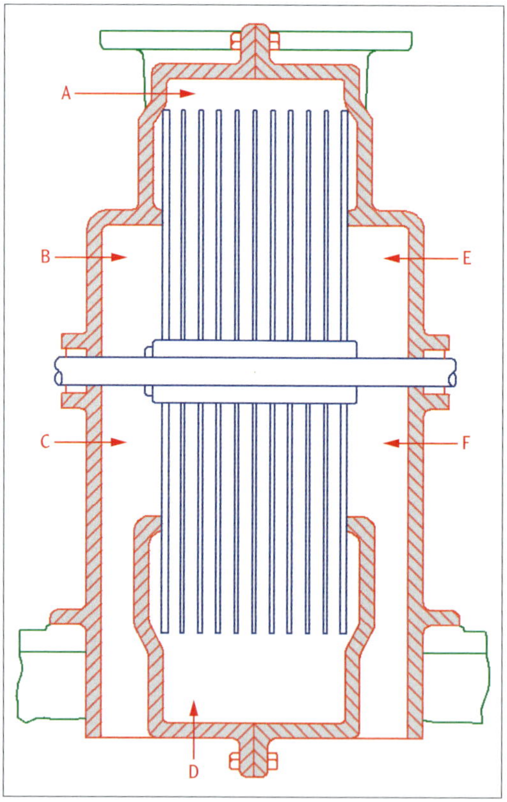

8.18 **Auf Punkte klicken, um die Umgrenzung für eine Abstufungsschraffur zu definieren**

3. Blättern Sie im Musterkatalog nach unten und klicken Sie auf die Abstufung GR_CURVED. Wählen Sie im Dropdown-Menü Abstufungsfarbe 1 den Eintrag Farbe 253 aus. Klicken Sie auf die Schaltfläche Abstufungstönung und -schatten (wenn sie nicht hellblau dargestellt wird), um eine Abstufung mit einer Farbe zu definieren. Ziehen Sie den Regler Schraffur-Transparenz nach links auf 0. Erweitern Sie die Gruppe Eigenschaften und wählen Sie im Dropdown-Menü Schraffurlayer-Überschreibung den Layer Verlauf (siehe Abbildung 8.19). Klicken Sie in der Gruppe Schließen auf die Schaltfläche Schraffurerstellung schließen.

Durch Klicken auf die Schaltfläche Abstufungstönung und -schatten schalten Sie zwischen der Definition eines Farbverlaufs mit einer oder zwei Farben hin und her. Bei einem Farbverlauf mit zwei Farben können Sie beide Farben bestimmen. Bei einem Farbverlauf mit nur einer Farbe geht die gewählte Farbe stets in Weiß über.

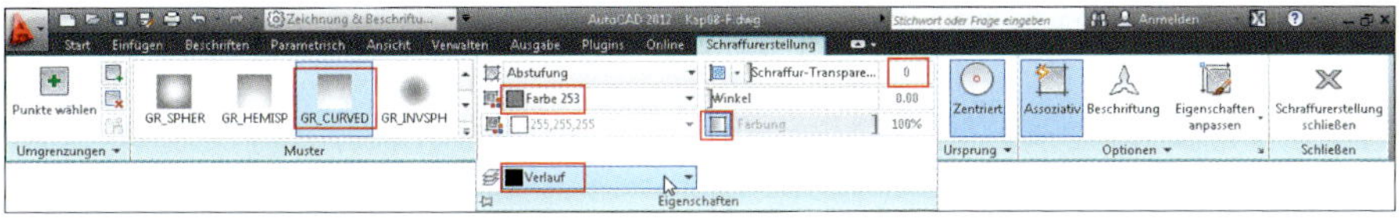

8.19 Eine Abstufungsschraffur definieren

4. Vergrößern Sie die Rotorwelle.

5. Geben Sie `abs` (für ABSTUF) ein und drücken Sie die Enter-Taste. Klicken Sie auf einen Punkt in der Mitte der Welle, um die Umgrenzung für die neue Abstufungsschraffur zu definieren. Wählen Sie als Muster GR_CYLIN aus, setzen Sie den Winkel auf 90 Grad und wählen Sie im Dropdown-Menü Abstufungsfarbe 1 den Eintrag Farbe 250. Klicken Sie in der Gruppe Schließen auf die Schaltfläche Schraffurerstellung schließen. Abbildung 8.20 zeigt das Ergebnis.

6. In der Regel überlagern neu erstellte Objekte die zuvor gezeichneten Objekte. Geben Sie daher `hatchtoback` ein und drücken Sie die Enter-Taste. Alle Schraffurobjekte (Füllungen, Muster und/oder Abstufungen) werden mit diesem Befehl in den Hintergrund der *Zeichnungsreihenfolge* gesetzt, sodass sie keine anderen Objekte in der Zeichnung überlagern.

7. Speichern Sie Ihre Arbeit unter dem Dateinamen »Kap08-G.dwg«. Die bereits fertiggestellte gleichnamige Datei finden Sie bei Bedarf unter `www.wiley-vch.de/publish/dt/books/ISBN978-3-527-76013-8` auf der Downloadseite zu Kapitel 8.

Mit dem Befehl ZEICHREIHENF können Sie die Überlappung individueller Objekte ändern.

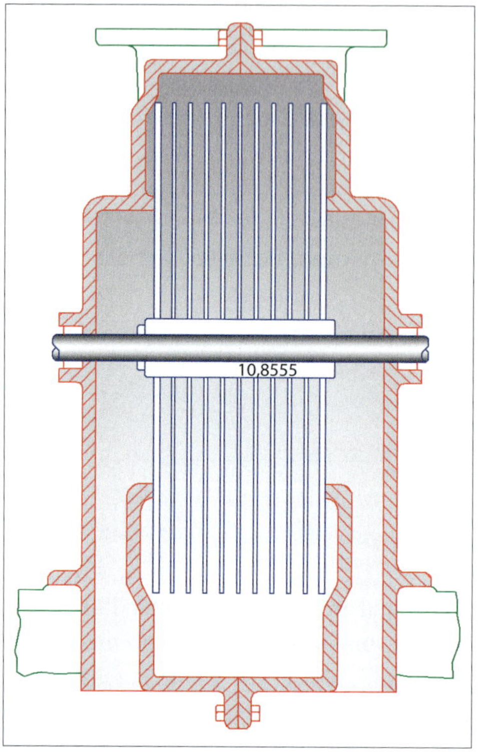

8.20 Ein zylindrischer Farbverlauf für die Welle

Zusammenfassung und Ausblicke

In diesem Kapitel haben Sie erfahren, wie Sie Schraffurobjekte mit Füllfarbe, Linienmuster und/oder Farbabstufung erstellen. Damit sind Sie in der Lage, die Lesbarkeit Ihrer Zeichnungen zu optimieren. Kennzeichnen Sie beispielsweise Materialübergänge oder verleihen Sie Teilen Tiefe.

Zusätzliche Übung

Erarbeiten Sie sich den Befehl WIPEPOUT. Damit erstellen Sie gefüllte Objekte (ähnlich wie Schraffurobjekte mit Farbfüllung), die alle darunterliegenden Objekte mit der aktuell gewählten Zeichnungshintergrundfarbe abdecken. Dieser Befehl eignet sich beispielsweise für das Erstellen von Notizen, die über der eigentlichen Zeichnung stehen sollen. Versuchen Sie, ein Abdeckungsobjekt in das rechte Zeichnungsobjekt einzufügen, das zum Teil die oberen Rotorblätter überdeckt (siehe die Beispieldatei »Kap08-H.dwg«).

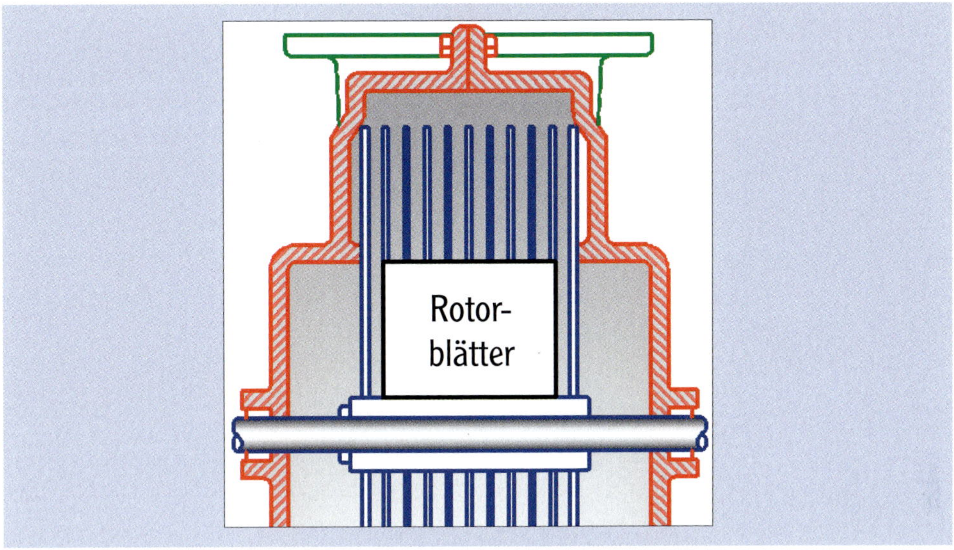
Rotor-
blätter

Kapitel 9

Mit Blöcken und externen Referenzen arbeiten

In Kapitel 7 haben Sie erfahren, wie Sie in einer Zeichnung Blöcke definieren und als Blockreferenzen einfügen. Thema dieses Kapitels ist das Erstellen und Einfügen *globaler Blöcke*, die von außerhalb der aktuellen Zeichnung stammen. Mithilfe der leistungsstarken Suchmaschine suchen Sie in mehreren Zeichnungen nach bestimmten Blöcken und anderen Inhalten. Den gefundenen Inhalt fügen Sie in eine Werkzeugpalette ein, damit dieser zukünftig griffbereit zur Verfügung steht. Und last but not least lernen Sie, wie Sie Zeichnungen außerhalb der aktuellen Datei als externe Referenzen mit der aktuellen Zeichnung verbinden.

In diesem Kapitel

- Mit globalen Blöcken arbeiten
- Nach Inhalten in mehreren Dateien suchen
- Inhalt in der Werkzeugpalette speichern
- Auf externe Zeichnungen und Bilder Bezug nehmen

Mit globalen Blöcken arbeiten

Bei globalen Blöcken handelt es sich um Zeichnungsdateien, die Sie als Blöcke in eine andere Zeichnung einfügen. In diesem Abschnitt schreiben Sie lokale Blöcke in Dateien, fügen eine Zeichnungsdatei als lokalen Block ein und definieren lokale Blöcke mit globalen Blöcken neu.

Eine lokale Blockdefinition in eine Datei schreiben

Im Folgenden exportieren Sie eine Blockdefinition aus der aktuellen Zeichnung in eine andere Zeichnungsdatei. Anschließend öffnen Sie die neu erstellte Datei und bearbeiten ihren Inhalt.

1. Wechseln Sie auf der Downloadseite zum Buch (`www.wiley-vch.de/publish/dt/books/ISBN978-3-527-76013-8`) zu Kapitel 9, laden Sie die Dateien herunter und öffnen Sie die Datei »Kap09-A.dwg« in AutoCAD.

2. Geben Sie `wblock` ein und drücken Sie die Enter-Taste. Das Dialogfeld Block schreiben wird geöffnet. Aktivieren Sie im Bereich Quelle die Option Block und wählen Sie im Dropdown-Menü Block den Block Sofa. Achten Sie darauf, dass im Bereich Ziel im Dropdown-Menü Einheiten einfügen die Maßeinheit Zentimeter (siehe Abbildung 9.1) eingestellt ist und bestätigen Sie mit OK. Die Geometrie der Blockdefinition Sofa wird in die Datei »Sofa.dwg« geschrieben.

Der Sofablock, der in die Datei »Sofa.dwg« geschrieben wurde, verfügt nicht mehr über eine Blockdefinition. Es wurde nur seine Geometrie in die neue Datei geschrieben.

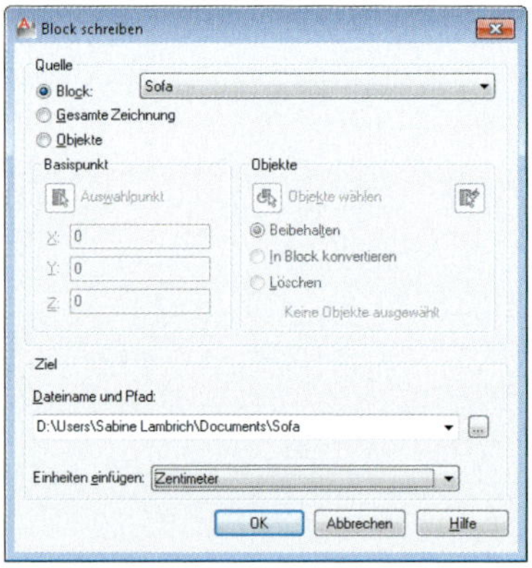

9.1 Einen Block in eine Datei schreiben

3. Klicken Sie im Schnellzugriffs-Werkzeugkasten auf die Schaltfläche Öffnen und wechseln Sie zu dem folgenden Ordner:

C:\<benutzername>\Eigene Dokumente\

Öffnen Sie die Datei »Sofa.dwg« (siehe Abbildung 9.2).

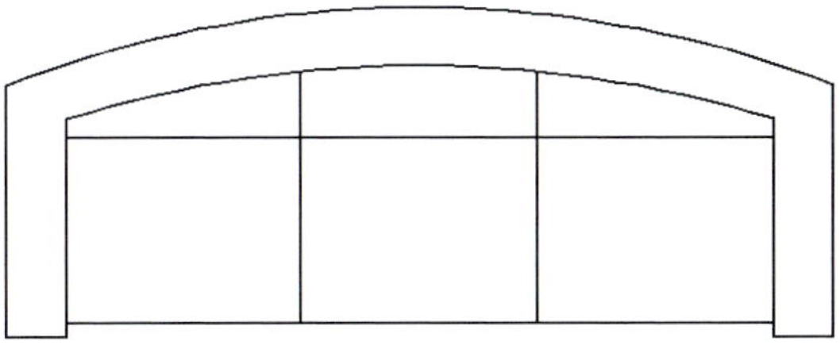

9.2 Der Inhalt der Datei »Sofa.dwg«

4. Klicken Sie in der Navigationsleiste auf die Schaltfläche Zoom Grenzen.

5. Klicken Sie auf der Registerkarte Start in der Gruppe Ändern auf die Schaltfläche Löschen, wählen Sie die beiden Bogen der hinteren Sofalinie aus und drücken Sie die Enter-Taste.

6. Schalten Sie in der Statusleiste den Ortho-Modus ein.

7. Schalten Sie in der Statusleiste den Objektfang ein. Klicken Sie anschließend mit der rechten Maustaste auf die Schaltfläche und wählen Sie bei Bedarf den Eintrag Endpunkt.

8. Klicken Sie auf der Registerkarte Start in der Gruppe Zeichnen auf die Schaltfläche Linie. Lassen Sie den ersten Linienpunkt am Endpunkt der in Abbildung 9.3 gezeigten Linie einrasten. Verschieben Sie den Cursor nach rechts und klicken Sie auf einen beliebigen zweiten Punkt. Drücken Sie ESC, um den Linienbefehl zu beenden.

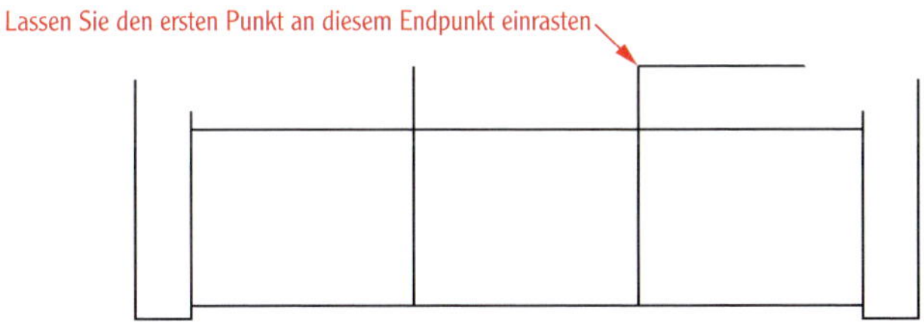

9.3 Eine gerade Rückenlehne zeichnen

9. Klicken Sie auf der Registerkarte Start in der Gruppe Ändern auf die Schaltfläche Abrunden. Die Eingabeaufforderung lautet:

```
Aktuelle Einstellungen: Modus = STUTZEN, Radius = 0.0000
```

Wenn der Radius nicht auf null gesetzt ist, geben Sie `r` (für Radius) ein und drücken die Enter-Taste. Geben Sie dann `0` ein und drücken Sie erneut die Enter-Taste.

Wählen Sie die gerade gezeichnete Linie aus und klicken Sie dann auf die innere Linie der rechten Armlehne des Sofas.

10. Drücken Sie die Leertaste, um den Abrundenbefehl zu wiederholen. Klicken Sie auf die innere Linie der linken Armlehne und anschließend auf die gerade erstelle Linie für die Rückenlehne. Abbildung 9.4 zeigt das Ergebnis.

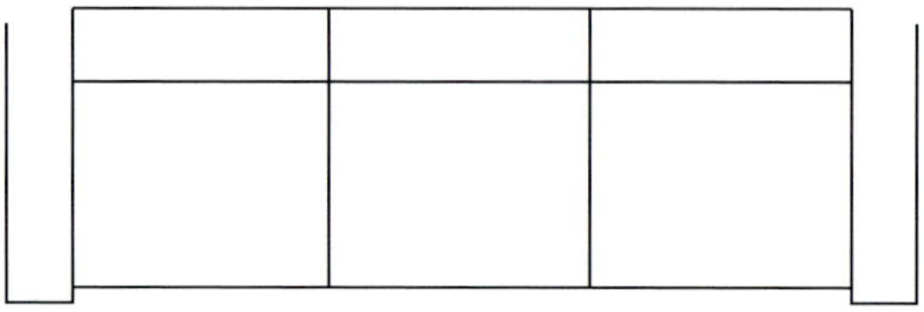

9.4 **Mit dem Abrundenbefehl gerade Verbindungen erstellen**

11. Klicken Sie auf der Registerkarte Start in der Gruppe Ändern auf die Schaltfläche Versetzen und dann zur Definition des Abstands auf die Punkte A und B, wie in Abbildung 9.5 zu sehen ist. Klicken Sie danach auf die Linie für die Rückenlehne und dann auf einen Punkt über dieser Linie.

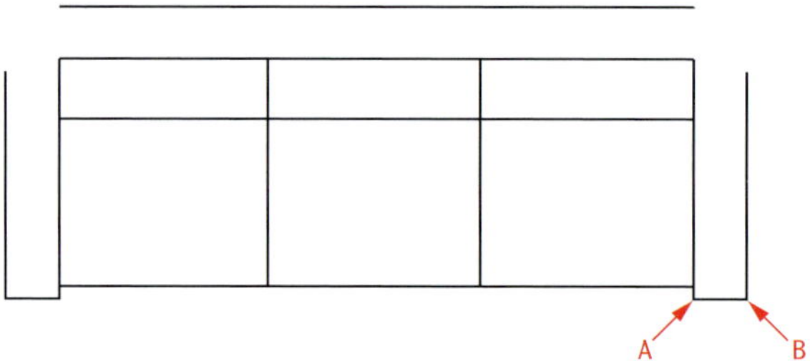

9.5 **Eine Kopie der Rücklehne um den Abstand der Armlehne nach oben versetzen**

12. Klicken Sie auf der Registerkarte Start in der Gruppe Ändern auf die Schaltfläche Abrunden. Wählen Sie die gerade versetzte Linie aus und klicken Sie dann auf die äußere Linie der rechten Armlehne.

13. Drücken Sie die Leertaste, um den Abrundenbefehl zu wiederholen. Klicken Sie auf die äußere Linie der linken Armlehne und anschließend auf die oberste Linie für die Rückenlehne. Abbildung 9.6 zeigt das Ergebnis.

14. Klicken Sie im Schnellzugriffs-Werkzeugkasten auf die Schaltfläche Speichern unter und geben Sie im gleichnamigen Dialogfeld im Textfeld Name den Dateinamen `Sofa2.dwg` ein. Bestätigen Sie mit Speichern.

9.6 Das umgestaltete Sofa

15. Geben Sie `schl` (für SCHLIESSEN) ein und drücken Sie die Enter-Taste. Die gerade erstellte Datei »Sofa2.dwg« wird geschlossen.

Zeichnung als lokalen Block einfügen

Wenn Sie eine .dwg-Datei (für globale Zwecke) in die aktuelle Zeichnung einfügen, wird der Dateiinhalt als Block integriert. Im Folgenden werden Sie das neu gestaltete Sofa zweimal in die Datei »Kap09-A.dwg« einfügen, die Sie am Anfang dieses Kapitels geöffnet haben.

1. Vergrößern Sie in der Zeichnung »Kap09-A.dwg« das Managerbüro, das direkt über dem Büro der Geschäftsleitung liegt. Wählen Sie dort die beiden unteren Stühle und den Beistelltisch aus und drücken Sie Entf (siehe Abbildung 9.7).

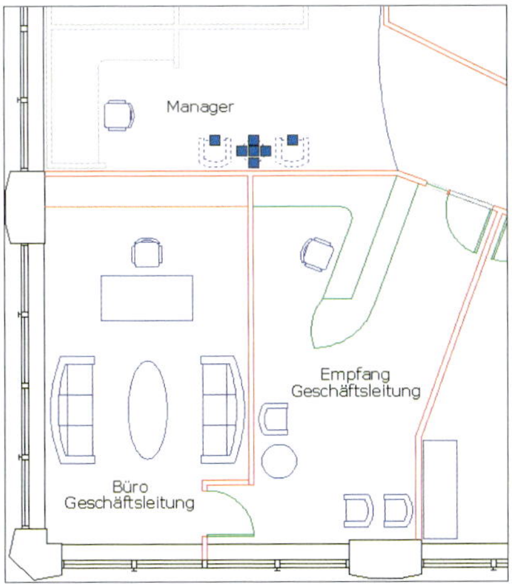

9.7 Objekte löschen, um Platz für das Sofa zu machen

2. Schalten Sie in der Statusleiste den Objektfang aus.

3. Klicken Sie auf der Registerkarte Start in der Gruppe Layer auf die Schaltfläche Objektlayer zum aktuellen machen. Klicken Sie anschließend auf den noch verbleibenden Stuhl. A-Möbel wird zum aktuellen Layer.

4. Klicken Sie auf der Registerkarte Start in der Gruppe Block auf die Schaltfläche Einfügen. Der Block Sofa2 ist in der Blocktabelle der aktuellen Zeichnung noch nicht vorhanden. Er wird daher auch nicht im Dropdown-Menü Block aufgelistet. Klicken Sie auf die Schaltfläche Durchsuchen und blättern Sie zur im vorherigen Abschnitt erstellten Datei »Sofa2.dwg«. (Alternativ dazu können Sie auch auf die gleichnamige Beispieldatei für Kapitel 9 zurückgreifen.) Geben Sie im Dialogfeld Einfügen im Feld Winkel `180` ein (siehe Abbildung 9.8) und bestätigen Sie mit OK.

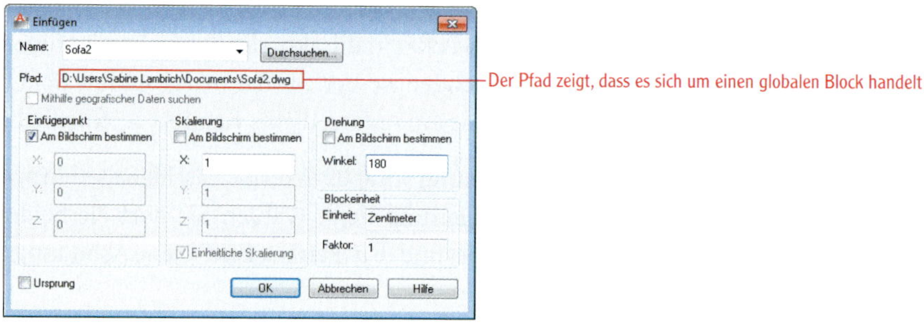

9.8 Einen globalen Block im Dialogfeld Einfügen definieren

5. Klicken Sie auf einen Punkt in der Nähe der zuvor gelöschten Objekte. Die Blockreferenz Sofa2 wird in die Zeichnung eingefügt (siehe Abbildung 9.9).

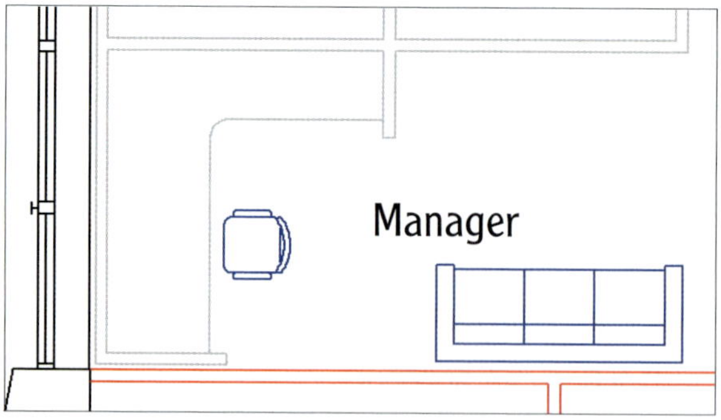

9.9 Das Sofa wurde als Blockreferenz eingefügt.

6. Schwenken Sie zur unteren rechten Ecke des Plans. Löschen Sie im Managerbüro die beiden Stühle und den Beistelltisch.

7. Geben Sie `ein` (für EINFÜGE) ein und drücken Sie die Enter-Taste. Der Block Sofa2 wird bereits im Dialogfeld Einfügen im Namensfeld angezeigt. Darunter steht dieses Mal keine Pfadangabe, da Sofa2 beim ersten Einfügen als lokaler Block definiert wurde. Geben Sie im Feld Winkel `180` ein und bestätigen Sie mit OK.
8. Klicken Sie auf die Stelle, an der zuvor die gelöschten Objekte standen, um eine Blockreferenz von Sofa2 in die Zeichnung einzufügen (siehe Abbildung 9.10).

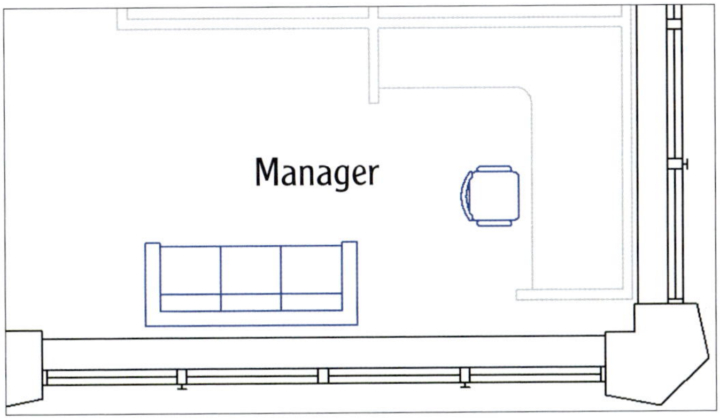

9.10 **Sofa2 wurde als Blockreferenz eingefügt.**

9. Speichern Sie Ihre Arbeit unter dem Dateinamen »Kap09-B.dwg«.

Lokale Blöcke mit globalen Blöcken neu definieren

Wenn Sie einen globalen Block einfügen, dessen Name mit einem lokalen Block übereinstimmt, wird der lokale Block neu definiert. Im Folgenden definieren Sie den originalen Sofablock mit dem neu erstellten Sofa um.

Sie können bei Bedarf auch auf die Datei »Sofa2.dwg« auf der Webseite zum Buch zurückgreifen.

1. Klicken Sie im Schnellzugriffs-Werkzeugkasten auf die Schaltfläche Öffnen und wechseln Sie zu dem folgenden Ordner:

```
C:\<benutzername>\Eigene Dokumente\
```

Öffnen Sie die Datei »Sofa2.dwg«.

2. Klicken Sie im Schnellzugriffs-Werkzeugkasten auf die Schaltfläche Speichern unter und sichern Sie die Datei unter dem Namen `Sofa.dwg`. Klicken Sie im dann angezeigten Meldungsfenster auf Ja (siehe Abbildung 9.11).

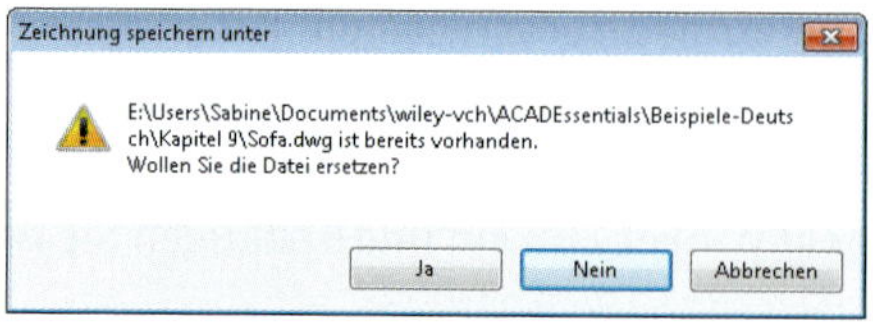

9.11 **Die Datei mit dem Originalsofa mit runder Rückenlehne durch das neue Sofa mit gerader Rückenlehne ersetzen**

3. Geben Sie `schliessen` ein und drücken Sie die Enter-Taste.
4. Öffnen Sie gegebenenfalls die gerade erstellte Datei »Kap09-B.dwg« oder laden Sie sie von der Webseite zum Buch herunter und öffnen Sie sie in AutoCAD.
5. Klicken Sie auf der Registerkarte Start in der Gruppe Block auf die Schaltfläche Einfügen. Öffnen Sie im gleichnamigen Dialogfeld das Dropdown-Menü Name und wählen Sie den Eintrag Sofa. In der Vorschau können Sie erkennen, dass es sich um die lokale Blockdefinition mit der runden Rückenlehne handelt (siehe Abbildung 9.12).

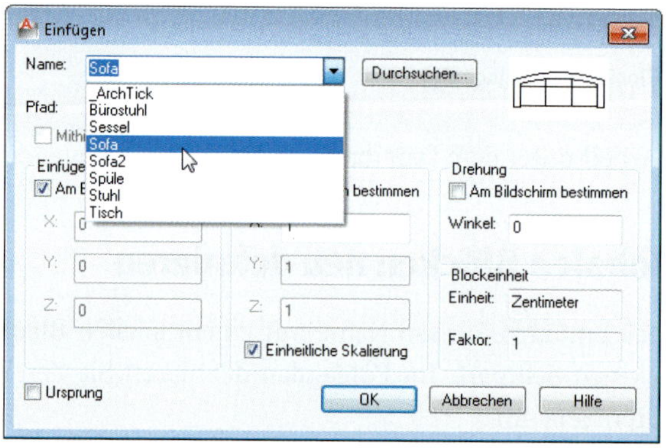

9.12 **Die Vorschau der lokalen Blockdefinition im Dialogfeld Einfügen prüfen**

6. Klicken Sie im Dialogfeld Einfügen auf die Schaltfläche Durchsuchen. Wählen Sie die in Schritt 2 erstellte Datei »Sofa.dwg«. Bestätigen Sie im Dialogfeld Einfügen mit OK. Das Meldungsfenster Block – Block neu definieren wird geöffnet (siehe Abbildung 9.13). Beachten Sie die Anzeige, dass es drei Sofa-Blockreferenzen in der Zeichnung gibt. Klicken Sie auf Block neu definieren.
7. Die beiden Sofas im Büro der Geschäftsleitung sowie das Sofa am Empfang werden aktualisiert (siehe Abbildung 9.14).
8. Wiederholen Sie die Schritte 5 bis 7, um das linke Sofa im Büro der Geschäftsleitung durch das im Download zur Verfügung gestellte SofaModern zu ersetzen.

9. Speichern Sie Ihre Arbeit unter dem Dateinamen »Kap09-C.dwg«.

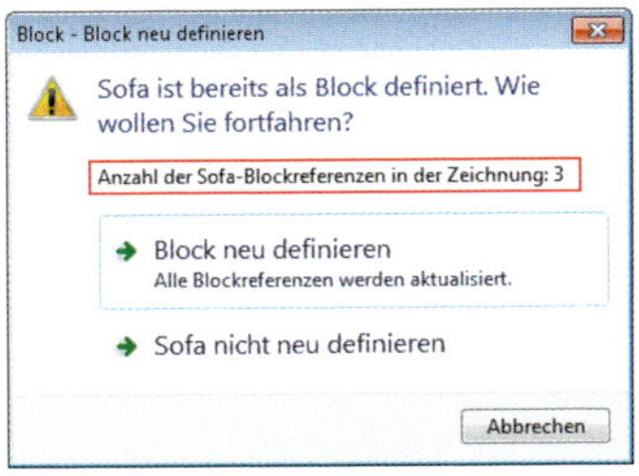

9.13 Abfrage, ob der vorhandene Block neu definiert werden soll

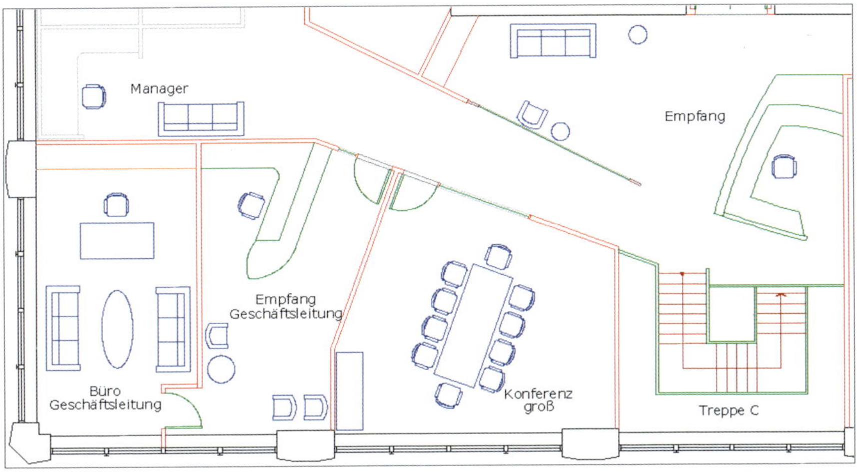

9.14 Die drei lokalen Blockreferenzen wurden durch einen globalen Block ersetzt.

Nach Inhalten in mehreren Dateien suchen

Der Content Explorer ist ein neues Feature in AutoCAD 2012. Mit diesem Explorer können Sie nach Inhalten in anderen Zeichnungen suchen und diese in die aktuelle Zeichnung einfügen. Es ist viel effektiver, wenn Sie mit dem Content Explorer in anderen Zeichnungen nach Blöcken suchen und diese anschließend in die aktuelle Zeichnung einfügen, als die entsprechenden Blöcke in neue Dateien zu schreiben und anschließend diese Dateien in die Zeichnung einzufügen, wie Sie es im vorherigen Abschnitt getan haben. Das Arbeiten mit dem Content Explorer bietet folgende Vorteile:

- Sie können auf alle Blöcke in jeder Datei in Ihrem *Suchpfad* zugreifen.
- Die Leistungsfähigkeit einer Suchmaschine führt Sie bedeutend schneller zum gewünschten Ergebnis als eine manuelle Suche.

Im Folgenden durchsuchen Sie mit dem Content Explorer mehrere Zeichnungsdateien nach Blöcken und anderen Inhaltstypen.

1. Öffnen Sie gegebenenfalls die gerade erstellte Datei »Kap09-C.dwg« oder laden Sie sie von der Webseite zum Buch herunter und öffnen Sie sie in AutoCAD.

2. Klicken Sie auf der Registerkarte Plugins in der Gruppe Inhalt auf die Schaltfläche Suchen. Der Content Explorer wird geöffnet (siehe Abbildung 9.15).

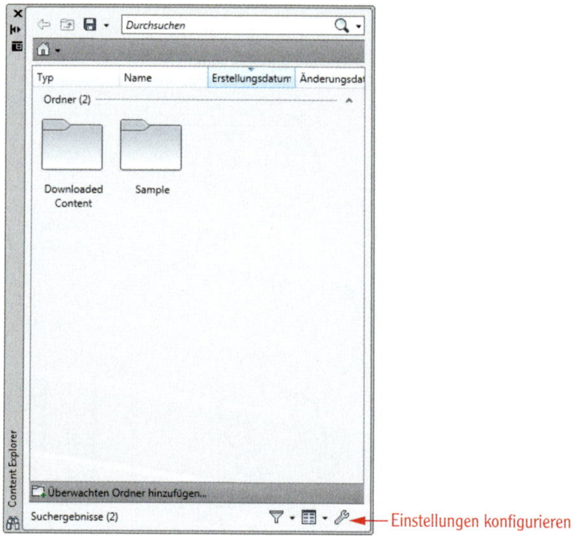

9.15 Der Content Explorer

3. Klicken Sie im Content Explorer auf die Schaltfläche Einstellungen konfigurieren.

4. Wenn in Ihrem Content Explorer der Ordner Sample noch nicht enthalten ist oder wenn Sie einen anderen Ordner überwachen wollen, klicken Sie im Dialogfeld Autodesk Content Explorer – Einstellungen konfigurieren auf die Schaltfläche Überwachten Ordner hinzufügen und fügen Sie den folgenden Pfad hinzu:

   `C:\Programme\Autodesk\AutoCAD 2012 - Deutsch\Sample`

   AutoCAD fügt den neuen zu überwachenden Ordner hinzu (siehe Abbildung 9.16) und indiziert ihn. Klicken Sie im Dialogfeld auf die Schaltfläche Schließen.

5. Doppelklicken Sie im Content Manager auf den Ordner Sample und dann hintereinander auf die Einträge Sheets Sets, Architectural und A-03.dwg. Der Content Manager zeigt alle Blockreferenzen, Blockdefinitionen, Layer, Layouts und Stile der gewählten Zeichnung an (siehe Abbildung 9.17).

Die Suchmaschine des Content Explorer indiziert die Dateien, wenn sie in die Liste mit überwachten Ordnern hinzugefügt werden. Dieser Vorgang kann unter Umständen etwas dauern, wenn Sie einen Ordner zum ersten Mal hinzufügen. Aber danach ist die Suchzeit denkbar kurz.

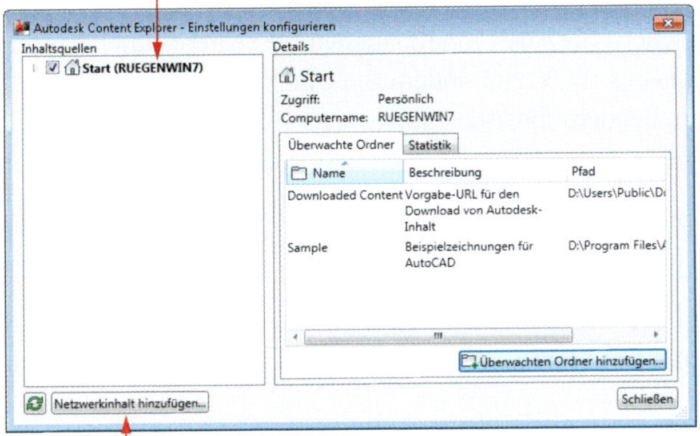

9.16 Einen überwachten Ordner konfigurieren

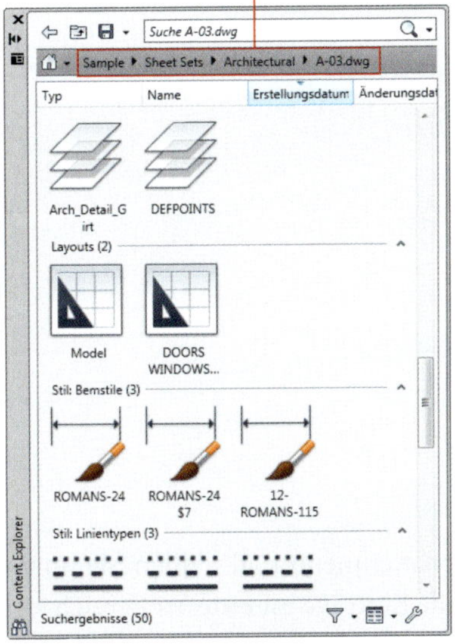

9.17 Die Inhalte einer gewählten Zeichnung werden im Content Manager angezeigt.

6. Klicken Sie auf einen beliebigen Bestandteil des Pfades, um zum entsprechenden Ordner zu wechseln. Nutzen Sie den Content Explorer effizient und greifen Sie auf seine Suchmaschine zurück. Geben Sie oben im Suchfeld einen Suchbegriff ein und drücken Sie die Enter-Taste. Die Ergebnisse werden sofort angezeigt. Zeigen Sie mit dem Mauszeiger auf eines der Symbole, um zu erfahren, in welchen Zeichnungen das Element gespeichert ist.

Inhalte in der Werkzeugpalette speichern

In Werkzeugpaletten speichern Sie jeden Inhalt, auf den Sie später schnell wieder zugreifen wollen. Sie erstellen ein neues Werkzeug, indem Sie Objekte aus gespeicherten Zeichnungen auf die Palette ziehen. Bei den Objekten kann es sich unter anderem um Blöcke, Schraffuren, Bilder, Bemaßungen, Lichter, Kameras, Materialien, Stile und XRefs handeln.

Im Folgenden erstellen Sie eine neue Palette und ziehen ein Sofa auf diese Palette. Mithilfe dieses neuen Werkzeugs fügen Sie ein weiteres Sofa hinzu.

1. Klicken Sie auf der Registerkarte Ansicht in der Gruppe Paletten auf die Schaltfläche Werkzeugpaletten. Die Werkzeugpaletten werden angezeigt (siehe Abbildung 9.18).

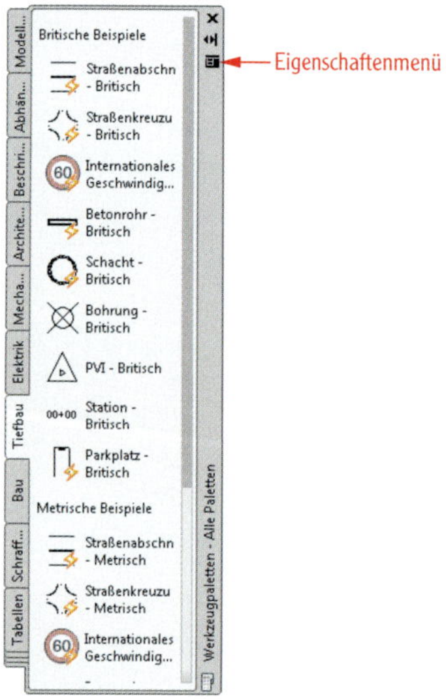

9.18 Die Werkzeugpaletten

2. Öffnen Sie in der Leiste das Eigenschaftenmenü und wählen Sie im unteren Bereich den Eintrag Architektur aus. Alle Einträge im unteren Bereich stellen Palettengruppen dar. Die Palettengruppe Architektur enthält nur eine Palette mit der gleichnamigen Bezeichnung.

3. Öffnen Sie erneut das Eigenschaftenmenü und wählen Sie den Eintrag Neue Palette. Geben Sie `Möbel` ein und drücken Sie die Enter-Taste. Eine zweite Palette wird unter der ersten Palette eingefügt.

4. Wählen Sie im Büro der Geschäftsleitung das linke Sofa aus. Ziehen Sie das Sofa (keinen Griff ziehen!) auf die Möbelpalette. SofaModern wird mit einem Vorschausymbol angezeigt (siehe Abbildung 9.19).

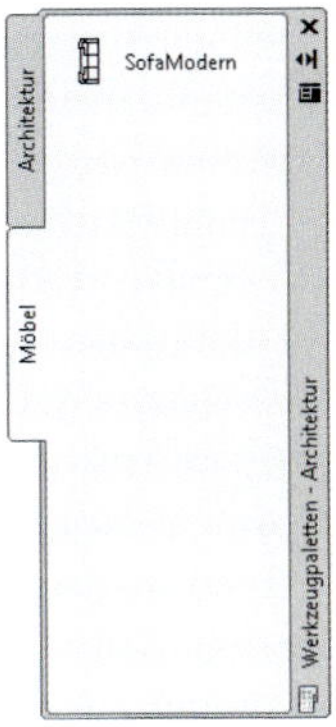

9.19 **Ein Werkzeug auf eine neue Palette ziehen**

5. Klicken Sie in der Möbelpalette mit der rechten Maustaste auf den Eintrag SofaModern und wählen Sie im Kontextmenü Eigenschaften. Ändern Sie im Dialogfeld Werkzeugeigenschaften die Eigenschaft Eingabeaufforderung für Drehung auf Ja (siehe Abbildung 9.20). Bestätigen Sie mit OK.

Bei den Blöcken, die Sie in die Werkzeugpalette ziehen, handelt es sich um globale Blöcke, die in jede Datei eingefügt werden können.

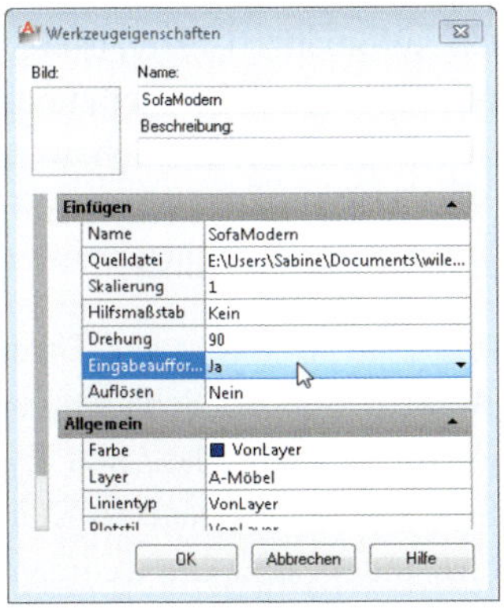

9.20 **Werkzeugeigenschaften anpassen**

6. Wählen Sie im Büro der Geschäftsleitung das rechte Sofa aus und drücken Sie Entf. Klicken Sie in der Möbelpalette auf SofaModern und anschließend auf einen Punkt im Büro der Geschäftsleitung, um das neue Sofa einzufügen. Geben Sie –90 als Drehwinkel ein und drücken Sie die Enter-Taste. Abbildung 9.21 zeigt das Ergebnis.

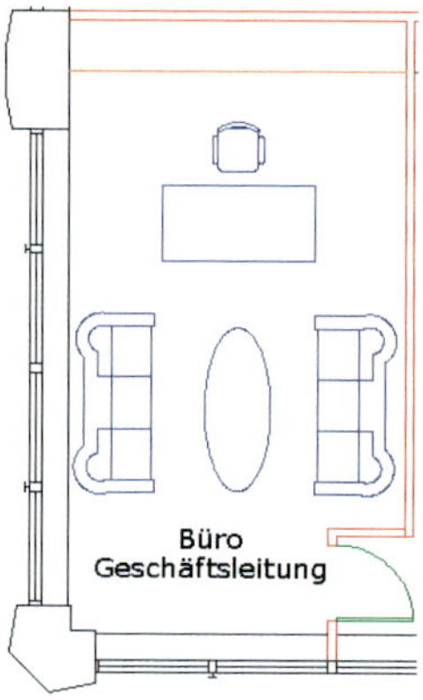

9.21 Ein Sofa aus der Werkzeugpalette einfügen

7. Schließen Sie die Werkzeugpaletten.

8. Speichern Sie Ihre Arbeit unter dem Dateinamen »Kap09-D.dwg«.

Auf externe Zeichnungen und Bilder Bezug nehmen

Externe Referenzen (auch *XRefs* genannt) sind eine dynamischere Alternative zu Blöcken. Die mit einer Zeichnung verknüpften XRefs werden automatisch aktualisiert, wenn die Zeichnung geöffnet wird. Blöcke müssen dagegen in der Zeichnung bearbeitet oder ihre Definition neu erstellt werden. Die Effizienz von XRefs wird vor allem deutlich, wenn Sie eine Datei mit mehreren Zeichnungsdateien verknüpfen. Alle Änderungen in der Datei werden in allen Dateien, die diese externe Referenz enthalten, automatisch aktualisiert.

> Hier handelt es sich lediglich um ein Anwendungsbeispiel für externe Referenzen für ein mehrstöckiges Gebäude. XRefs können in jedem Bereich eingesetzt werden, wann immer Sie die Vorteile, die sie bieten, nutzen wollen.

Im Folgenden nehmen Sie aus einem Wohnungsplan (mit Wänden, Türen, Möbeln etc.) extern Bezug auf die Zeichnungen Kern (Aufzug, Treppen, Schächte) und Umriss (Außenwände). Der Vorteil dieser Arbeitsweise besteht darin, dass sich Treppenhaus und die Außenumrisse eines Hauses in der Regel nicht von Etage zu Etage ändern, während die Wohnungspläne für jedes Stockwerk anders sind. Die wenigen Änderungen, die sich eventuell für das Treppenhaus und Außenwände ergeben, können in einer Zeichnung durchgeführt werden, die dann mithilfe der externen Referenzen in allen Wohnungsplänen automatisch aktualisiert werden.

1. Wechseln Sie bei Bedarf auf der Downloadseite zum Buch (`www.wiley-vch.de/publish/dt/books/ISBN978-3-527-76013-8`) zu Kapitel 9, laden Sie die Dateien herunter und öffnen Sie die Datei »Kap09-KernUmriss.dwg« in AutoCAD. In Abbildung 9.22 sehen Sie den Innen- und den Außenbereich des Gebäudes.

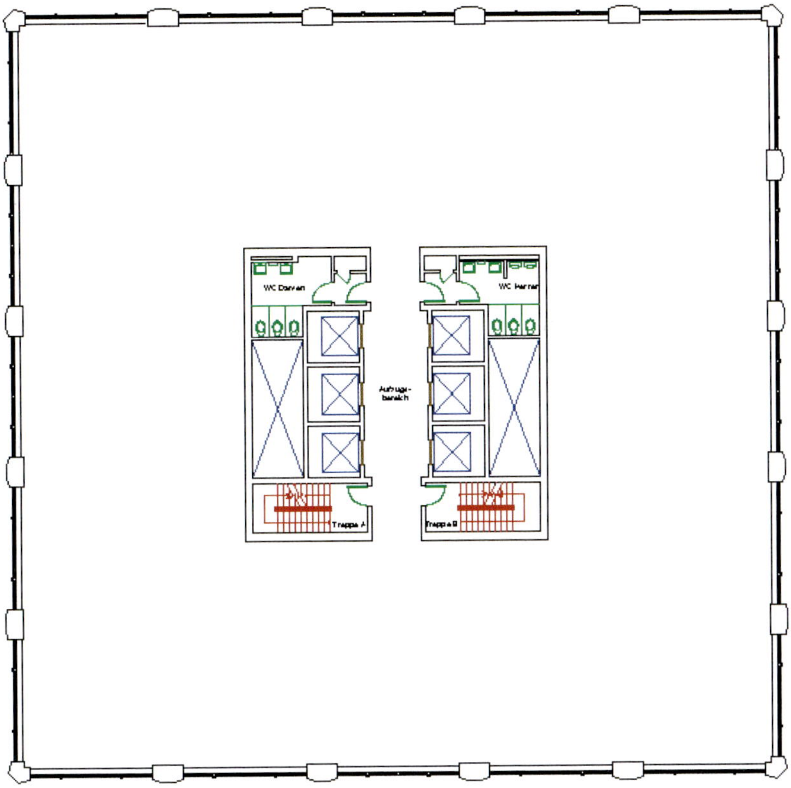

9.22 Innen- und Außenbereich des Gebäudes

2. Laden Sie die Datei »Kap09-E.dwg« von der Webseite zum Buch herunter und öffnen Sie sie in AutoCAD. Abbildung 9.23 zeigt die Objekte im Wohnungsplan.

3. Klicken Sie auf der Registerkarte Ansicht in der Gruppe Paletten auf die Schaltfläche Externe Referenzen-Palette. Öffnen Sie das Zuordnungsmenü (siehe Abbildung 9.24).

4. Wählen Sie im Menü den Eintrag DWG zuordnen. Wählen Sie im Dialogfeld Referenzdatei auswählen die Datei »Kap09-KernUmriss.dwg« und klicken Sie auf die Schaltfläche Öffnen.

5. Deaktivieren Sie im Dialogfeld Externe Referenz zuordnen im Bereich Einfügepunkt die Option Am Bildschirm bestimmen. Ändern Sie den Pfadtyp in Relativer Pfad (siehe Abbildung 9.25) und bestätigen Sie mit OK.

Sie können die Formate DWG, DWF, DGN, PFD und eine Reihe weiterer Dateiformate als externe Referenzen zuordnen.

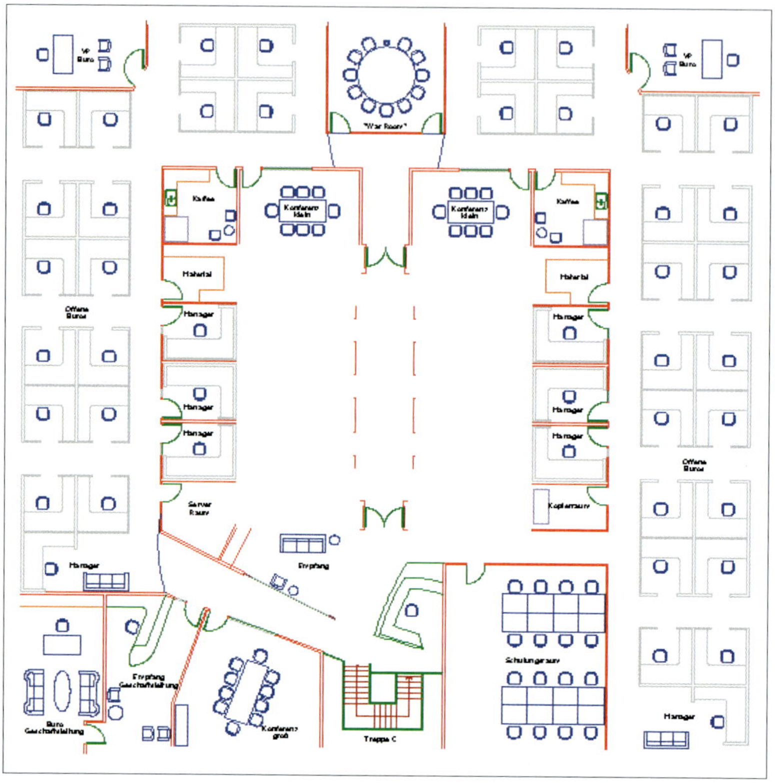

9.23 Wohnungsplan

9.24 Eine DWG-Datei in der Palette Externe Referenzen zuordnen

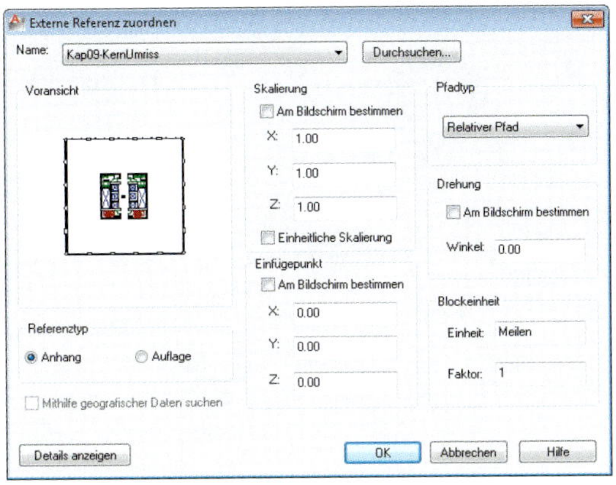

9.25 **Eine externe Referenz zuordnen**

6. Der Kern mit Treppe, Aufzug, Schacht und die Außenumrisse werden heller als der Wohnungsplan angezeigt (siehe Abbildung 9.26).
7. Wählen Sie den Kern oder den Umriss als XRef-Objekt aus. Klicken Sie auf der kontextabhängigen Registerkarte Externe Referenz in der Gruppe Bearbeiten auf die Schaltfläche Referenz öffnen.
8. Ändern Sie den Entwurf für das Damen-WC. Es soll drei Waschbecken wie in Abbildung 9.27 enthalten.
9. Geben Sie `schliessen` ein und drücken Sie zweimal die Enter-Taste, um die Datei »Kap09-KernUmriss.dwg« zu schließen und zu speichern.
10. Ein Symbol in der Zeichnungsstatusleiste beziehungsweise in der Palette Externe Referenzen informiert darüber, dass die externe Referenz geändert wurde. Klicken Sie auf den in Blau darstellten Hyperlink, um die XRef Kap09-KernUmriss erneut zu laden. Die Änderungen im Damen-WC werden im Wohnungsplan aktualisiert.
11. Speichern Sie Ihre Arbeit unter dem Dateinamen »Kap09-F.dwg«.

Sie können den Helligkeitsgrad für die angezeigten XRefs selbst bestimmen. Geben Sie dazu `OPTIONEN` ein und drücken Sie die Enter-Taste. Setzen Sie im dann angezeigten Dialogfeld Optionen auf der Registerkarte Anzeige die Fading-Steuerung auf den gewünschten Wert.

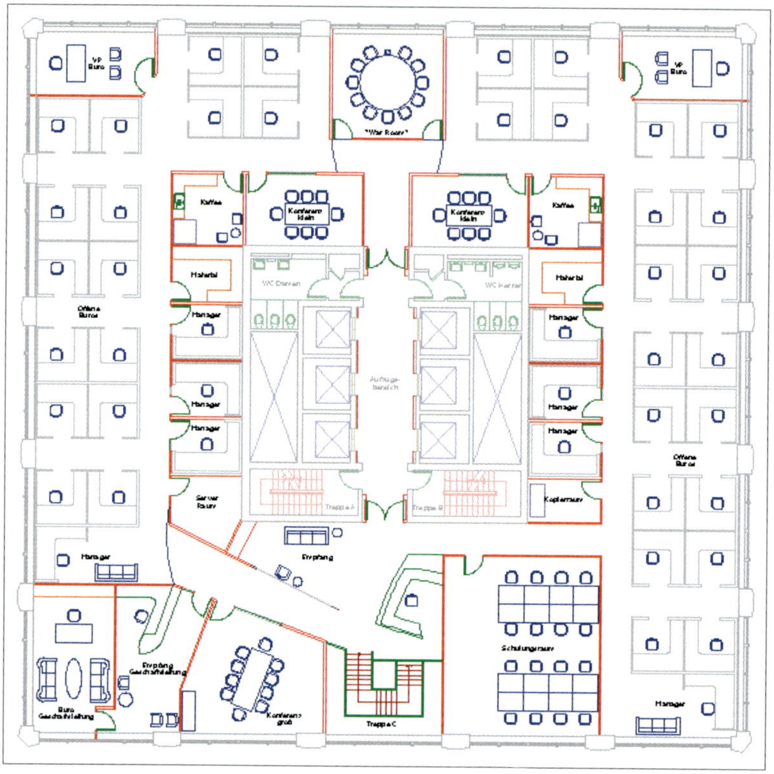

9.26 Die Zeichnung »Kap09-KernUmriss.dwg« wurde als externe Referenz in den Wohnungsplan eingefügt.

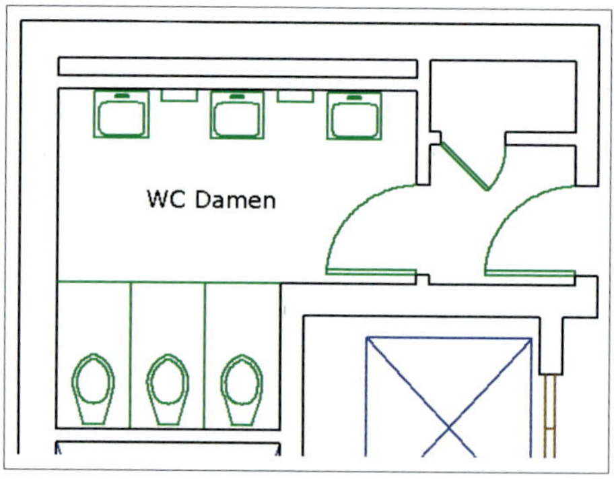

9.27 Ein Neuentwurf des Damen-WCs

Zusammenfassung und Ausblicke

In diesem Kapitel haben Sie erfahren, wie Sie mit globalen Blöcken, dem Content Explorer, den Werkzeugpaletten und XRefs arbeiten. Der Einsatz von Blöcken und externen Referenzen steigert Ihre Effizienz beim Erstellen und Bearbeiten von Zeichnungen. Sie sind nun in der Lage, auf Inhalte außerhalb der aktuellen Zeichnung zuzugreifen und damit zu arbeiten – eine grundlegende Voraussetzung für das Arbeiten im Team. Denn im Team ist es wichtig, gemeinsam auf Informationen zuzugreifen. Der Schlüssel dazu sind Blöcke und externe Referenzen. Und der Content Explorer und die Werkzeugpalette unterstützen Sie beim schnellen Suchen nach und Nutzen von Designdaten.

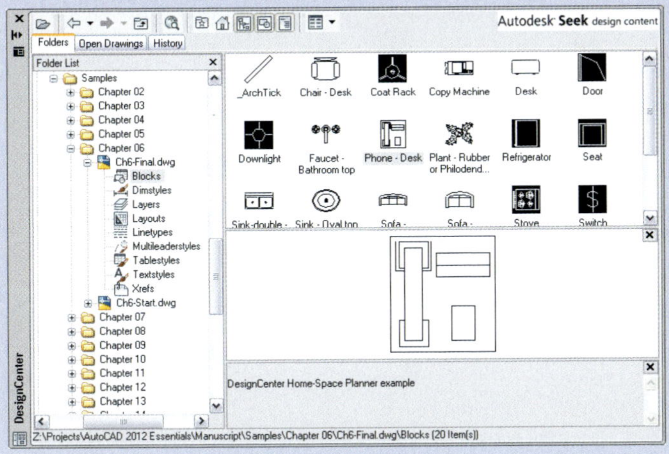

Text erstellen und bearbeiten

Text ist ein wesentlicher Bestandteil einer jeden Zeichnung. Er verdeutlicht die grafischen Bilder und verleiht Ihrer Designintention eine bestimmte Sprache. In diesem Kapitel erfahren Sie, wie Sie Textstile definieren, Zeilen und Absätze schreiben sowie vorhandenen Text bearbeiten.

In diesem Kapitel

- Textstile erstellen
- Einzeiligen Text schreiben
- Mehrzeiligen Text mit dem Befehl MTEXT schreiben und formatieren
- Text bearbeiten

Textstile erstellen

Unter Stil versteht das Aussehen des Textes. Hierzu gehören Schriften, Texthöhe und Spezialtexteffekte. Im Folgenden erstellen Sie Textstile, die Sie anschließend beim Erstellen von Textobjekten einsetzen.

1. Wechseln Sie auf der Downloadseite zum Buch (`www.wiley-vch.de/publish/dt/books/ISBN978-3-527-76013-8`) zu Kapitel 10, laden Sie die Dateien herunter und öffnen Sie die Datei »Kap10-A.dwg« in AutoCAD.

zertifizierungs-relevant

2. Erweitern Sie auf der Registerkarte Start die Gruppe Beschriftung und öffnen Sie das erste Dropdown-Menü Textstil. Jede Zeichnung verfügt standardmäßig über zwei Textstile, Beschriftung und Standard. Klicken Sie unten auf den Eintrag Textstile verwalten (siehe Abbildung 10.1)

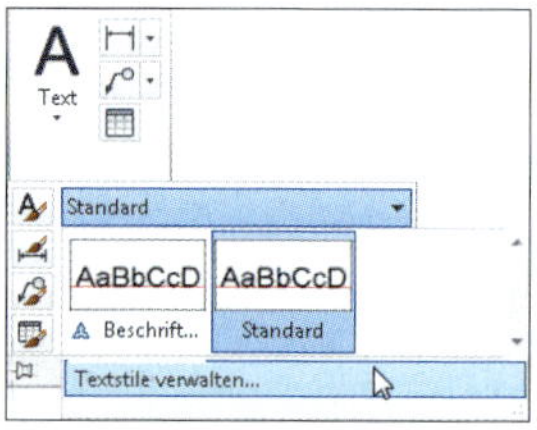

10.1 Textstile verwalten

3. Klicken Sie im Dialogfeld Textstil auf die Schaltfläche Neu. Geben Sie im Dialogfeld Neuer Textstil (siehe Abbildung 10.2) `Titel` ein und bestätigen Sie mit OK.

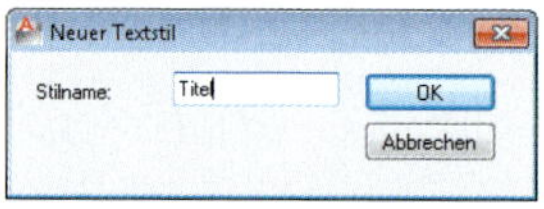

10.2 Einen neuen Textstil benennen

> Die AutoCAD-SHX-Fonts wurden zur Optimierung von Stiftplottern entwickelt. Diese sind inzwischen veraltet. Die Schriften werden aber immer noch als einfache Fonts für die Beschriftung von Zeichnungen in den Bereichen Architektur und Maschinenbau verwendet.

4. Öffnen Sie im Dialogfeld Textstil das Dropdown-Menü Schriftname und wählen Sie den Font Garamond aus. Sein vorangestelltes T-Symbol zeigt an, dass es sich um eine TrueType-Schrift handelt. Setzen Sie den Schriftstil auf Fett und deaktivieren Sie gegebenenfalls das Kontrollkästchen Beschriftung (siehe Abbildung 10.3). Bestätigen Sie mit Anwenden.

5. Das Dialogfeld Textstil bleibt geöffnet. Wählen Sie in der linken Liste Stile den Eintrag Standard aus und definieren Sie simplex.shx als Schriftname. Das vorangestellte Symbol zeigt an, dass es sich um einen speziellen Schrift- und Symbolfont von AutoCAD handelt. Geben Sie im Feld Höhe `30` und im Bereich Effekte im Feld Breitenfaktor `0.8000` ein (siehe Abbildung 10.4). Mit dem gewählten Breitenfaktor ste-

hen die Zeichen um 20 Prozent enger als in der Vorgabeschrift. Klicken Sie nacheinander auf die Schaltflächen Anwenden, Als aktuell setzen und Schließen.

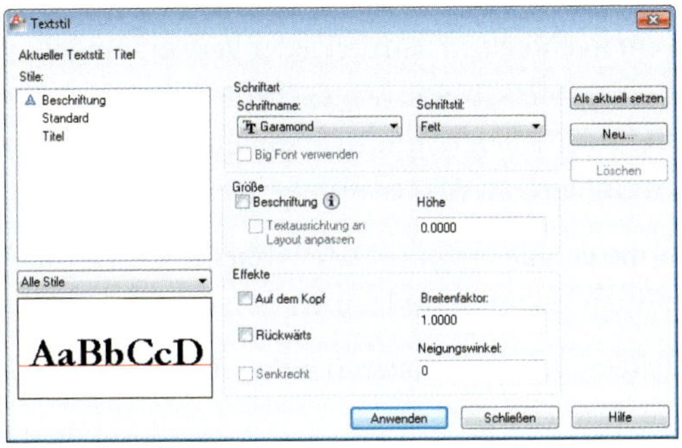

10.3 Den Stil Titel einrichten

TrueType gehört zu den bekanntesten Fontformaten sowohl unter Mac OS als auch unter Windows. Das Drop-down-Menü Schriftname enthält alle auf Ihrem Rechner installierten Schriften.

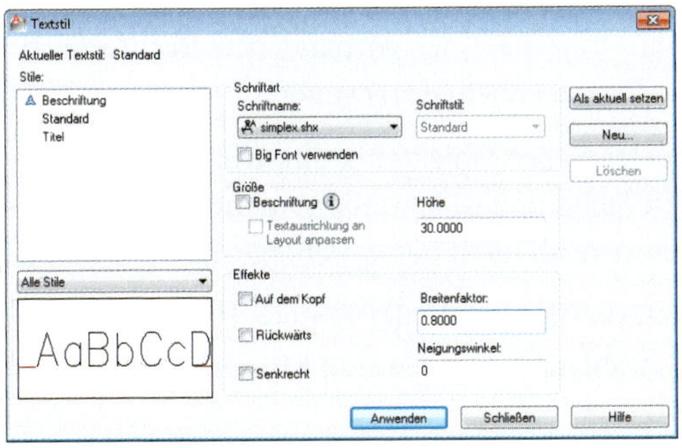

10.4 Den Stil Standard einrichten

6. Speichern Sie Ihre Arbeit unter dem Dateinamen »Kap10-B.dwg«. Die gerade erstellten Stile werden zusammen mit der Zeichnung gespeichert, auch wenn sie nicht im Zeichnungsfenster sichtbar sind.

Einzeiligen Text schreiben

Einzelne Textzeilen werden mit dem Befehl TEXT geschrieben. Mit diesem Befehl erstellen Sie für jede Zeile ein unabhängiges Objekt. Diese Objekte eignen sich optimal als Symbole oder Beschriftungen. In diesem Abschnitt erfahren Sie, wie Sie Text erstellen, der in einen vorgegebenen Bereich passt. So können Sie Text schreiben, der beispielsweise in ein Rechteck oder in einen Kreis passt. Darüber hinaus richten Sie Text so aus, dass sein Inhalt nicht nach jeder Änderung neu positioniert werden muss, um die Passform innerhalb der umgebenden Form beizubehalten. Und Sie erfahren, wie Sie Textobjekte mit einer Reihe von bereits bekannten Befehlen bearbeiten und duplizieren.

Eingepassten Text definieren

Es wird sicherlich häufig vorkommen, dass Text genau in ein bestimmtes geometrisches Objekt passen soll, beispielsweise in ein Rechteck, in dem bei jeder Verwendung Raumbezeichnungen stehen sollen. Wenn ein Textobjekt stets in eine vorgegebene Form passt, ist es einfach, Rechtecke mit unterschiedlicher Breite für jeden Raum zu erstellen. Im Folgenden erstellen Sie einen einzeiligen Text, der so positioniert ist, dass er immer in ein Rechteck passt.

1. Öffnen Sie gegebenenfalls die gerade erstellte Datei »Kap10-B.dwg« oder laden Sie sie von der Webseite zum Buch herunter und öffnen Sie sie in AutoCAD.
2. Vergrößern Sie das kleine Rechteck in der oberen linken Ecke.
3. Klicken Sie auf der Registerkarte Start in der Gruppe Ändern auf die Schaltfläche Versetzen. Geben Sie `10` als Abstand ein und drücken Sie die Enter-Taste. Wählen Sie das kleine Rechteck aus und klicken Sie auf einen Punkt im Rechteck, um eine verkleinerte Rechteckkopie innerhalb des vorhandenen Rechtecks zu erstellen. Drücken Sie ESC, um den Versetzenbefehl zu beenden.
4. Schalten Sie in der Statusleiste den Objektfang ein. Klicken Sie mit der rechten Maustaste auf diese Schaltfläche und wählen Sie Endpunkt und Zentrum als laufenden Objektfang, falls diese noch nicht hervorgehoben darstellt werden.

zertifizierungs-relevant

5. Klicken Sie auf der Registerkarte Start in der Gruppe Beschriftung auf den Pfeil der Schaltfläche Text und wählen Sie den Eintrag Einzelne Zeile. Die Eingabeaufforderung lautet:

   ```
   Aktueller Textstil: "Standard"
   Texthöhe: 30.0000 Beschriftung: Nein
   Startpunkt des Texts angeben oder[ Position/Stil] :
   ```

   Geben Sie `p` (für Position) ein und drücken Sie die Enter-Taste.
6. Die Eingabeaufforderung lautet nun folgendermaßen:

   ```
   Option eingeben [ Ausrichten/anPassen/Zentrieren/MIttel/Rechts/OL/
   OZ/OR/ML/MZ/MR/UL/UZ/UR] :
   ```

   Geben Sie `p` (für anPassen) ein und drücken Sie die Enter-Taste. Klicken Sie anschließend auf die Punkte A und B aus Abbildung 10.5.

10.5 Anfangs- und Endpunkt für die Textbasislinie festlegen

7. Geben Sie `BÜRO` ein und drücken Sie zweimal die Enter-Taste. Der Textbefehl wird beendet und die Textzeile wird in der Zeichnungsfläche angezeigt (siehe Abbildung 10.6).

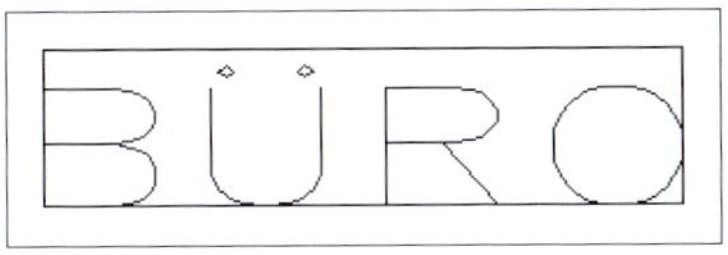

10.6 Der einzeilige Text passt perfekt in den vorgegebenen Platz.

8. Wählen Sie das innere Rechteck aus und drücken Sie Entf.
9. Schalten Sie in der Statusleiste den Ortho-Modus ein.
10. Klicken Sie auf der Registerkarte Start in der Gruppe Ändern auf die Schaltfläche Verschieben. Geben Sie `l` (für Letzter) ein und drücken Sie zweimal die Enter-Taste. Klicken Sie auf einen beliebigen Punkt in der Zeichnungsfläche, verschieben Sie den Cursor nach oben, geben Sie `5` ein und drücken Sie die Enter-Taste. Der Text wird um 5 cm nach oben verschoben und steht nun mittig im Rechteck (siehe Abbildung 10.7).

10.7 Der Text wird zentriert im Rechteck angezeigt.

11. Speichern Sie Ihre Arbeit unter dem Dateinamen »Kap10-C.dwg«.

Text ausrichten

AutoCAD stellt zahlreiche Optionen zur Ausrichtung von Text zur Verfügung, um fast allen geometrischen Situationen gerecht zu werden. Im Folgenden richten Sie Text so aus, dass er zentriert innerhalb eines Symbols steht, das die Zeichnungs- und Blattnummer enthalten soll.

1. Öffnen Sie gegebenenfalls die gerade erstellte Datei »Kap10-B.dwg« oder laden Sie sie von der Webseite zum Buch herunter und öffnen Sie sie in AutoCAD.
2. Klicken Sie in der Navigationsleiste auf die Schaltfläche Pan und ziehen Sie mit gedrückter Maustaste nach links, um zum Kreis und der dazugehörigen Linie zu schwenken.

Wenn Sie an der Befehlseingabeaufforderung `Startpunkt des Texts angeben oder[ Position/Stil] :` die Enter-Taste drücken, wird das neue Textobjekt direkt unter dem zuvor erstellten Textobjekt in eine neue Zeile geschrieben. Es handelt sich aber dann um zwei separate Textobjekte.

3. Geben Sie `text` ein und drücken Sie die Enter-Taste. Die Eingabeaufforderung lautet:

   `Startpunkt des Texts angeben oder[ Position/Stil] :`

   Geben Sie `p` (für Position) ein und drücken Sie die Enter-Taste.
4. Die Eingabeaufforderung lautet nun folgendermaßen:

   `Option eingeben [ Ausrichten/anPassen/Zentrieren/MIttel/Rechts/OL/OZ/OR/ML/MZ/MR/UL/UZ/UR] :`

   Geben Sie `mz` ein und drücken Sie die Enter-Taste. Geben Sie danach `zentrum` ein und drücken Sie die Enter-Taste. Klicken Sie auf den Kreis, um seinen Mittelpunkt als Textmittelpunkt zu definieren. Drücken Sie die Enter-Taste, um den Vorgabedrehwinkel von 0 Grad zu übernehmen. Geben Sie `3` ein und drücken Sie zweimal die Enter-Taste.

5. Klicken Sie auf der Registerkarte Start in der Gruppe Ändern auf die Schaltfläche Verschieben. Geben Sie `l` (für Letzter) ein und drücken Sie zweimal die Enter-Taste. Klicken Sie auf einen beliebigen Punkt in der Zeichnungsfläche, verschieben Sie den Cursor nach oben, geben Sie `40` ein und drücken Sie die Enter-Taste. Der Text wird zentriert im oberen Halbkreis ausgerichtet (siehe Abbildung 10.8).

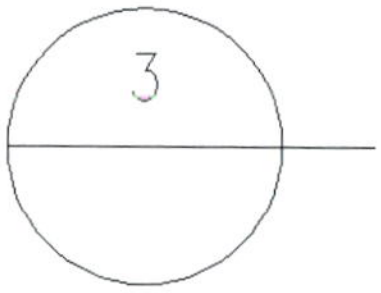

10.8 Der Text wird zentriert im oberen Halbkreis ausgerichtet.

6. Speichern Sie Ihre Arbeit unter dem Dateinamen »Kap10-D.dwg«.

Text duplizieren

Textobjekte können mit denselben Befehlen bearbeitet werden wie andere Objekttypen, beispielsweise mit den Befehlen SCHIEBEN, KOPIEREN, DREHEN, VARIA (Skalierbefehl) und SPIEGELN. Im Folgenden spiegeln und kopieren Sie vorhandenen Text und erstellen damit neue Textobjekte, deren Inhalte Sie im Abschnitt »Text bearbeiten« weiter hinten in diesem Kapitel ändern. Außerdem erstellen Sie neuen Text mit einem anderen Stil.

1. Öffnen Sie gegebenenfalls die gerade erstellte Datei »Kap10-D.dwg« oder laden Sie sie von der Webseite zum Buch herunter und öffnen Sie sie in AutoCAD.

2. Klicken Sie auf der Registerkarte Start in der Gruppe Ändern auf die Schaltfläche Spiegeln, wählen Sie das Textobjekt mit dem Inhalt 3 aus und drücken Sie die Enter-Taste. Klicken Sie, wie in Abbildung 10.9 gezeigt, auf den Endpunkt A und den Zentrumspunkt B, um die Spiegelachse zu definieren. Die Eingabeaufforderung lautet:

```
Quellobjekte löschen? [ Ja/Nein] <N>:
```

3. Bestätigen Sie die Vorgabe durch Drücken der Enter-Taste.

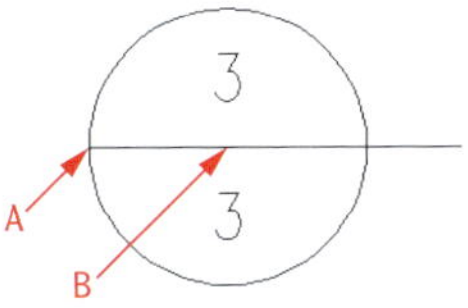

10.9 Durch Spiegeln des Textes ein dupliziertes Textobjekt erstellen

Text spiegeln

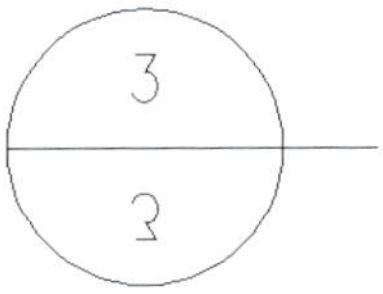

Wenn Sie die Systemvariable MIRRTEXT auf 1 setzen, wird nicht nur das Objekt, sondern auch der enthaltene Text gespiegelt.

4. Klicken Sie auf der Registerkarte Start in der Gruppe Ändern auf die Schaltfläche Kopieren. Geben Sie `l` (für Letzter) ein und drücken Sie die Enter-Taste. Klicken Sie auf einen beliebigen Punkt, verschieben Sie den Cursor nach rechts, geben Sie `140` ein und drücken Sie zweimal die Enter-Taste. Ein neues Textobjekt wird rechts neben dem in Schritt 2 gespiegelten Textobjekt angezeigt.

> Das Duplizieren von vorhandenen Textobjekten stellt eine Alternative zum Erstellen neuer Textobjekte dar.

5. Klicken Sie auf der Registerkarte Start in der Gruppe Beschriftung auf die Schaltfläche Einzelne Zeile. Die Eingabeaufforderung lautet:

```
Startpunkt des Texts angeben oder[ Position/Stil] :
```

6. Geben Sie `s` (für Stil) ein und drücken Sie die Enter-Taste. Geben Sie `Titel` (den Namen des im Abschnitt »Textstile erstellen« erstellten Textstils) ein und drücken Sie die Enter-Taste. Titel wird zum aktuellen Textstil.

7. Klicken Sie auf Punkt A in Abbildung 10.10, um den Anfangspunkt für den neuen Text zu bestimmen. Die Eingabeaufforderung lautet:

```
Höhe angeben <0.2000>:
```

Sie werden nur dann aufgefordert, eine Texthöhe für ein Textobjekt einzugeben, wenn die Höhenoption des dazugehörigen Stils auf 0 gesetzt ist.

8. Geben Sie `45` als Texthöhe ein und drücken Sie die Enter-Taste. Übernehmen Sie die Vorgabedrehung von 0 Grad durch Drücken der Enter-Taste. Geben Sie `Zeichnungstitel` ein und drücken Sie zweimal die Enter-Taste. Der Textbefehl wird beendet.

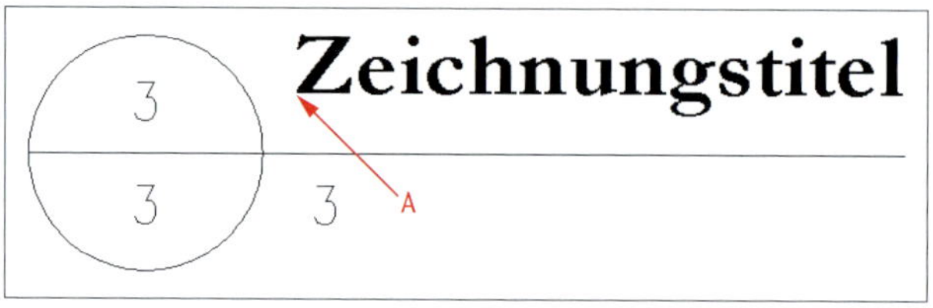

10.10 Einen Text mit dem Stil Titel erstellen

9. Speichern Sie Ihre Arbeit unter dem Dateinamen »Kap10-E.dwg«.

Mehrzeiligen Text mit MTEXT schreiben und formatieren

Der Befehl MTEXT stellt einen Texteditor innerhalb von AutoCAD dar, der alle geschriebenen Zeilen und Absätze als ein einziges Objekt behandelt. Dieser vielseitige Befehl bietet Optionen wie Zeilenumbruch, Stilwechsel pro Buchstabe, Tabellen, Rechtschreibprüfung, Zeilenabstandssteuerung, Aufzählungs- und nummerierte Listen, Spaltenformatierung und vieles mehr.

Der Befehl MTEXT eignet sich hervorragend zum Schreiben von längeren Textpassagen in Zeichnungen. Im Folgenden erstellen und formatieren Sie einige eher ungewöhnliche Notizen. Anstatt diese mühsam einzugeben, importieren Sie einen der berühmtesten englischen Monologe und wandeln ihn in eine nummerierte Liste um.

1. Öffnen Sie gegebenenfalls die gerade erstellte Datei »Kap10-E.dwg« oder laden Sie sie von der Webseite zum Buch herunter und öffnen Sie sie in AutoCAD. Laden Sie außerdem die Datei »Hamlet.txt« herunter. Doppelklicken Sie auf diese Datei, um sie im Texteditor von Windows oder Mac OS zu öffnen. Wählen Sie gegebenenfalls Format|Zeilenumbruch, um den vollständigen Text anzuzeigen (siehe Abbildung 10.11).

2. Wechseln Sie mit Alt+Tab zurück zu AutoCAD und schwenken Sie dort in der Zeichnung »Kap10-E.dwg« zu dem großen Rechteck.

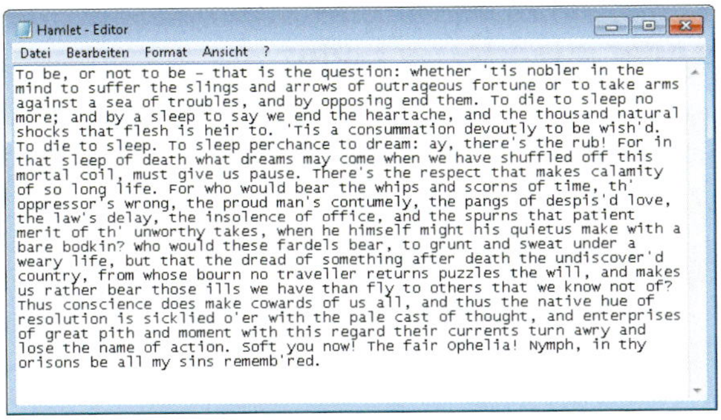

10.11 **Hamlets berühmter Monolog**

> Textobjekte werden stets im aktuellen Stil erstellt.

3. Geben Sie `stil` ein und drücken Sie die Enter-Taste. Doppelklicken Sie links im Dialogfeld Textstil in der Liste Stile auf den Eintrag Standard. Der Stil Standard wird zum aktuellen Stil. Bestätigen Sie durch Klicken auf Schließen.

A

zertifizierungsrelevant

4. Öffnen Sie auf der Registerkarte Start in der Gruppe Beschriftung das Dropdown-Menü Text und wählen Sie den Eintrag Mehrzeiliger Text aus. Klicken Sie auf die Punkte A und B, wie in Abbildung 10.12 zu sehen ist.

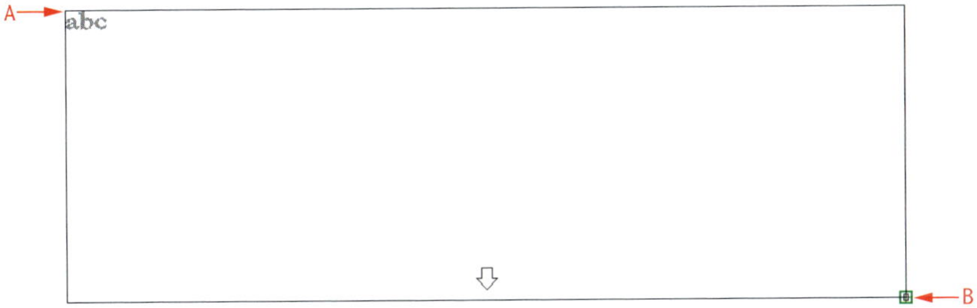

10.12 **Legen Sie die gegenüberliegenden Ecken für einen mehrzeiligen Textblock fest.**

5. In der Multifunktionsleiste wird die kontextabhängige Registerkarte Texteditor angezeigt. Erweitern Sie dort die Gruppe Extras und klicken Sie auf den Eintrag Text importieren (siehe Abbildung 10.13).

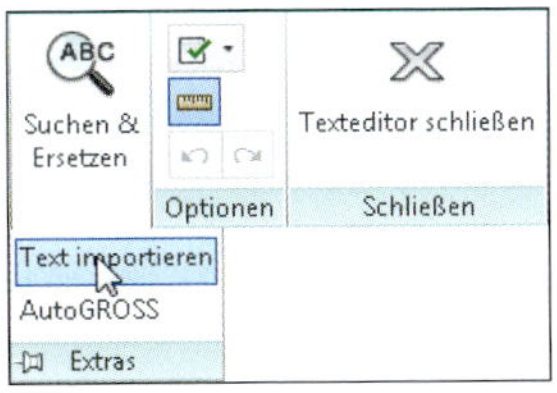

10.13 **Mehrzeiligen Text importieren**

Kontextabhängige Registerkarte oder integrierter Editor

In einem Arbeitsbereich, der die Multifunktionsleiste nicht unterstützt (zum Beispiel AutoCAD Klassisch) kann es keine kontextabhängige Registerkarte Texteditor geben. Stattdessen wird der integrierte Editor Textformatierung mit ähnlichem Funktionsumgang angezeigt.

Die deutsche Rechtschreibprüfung kennzeichnet die meisten Wörter mit einer roten Wellenlinie, da sie die englischen Begriffe nicht kennt. Klicken Sie auf der Registerkarte Texteditor in der Gruppe Rechtschreibung auf die Schaltfläche Rechtschreibung, um sie auszuschalten.

6. Klicken Sie im Dialogfeld Datei auswählen auf die Datei Hamlet.txt und anschließend auf die Schaltfläche Öffnen. Der Text wird in das große Rechteck eingefügt (siehe Abbildung 10.14).

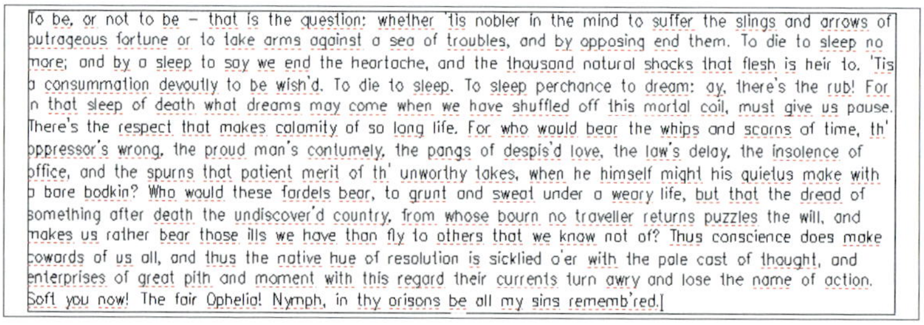

10.14 Mit dem Befehl MTEXT Text importieren

7. Ziehen Sie den Cursor vom Textende bis zum Textanfang, um den gesamten Text zu markieren. Öffnen Sie in der Gruppe Absatz das Dropdown-Menü Aufzählungszeichen und Nummerierung und wählen Sie den Eintrag Nummeriert. Der Textanfang beginnt nun mit der Nummerierung 1. Klicken Sie auf strategische Textstellen und drücken Sie die Enter-Taste, um den Text in mehrere nummerierte Absätze zu untergliedern (siehe Abbildung 10.15). Der Text überschreitet unten die Rechteckbegrenzung.

Klicken Sie in ein Textobjekt, das Sie gerade erstellen oder bearbeiten, um den Cursor im Text zu positionieren. Doppelklicken Sie auf eine Stelle, um ein Wort auszuwählen. Klicken Sie dreimal, um einen Absatz auszuwählen.

8. Klicken Sie in den Text, um die Textauswahl aufzuheben. Ziehen Sie mit gedrückter Maustaste über den Text »To be or not to be – that is the question«. Öffnen Sie in der Gruppe Formatierung das Dropdown-Menü Text-Editor-Farbkatalog und wählen Sie die Farbe Rot. Klicken Sie in derselben Gruppe auf die Schaltfläche In Großbuchstaben (siehe Abbildung 10.16).

9. Klicken Sie auf eine beliebige Stelle außerhalb des Textobjekts, um den Befehl MTEXT zu beenden.

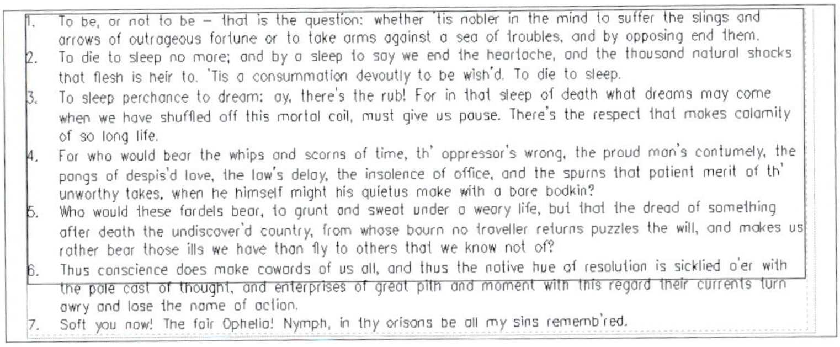

1. To be, or not to be – that is the question: whether 'tis nobler in the mind to suffer the slings and arrows of outrageous fortune or to take arms against a sea of troubles, and by opposing end them.
2. To die to sleep no more; and by a sleep to say we end the heartache, and the thousand natural shocks that flesh is heir to. 'Tis a consummation devoutly to be wish'd. To die to sleep.
3. To sleep perchance to dream: ay, there's the rub! For in that sleep of death what dreams may come when we have shuffled off this mortal coil, must give us pause. There's the respect that makes calamity of so long life.
4. For who would bear the whips and scorns of time, th' oppressor's wrong, the proud man's contumely, the pangs of despis'd love, the law's delay, the insolence of office, and the spurns that patient merit of th' unworthy takes, when he himself might his quietus make with a bare bodkin?
5. Who would these fardels bear, to grunt and sweat under a weary life, but that the dread of something after death the undiscover'd country, from whose bourn no traveller returns puzzles the will, and makes us rather bear those ills we have than fly to others that we know not of?
6. Thus conscience does make cowards of us all, and thus the native hue of resolution is sicklied o'er with the pale cast of thought, and enterprises of great pith and moment with this regard their currents turn awry and lose the name of action.
7. Soft you now! The fair Ophelia! Nymph, in thy orisons be all my sins rememb'red.

10.15 Einen Textblock in eine Reihe von nummerierten Notizen umwandeln

In Großbuchstaben

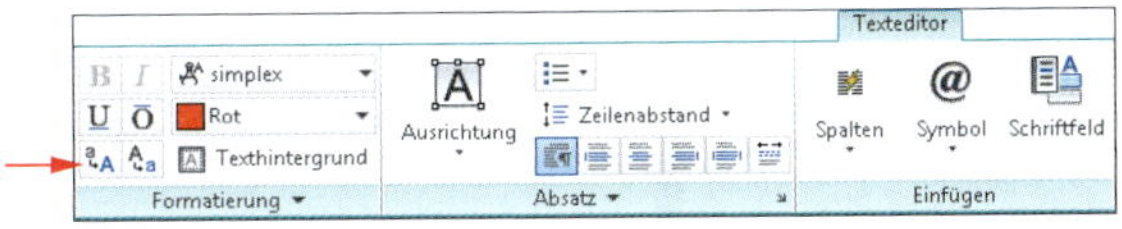

10.16 Ausgewählten Text formatieren

Sie können ausgewählte Zeichen oder Wörter unabhängig vom übrigen Text mit dem Befehl MTEXT formatieren.

10. Speichern Sie Ihre Arbeit unter dem Dateinamen »Kap10-F.dwg«.

Text bearbeiten

Zum Bearbeiten von Text zählen verschiedenste Dinge, angefangen beim Ändern des Inhalts, über das Definieren von Textobjekteigenschaften bis hin zum Spaltensatz.

Inhalt und Eigenschaften ändern

Das Ändern von Textinhalt ist besonders einfach. Sie wählen den zu überarbeitenden Text aus und überschreiben ihn mit neuem Text. Und Eigenschaften ändern Sie in der Schnelleigenschaften- oder der Eigenschaftenpalette. Im Folgenden bearbeiten Sie sowohl den Textinhalt als auch die Texteigenschaften.

1. Öffnen Sie gegebenenfalls die gerade erstellte Datei »Kap10-F.dwg« oder laden Sie sie von der Webseite zum Buch herunter und öffnen Sie sie in AutoCAD.
2. Doppelklicken Sie auf den Text im unteren Halbkreis. Der Befehl DDEDIT wird ausgeführt. Die Zahl 3 wird hervorgehoben dargestellt. Geben Sie `A-4` ein und drücken Sie die Enter-Taste. Klicken Sie außerhalb des Bearbeitungsbereichs und drücken Sie ESC, um den DDEDIT-Befehl zu beenden. Das Kreissymbol verweist nun auf Blatt A-4 der (hypothetischen) Zeichnung 3 (siehe Abbildung 10.17).

zertifizierungsrelevant

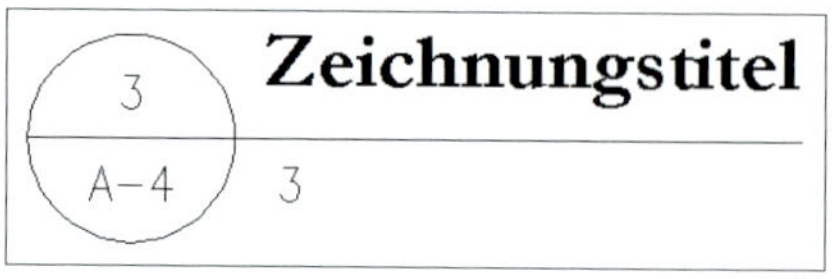

10.17 Text bearbeiten

3. Schalten Sie in der Statusleiste die Schnelleigenschaften ein und wählen Sie den Text 3 unter dem Text Zeichnungstitel aus. Die Schnelleigenschaftenpalette wird geöffnet. Ändern Sie dort die Ausrichtung auf Mitte links und geben Sie im Feld Inhalt `Skalierung 1:20` ein (siehe Abbildung 10.18).

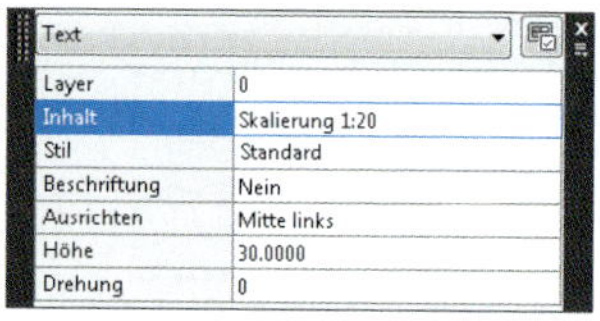

10.18 Textinhalt und -ausrichtung in den Schnelleigenschaften ändern

> In der Eigenschaftenpalette stehen mehr Eigenschaften als in der Schnelleigenschaftenpalette zur Verfügung.

4. Drücken Sie die Enter-Taste, um das gewählte Objekt zu aktualisieren. Drücken Sie ESC, um die Textauswahl aufzuheben und schalten Sie in der Statusleiste die Schnelleigenschaften aus. Abbildung 10.19 zeigt das Ergebnis.

10.19 Inhalt und Eigenschaften von Text wurden bearbeitet.

5. Speichern Sie Ihre Arbeit unter dem Dateinamen »Kap10-G.dwg«.

Mit Spalten arbeiten

Sie können mehrzeilige Textobjekte problemlos in Spalten anordnen. Diese Darstellung bietet sich an, wenn der Text nicht in den ihm zugewiesenen Bereich passt. Im Spaltensatz stehen Ihnen mehr Layoutoptionen zur Verfügung, um die optimale Passform für die Absätze im verfügbaren Bereich zu finden. Im Folgenden definieren Sie mithilfe der Objektgriffe zwei Spalten.

1. Öffnen Sie gegebenenfalls die gerade erstellte Datei »Kap10-G.dwg« oder laden Sie sie von der Webseite zum Buch herunter und öffnen Sie sie in AutoCAD.
2. Klicken Sie auf den Hamlet-Text, um das Textobjekt auszuwählen und seine Griffe einzublenden. Klicken Sie unten auf den Griff Spaltenhöhe, verschieben Sie den Cursor nach oben bis zur unteren Rechtecklinie und klicken Sie. Der Text wird in zwei Spalten dargestellt (Abbildung 10.20).

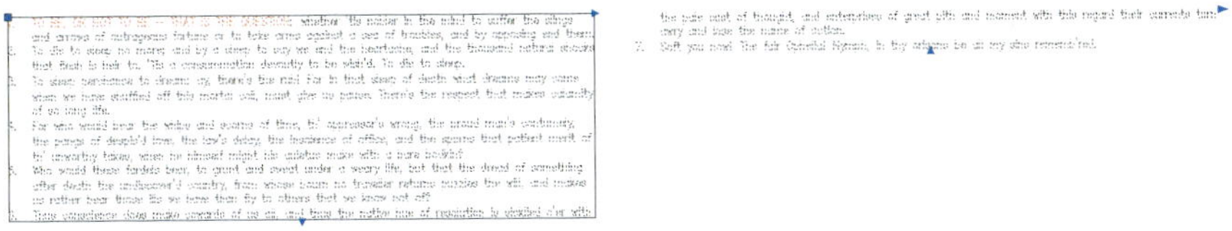

10.20 Mit dem Griff Spaltenhöhe zwei Spalten erzeugen

3. Klicken Sie oben auf den mittleren Griff Spaltenbreite, verschieben Sie den Cursor nach links bis zur rechten Rechtecklinie und klicken Sie. Die Spaltenbreite wird angepasst (siehe Abbildung 10.21).

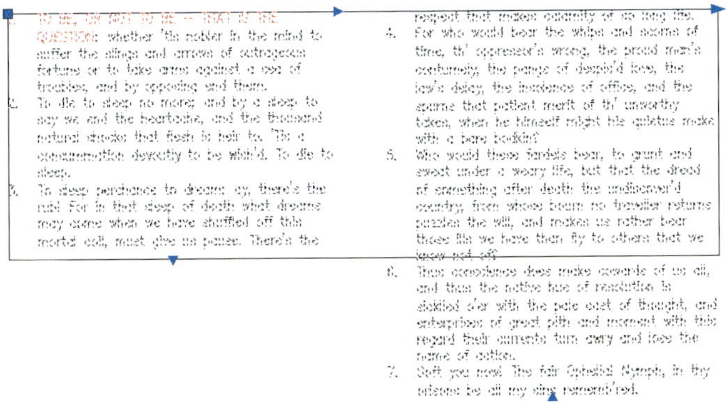

10.21 Mit dem Griff Spaltenbreite die Spaltenbreite ändern

4. Die erste Spalte ist im Vergleich zur zweiten Spalte zu kurz. Klicken Sie daher auf den linken Griff Spaltenhöhe, verschieben Sie den Cursor nach unten und klicken Sie. Die beiden Spalten sollten ungefähr gleich lang sein. Drücken Sie ESC, um die Auswahl aufzuheben. Wählen Sie abschließend das Rechteck aus und drücken Sie Entf. Abbildung 10.22 zeigt das Ergebnis.

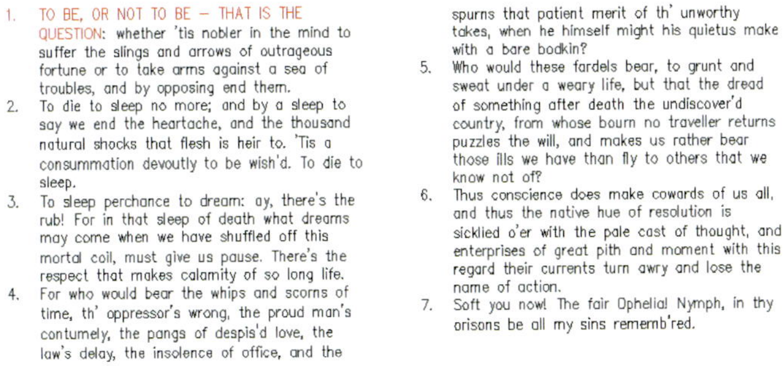

10.22 Ein fast perfekter Spaltensatz

5. Speichern Sie Ihre Arbeit unter dem Dateinamen »Kap10-H.dwg«. Die bereits fertiggestellte gleichnamige Datei finden Sie bei Bedarf unter `www.wiley-vch.de/publish/dt/books/ISBN978-3-527-76013-8` auf der Downloadseite zu Kapitel 10.

Zusammenfassung und Ausblicke

In diesem Kapitel haben Sie erfahren, wie Sie mit Text arbeiten. Sie haben Textstile definiert, einzeiligen Text geschrieben und ausgerichtet sowie mehrzeiligen Text importiert und anschließend bearbeitet. Sie sind nun in der Lage, Ihre Zeichnungen mit Textobjekten zu dokumentieren und so Ihre Designintention sowohl grafisch als auch sprachlich zu vermitteln.

Zusätzliche Übung

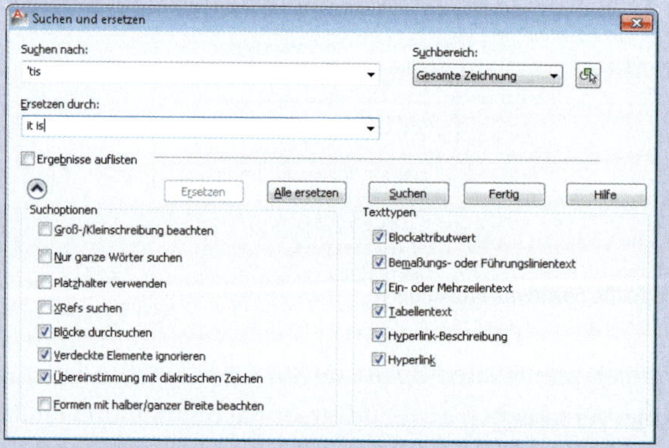

Eignen Sie sich den Befehl SUCHEN selbstständig an. Suchen Sie damit nach bestimmten Texten und ersetzen Sie sie durch anderen Text. Sie können Text in der gesamten Zeichnung suchen und ersetzen oder diesen Vorgang auf Blöcke, Attribute, Bemaßungen, Tabellen und/oder XRefs beschränken. Zur Verfeinerung der Suchen-und-Ersetzen-Aufgabe stehen Optionen wie Groß-/Kleinschreibung beachten, XRefs suchen, Bemaßungs- oder Führungslinientext und viele mehr zur Verfügung. Klicken Sie gegebenenfalls im Dialogfeld Suchen und Ersetzen unten links auf den nach unten zeigenden Pfeil, um das Dialogfeld zu erweitern und die verfügbaren Optionen anzuzeigen.

Zeichnungen bemaßen

In diesem Kapitel dreht sich alles um *Bemaßungen*. Das Bemaßen von Zeichnungen – das Einfügen von präzisen numerischen Maßeinheiten – wird in AutoCAD mit realer Skalierung durchgeführt. Das heißt: Solange Sie mit realen Größen arbeiten, wird die Bemaßung automatisch korrekt angezeigt. Im Folgenden führen Sie die Bemaßung im Modellbereich durch. Das Bemaßen von Zeichnungen im Papierbereich und Ansichtsfenster sind Thema in Kapitel 13.

In diesem Kapitel

- Bemaßungsstil definieren
- Bemaßungen hinzufügen
- Bemaßungen bearbeiten

Bemaßungsstil definieren

Die Darstellung der Bemaßung (Textgröße und Pfeile, Länge der Hilfslinien und so weiter) wird mithilfe von Bemaßungsstilen gesteuert. Jede Zeichnung verfügt über einen Standardstil für die Bemaßung, der logischerweise auch stets als aktueller Stil eingestellt ist. Enthält die Zeichnung mehrere Bemaßungsstile, müssen Sie den gewünschten Stil als aktuellen Stil auswählen. Allen neuen Bemaßungsobjekten wird automatisch der aktuelle Stil zugeordnet, ähnlich wie bei den Layern und den Textstilen.

Das Bearbeiten eines Bemaßungsstils in einer Zeichnung hat keinerlei Auswirkungen auf die Bemaßung oder die Stile in anderen Zeichnungen. Wenn Sie stets mit denselben Bemaßungsstilen arbeiten wollen, passen Sie die Stile in Ihrer Zeichnungsvorlagendatei an.

Sie können Bemaßungsstile bearbeiten und sogar Unterstile zur Steuerung der Darstellung der Bemaßung definieren, um beispielsweise bestimmte Unternehmens- oder Industriestandards einzuhalten. Wenn Sie beispielsweise für die lineare und ausgerichtete Bemaßung keine Pfeilspitzen, sondern die in der Architektur eingesetzten Schrägstriche verwenden, für die Radius-, Durchmesser- und Winkelbemaßung aber mit Pfeilen arbeiten wollen, können Sie dies in einem Bemaßungsstil oder in einer Reihe von Unterstilen definieren.

In den folgenden Schritten ändern Sie den Bemaßungsstil Standard und erstellen einige Unterstile für bestimmte Bemaßungstypen, die Sie dann im nächsten Abschnitt zum Einfügen von Bemaßungsobjekten verwenden.

Die Beispieldateien in diesem Kapitel verwenden allgemeine Maßeinheiten. Das heißt, die Zahlen können als Zentimeter, Millimeter, Fuß, Zoll etc. interpretiert werden.

1. Wechseln Sie auf der Downloadseite zum Buch (`www.wiley-vch.de/publish/dt/books/ISBN978-3-527-76013-8`) in Kapitel 11 zur Datei »Kap11-A.dwg« und öffnen Sie sie in AutoCAD (siehe Abbildung 11.1).

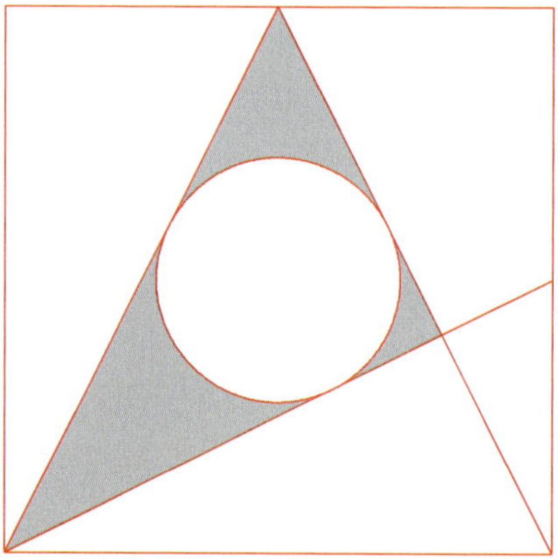

11.1 Geometrische Form für die Bemaßung

zertifizierungs-relevant

2. Erweitern Sie auf der Registerkarte Start die Gruppe Beschriftung und klicken Sie auf die Schaltfläche Bemaßungsstil (siehe Abbildung 11.2).

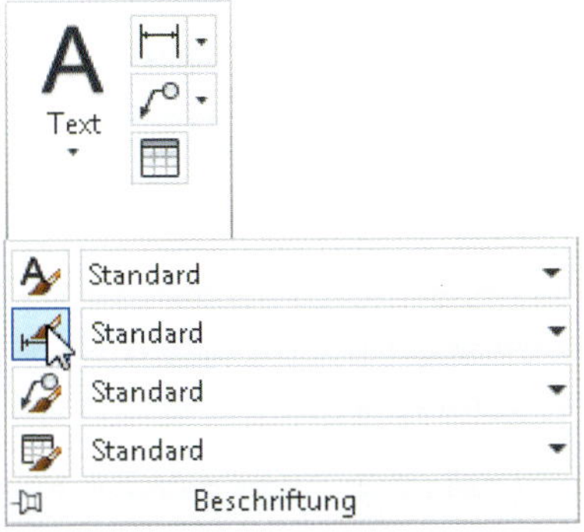

11.2 Bemaßungsstil ändern

3. Wie Sie im Dialogfeld Bemaßungsstil-Manager erkennen können, verfügt jede Zeichnung über die beiden Bemaßungsstile Standard und Beschriftung (siehe Abbildung 11.3). Der Stil Standard ist stets der Vorgabestil. Klicken Sie auf die Schaltfläche Ändern, um den Standardstil zu bearbeiten.

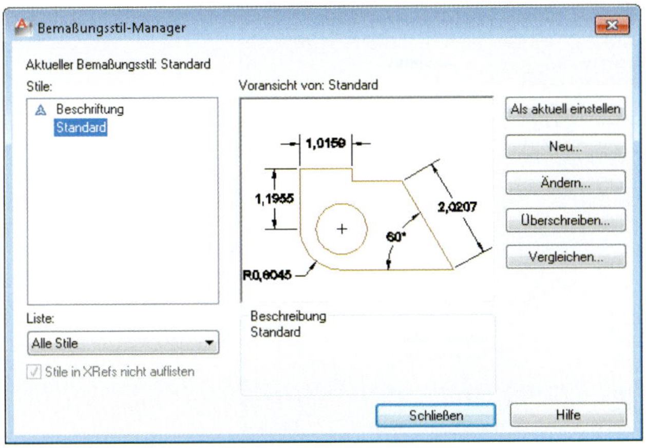

11.3 Der Bemaßungsstil-Manager

> In Kapitel 13 lernen Sie die Beschriftungsstile kennen.

4. Wechseln Sie im Dialogfeld Bemaßungsstil ändern: Standard zur Registerkarte Primäreinheiten. Setzen Sie das Feld Genauigkeit auf 0, wählen Sie bei Bedarf im Dropdown-Menü Dezimaltrennzeichen das Komma und aktivieren Sie im Bereich Null unterdrücken das Kontrollkästchen Nachkomma (siehe Abbildung 11.4).

5. Wechseln Sie zur Registerkarte Symbole und Pfeile. Wählen Sie im Bereich Pfeilspitzen im Dropdown-Menü Erste den Eintrag Offen 30 (siehe Abbildung 11.5). Im Dropdown-Menü Zweite wird automatisch ebenfalls Offen 30 angezeigt.

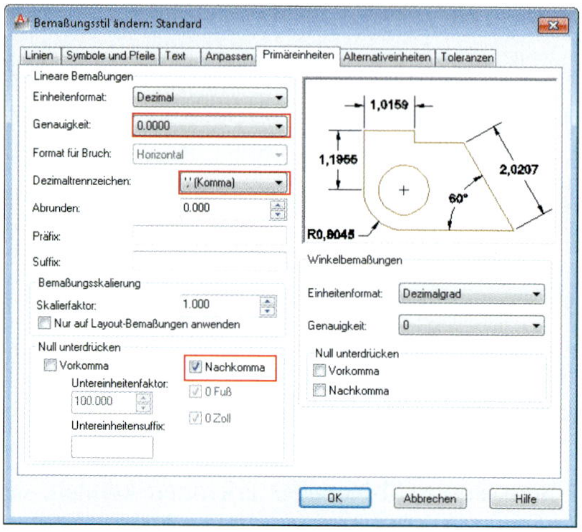

11.4 Die Primäreinheiten konfigurieren

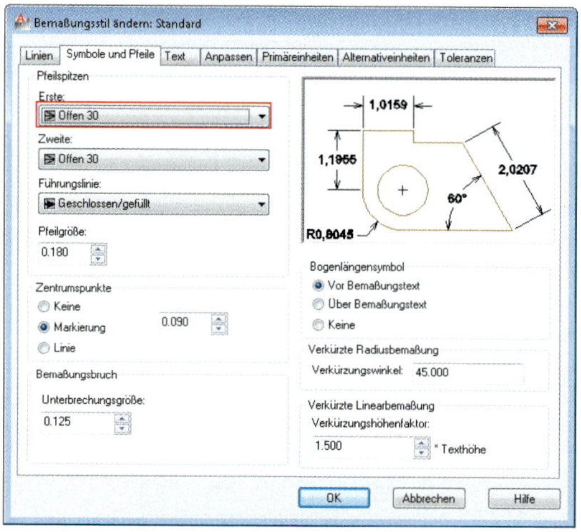

11.5 Pfeilspitzen ändern

6. Wechseln Sie zur Registerkarte Linien. Doppelklicken Sie auf den Wert des Feldes Abstand von Ursprung und geben Sie `0.125` ein (siehe Abbildung 11.6). Klicken Sie auf OK und dann auf Schließen, um die Änderungen im Standardstil zu speichern.

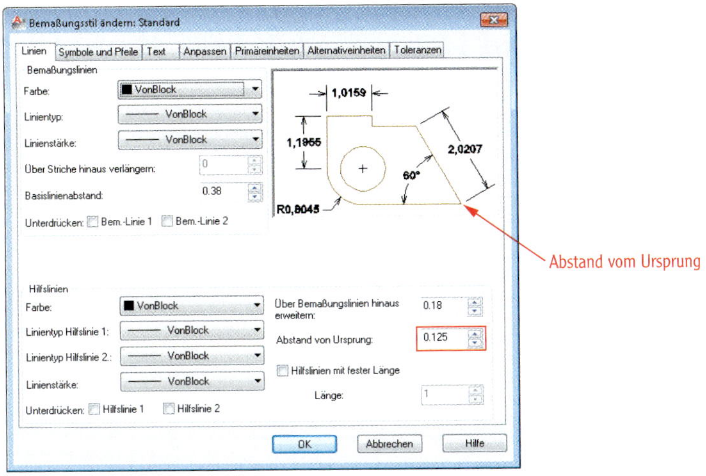

11.6 Abstand vom Ursprung vergrößern

Aktualisierung von Bemaßungsobjekten

Wenn Sie einen Bemaßungsstil ändern, werden automatisch alle Bemaßungsobjekte in der aktuellen Zeichnung aktualisiert, denen dieser Bemaßungsstil zugeordnet ist.

7. Geben Sie `bemstil` ein und drücken Sie die Enter-Taste. Das Dialogfeld Bemaßungsstil-Manager wird erneut geöffnet. Klicken Sie auf die Schaltfläche Neu. Das Dialogfeld Neuen Bemaßungsstil erstellen wird geöffnet. Stellen Sie sicher, dass Anfangen mit auf Standard gesetzt ist. Wählen Sie im Dropdown-Menü Verwenden für den Eintrag Winkelbemaßungen (siehe Abbildung 11.7) und klicken Sie auf Weiter.

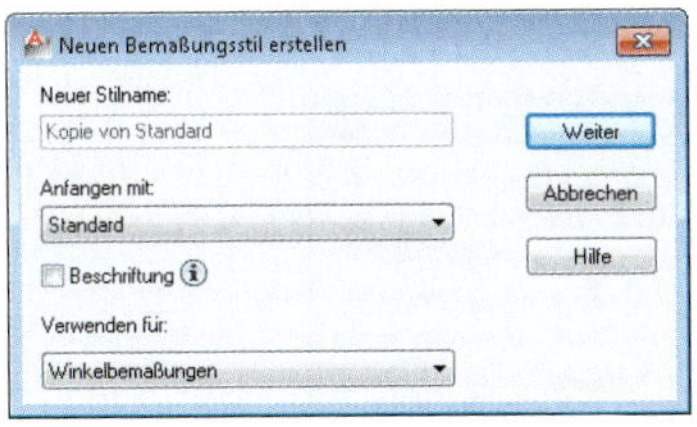

11.7 Einen Unterstil für Winkelbemaßungen definieren

8. Das Dialogfeld Neuer Bemaßungsstil: Standard: Winkel wird geöffnet. Wechseln Sie zur Registerkarte Symbole und Pfeile. Wählen Sie im Bereich Pfeilspitzen im Dropdown-Menü Erste den Eintrag Geschlossen/gefüllt (siehe Abbildung 11.8). Im Dropdown-Menü Zweite wird automatisch ebenfalls Geschlossen/gefüllt angezeigt. In der Vorschau können Sie sehen, wie die Winkelbemaßung dargestellt wird. Bestätigen Sie mit OK.

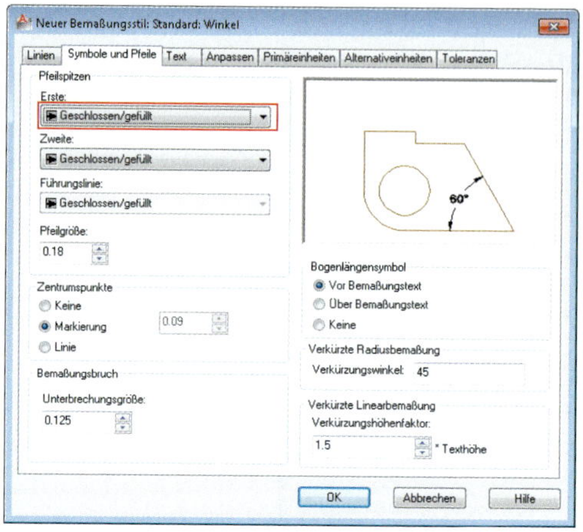

11.8 Die Pfeilspitzen im Winkel-Unterstil anpassen

9. Klicken Sie im Dialogfeld Bemaßungsstil-Manager erneut auf die Schaltfläche Neu. Wählen Sie im Dropdown-Menü Verwenden für den Eintrag Radiusbemaßungen und klicken Sie auf Weiter. Wählen Sie auf der Registerkarte Symbole und Pfeile im Dropdown-Menü Zweite den Eintrag Geschlossen/gefüllt. Die Vorschau zeigt an, wie die Radiusbemaßung mit diesem Unterstil dargestellt werden soll. Bestätigen Sie mit OK.

> Lineare Bemaßungen können horizontal oder vertikal angezeigt werden. Mit ausgerichteten Bemaßungen werden lineare Abstände in einem anderen Winkel als horizontal und vertikal gemessen.

10. Wählen Sie im Dialogfeld Bemaßungsstil-Manager im Listenfeld Stile den Stil Standard aus. In der Vorschau werden alle Einstellungen für den Stil Standard und seine beiden Unterstile zusammengefasst dargestellt: offene Pfeile für lineare und ausgerichtete Bemaßungen sowie geschlossene und gefüllte Pfeilspitzen für Winkel- und Radiusbemaßungen (siehe Abbildung 11.9). Klicken Sie auf Schließen.

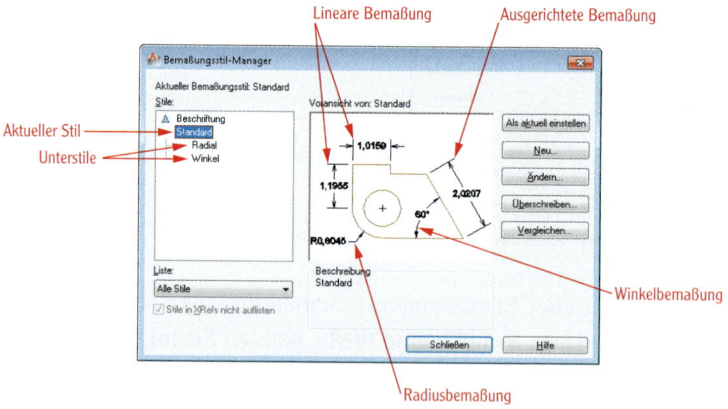

11.9 Die Vorschau zeigt die Darstellung für die verschiedenen Bemaßungen, wenn sie in die Zeichnung eingefügt werden.

11. Speichern Sie Ihre Arbeit unter dem Dateinamen »Kap11-B.dwg«.

Bemaßungen hinzufügen

In technischen Zeichnungen stellen Bemaßungen in der Regel Maßeinheiten dar, für die der Designer verantwortlich und unter Umständen haftbar ist. Wenn Sie wissen, wie man spezielle Bemaßungen in eine Zeichnung einfügt, ist es daher hilfreich zu wissen, wie Sie mit den *Abfragebefehlen* zum Messen von linearen Objekten (BEMGEOM und ABSTAND) oder zum Ermitteln von Flächeninhalten (FLÄCHE) Daten ermitteln, ohne diese in der Zeichnung anzuzeigen und dann dafür haftbar zu sein. Dies ist Thema des folgenden Abschnitts. Sie fügen im Folgenden außerdem eine Reihe von Bemaßungsobjekten mit speziellen Maßeinheiten ein. Am Ende dieses Kapitels wird eine *Führung* eingefügt. Es handelt sich hierbei um Text, der mit einem Pfeil auf ein bestimmtes Element in der Zeichnung zeigt und es dokumentiert.

Mit Abfragebefehlen arbeiten

Verwenden Sie Abfragebefehle, wenn Sie die Länge, den Winkel, den Namen oder die Fläche eines Elements wissen (aber nicht dokumentieren) wollen. Im Folgenden fragen Sie diese Daten in einer Zeichnung ab.

1. Öffnen Sie gegebenenfalls die gerade erstellte Datei »Kap11-B.dwg« oder laden Sie sie von der Webseite zum Buch herunter und öffnen Sie sie in AutoCAD.
2. Schalten Sie bei Bedarf in der Statusleiste den Objektfang ein. Klicken Sie dann mit der rechten Maustaste auf diese Schaltfläche und wählen Sie Endpunkt und Schnittpunkt als laufenden Objektfang.
3. Klicken Sie auf der Registerkarte Start in der Gruppe Dienstprogramme auf die Schaltfläche Messen. Klicken Sie auf die Punkte A und B (siehe Abbildung 11.10). Die Eingabeaufforderung lautet: zertifizierungs-relevant

   ```
   Abstand = 5.000, Winkel in XY-Ebene = 26.565,
   Winkel von XY-Ebene = 0.000 Delta X = 4.472,
   Delta Y = 2.236, Delta Z = 0.000
   ```

4. Klicken Sie in der Gruppe Dienstprogramme auf den Pfeil der Schaltfläche Messen, wählen Sie den Eintrag Radius aus und klicken Sie auf den Kreis. Die Eingabeaufforderung lautet:

   ```
   Radius = 1.000
   Durchmesser = 2.000
   ```

5. Geben Sie `w` (für Winkel) ein und drücken Sie die Enter-Taste. Wählen Sie die Linien A und B aus (siehe Abbildung 11.11). Die Eingabeaufforderung lautet:

   ```
   Winkel = 36.87
   ```

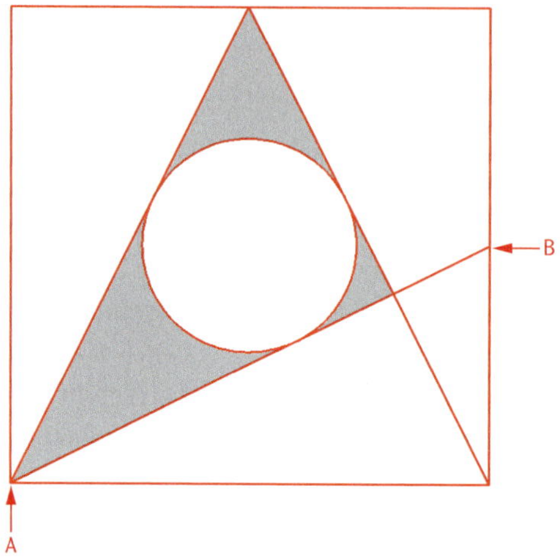

11.10 Den Abstand zwischen zwei Punkten messen

Die Anzahl der Dezimalstellen, die mit den Abfragebefehlen angezeigt werden, hängt von den Genauigkeitseinstellungen im Dialogfeld Zeichnungseinheiten ab, das durch Eingabe von `EINHEIT` geöffnet wird.

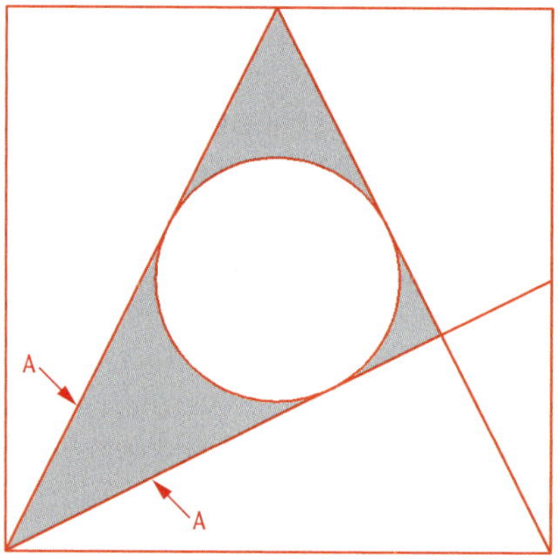

11.11 Den Winkel zwischen zwei Linien messen

6. Geben Sie `f` (für Fläche) ein und drücken Sie die Enter-Taste. Die Eingabeaufforderung lautet:

```
Ersten Eckpunkt angeben oder [ Objekt/fläche Hinzufügen/fläche Abziehen/eXit]
<Objekt>:
```

7. Übernehmen Sie die Vorgabe Objekt durch Drücken der Enter-Taste und wählen Sie den Kreis aus. Die Eingabeaufforderung lautet:

```
Fläche = 3.142, Kreisumfang = 6.283
```

8. Die Kreisfläche wird grün angezeigt. So kann der Betrachter erkennen, welche Fläche und welcher Umfang gemessen wird. In Abbildung 11.12 wird die Kreisfläche von 1 pi und der Umfang von 2 pi gezeigt. Drücken Sie ESC, um den Messbefehl zu beenden.

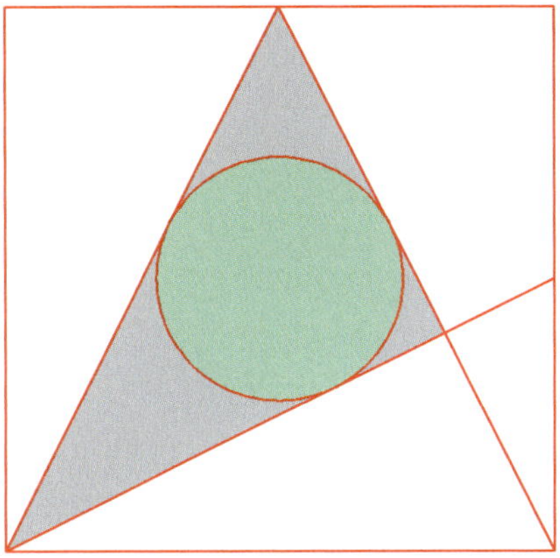

11.12 **Gemessene Flächen werden in Grün angezeigt.**

Bemaßungsobjekte hinzufügen

Im Folgenden fügen Sie mehrere Bemaßungsobjekte mithilfe verschiedenster Werkzeuge hinzu. Das Ergebnis sind lineare, ausgerichtete, Winkel-, Radiusbemaßungen etc.

1. Öffnen Sie gegebenenfalls die gerade bearbeitete Datei »Kap11-B.dwg« oder laden Sie sie von der Webseite zum Buch herunter und öffnen Sie sie in AutoCAD.

2. Schalten Sie bei Bedarf in der Statusleiste den Objektfang ein. Aktivieren Sie bei Bedarf Endpunkt und Schnittpunkt als laufenden Objektfang.

3. Klicken Sie auf der Registerkarte Start in der Gruppe Beschriftung auf die Schaltfläche Linear. Klicken Sie auf die Punkte A und B aus Abbildung 11.12, um den Anfang der ersten und der zweiten Hilfslinie zu definieren. Klicken Sie dann auf Punkt C, um die Position der Bemaßungslinie zu bestimmen.

zertifizierungs-relevant

Bemaßungsobjekte werden in der Regel mit der Form, auf die sie sich beziehen, verbunden. Dadurch wird die Bemaßung automatisch aktualisiert, wenn Sie die Geometrie der Form ändern.

4. Drücken Sie die Leertaste, um den letzten Befehl zu wiederholen. Die Eingabeaufforderung lautet:

```
Anfangspunkt der ersten Hilfslinie angeben oder <objekt Wählen>:
```

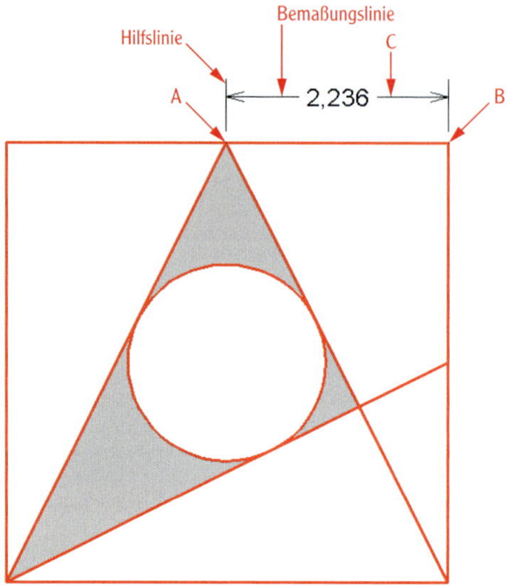

11.13 Durch Klicken auf drei Punkte eine lineare Bemaßung einfügen

Drücken Sie die Enter-Taste, um die Vorgabe Objekt wählen zu übernehmen. Klicken Sie auf die obere rote Linie und dann auf Punkt A, wie in Abbildung 11.14 zu sehen ist.

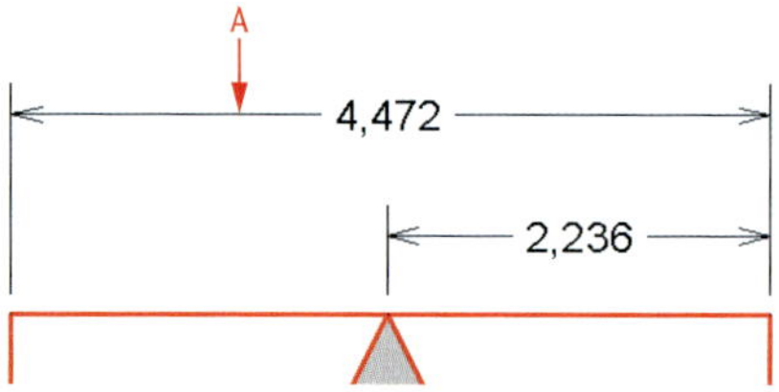

11.14 Objekt wählen und Position der Bemaßungslinie bestimmen

zertifizierungs-relevant

Mit dem Befehl BEMWEITER fügen Sie eine weitere Bemaßung an die vorherige an.

5. Geben Sie `bemmittelp` ein und drücken Sie die Enter-Taste. Wählen Sie den Kreis aus. Ein kleines Fadenkreuz wird in seinem Zentrum angezeigt.
6. Geben Sie `bemlinear` ein und drücken Sie die Enter-Taste. Klicken Sie auf die Punkte A, B und C, wie in Abbildung 11.15 zu sehen ist.
7. Geben Sie `bemweiter` ein und drücken Sie die Enter-Taste. Klicken Sie auf Punkt A (siehe Abbildung 11.10) und fügen Sie eine weitere lineare Bemaßung ein. Drücken Sie ESC, um den Befehl zu beenden.

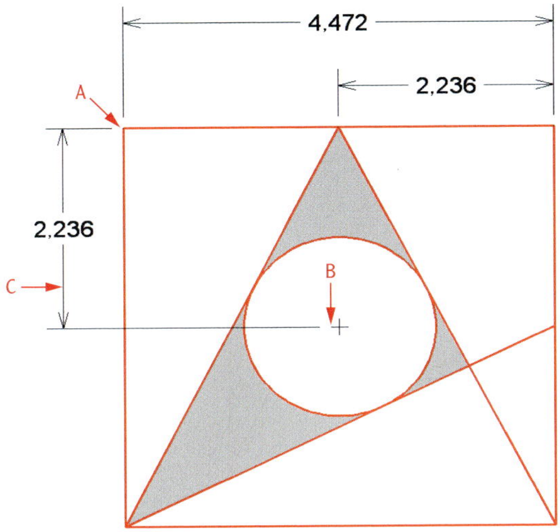

11.15 Eine weitere lineare Bemaßung einfügen

8. Öffnen Sie auf der Registerkarte Start in der Gruppe Beschriftung das Bemaßungsmenü und wählen Sie den Eintrag Ausgerichtet. Klicken Sie auf die Punkte A, B und C, wie in Abbildung 11.16 zu sehen ist.

zertifizierungsrelevant

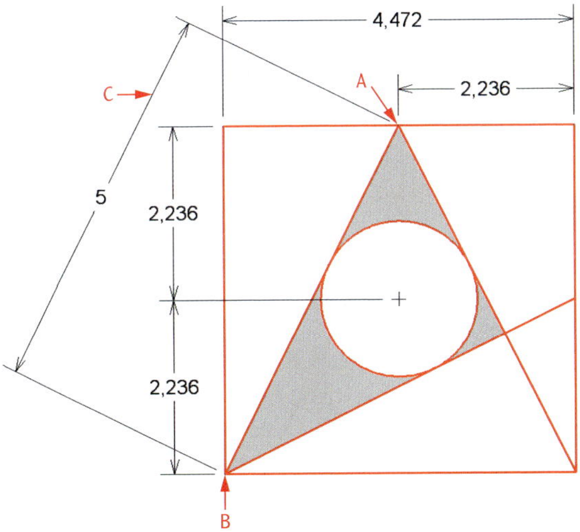

11.16 Eine ausgerichtete Bemaßung einfügen

9. Fügen Sie die vier in Abbildung 11.17 gezeigten ausgerichteten Bemaßungen ein (deren Maße 1, 2, 3 und 4 lauten).

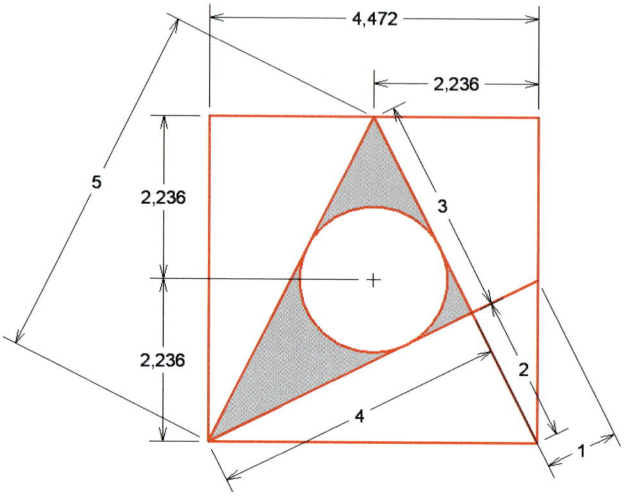

11.17 Weitere ausgerichtete Bemaßungen einfügen

zertifizierungs-relevant

10. Öffnen Sie auf der Registerkarte Start in der Gruppe Beschriftung das Bemaßungsmenü und wählen Sie den Eintrag Winkel. Wählen Sie Linie 1 und 2 aus, wie in Abbildung 11.18 zu sehen ist, und klicken Sie dann auf Punkt A. Drücken Sie die Leertaste, um den letzten Befehl zu wiederholen. Wählen Sie jetzt die Linien 1 und 3 aus und klicken Sie auf Punkt B.

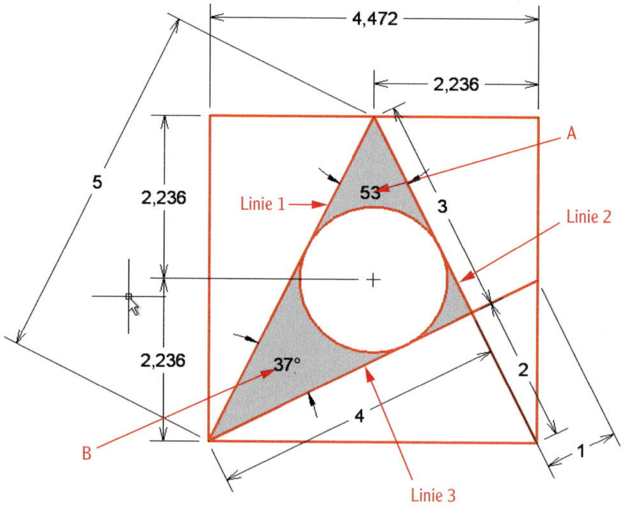

11.18 Winkelbemaßungen hinzufügen

11. Öffnen Sie auf der Registerkarte Start in der Gruppe Beschriftung das Bemaßungsmenü und wählen Sie den Eintrag Radius. Wählen Sie den Kreis aus und klicken Sie auf einen Punkt innerhalb des Kreises, um die Radiusbemaßung einzublenden (siehe Abbildung 11.19). **zertifizierungsrelevant**

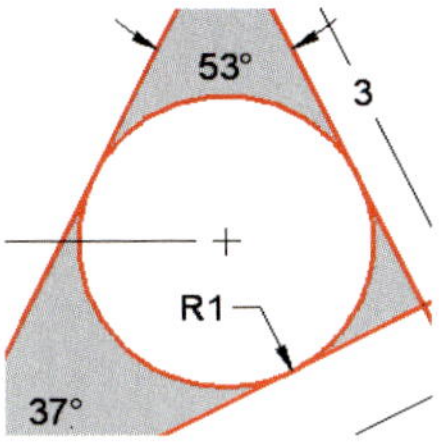

11.19 **Eine Radiusbemaßung einfügen**

12. Speichern Sie Ihre Arbeit unter dem Dateinamen »Kap11-C.dwg«.

Führungen hinzufügen und formatieren

Eine Führung besteht aus Text und einer Linie mit Pfeilspitze, die das Auge des Betrachters auf bestimmte geometrische Besonderheiten lenken sollen. Die Darstellung des Führungsobjekts wird genauso durch Führungsstile gesteuert, wie Bemaßungsstile die Darstellung von Bemaßungsobjekten bestimmen. Im Folgenden fügen Sie eine Führung hinzu und legen ihren Stil fest.

1. Öffnen Sie gegebenenfalls die gerade erstellte Datei »Kap11-C.dwg« oder laden Sie sie von der Webseite zum Buch herunter und öffnen Sie sie in AutoCAD.
2. Klicken Sie auf der Registerkarte Start in der Gruppe Beschriftung auf die Schaltfläche Führung. Klicken Sie auf die Punkte A und B und geben Sie `Kreisfläche = 3,142` ein. Beenden Sie den Führungsbefehl durch Drücken von Strg+Enter. **zertifizierungsrelevant**

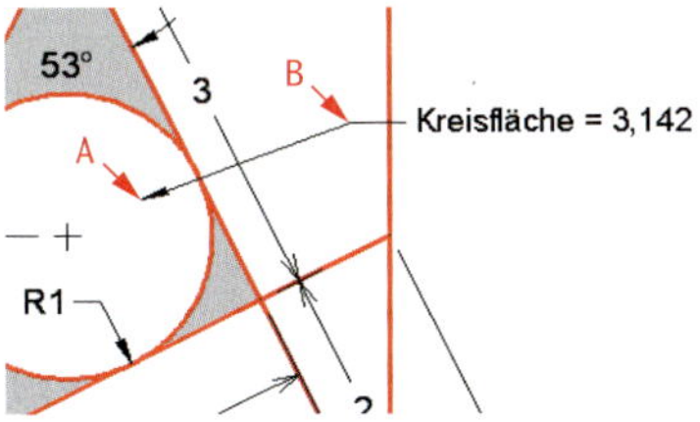

11.20 **Ein Führungsobjekt einfügen**

3. Erweitern Sie auf der Registerkarte Start die Gruppe Beschriftung und klicken Sie auf den Eintrag Multi-Führungslinien-Stil. Klicken Sie im Dialogfeld Multi-Führungslinien-Stil-Manager auf die Schaltfläche Ändern.

4. Wählen Sie im Dialogfeld Multi-Führungslinien-Stil ändern: Standard im Bereich Pfeilspitze im Dropdown-Menü Symbol den Eintrag Punkt (siehe Abbildung 11.21). Bestätigen Sie mit OK und Schließen. Das Führungsobjekt wird mit einem Punktende anstelle einer Pfeilspitze angezeigt.

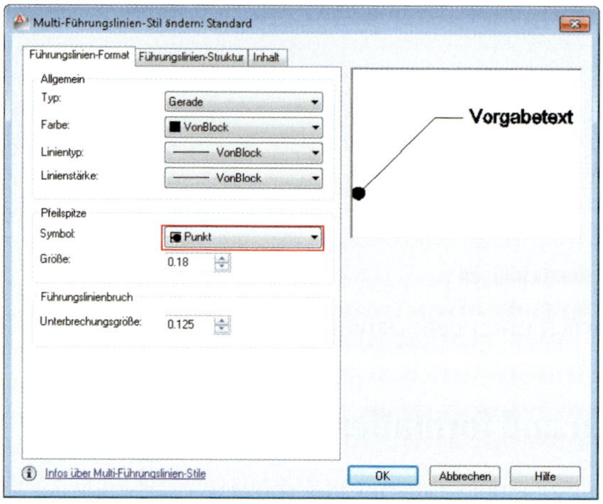

11.21 Führungsstil bearbeiten

5. Speichern Sie Ihre Arbeit unter dem Dateinamen »Kap11-D.dwg«.

Bemaßungen bearbeiten

Bemaßungen verfügen über Griffe, mit denen Sie die Hilfslinien, die Bemaßungslinie und den Bemaßungstext unabhängig voneinander bearbeiten können. Im Folgenden bearbeiten Sie die Länge und die Position einer Hilfs- und einer Bemaßungslinie, ändern die Darstellung von Bemaßungsobjekten durch die Überarbeitung eines Bemaßungsstils und wenden einigen spezielle Befehle zur Bemaßungsbearbeitung an.

1. Öffnen Sie gegebenenfalls die gerade erstellte Datei »Kap11-D.dwg« oder laden Sie sie von der Webseite zum Buch herunter und öffnen Sie sie in AutoCAD.

2. Schalten Sie bei Bedarf in der Statusleiste den Objektfang ein, klicken Sie dann in der Statusleiste mit der rechten Maustaste auf die Schaltfläche Objektfang und wählen Sie im Kontextmenü Endpunkt und Zentrum als laufenden Objektfang.

zertifizierungs-relevant

3. Wählen Sie das obere lineare Bemaßungsobjekt mit dem Wert 2,236 aus. Klicken Sie auf den unteren linken Griff und lassen Sie ihn an Punkt A (siehe Abbildung 11.22) einrasten, um die Hilfslinie zu verlängern. Drücken Sie ESC, um die Auswahl aufzuheben.

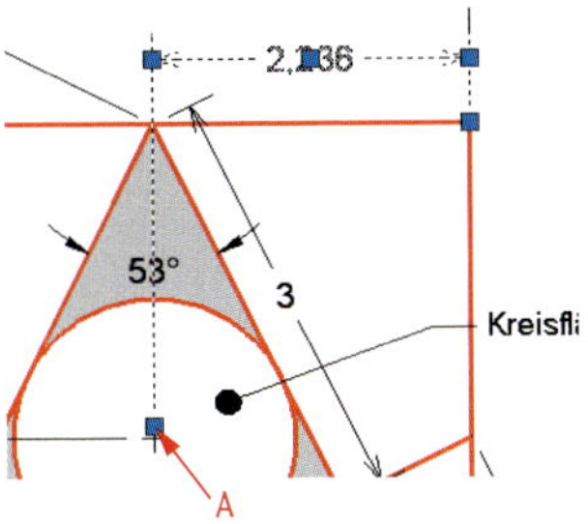

11.22 Griffbearbeitung eines Bemaßungsobjekts

4. Geben Sie `bemstil` ein und drücken Sie die Enter-Taste. Wählen Sie im Dialogfeld Bemaßungsstil-Manager den Unterstil Winkel aus und klicken Sie auf die Schaltfläche Ändern.

5. Wechseln Sie im Dialogfeld Bemaßungsstil ändern: Standard: Winkel zur Registerkarte Anpassen. Aktivieren Sie im Bereich Einpassungsoptionen die Option Text (siehe Abbildung 11.23). Klicken Sie auf OK und dann auf Schließen. Die Winkelwerte werden außerhalb der gemessenen Linien angezeigt.

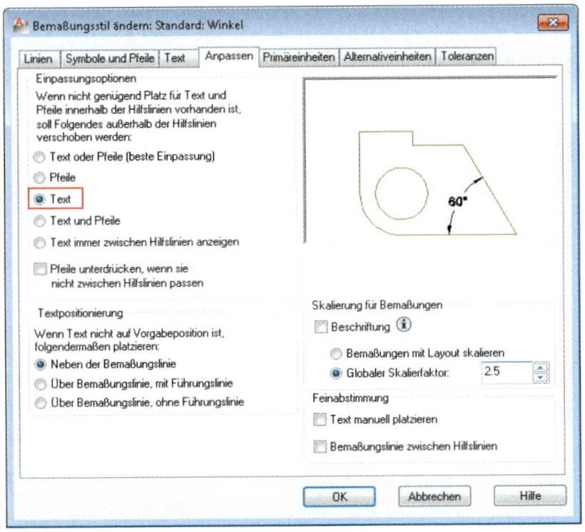

11.23 Anpassungsoptionen ändern

6. Geben Sie `bemedit` ein und drücken Sie die Enter-Taste. Die Eingabeaufforderung lautet: **zertifizierungsrelevant**

```
Bearbeitungstyp für Bemaßung eingeben [ Ausgangsposition/Neu/Drehen/
Schräg] <Ausgangsposition>:
```

7. Geben Sie `n` (für Neu) ein und drücken Sie die Enter-Taste. Ein kleines Texteditorfenster wird angezeigt. Drücken Sie Pfeil re, um den Cursor im Texteditorfenster nach rechts zu verschieben, und drücken Sie Backspace, um den Inhalt 0 zu löschen.

8. Geben Sie `Identisch` ein und drücken Sie Strg+Enter, um den Textmodus zu beenden. Wählen Sie die beiden vertikalen linearen Bemaßungsobjekte mit gleichem Wert von 2,236 aus und drücken Sie die Enter-Taste. Das Ergebnis ist in Abbildung 11.24 zu sehen.

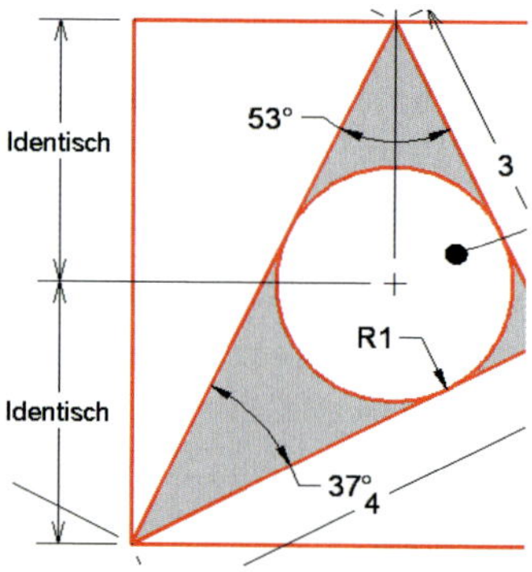

11.24 Bemaßungstext mit BEMEDIT bearbeiten

zertifizierungs-relevant

9. Geben Sie `bemtedit` ein und drücken Sie die Enter-Taste. Wählen Sie die ausgerichtete Bemaßung mit dem Wert 2 aus und drücken Sie die Enter-Taste. Die Eingabeaufforderung lautet:

```
Neue Position für Maßtext angeben oder
[ Links/Rechts/Zentrum/Ausgangsposition/Winkel] :
```

10. Geben Sie `l` (für Links) ein und drücken Sie die Enter-Taste. Zur besseren Lesbarkeit wird der Bemaßungstext innerhalb seiner Bemaßungslinie linksbündig ausgerichtet (siehe Abbildung 11.25).

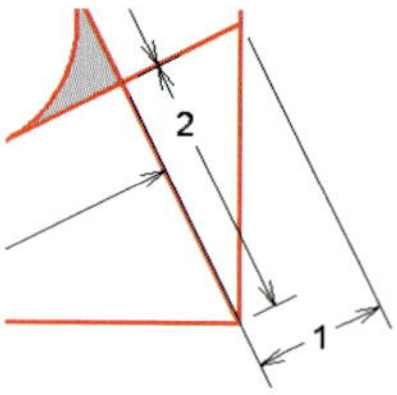

11.25 Ausrichtung des Bemaßungstextes mit BEMTEDIT ändern

11. Klicken Sie auf der Registerkarte Beschriften in der Gruppe Bemaßungen auf die Schaltfläche Bruch. Die Eingabeaufforderung lautet:

`Bemaßung für Hinzufügen/Entfernen eines Bruchs wählen, oder[ Mehrere] :`

12. Geben Sie `m` (für mehrere) ein und drücken Sie die Enter-Taste. Wählen Sie die Bemaßungen mit den Werten 2,236, 3 und 5 aus und drücken Sie die Enter-Taste. Die Eingabeaufforderung lautet:

`Objekt zum Bruch der Bemaßungen wählen oder[ Auto/Entfernen] <Auto>:`

13. Bestätigen Sie die Vorgabe Auto durch Drücken der Enter-Taste. Der Bruchbefehl wird beendet und an den Stellen, an denen sich die drei Bemaßungen treffen, werden Linienunterbrechungen eingefügt (siehe Abbildung 11.26).

14. Speichern Sie Ihre Arbeit unter dem Dateinamen »Kap11-E.dwg«. Die bereits fertiggestellte gleichnamige Datei finden Sie bei Bedarf unter `www.wiley-vch.de/publish/dt/books/ISBN978-3-527-76013-8` auf der Downloadseite zu Kapitel 11.

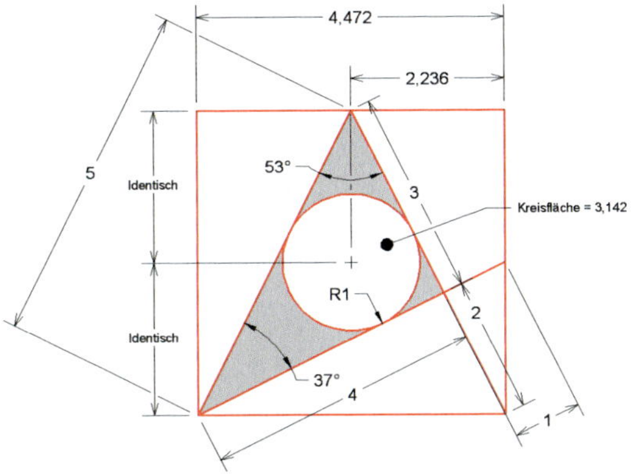

11.26 Überlappende Bemaßungen unterbrechen

Zusammenfassung und Ausblicke

In diesem Kapitel haben Sie Ihre ersten Erfahrungen mit dem Bemaßen von Zeichnungen gemacht. Sie wissen nun, wie Sie Bemaßungsstile anpassen und neue Unterstile definieren. Außerdem haben Sie gelernt, wie Sie lineare, ausgerichtete, Winkel- und Radiusbemaßungsobjekte einfügen und sie mit verschiedenen Verfahren an Ihre Vorstellungen anpassen.

Zusätzliche Übung

Eignen Sie sich den Befehl BEMBASISL selbstständig an. Mit diesem Befehl nehmen aufeinanderfolgende Bemaßungen auf denselben Basispunkt Bezug, um kumulative Fehler zu vermeiden, die sich durch Rundungsfehler ergeben können. Erstellen Sie zwei Sätze mit Basislinienbemaßungen, die Bezug auf den linken und den oberen Rand der Zeichnung nehmen.

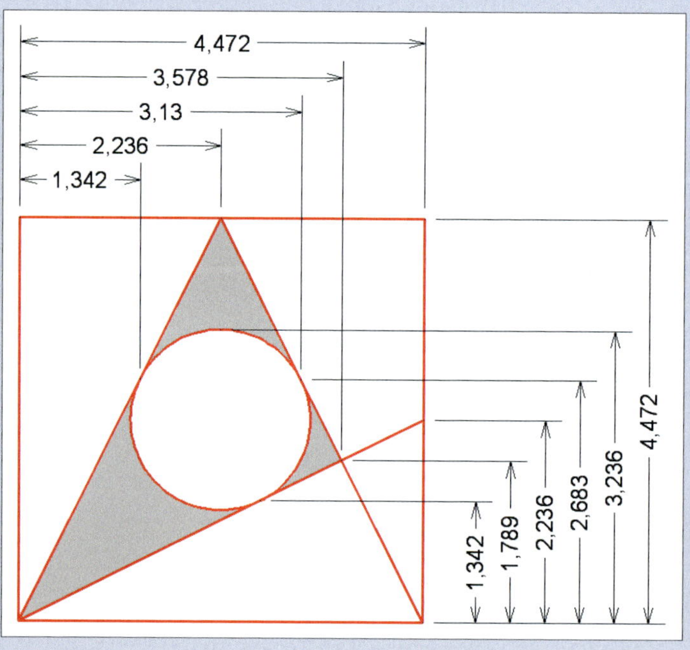

Objekte mit Abhängigkeiten steuern

Abhängigkeiten stellen bestimmte Beschränkungen dar, mit denen während der Designentwicklung Objekte innerhalb vorgegebener Grenzen in bestimmter Form und/oder Größe gehalten werden. In diesem Kapitel erstellen Sie drei Formen von Abhängigkeiten: eine geometrische Abhängigkeit, eine Bemaßungsabhängigkeit sowie eine benutzerdefinierte Abhängigkeit.

In diesem Kapitel

- Mit geometrischen Abhängigkeiten arbeiten
- Bemaßungsabhängigkeiten anwenden und Benutzerparameter definieren
- Objekte gleichzeitig mit geometrischen und Bemaßungsabhängigkeiten versehen
- Parameter für abhängige Objekte ändern

Mit geometrischen Abhängigkeiten arbeiten

In AutoCAD LT können keine Abhängigkeiten definiert werden. Es ist aber möglich, in AutoCAD 2012 erstellte Abhängigkeiten anzuzeigen und zu bearbeiten. Die Beispieldateien in diesem Kapitel verwenden allgemeine Maßeinheiten. Das heißt, die Zahlen können als Zentimeter, Millimeter, Fuß, Zoll etc. interpretiert werden.

AutoCAD 2012 stellt verschiedene geometrische Abhängigkeiten zur Verfügung, beispielsweise Zusammenfallend, Kollinear, Konzentrisch, Parallele, Lot, Horizontal, Vertikal, Tangente, Glatt und Symmetrisch, mit denen Sie Form- und Größenänderungen von Objekten einschränken. Im Folgenden weisen Sie geometrische Abhängigkeiten zu, sodass gewährleistet ist, dass ein Rechteck stets ein Quadrat bleibt, selbst wenn es gestreckt wird.

1. Wechseln Sie auf der Downloadseite zum Buch (`www.wiley-vch.de/publish/dt/books/ISBN978-3-527-76013-8`) zu Kapitel 12, laden Sie die Dateien herunter und öffnen Sie die Datei »Kap12-A.dwg« in AutoCAD.

2. Klicken Sie auf der Registerkarte Start in der Gruppe Zeichnen auf die Schaltfläche Rechteck. Klicken Sie im Zeichnungsfenster auf zwei Punkte, um ein Rechteck in beliebiger Größe zu zeichnen.

3. Schalten Sie in der Statusleiste die Funktion Abhängigkeiten ableiten ein.
4. Drücken Sie die Leertaste, um den Befehl zum Zeichnen eines Rechtecks zu wiederholen, und klicken Sie erneut auf zwei Punkte, um ein weiteres, beliebig großes Rechteck neben dem ersten zu zeichnen (Abbildung 12.1). AutoCAD leitet automatisch lotrechte und parallele Abhängigkeiten aus der Geometrie des zweiten Rechtecks ab.

Parallele, kollineare, konzentrische und Gleich-Abhängigkeiten werden stets paarweise angezeigt.

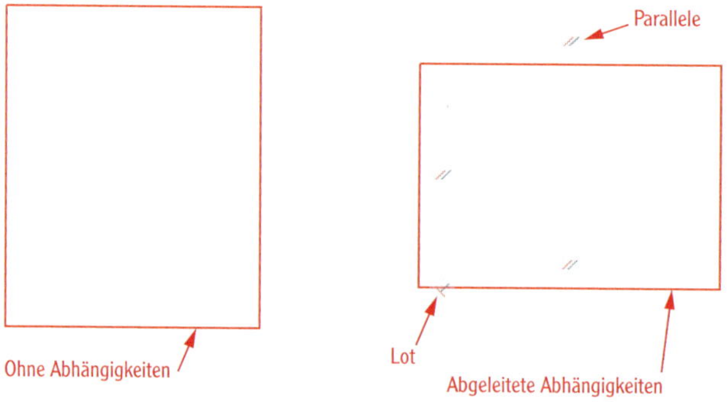

12.1 Zwei Rechtecke zeichnen, eines mit und eines ohne Abhängigkeiten

5. Drücken Sie Strg+Shift+I, um die Schaltfläche Abhängigkeiten ableiten zu deaktivieren.
6. Wählen Sie beide Rechtecke mit einer kreuzenden Auswahl aus. Zeigen Sie mit dem Cursor auf den oberen rechten Griff des linken Rechtecks und wählen Sie im

Griffmenü den Eintrag Scheitelpunkt strecken. Strecken Sie das Rechteck nach oben und nach rechts, sodass es sich verformt. Zeigen Sie mit dem Cursor auf den oberen rechten Griff des rechten Rechtecks und wählen Sie im Griffmenü ebenfalls den Eintrag Scheitelpunkt strecken (siehe Abbildung 12.2). Strecken Sie es nach oben und nach rechts. Aufgrund seiner Abhängigkeiten bleibt das Rechteck stets ein Rechteck. Sie können es nicht verformen. Drücken Sie ESC, um die Auswahl aufzuheben.

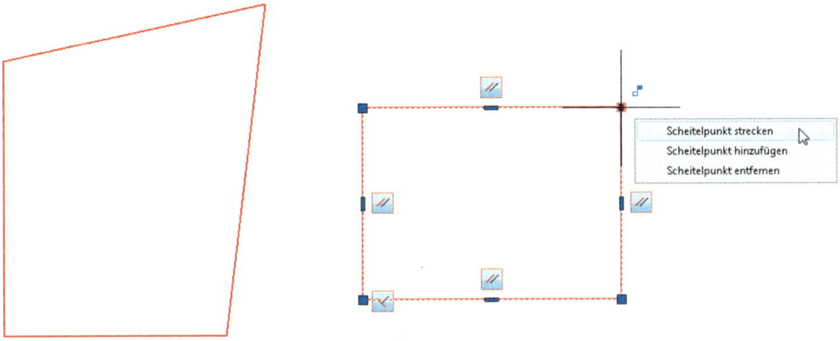

12.2 Streckungsabhängige Geometrie reduziert die Möglichkeiten der Verformbarkeit

7. Klicken Sie auf der Registerkarte Parametrisch in der Gruppe Geometrisch auf die Schaltfläche Auto-Abhängigkeit. Wählen Sie das unabhängige linke Rechteck aus und drücken Sie die Enter-Taste. Zwei Abhängigkeiten werden angewendet: Lot und Horizontal (siehe Abbildung 12.3).

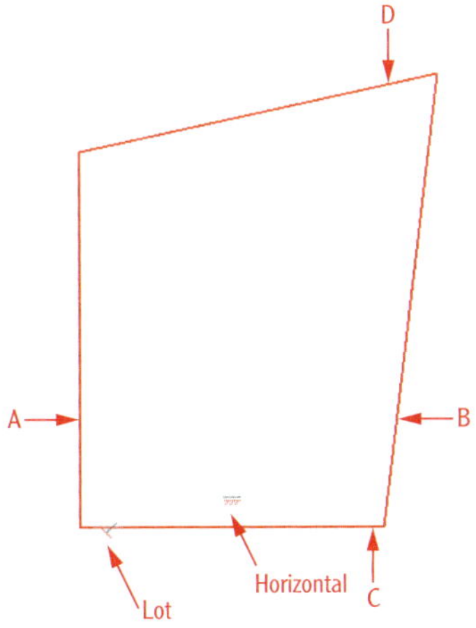

12.3 Abhängigkeiten mit dem Werkzeug Auto-Abhängigkeit anwenden

Nach Ableiten von Abhängigkeiten oder nach Aktivieren des Werkzeugs Auto-Abhängigkeit können die Objekte nicht neu positioniert werden. Dies ist nur bei manueller Anwendung von Abhängigkeiten möglich.

Die Klickreihenfolge kann entscheidend sein. Das zweite Objekt kann neu positioniert werden, je nachdem, welche Abhängigkeit für die Form und die Position der Objekte angewendet wird.

8. Klicken Sie auf der Registerkarte Parametrisch in der Gruppe Geometrisch auf die Schaltfläche Parallele. Klicken Sie auf die Linien A und B (siehe Abbildung 12.3). Linie B wird neu positioniert, sodass sie parallel zu Linie A verläuft.

9. Drücken Sie die Leertaste, um den Abhängigkeitsbefehl zu wiederholen. Klicken Sie dann auf die Linien C und D (siehe Abbildung 12.3).

10. Das linke Rechteck weist im Unterschied zum rechten Rechteck zusätzlich eine horizontale Abhängigkeit auf, die durch das Werkzeug Auto-Abhängigkeit angewendet wurde. Wählen Sie das rechte Rechteck aus und drücken Sie Entf.

11. Klicken Sie auf der Registerkarte Parametrisch in der Gruppe Geometrisch auf die Schaltfläche Gleich. Klicken Sie auf die Linien A und C (siehe Abbildung 12.3). Aus dem Rechteck wird ein Quadrat, wie in Abbildung 12.4 zu sehen ist.

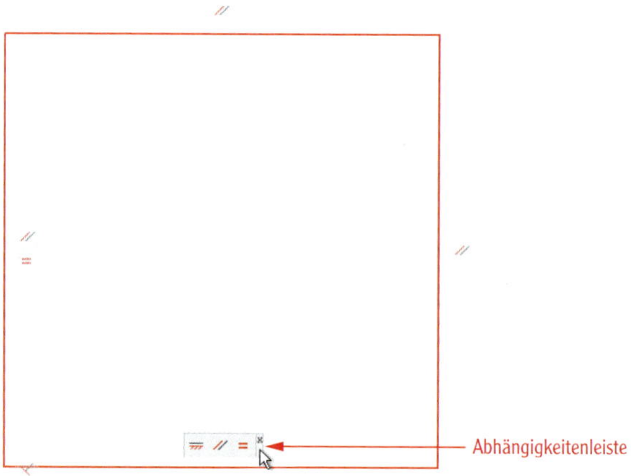

12.4 Mit Gleich-Abhängigkeiten für aufeinandertreffende Linien wird das Rechteck in ein Quadrat umgewandelt.

Ausgeblendete Abhängigkeiten bleiben weiterhin aktiv.

12. Mehrere Abhängigkeiten werden in der sogenannten *Abhängigkeitenleiste* gruppiert. Zeigen Sie mit dem Cursor auf diese Leiste. Daraufhin wird eine kleine Schaltfläche zum Schließen angezeigt. Klicken Sie darauf, um die Abhängigkeitenleiste auszublenden.

Alle anzeigen

13. Klicken Sie auf der Registerkarte Parametrisch in der Gruppe Geometrisch auf die Schaltfläche Alle anzeigen. Die ausgeblendete Abhängigkeitenleiste wird wieder angezeigt.

14. Klicken Sie mit der rechten Maustaste auf die horizontale Abhängigkeit und wählen Sie im Kontextmenü den Eintrag Löschen.

15. Klicken Sie auf der Registerkarte Parametrisch in der Gruppe Geometrisch auf die Schaltfläche Alle ausblenden. Die Abhängigkeiten werden ausgeblendet, bleiben aber aktiv.

16. Speichern Sie Ihre Arbeit unter dem Dateinamen »Kap12-B.dwg«.

Bemaßungsabhängigkeiten anwenden und Benutzerparameter definieren

Mit Bemaßungsabhängigkeiten steuern Sie Objektgrößen mithilfe von numerischen Werten und richten dynamische Bemaßungsbezüge mithilfe mathematischer Gleichungen und Formeln ein. Benutzerdefinierte Abhängigkeiten sind nicht an eine bestimmte Geometrie gebunden, sondern enthalten Werte, die aus Berechnungen in Bemaßungsabhängigkeiten stammen.

1. Öffnen Sie gegebenenfalls die gerade erstellte Datei »Kap12-B.dwg« oder laden Sie sie von der Webseite zum Buch herunter und öffnen Sie sie in AutoCAD.

2. Öffnen Sie auf der Registerkarte Start in der Gruppe Layer das Dropdown-Menü Layer und wählen Sie den Layer Layer 2. Layer 2 wird zum aktuellen Layer.

3. Klicken Sie auf der Registerkarte Parametrisch in der Gruppe Bemaßung auf die Schaltfläche Linear und anschließend auf die beiden *Abhängigkeitspunkte* A und B aus Abbildung 12.5. Abhängigkeitspunkte werden bei der Auswahl in Rot hervorgehoben. Klicken Sie auf Punkt C, um die Bemaßungslinie zu positionieren. Drücken Sie die Enter-Taste, um den Vorgabebemaßungstext zu übernehmen. Der Bemaßungsabhängigkeit wird automatisch der Variablenname d1 zugewiesen.

4. Geben Sie `kr` (für KREIS) ein und drücken Sie die Enter-Taste. Zeichnen Sie einen beliebig großen Kreis innerhalb des Rechtecks.

5. Klicken Sie auf der Registerkarte Parametrisch in der Gruppe Bemaßung auf die Schaltfläche Linear und dann in der oberen linken Ecke des Rechtecks auf den ersten Abhängigkeitspunkt. Klicken Sie anschließend auf den Kreis, um sein Zentrum als zweiten Abhängigkeitspunkt festzulegen. Verschieben Sie den Cursor nach oben (siehe Abbildung 12.6) und klicken Sie auf eine Stelle über dem Rechteck, um die Bemaßungslinie zu positionieren.

Abhängigkeitspunkte verhalten sich ähnlich wie Objektfangpunkte, sind aber auf Endpunkte, Mittelpunkte, Zentrumspunkte und Einfügepunkte beschränkt.

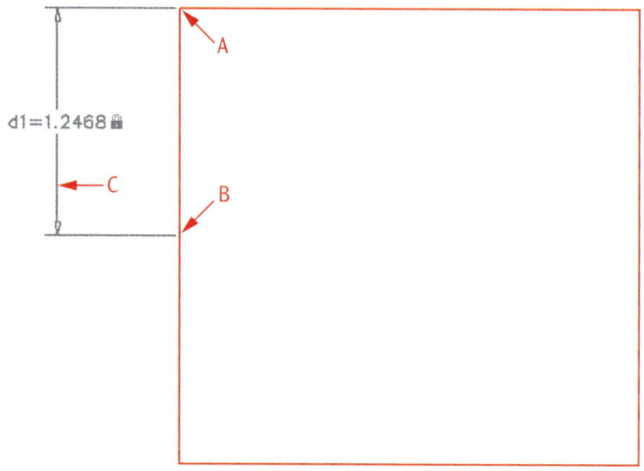

12.5 Eine vertikale lineare Bemaßungsabhängigkeit erstellen

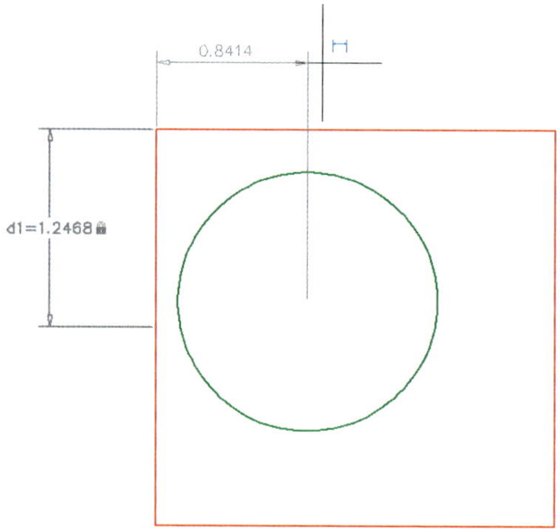

12.6 Eine horizontale lineare Bemaßungsabhängigkeit erstellen

6. Geben Sie `d2=d1` ein und drücken Sie die Enter-Taste. Der Kreis wird horizontal im Rechteck ausgerichtet. Der Bemaßungstext der Abhängigkeit lautet hier `fx:d2=d1`. »fx« bedeutet, dass die Bemaßungsabhängigkeit mithilfe einer Funktion berechnet wird.

7. Drücken Sie die Leertaste, um den Befehl zum Einfügen einer linearen Bemaßungsabhängigkeit zu wiederholen. Klicken Sie dann in der oberen rechten Ecke des Rechtecks auf den ersten Abhängigkeitspunkt und anschließend auf den Kreis, um sein Zentrum als zweiten Abhängigkeitspunkt festzulegen. Verschieben Sie den Cursor nach rechts und klicken Sie auf eine Stelle neben dem Rechteck, um

die Bemaßungslinie zu positionieren. Geben Sie `d3=d1` ein und drücken Sie die Enter-Taste. Der Kreis wird im Rechteck zentriert.

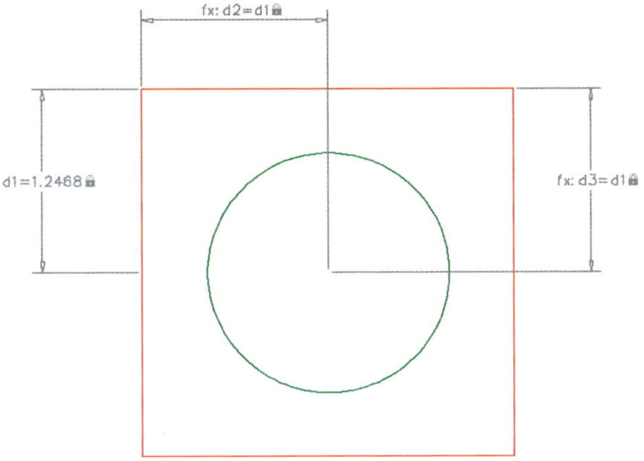

12.7 Eine weitere lineare Abhängigkeit einfügen, die von einer Funktion berechnet wird

Sie können eine vorhandene Abhängigkeit mit dem Befehl BEMABHÄNG in eine Bemaßungsabhängigkeit umwandeln.

fx Parameter-Manager

8. Klicken Sie auf der Registerkarte Parametrisch in der Gruppe Verwalten auf die Schaltfläche Parameter-Manager. Die Palette Parameter-Manager wird geöffnet. Sie enthält die drei gerade erstellten Abhängigkeiten (d1, d2 und d3). Klicken Sie im Parameter-Manager auf die Funktionsschaltfläche, um einen neuen Benutzerparameter zu erstellen.

9. Geben Sie `U` (für den Kreisumfang) als Parameterbezeichnung ein und drücken Sie die Enter-Taste. Doppelklicken Sie auf den Wert Ausdruck, geben Sie `d1* 8` ein und drücken Sie die Enter-Taste (siehe Abbildung 12.8). Der Umfang des Quadrats entspricht acht Mal seiner halben Seitenlänge. Schließen Sie den Parameter-Manager.

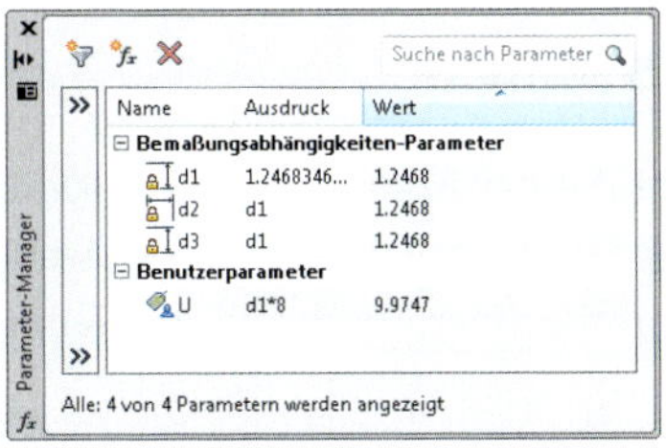

12.8 Einen Benutzerparameter im Parameter-Manager hinzufügen

10. Klicken Sie auf der Registerkarte Parametrisch in der Gruppe Bemaßung auf die Schaltfläche Alle ausblenden. Alle ausblenden

11. Klicken Sie auf der Registerkarte Parametrisch in der Gruppe Bemaßung auf die Schaltfläche Durchmesser. Wählen Sie den Kreis aus und klicken Sie zur Positionierung der Bemaßungslinie auf einen Punkt außerhalb des Kreises. Geben Sie `Durchmesser =U/PI` ein und drücken Sie die Enter-Taste. Der Durchmesser des Kreises entspricht nun dem Umfang des Quadrats – die berühmte Quadratur des Kreises (siehe Abbildung 12.9).

> Sie können für eine Abhängigkeit einen beliebigen Namen vergeben. In diesem Beispiel steht die Durchmesserabhängigkeit mit der Bezeichnung Durchmesser für den Durchmesser des grünen Kreises. Wenn Sie später den Durchmesser eines anderen Kreises durch eine andere Abhängigkeit definieren wollen, benennen Sie sie beispielsweise Durchmesser2.

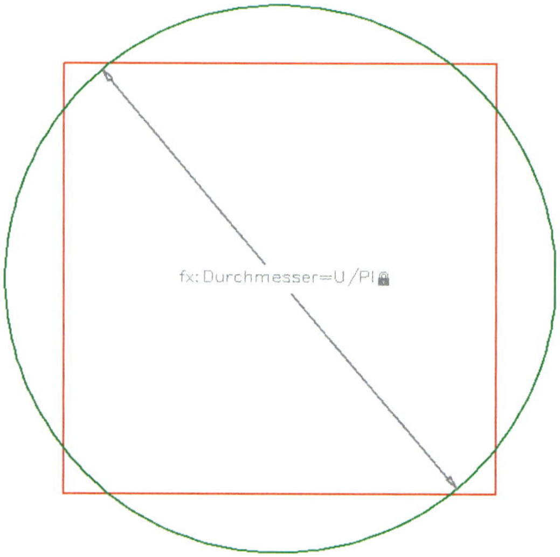

12.9 Die Quadratur des Kreises mithilfe von Abhängigkeiten, die von einer Funktion berechnet werden

> Die Variable PI steht für 3,14159265 und muss nicht als Benutzervariable definiert werden.

12. Speichern Sie Ihre Arbeit unter dem Dateinamen »Kap12-C.dwg«.

Objekte gleichzeitig mit geometrischen und Bemaßungsabhängigkeiten versehen

Sie können Objekten Ihre Designintention auch mit einer Kombination aus geometrischen und Bemaßungsabhängigkeiten auferlegen. Im Folgenden zeichnen Sie zwei weitere Kreise und beschränken ihre Positionen und Größen mithilfe einer Mischung aus Geometrie- und Bemaßungsabhängigkeiten.

1. Öffnen Sie gegebenenfalls die gerade erstellte Datei »Kap12-C.dwg« oder laden Sie sie von der Webseite zum Buch herunter und öffnen Sie sie in AutoCAD.

2. Öffnen Sie auf der Registerkarte Start in der Gruppe Layer das Dropdown-Menü Layer und wählen Sie den Layer Layer 3, um ihn zum aktuellen Layer zu machen.

3. Geben Sie `kr` (für KREIS) ein und drücken Sie die Enter-Taste. Zeichnen Sie einen beliebig großen Kreis innerhalb des Rechtecks.

4. Klicken Sie auf der Registerkarte Parametrisch in der Gruppe Geometrisch auf die Schaltfläche Konzentrisch. Wählen Sie zuerst den grünen und dann den blauen Kreis aus. Der blaue Kreis wird sofort der geometrischen Abhängigkeit angepasst. Er wird konzentrisch zum grünen Kreis ausgerichtet.

5. Klicken Sie auf der Registerkarte Parametrisch in der Gruppe Bemaßung auf die Schaltfläche Radius. Wählen Sie den blauen Kreis aus und klicken Sie zur Positionierung der Bemaßungslinie auf einen Punkt innerhalb des Kreises. Geben Sie `Radius=d1` ein und drücken Sie die Enter-Taste. Die Größe des blauen Kreises wird so angepasst, dass er perfekt in das Quadrat passt (siehe Abbildung 12.10). Klicken Sie in der Gruppe Bemaßung auf die Schaltfläche Alle anzeigen.

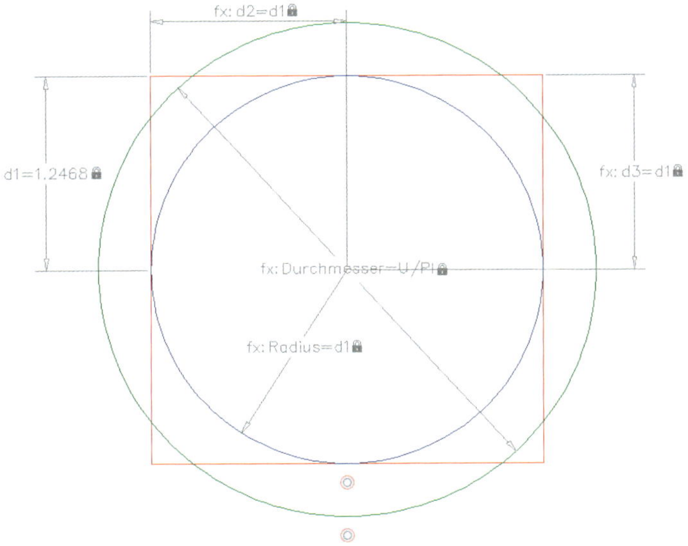

12.10 Geometrische und Bemaßungsabhängigkeiten am blauen Kreis anwenden

6. Klicken Sie auf der Registerkarte Parametrisch in der Gruppe Bemaßung auf die Schaltfläche Alle ausblenden.

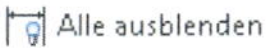

7. Öffnen Sie auf der Registerkarte Start in der Gruppe Layer das Dropdown-Menü Layer und wählen Sie den Layer Layer 4. Der Layer Layer 4 wird zum aktuellen Layer.

8. Geben Sie `kr` (für KREIS) ein und drücken Sie die Enter-Taste. Zeichnen Sie einen beliebig großen Kreis über dem Rechteck.

9. Klicken Sie auf der Registerkarte Parametrisch in der Gruppe Geometrisch auf die Schaltfläche Tangente. Wählen Sie die obere Rechtecklinie als erstes Objekt und den magenta Kreis als zweites Objekt aus. Der magenta Kreis wird so weit nach unten verschoben, bis er die Tangentenabhängigkeit erfüllt (siehe Abbildung 12.11).

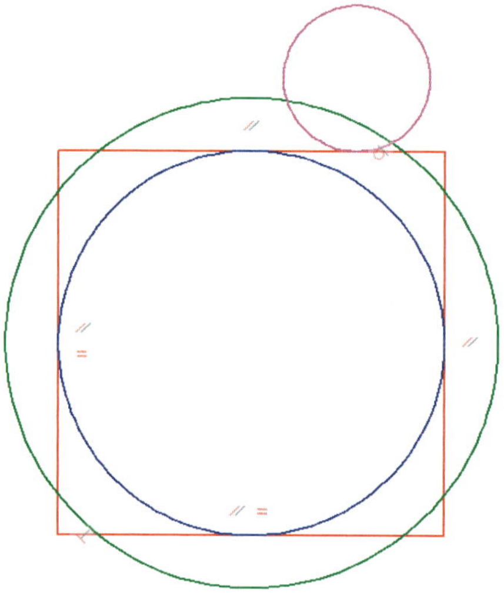

12.11 **Eine geometrische Tangentenabhängigkeit anwenden**

10. Drücken Sie die Leertaste, um den geometrischen Tangentenabhängigkeitsbefehl zu wiederholen. Wählen Sie zunächst den blauen und dann den magenta Kreis aus. Der magenta Kreis wird oberhalb des blauen Kreises positioniert, um der neuen Tangentenabhängigkeit zu entsprechen.

11. Klicken Sie auf der Registerkarte Parametrisch in der Gruppe Bemaßung auf die Schaltfläche Linear. Klicken Sie dann auf den magenta Kreis und anschließend auf den blauen Kreis. Klicken Sie abschließend zur Positionierung der Bemaßungslinie auf einen Punkt rechts daneben. Geben Sie `d4=Durchmesser/2` ein und drücken Sie die Enter-Taste (siehe Abbildung 12.12). Der Mittelpunkt des magenta Kreises wird oben am Quadranten des grünen Kreises verankert.

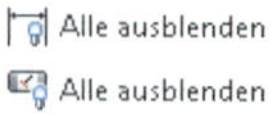

12. Klicken Sie auf der Registerkarte Parametrisch in den beiden Gruppen Bemaßung und Geometrisch jeweils auf die Schaltfläche Alle ausblenden. Alle Abhängigkeiten werden ausgeblendet, bleiben aber aktiv.

13. Speichern Sie Ihre Arbeit unter dem Dateinamen »Kap12-D.dwg«.

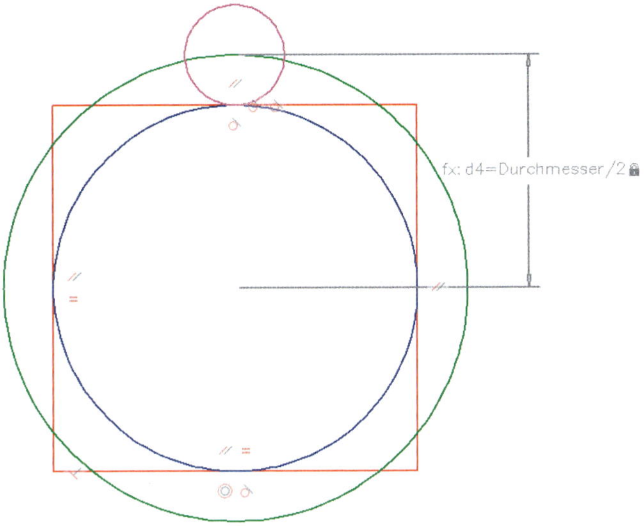

12.12 Die letzte Bemaßungsabhängigkeit hinzufügen

Parameter für abhängige Objekte ändern

Nach dem Anwenden von Geometrie- und/oder Bemaßungsabhängigkeiten können Sie problemlos Parameter ändern, die die Form und/oder die Größe mehrerer miteinander in Verbindung stehender Objekte ändern. Im Folgenden ändern Sie den Parameter d1 und prüfen die Auswirkungen dieser Änderung. Außerdem versehen Sie zwei Kreise mit Bemaßungen und entdecken einen erstaunlichen Zusammenhang.

1. Öffnen Sie gegebenenfalls die gerade erstellte Datei »Kap12-D.dwg« oder laden Sie sie von der Webseite zum Buch herunter und öffnen Sie sie in AutoCAD.

2. Klicken Sie auf der Registerkarte Parametrisch in der Gruppe Verwalten auf die Schaltfläche Parameter-Manager.
3. Doppelklicken Sie auf das d1-Feld Ausdruck. Geben Sie 3 ein und drücken Sie die Enter-Taste. Alle Parameterwerte werden neu berechnet, da sich alle auf diesen ersten Parameter beziehen (siehe Abbildung 12.13).

4. Klicken Sie in der Navigationsleiste auf die Schaltfläche Zoom Grenzen. Die Skalierung der Zeichnung wird geändert, damit sie vollständig auf dem Bildschirm angezeigt werden kann.

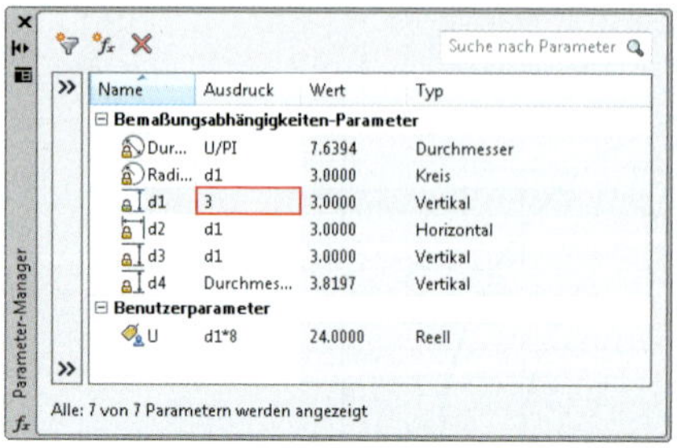

12.13 **Die Änderung eines Parameters wirkt sich auf alle anderen Parameter aus.**

5. Der Polradius der Erde beträgt 6.356,8 km. Doppelklicken Sie nun auf das d1-Feld Ausdruck, geben Sie dort `6356.8` ein und drücken Sie die Enter-Taste.

6. Klicken Sie in der Navigationsleiste auf die Schaltfläche Zoom Grenzen.

7. Öffnen Sie auf der Registerkarte Start in der Gruppe Layer das Dropdown-Menü Layer und wählen Sie den Layer 0.

8. Klicken Sie auf der Registerkarte Beschriften in der Gruppe Bemaßung auf den Pfeil der Bemaßungsschaltfläche und wählen Sie Radius. Wählen Sie den blauen Kreis aus und klicken Sie dann zur Positionierung des Bemaßungsobjekts auf einen Punkt im Kreis.

9. Drücken Sie die Leertaste, um den Befehl zum Einfügen einer Radiusbemaßung zu wiederholen. Wählen Sie den magenta Kreis aus und klicken Sie dann zur Positionierung des Bemaßungsobjekts auf einen Punkt außerhalb des Kreises. Das Ergebnis ist in Abbildung 12.14 zu sehen.

   Der Polarradius des Mondes beträgt 1735,97 km. Die Zeichnung stellt also das Größenverhältnis zwischen Erde und Mond mit einer erstaunlichen Genauigkeit von 99,9 Prozent dar.

> Es war John Michell, der 1973 als Erster diesen geometrischen Zusammenhang in seinem Buch »City of Revelation« herstellte.

10. Speichern Sie Ihre Arbeit unter dem Dateinamen »Kap12-E.dwg«. Die bereits fertiggestellte gleichnamige Datei finden Sie bei Bedarf unter `www.wiley-vch.de/publish/dt/books/ISBN978-3-527-76013-8` auf der Downloadseite zu Kapitel 12.

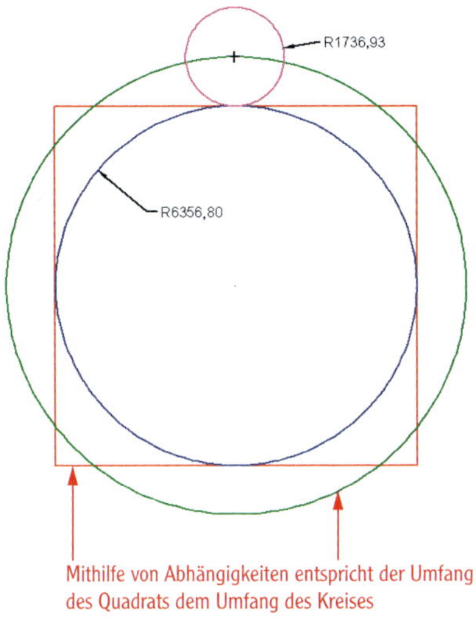

12.14 **Bemaßung zweier Radien im Diagramm zur Quadratur des Kreises**

Zusammenfassung und Ausblicke

In diesem Kapitel haben Sie erfahren, wie Sie mithilfe von Abhängigkeiten bestimmte Geometrie-, Bemaßungs- und Formelanforderungen für Objekte umsetzen. Und Sie wissen nun, dass sich Änderungen in Abhängigkeitsausdrücken automatisch auf die Form und die Größe von Objekten auswirkt, da sich diese automatisch allen angewendeten Abhängigkeiten anpassen.

Zusätzliche Übung

Probieren Sie beschriftende Abhängigkeiten einmal selbst aus. Zeigen Sie beispielsweise alle Bemaßungsabhängigkeiten an, wählen Sie dann die Abhängigkeit d1 aus und öffnen Sie die Eigenschaftenpalette. Ändern Sie die Eigenschaft Abhängigkeitsform in Beschriftend. Blenden Sie die Bemaßungsabhängigkeiten wieder aus. Die Abhängigkeit d1 bleibt weiterhin angezeigt. Beschriftende Abhängigkeiten können nicht ausgeblendet werden und beschriften die Zeichnung ähnlich wie Bemaßungsobjekte. An dem Vorhängeschloss ist jedoch stets erkenntlich, dass es sich um Bemaßungsabhängigkeiten handelt.

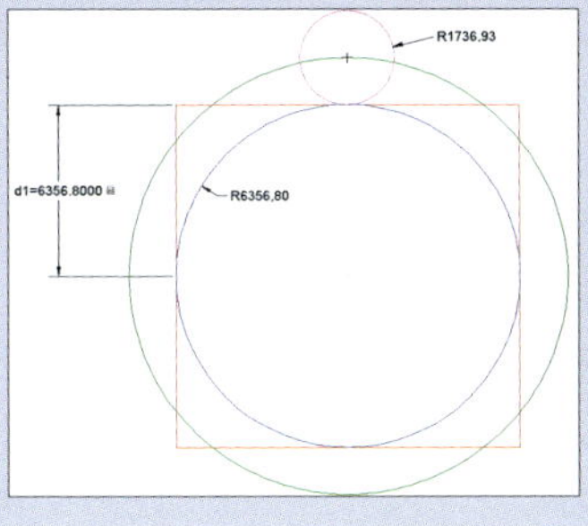

Kapitel 13

Mit Layouts und Beschriftungsobjekten arbeiten

Es gibt zwei Bereiche zum Erstellen von Zeichnungen: den *Modellbereich* und den *Papierbereich*. 2D- und 3D-Zeichnungen werden in der Regel im Modellbereich gezeichnet. Im Papierbereich erstellen Sie die sogenannten *Layouts*, in denen Beschriftungen und Zeichnungen für die Ausgabe auf einem Plotter oder für die elektronische Veröffentlichung zusammengebracht werden. In *Ansichtsfenstern* werden Zeichnungen in festgelegten Maßstäben auf Layouts angezeigt. Dort zeichnen Sie Titelblöcke, die die Zeichnung einrahmen. Dies alles ist Thema in diesem Kapitel.

In diesem Kapitel

- Beschriftungsstile und -objekte definieren
- Layouts erstellen
- Frei bewegliche Ansichtsfenster anpassen
- Layereigenschaften in Layoutansichtsfenstern überschreiben
- Auf Layouts zeichnen

Beschriftungsstile und -objekte definieren

Die Geometrie wird in AutoCAD in aktueller Größe gezeichnet. Die Höhe von Texten, Bemaßungen und Attributen stellt aber ein mögliches Problem dar. Genauso wie Zeichnungen mithilfe von Maßstäben im Ansichtsfenster verkleinert werden, damit sie auf Papier passen (mehr hierzu im Abschnitt »Frei bewegliche Ansichtsfenster anpassen« weiter hinten in diesem Kapitel), werden auch Texte, Bemaßungen und Attribute auf Papierformat skaliert.

Benutzer von AutoCAD-Versionen vor AutoCAD 2008 mussten noch Text, Bemaßungen und Attribute im Modellbereich viel größer anzeigen als eigentlich auf Papier gedacht, damit sie nach Verkleinerung in einem Ansichtsfenster die für das Papier passende Größe hatten. Und – was die Sache noch komplizierter machte – wenn sie vorhatten, dieselbe Zeichnung in verschiedenen Maßstäben auf demselben Blatt Papier zu zeigen (und das war keine ungewöhnliche Aufgabe), mussten sie die Beschriftung duplizieren, die Kopien den verschiedenen Layern zuordnen und die Beschriftung an die Maßstäbe der Ansichtsfenster anpassen.

Beschriftungsobjekte vereinfachen diesen Prozess. Sie zeigen Text, Bemaßungen und/oder Attribute in ein und derselben Zeichnung abhängig vom Maßstab in jedem Ansichtsfenster in der korrekten Höhe an.

Die Darstellung von Beschriftungsobjekten wird von Beschriftungsstilen gesteuert. In den folgenden Abschnitten wird dies am Beispiel der Beschriftungsobjekte Text und Bemaßung demonstriert. Attribute sind Thema in Kapitel 15. Wie Sie sehen werden, wird die Größe von Beschriftungsobjekten automatisch dem Maßstab der Zeichnung angepasst.

Mit Beschriftungstext arbeiten

Im Folgenden richten Sie einen Beschriftungsstil für Text ein, der auf Papier mit einer Höhe von 0,4 cm angezeigt werden soll. Alle Textobjekte, denen dieser Stil zugewiesen wird, passen ihre Höhe auf 0,4 cm an, unabhängig davon, in welcher Größe sie in der Zeichnung angezeigt werden. Auf diese Weise wird die Größe von Beschriftungsobjekten automatisch in Relation zur Geometrie in der Zeichnung angepasst.

1. Wechseln Sie auf der Downloadseite zum Buch (`www.wiley-vch.de/publish/dt/books/ISBN978-3-527-76013-8`) zu Kapitel 13, laden Sie die Dateien herunter und öffnen Sie die Datei »Kap13-A.dwg« in AutoCAD.
2. Geben Sie `stil` ein und drücken Sie die Enter-Taste. Klicken Sie im Dialogfeld Textstil auf die Schaltfläche Neu. Geben Sie im Dialogfeld Neuer Textstil im Feld Stilname `Beschriftung` ein und bestätigen Sie mit OK.

3. Wählen Sie im Dropdown-Menü Schriftart den Font Arial und aktivieren Sie das Kontrollkästchen Beschriftung. Geben Sie anschließend im Textfeld Papiertexthöhe `0.4` und im Textfeld Breitenfaktor `0.9` ein (siehe Abbildung 13.1). Klicken Sie auf Anwenden und dann auf Schließen.

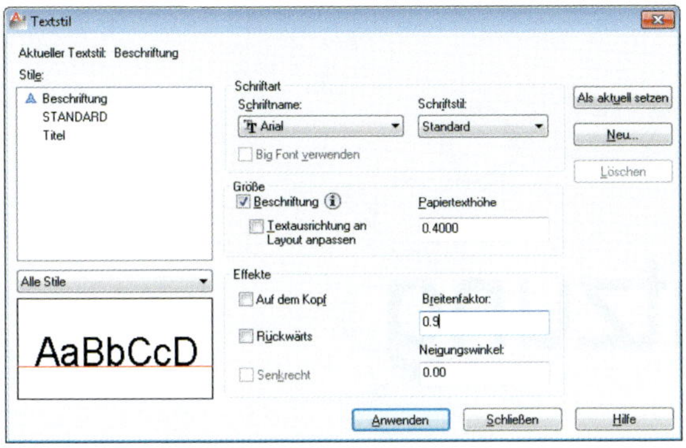

13.1 Einen Beschriftungstextstil erstellen

4. Vergrößern Sie oben im Plan den Raum mit dem runden Tisch.

5. Klicken Sie auf der Registerkarte Start in der Gruppe Beschriftung auf die Schaltfläche Mehrzeiliger Text. Wählen Sie im Dialogfeld Beschriftungsmaßstab auswählen im Dropdown-Menü den Eintrag 1:200 (siehe Abbildung 13.2). Bestätigen Sie mit OK.

> Das Dialogfeld Beschriftungsmaßstab auswählen wird unter Umständen unterdrückt. Legen Sie in diesem Fall den Beschriftungsmaßstab in der Statusleiste fest.

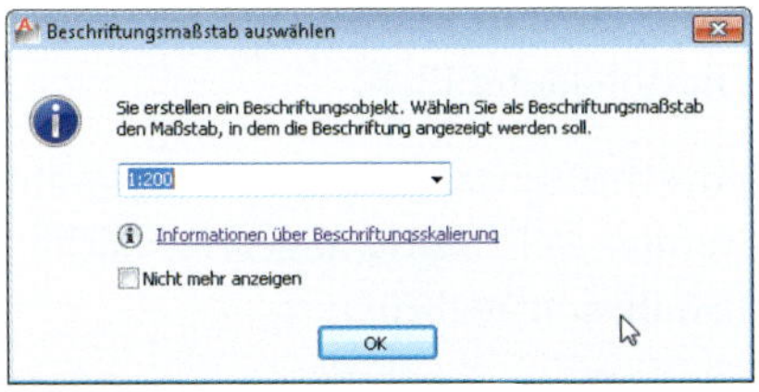

13.2 Den Beschriftungsmaßstab im Modellbereich auswählen

6. Klicken Sie auf einen beliebigen Punkt innerhalb des runden Tisches, um den ersten Punkt zu definieren. Geben Sie `a` (für Ausrichten) ein und drücken Sie die Enter-Taste. Die Eingabeaufforderung lautet:

```
Ausrichtung angeben[ OL/OZ/OR/ML/MZ/MR/UL/UZ/UR] <OL>:
```

Geben Sie `mz` (für Mitte Zentriert) ein und drücken Sie die Enter-Taste. Klicken Sie auf einen zweiten Punkt rechts unterhalb des ersten Punktes. Geben Sie `Sitzung` ein und drücken Sie Strg+Enter. Durch Drücken der Enter-Taste fügen Sie eine zweite Zeile ein. Mit Strg+Enter beenden Sie den Befehl zum Einfügen von mehrzeiligem Text. Der Text wird mit einer Höhe von 0,4 cm in einem Maßstab von 1:200 angezeigt.

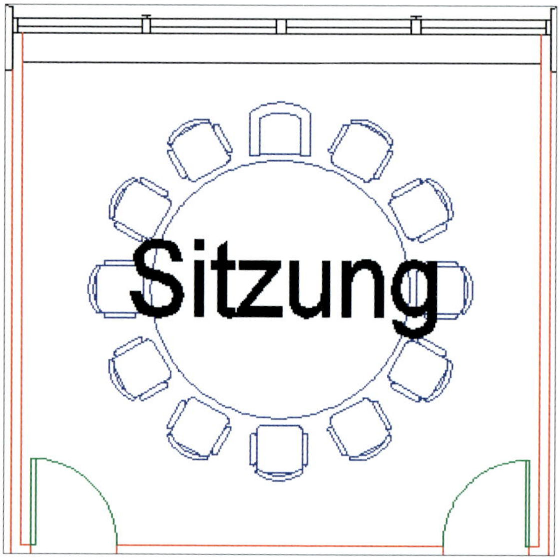

13.3 Beschriftungsobjekt einfügen

7. Aktivieren Sie in der Statusleiste die zwei Schaltflächen rechts neben der Schaltfläche Beschriftungs-Maßstab. Sobald die dort enthaltenen Symbole gelb angezeigt werden, sind sie aktiviert (siehe Abbildung 13.4).
8. Ändern Sie in der Statusleiste den Beschriftungsmaßstab auf 1:20. Wählen Sie das Textobjekt aus. Beide Maßstäbe werden gleichzeitig angezeigt (siehe Abbildung 13.5). Drücken Sie ESC, um die Auswahl aufzuheben.

Beschriftungsmaßstäbe

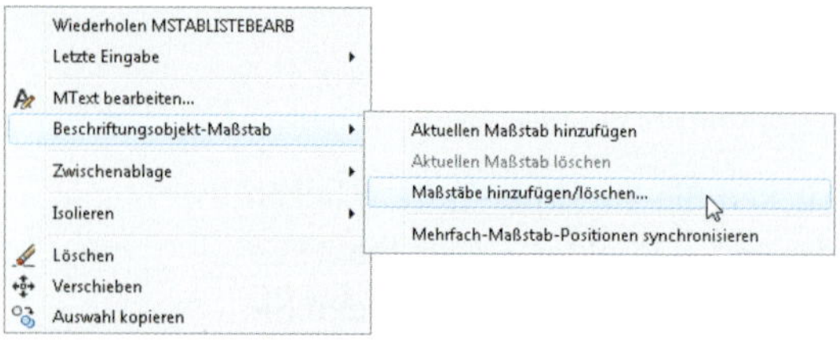

Für Beschriftungsobjekte stehen nicht automatisch Einheiten für alle denkbaren Maßstäbe zur Verfügung. Sie können daher Maßstäbe für einzelne Beschriftungsobjekte hinzufügen beziehungsweise entfernen. Klicken Sie dazu mit der rechten Maustaste auf ein Beschriftungsobjekt und wählen Sie im Kontextmenü den passenden Befehl.

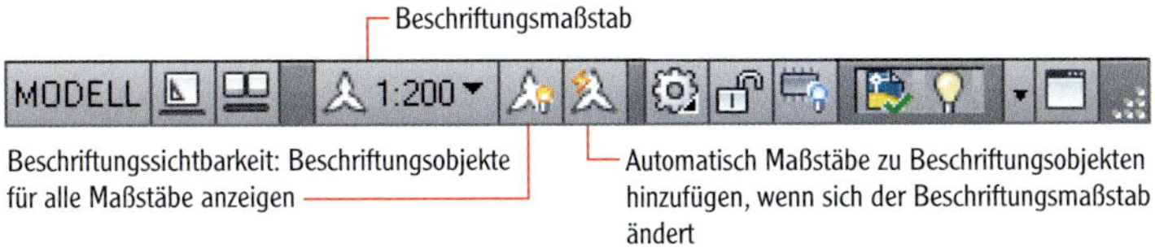

13.4 Schaltflächen zur Steuerung von Beschriftungen in der Statusleiste

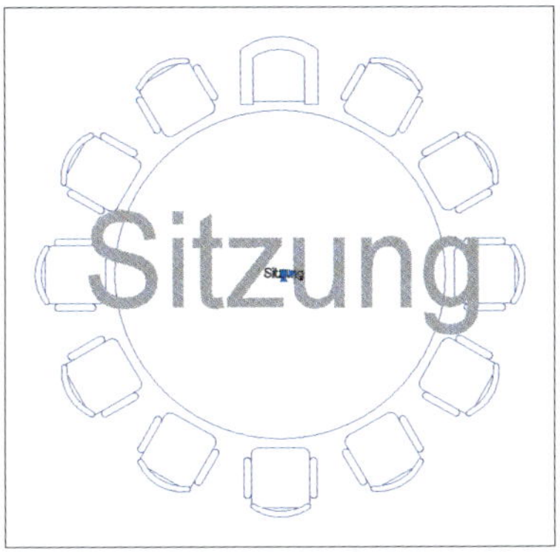

13.5 Beschriftungstext in zwei Maßstäben

9. Speichern Sie Ihre Arbeit unter dem Dateinamen »Kap13-B.dwg«.

Mit Beschriftungsbemaßungen arbeiten

Genauso wie Sie Text als Beschriftung definieren können, ist es auch möglich, Bemaßungen in Beschriftungen umzuwandeln, deren Größe je nach Maßstab automatisch angepasst wird. Im Folgenden erstellen Sie einen Bemaßungsstil und fügen anschließend eine lineare Beschriftungsbemaßung ein.

1. Öffnen Sie gegebenenfalls die gerade erstellte Datei »Kap13-B.dwg« oder laden Sie sie von der Webseite zum Buch herunter und öffnen Sie sie in AutoCAD.
2. Geben Sie `bemstil` ein und drücken Sie die Enter-Taste. Klicken Sie im Dialogfeld Bemaßungsstil-Manager auf die Schaltfläche Neu. Das Dialogfeld Neuen Bemaßungsstil erstellen wird geöffnet. Geben Sie im Feld Neuer Stilname die Bezeichnung `Beschriftung` ein und aktivieren Sie das Kontrollkästchen Beschriftung (siehe Abbildung 13.6). Klicken Sie auf Weiter, auf OK und auf Schließen.

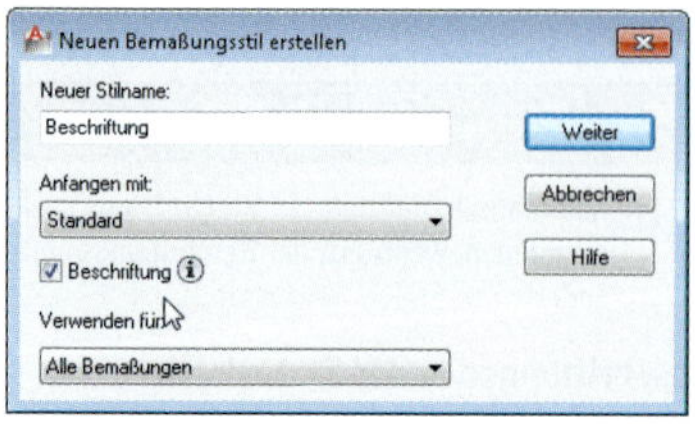

13.6 **Einen Beschriftungsbemaßungsstil erstellen**

> Sie können für Beschriftungsstile einen beliebigen Namen vergeben. Der Stil wird nicht zum Beschriftungsstil, wenn er »Beschriftung« heißt, sondern wenn das Kontrollkästchen Beschriftung bei seiner Erstellung aktiviert wird.

3. Schalten Sie in der Statusleiste den Objektfang ein. Klicken Sie dann mit der rechten Maustaste auf die Schaltfläche und stellen Sie sicher, dass im Kontextmenü Endpunkt als laufender Objektfang aktiviert ist.

4. Klicken Sie auf der Registerkarte Start in der Gruppe Beschriftung auf die Schaltfläche Linear. Klicken Sie auf die Punkte A, B und C, wie in Abbildung 13.7 zu sehen ist.

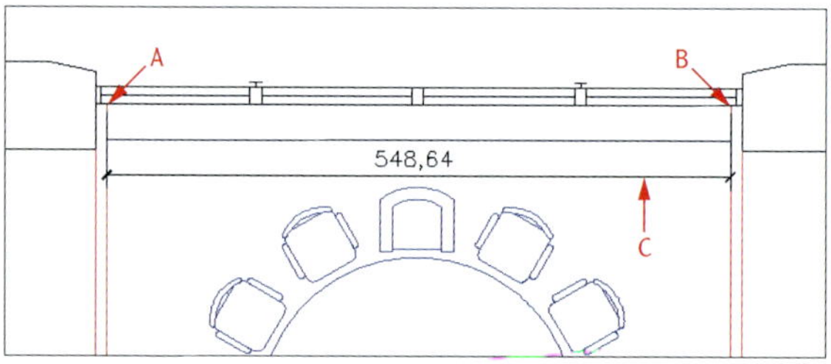

13.7 **Eine lineare Bemaßung zeichnen**

5. Wählen Sie in der Statusleiste im Dropdown-Menü Beschriftungs-Maßstab den Maßstab 1:200. Das Bemaßungsobjekt wird in einem vergrößerten Maßstab in der Zeichnungsfläche angezeigt. Wählen Sie die Bemaßung aus und ziehen Sie einen der Objektgriffe nach oben, um die Bemaßungslinie außerhalb der Mauer zu positionieren. Drücken Sie ESC, um die Auswahl aufzuheben. Das Ergebnis ist in Abbildung 13.8 zu sehen.

> Beschriftungstext und Bemaßung werden auf jeder Maßstabsebene als separate Objekte definiert. Sie sollten sich zur besseren Verständlichkeit mithilfe von Griffbearbeitung voneinander unterscheiden, beispielsweise durch eine andere Position.

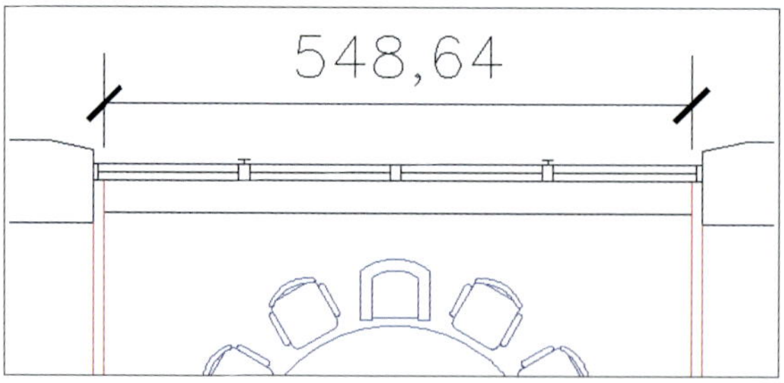

13.8 **Die Bemaßungslinie nach oben verschieben**

6. Speichern Sie Ihre Arbeit unter dem Dateinamen »Kap13-C.dwg«.

Layouts erstellen

Stellen Sie sich ein Layout als ein virtuelles Blatt Papier vor. Sie erstellen Layouts sowohl für die Ausgabe auf Papier als auch für elektronische Veröffentlichungen. Für jede Zeichnung können mehrere Layouts für die Ausgabe in unterschiedlichen Formaten erstellt werden. Im Folgenden erstellen Sie zwei Layouts – im Format DIN A4 und DIN A0.

1. Öffnen Sie gegebenenfalls die gerade erstellte Datei »Kap13-C.dwg« oder laden Sie sie von der Webseite zum Buch herunter und öffnen Sie sie in AutoCAD.

2. Klicken Sie auf der Registerkarte Start in der Gruppe Layer auf die Schaltfläche Layereigenschaften.

3. Klicken Sie im Layereigenschaften-Manager auf die Schaltfläche Neuer Layer. Geben Sie `Z-Ansichtsfenster` ein und drücken Sie die Enter-Taste. Der neuer Layer bleibt ausgewählt. Drücken Sie Alt+A, um ihn als aktuellen Layer einzustellen. Klicken Sie in der Spalte Plot des neuen Layers auf das Druckersymbol, um das Plotten für diesen Layer zu deaktivieren (siehe Abbildung 13.9). Schließen Sie den Layereigenschaften-Manager.

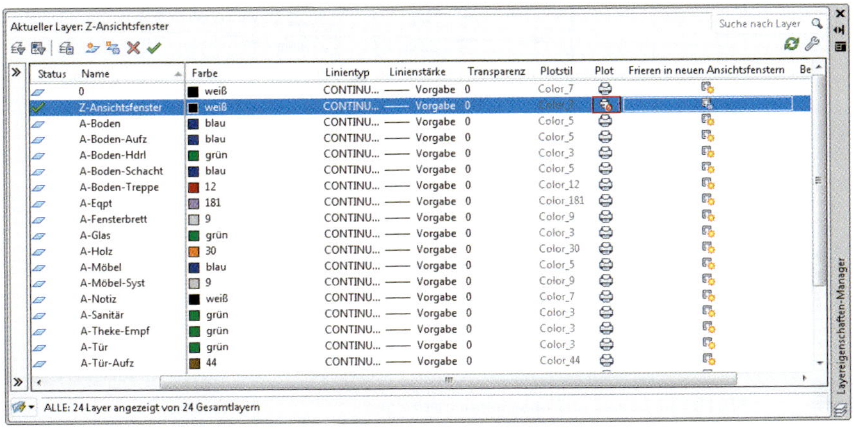

13.9 Einen Ansichtsfensterlayer erstellen, der nicht geplottet wird

Die Registerkarten Modell und Layout

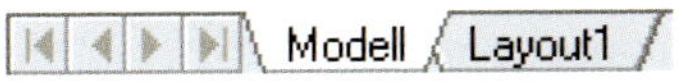

Die Registerkarte Modell und Layout gibt es schon seit vielen AutoCAD-Versionen. Wenn in Ihrem Programm unter dem Zeichnungsfenster die beiden Registerkarten Modell und Layout1 angezeigt werden, arbeiten Sie mit einer älteren Darstellung der Benutzeroberfläche. Klicken Sie mit der rechten Maustaste auf eine der beiden Registerkarten und wählen Sie im Kontextmenü den Eintrag Registerkarten Layout und Modell ausblenden, um die moderne Oberfläche zu übernehmen.

zertifizierungs-relevant

4. Klicken Sie in der Statusleiste auf die Schaltfläche Layout1. Das Bild im Zeichnungsfenster ändert sich, sobald Sie zum Papierbereich wechseln. Eine weiße Fläche wird stellvertretend für das Blatt Papier mit einem automatisch erstellten Ansichtsfenster angezeigt, durch das Sie die Zeichnung im Modellbereich betrachten. Das Ansichtsfensterobjekt befindet sich auf dem Layer Z-Ansichtsfenster. Der Rahmen des Ansichtsfensters wird in der Ausgabe nicht angezeigt, da es sich um einen Layer mit deaktiviertem Plotten handelt. Der Inhalt des Ansichtsfensters wird aber ausgegeben. Die gestrichelte Linie stellt die Grenzen des bedruckbaren Bereichs dar (siehe Abbildung 13.10).

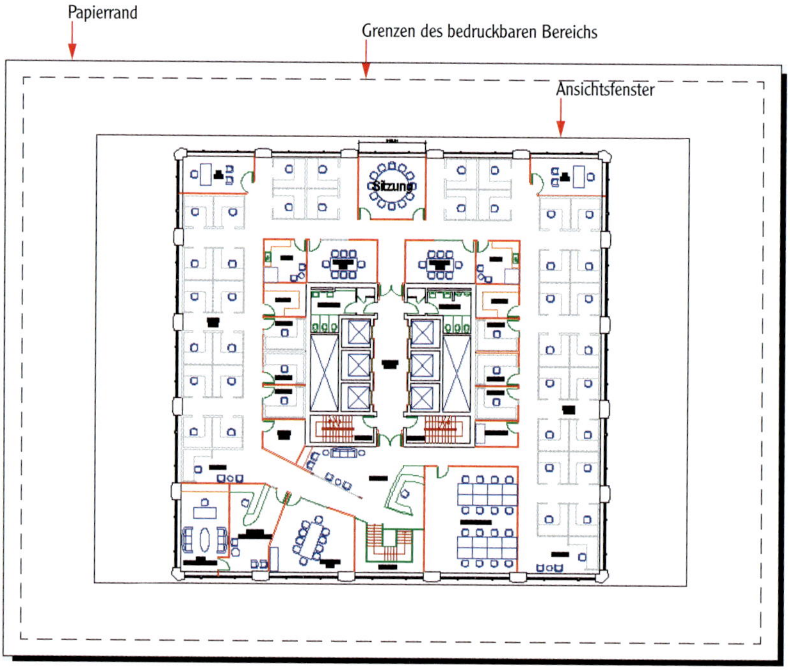

13.10 Ein Layout im Papierbereich anzeigen

Der Papierbereich ist ein 2D-Bereich zur Darstellung eines virtuellen Blatt Papiers. Der Modellbereich ist ein 3D-Bereich, der sowohl 2D-Zeichnungen als auch 3D-Modelle enthalten kann.

zertifizierungs-relevant

5. Klicken Sie auf der Registerkarte Ausgabe in der Gruppe Plotten auf die Schaltfläche Seiteneinrichtungs-Manager. Klicken Sie im Seiteneinrichtungs-Manager auf die Schaltfläche Ändern. Das Dialogfeld Seiteneinrichtung – Layout1 wird geöffnet. Wählen Sie im Dropdown-Menü Name den Eintrag DWG To PDF.pc3 und im Dropdown-Menü Plotstiltabelle den Eintrag monochrome.ctb. Aktivieren Sie das Kontrollkästchen Plotstile anzeigen und wählen Sie im Dropdown-Menü Papierformat die Papiergröße ISO full bleed A4 (297.00 x 210.00 mm). Setzen Sie den Plotmaßstab auf »10 mm = 1 Einheit« (siehe Abbildung 13.11). Klicken Sie auf OK und dann auf Schließen.

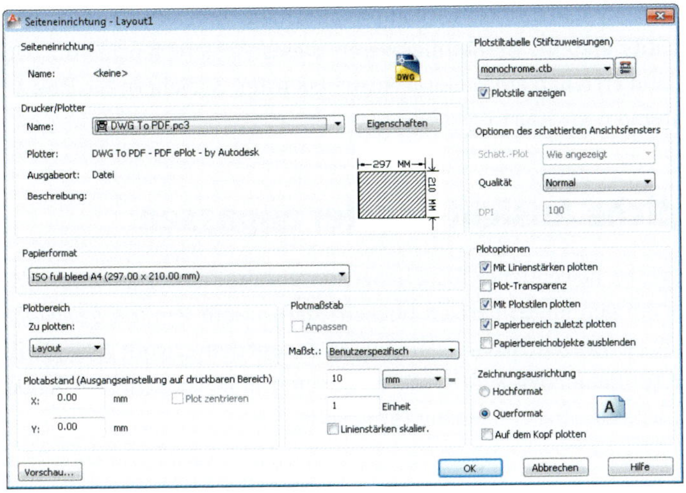

13.11 Seite einrichten

6. Klicken Sie in der Statusleiste auf die Schaltfläche Schnellansicht-Layouts. Klicken Sie unten im Schnellansicht-Layout-Bereich auf die Schaltfläche Neues Layout und dann auf das Symbol Layout2, um es zu öffnen. Klicken Sie abschließend auf die Schaltfläche Schnellansicht-Layouts schließen (siehe Abbildung 13.12).

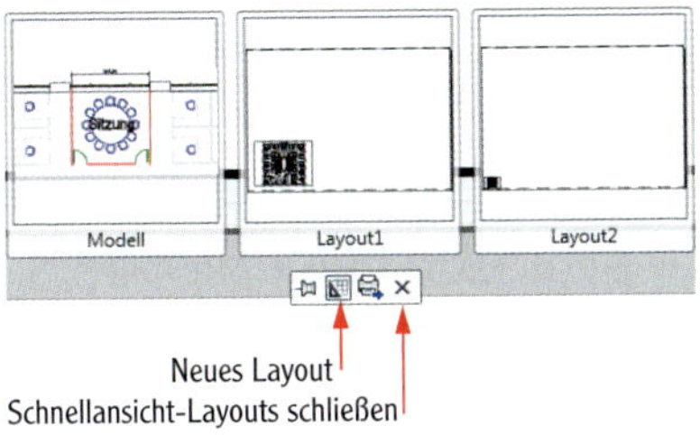

13.12 Ein neues Layout im Bereich Schnellansicht-Layouts erstellen

7. Klicken Sie auf der Registerkarte Ausgabe in der Gruppe Plotten auf die Schaltfläche Seiteneinrichtungs-Manager. Klicken Sie im Seiteneinrichtungs-Manager auf die Schaltfläche Ändern. Wählen Sie im Dropdown-Menü Name den Eintrag DWG To PDF.pc3 und im Dropdown-Menü Plotstiltabelle den Eintrag monochrome.ctb. Aktivieren Sie das Kontrollkästchen Plotstile anzeigen und wählen Sie im Dropdown-Menü Papierformat die Papiergröße ISO full bleed A0 (841.00 x 1189.00 mm). Setzen Sie den Plotmaßstab auf »10 mm = 1 Einheit«. Klicken Sie auf OK und dann auf Schließen.

8. Ein kleines Ansichtsfenster wird automatisch auf dem aktuellen Layer in der Ecke des Layouts erstellt. Sie konfigurieren dieses Ansichtsfenster im nächsten Abschnitt und erstellen ein weiteres Ansichtsfenster. Speichern Sie Ihre Arbeit unter dem Dateinamen »Kap13-D.dwg«.

Frei bewegliche Ansichtsfenster anpassen

Stellen Sie sich ein frei bewegliches Ansichtsfenster als ein Fenster auf einem Blatt Papier vor, durch das Sie auf den Modellbereich blicken. Man spricht von *frei beweglich*, weil Sie Position und Größe des Ansichtsfensterrahmens an das auf dem Layout gezeigte Blatt Papier anpassen können. Im Folgenden konfigurieren Sie ein frei bewegliches Ansichtsfenster für Layout1 und zwei separate Ansichtsfenster für Layout2.

»Layout1« anpassen

Führen Sie die folgenden Schritte aus, um den Maßstab für den Gebäudeplan auf Layout1 zu ändern und anschließend das Ansichtsfenster an den Plan anzupassen.

1. Öffnen Sie gegebenenfalls die gerade erstellte Datei »Kap13-D.dwg« oder laden Sie sie von der Webseite zum Buch herunter und öffnen Sie sie in AutoCAD.

2. Klicken Sie in der Statusleiste auf die Schaltfläche Schnellansicht-Layouts. Wählen Sie Layout1 aus und drücken Sie ESC, um den Modus Schnellansicht-Layouts zu schließen.

3. Klicken Sie in der Statusleiste auf die Schaltfläche Papier. Mit dieser Schaltfläche schalten Sie zwischen Papier- und Modellbereich hin und her. Die eingeblendete Bezeichnung zeigt an, in welchem Bereich Sie sich gerade befinden (hier: im Modellbereich). Das Ansichtsfenster verfügt im Modellbereich über einen dickeren Rahmen (siehe Abbildung 13.13). Verschieben Sie den Cursor in das Ansichtsfenster. Sie werden feststellen, dass der Fadenkreuz-Mauszeiger nur dort angezeigt wird.

4. Wählen Sie in der Statusleiste im Dropdown-Menü Ansichtsfenstermaßstab den Maßstab 1:200 (siehe Abbildung 13.14). Das Ansichtsfenster zoomt in den Aufzugsbereich, der im Planmittelpunkt steht. Mit genau dieser Anzeigevergrößerung wird der Plan auf dem Layout im Maßstab 1:200 angezeigt.

5. Klicken Sie in der Statusleiste auf die Schaltfläche Modell, um zum Papierbereich zu wechseln. Verschieben Sie den Cursor im Zeichnungsfenster. Der Fadenkreuz-Mauszeiger steht auf dem gesamten Papier zur Verfügung.

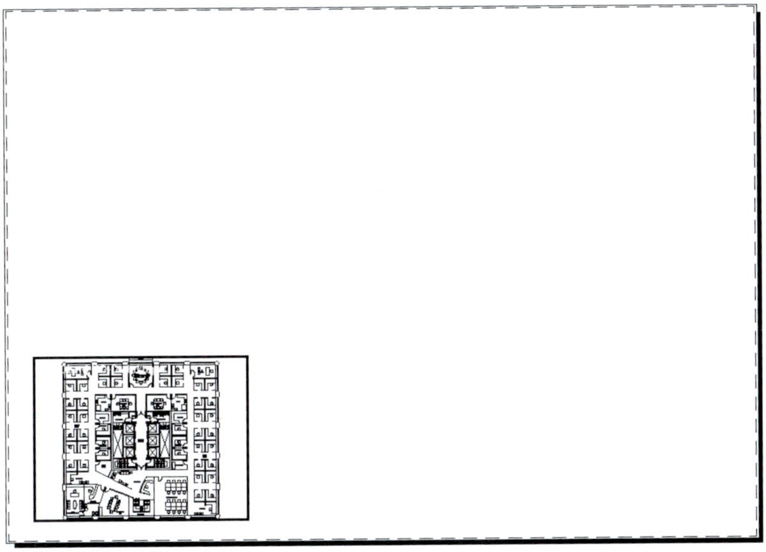

13.13 **Der Modellbereich innerhalb eines frei beweglichen Ansichtsfensters**

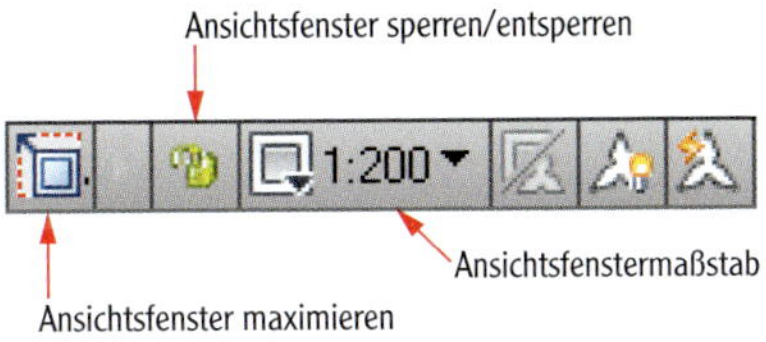

13.14 **Wenn ein frei bewegliches Ansichtsfenster aktiv ist, verfügt die Statusleiste über diese Schaltflächen.**

6. Ansichtsfensterrahmen gibt es nur im Papierbereich. Klicken Sie auf den Rahmen, um ihn auszuwählen. Wählen Sie den oberen rechten Griff aus und verschieben Sie ihn nach oben und nach rechts, bis er sich in der oberen rechten Ecke, aber noch innerhalb des bedruckbaren Bereichs befindet. Klicken Sie auf den unteren linken Griff und verschieben Sie ihn in die untere linke Ecke innerhalb des bedruckbaren Bereichs (siehe Abbildung 13.15). Drücken Sie ESC, um die Auswahl des Ansichtsfensters aufzuheben.

7. Doppelklicken Sie in das Ansichtsfenster, um zum Modellbereich zurückzuwechseln. Drücken Sie das Mausrad und ziehen Sie die Zeichnung, um sie innerhalb des Ansichtsfensters zu zentrieren. Wechseln Sie zurück zum Papierbereich.

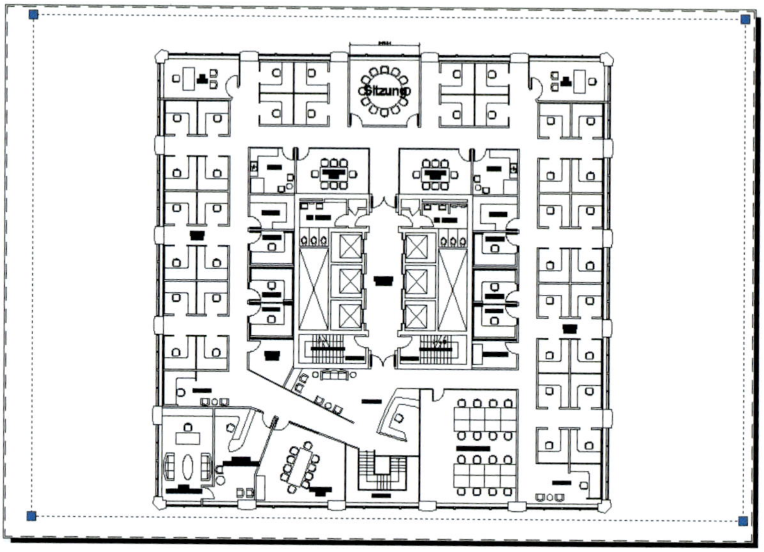

13.15 Das Ansichtsfenster anpassen, um den gesamten Plan im Maßstab 1:200 anzuzeigen

8. Speichern Sie Ihre Arbeit unter dem Dateinamen »Kap13-E.dwg«.

»Layout2« anpassen

Im Folgenden passen Sie das Ansichtsfenster von Layout2 an und erfahren dabei, dass bestimmte Kombinationen von Gebäudegeometrie, Ansichtsfenstermaßstäben und Papiergrößen nicht immer unbedingt zusammenpassen. Sie beheben dieses Problem durch Zuweisung eines anderen Maßstabs und passen dann das Ansichtsfenster erneut an. Außerdem erstellen Sie ein vollständig neues Ansichtsfenster und passen es an.

1. Öffnen Sie gegebenenfalls die gerade erstellte Datei »Kap13-E.dwg« oder laden Sie sie von der Webseite zum Buch herunter und öffnen Sie sie in AutoCAD.

2. Klicken Sie in der Statusleiste auf die Schaltfläche Schnellansicht-Layouts. Wählen Sie Layout2 aus und drücken Sie ESC, um den Modus Schnellansicht-Layouts zu schließen.

3. Als Alternative zum Klicken auf die Schaltfläche Papier in der Statusleiste doppelklicken Sie in das Ansichtsfenster, um zum Modellbereich zu wechseln. In der Statusleiste wird dementsprechend Modell angezeigt. Sie befinden sich also im Modellbereich des Ansichtsfensters.

4. Wählen Sie in der Statusleiste im Dropdown-Menü Ansichtsfenstermaßstab den Maßstab 1:40. Das Ansichtsfenster zoomt in den Aufzugsbereich.
5. Doppelklicken Sie außerhalb des Ansichtsfensters, um zum Papierbereich zurückzuwechseln. Verschieben Sie den Cursor im Zeichnungsfenster. Der Fadenkreuz-Mauszeiger steht auf dem gesamten Papier zur Verfügung.
6. Ansichtsfensterrahmen gibt es nur im Papierbereich. Klicken Sie auf den Rahmen, um ihn auszuwählen. Wählen Sie den oberen rechten Griff aus und verschieben Sie ihn nach oben und nach rechts, bis er sich in der oberen rechten Ecke, aber noch innerhalb des bedruckbaren Bereichs befindet. Klicken Sie auf den unteren linken Griff und verschieben Sie ihn in die untere linke Ecke innerhalb des bedruckbaren Bereichs. Drücken Sie ESC, um die Auswahl des Ansichtsfensters aufzuheben.

> Maßstabsänderungen im Ansichtsfenster wirken sich unmittelbar auf den Beschriftungsmaßstab aus.

7. Doppelklicken Sie in das Ansichtsfenster, um zum Modellbereich zurückzuwechseln. Drücken Sie das Mausrad und ziehen Sie die Zeichnung, um sie innerhalb des Ansichtsfensters zu zentrieren. Die Zeichnung passt im Maßstab 1:40 nur knapp in das Ansichtsfenster. Das heißt, im Ausdruck passt sie nicht ganz auf eine Papierseite der Größe DIN A0 (siehe Abbildung 13.16). Dies konnten Sie vor der Wahl des Maßstabs nicht wissen.

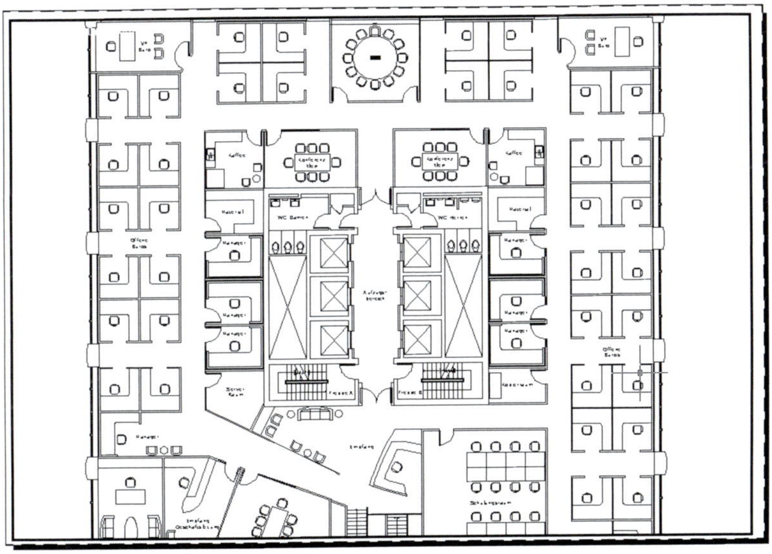

13.16 **Im Maßstab 1:40 passt die Zeichnung nur knapp auf das Papier.**

8. Stellen Sie sicher, dass in der Statusleiste die Schaltfläche Automatisch Maßstäbe zu Beschriftungs-Objekten hinzufügen, wenn sich der Beschriftungsmaßstab

ändert aktiviert ist. Wählen Sie dann im Dropdown-Menü Ansichtfenstermaßstab den Maßstab 1:50. Nun passt der Plan in das Layout.

9. Doppelklicken Sie auf das Papier außerhalb des Ansichtsfensters, um zum Papierbereich zurückzuwechseln. Wählen Sie das Ansichtsfenster aus und verkleinern Sie es mithilfe der Griffe so, dass es gerade in die Zeichnung passt. Verschieben Sie anschließend den Plan auf dem Papier nach links, um Platz für eine andere Zeichnung auf diesem Layout zu schaffen. Das Ergebnis sehen Sie in Abbildung 13.17.

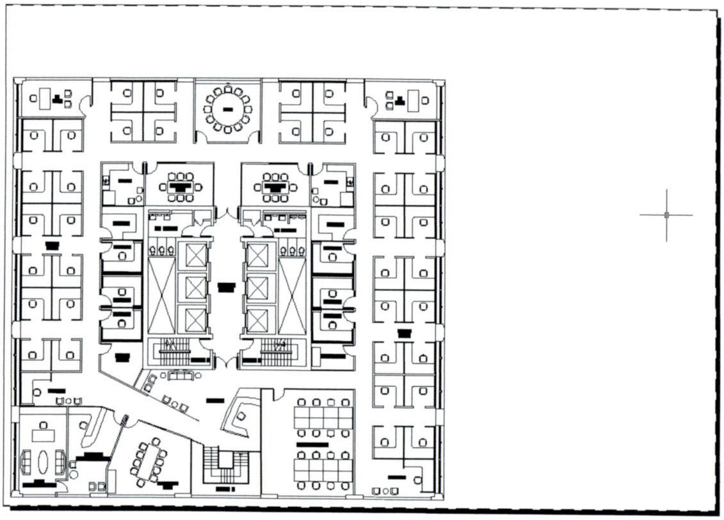

13.17 Platz für eine neue Zeichnung schaffen

zertifizierungsrelevant

10. Geben Sie `mansfen` zum Erstellen eines neuen Ansichtsfensters ein und drücken Sie die Enter-Taste. Klicken Sie rechts neben dem bereits vorhandenen Ansichtsfenster auf zwei beliebige schräg gegenüberliegende Punkte, um ein neues Ansichtsfenster zu definieren.

Ich empfehle, Ansichtsfenster sofort nach dem Erstellen zu sperren, damit Sie nicht versehentlich den Zeichnungsmaßstab durch Zoomen ändern.

11. Doppelklicken Sie auf das neue Ansichtsfenster, um zu seinem Modellbereich zu wechseln. Wählen Sie in der Statusleiste im Dropdown-Menü Ansichtsfenster-Maßstab den Maßstab 1:20. Erneut wird der Aufzugsbereich vergrößert angezeigt. Schwenken Sie zum Sitzungsraum. Doppelklicken Sie außerhalb des Ansichtsfensters, um zum Papierbereich zu wechseln. Abbildung 13.18 zeigt das Ergebnis.

12. Wählen Sie beide Ansichtsfenster aus und aktivieren Sie in der Statusleiste die Schaltfläche Ansichtsfenster sperren/entsperren, um sie zu sperren. Doppelklicken Sie in das neue Ansichtsfenster und vergrößern Sie mit gedrücktem Mausrad die Darstellung. Vor dem Sperren wurde damit der im Ansichtsfenster dargestellte Bereich vergrößert, nach dem Sperren wird das gesamte Layout vergrößert.

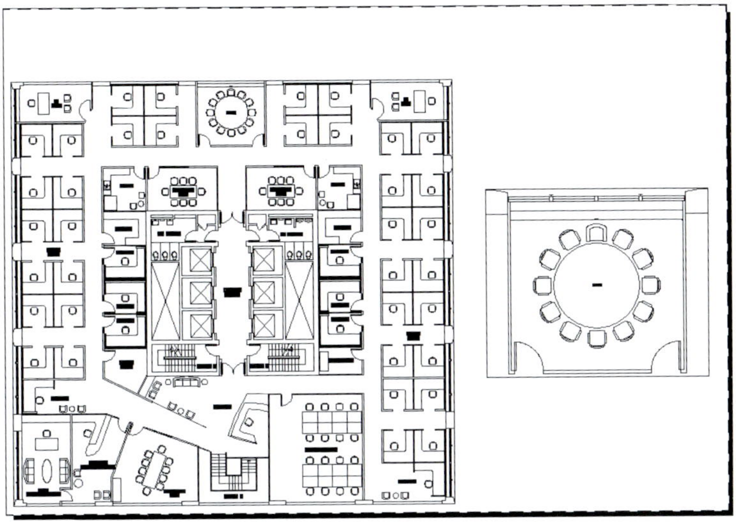

13.18 Ein neues Ansichtsfenster zur detaillierten Darstellung des Sitzungsraums erstellen und einrichten

13. Speichern Sie Ihre Arbeit unter dem Dateinamen »Kap13-F.dwg«.

Layereigenschaften in Layoutansichtsfenstern überschreiben

Jedes Ansichtsfenster verfügt über eigene Layereigenschaften, mit denen die grundlegenden Layereigenschaften der Zeichnung überschrieben werden können. Im Folgenden deaktivieren Sie eine Reihe von Layern in einem bestimmten Ansichtsfenster, während dieselben Layer in einem anderen Ansichtsfenster weiterhin angezeigt werden.

1. Öffnen Sie gegebenenfalls die gerade erstellte Datei »Kap13-F.dwg« oder laden Sie sie von der Webseite zum Buch herunter und öffnen Sie sie in AutoCAD.
2. Doppelklicken Sie auf Layout2 auf das größere Ansichtsfenster, das den gesamten Plan enthält, um zu seinem frei beweglichen Modellbereich zu wechseln.
3. Klicken Sie auf der Registerkarte Start in der Gruppe Layer auf die Schaltfläche Layereigenschaften.
4. Wenn Sie im Layereigenschaften-Manager nach rechts blättern, finden Sie einige Spalten, die mit AF beginnen, was für Ansichtsfenster steht. Frieren Sie in der Spalte AF Frieren die beiden Layout A-Möbel und A-Möbel-Syst (siehe Abbildung 13.19). Schließen Sie den Layereigenschaften-Manager.

Sie können die Layereigenschaften Farbe, Linientyp, Linienstil, Transparenz, Plotstil und Frieren unabhängig voneinander in allen Ansichtsfenstern ändern.

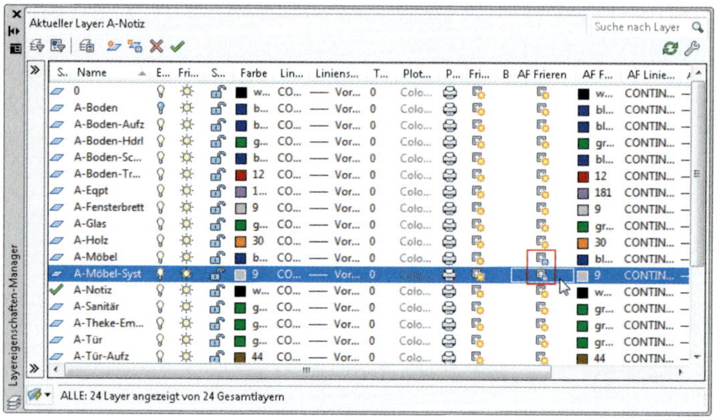

13.19 Ausgewählte Layer im aktuellen Ansichtsfenster frieren

5. Doppelklicken Sie auf das Papier außerhalb des Ansichtsfensters, um zurück in den Papierbereich zu wechseln. Die Möbel und Systemmöbel werden im aktuellen Ansichtsfenster nicht mehr angezeigt. Tisch und Stühle im Beratungsraum im zweiten Ansichtsfenster von Layout2 bleiben weiterhin sichtbar (siehe Abbildung 13.20).

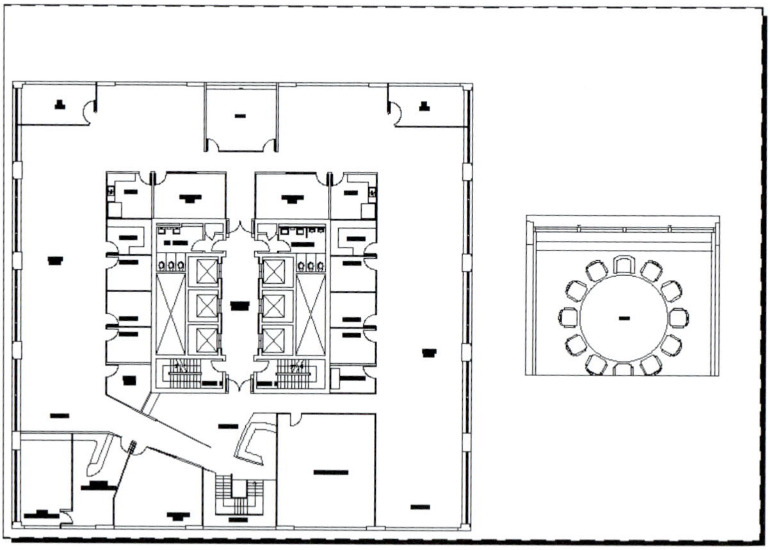

13.20 Die Möbel werden nur noch im rechten Ansichtsfenster angezeigt.

6. Klicken Sie in der Statusleiste auf die Schaltfläche Ansichtsfenster maximieren. Das Layout wird durch eine maximierte Modellansicht mit rotem Rahmen ersetzt (siehe Abbildung 13.21). Die in diesem Ansichtsfenster überschriebenen Layer-

eigenschaften haben auch in der Vollbildanzeige Gültigkeit, das heißt, Möbel und Systemmöbel bleiben weiterhin ausgeblendet.

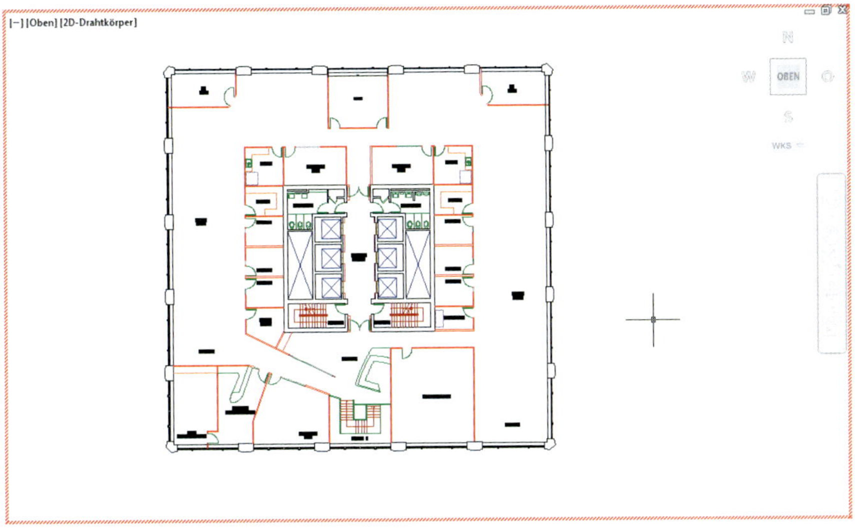

13.21 **In einem in maximaler Größe dargestellten Ansichtsfenster arbeiten**

7. Vergrößern Sie den Sitzungsraum.

8. Klicken Sie auf der Registerkarte Start in der Gruppe Layer auf die Schaltfläche Isolieren. Geben Sie `i` (für eInstellung) ein und drücken Sie die Enter-Taste. Die Eingabeaufforderung lautet:

   `Einstellung für nicht isolierte Layer eingeben [ Aus/Sperren und ausblenden] <Aus>:`

   Geben Sie `A` (für Aus) ein und drücken Sie die Enter-Taste. Geben Sie erneut `A` ein und drücken Sie wieder die Enter-Taste. Wählen Sie mit einer kreuzenden Auswahl den Beratungsraum mit Wänden, Türen, Text und Bemaßung, aber ohne Außenwand und Verglasung aus. Drücken Sie die Enter-Taste, um die ausgewählten Layer zu isolieren.

9. Klicken Sie auf der Registerkarte Start in der Gruppe Ändern auf die Schaltfläche Strecken. Klicken Sie auf die Punkte A und B (siehe Abbildung 13.22) und drücken Sie die Enter-Taste. Drücken Sie F8, um den Ortho-Modus einzuschalten. Klicken Sie auf einen beliebigen Punkt, verschieben Sie den Cursor nach links, geben Sie `10` ein und drücken Sie die Enter-Taste.

10. Drücken Sie die Leertaste, um den Streckenbefehl zu wiederholen. Klicken Sie auf die Punkte C und D (siehe Abbildung 13.22) und drücken Sie die Enter-Taste. Klicken Sie auf einen beliebigen Punkt, verschieben Sie den Cursor nach rechts, geben Sie `10` ein und drücken Sie die Enter-Taste. Die Wände des Beratungsraums werden um je 10 cm nach links und nach rechts nach außen gesetzt. Die Bemaßung der Raumbreite wird entsprechend auf 568,64 angepasst (siehe Abbildung 13.23).

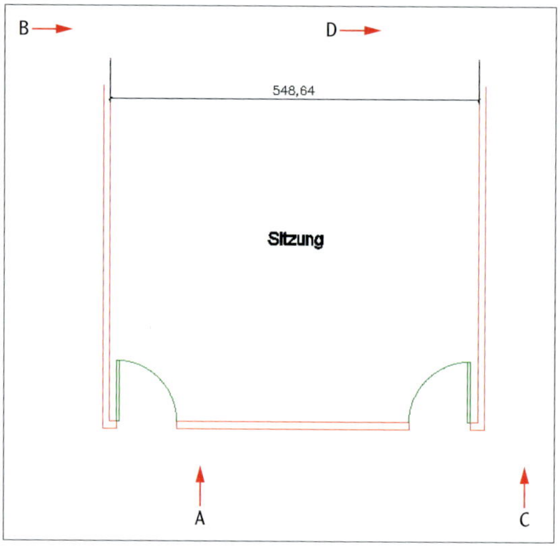

13.22 Die Wände nach außen versetzen

13.23 Die Wände wurden links und rechts um je 10 cm nach außen versetzt.

11. Klicken Sie auf der Registerkarte Start in der Gruppe Layer auf die Schaltfläche Isolierung aufheben.

12. Klicken Sie auf der Registerkarte Start in der Gruppe Ändern auf die Schaltfläche Stutzen und drücken Sie die Enter-Taste, um alle potenziellen Begrenzungen auszuwählen. Klicken Sie mit gedrückter ShiftTaste auf die Punkte A und B aus Abbildung 13.24, um die Fensterbrettlinie zu dehnen. Drücken Sie ESC, um den Streckenbefehl zu beenden.

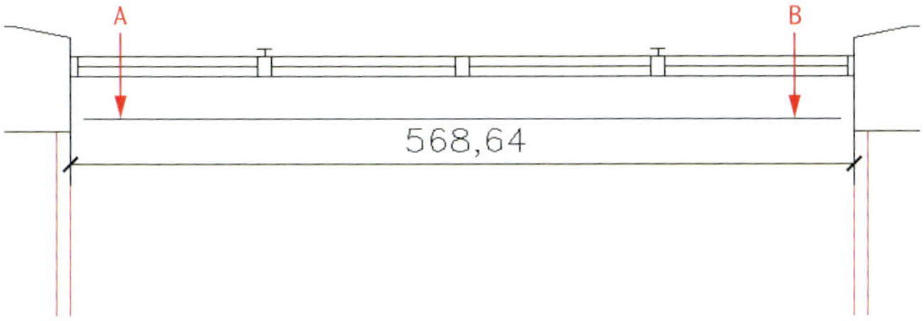

13.24 Die Fensterbrettlinie dehnen

13. Klicken Sie in der Statusleiste auf die Schaltfläche Ansichtsfenster minimieren. Layout2 wird wieder vollständig angezeigt. Vergrößern Sie in beiden Ansichtsfenstern die Bemaßung für den Sitzungsraum. Beide Bemaßungswerte wurden auf 568,64 aktualisiert.

14. Speichern Sie Ihre Arbeit unter dem Dateinamen »Kap13-G.dwg«.

Auf Layouts zeichnen

Sie können auf Layouts genauso zeichnen wie im Modellbereich. Aber die Inhalte, die Sie auf Layouts zeichnen, sind anders, zum Beispiel Titelblöcke, Ansichtsfenster und Bemaßungen. Für Layouts gelten die Maße von realen Papierblättern. Das heißt, Sie können dort keine realen Geometrien umsetzen, wie Sie es im Modellbereich tun.

Ein Element, das auf Layouts gezeichnet wird, sind die sogenannten *Titelblöcke*. Es handelt sich dabei um Rahmen, die um die Zeichnung gesetzt werden, die wiederum Rechtecke enthalten, in denen Informationen zum Blatt stehen. Auch Bemaßungen lassen sich direkt auf Layouts einfügen. Bemaßungen, die im Papierbereich eingefügt werden, beziehen sich auf die Geometrie des Modellbereichs. Das heißt, wenn sich die realen Maße im Modellbereich ändern, werden sie im Papierbereich automatisch aktualisiert.

Im Papierbereich auf einem Layout zeichnen Sie im Folgenden einen Titelblock und fügen eine Bemaßung hinzu.

1. Öffnen Sie gegebenenfalls die gerade erstellte Datei »Kap13-G.dwg« oder laden Sie sie von der Webseite zum Buch herunter und öffnen Sie sie in AutoCAD.
2. Klicken Sie auf der Registerkarte Start in der Gruppe Layer auf die Schaltfläche Layereigenschaften. Klicken Sie im Layereigenschaften-Manager auf die Schaltfläche Neuer Layer, geben Sie `Z-Titel` ein und drücken Sie die Enter-Taste. Doppelklicken Sie auf den neuen Layer, um ihn zum aktuellen Layer zu machen. Wählen Sie in der Spalte Linienstärke eine Stärke von 1 mm aus und aktivieren Sie das Plotsymbol. Schließen Sie den Layereigenschaften-Manager.
3. Klicken Sie auf der Registerkarte Start in der Gruppe Zeichnen auf die Schaltfläche Rechteck. Klicken Sie die Eckpunkte des Rechtecks so nah wie möglich am Papierrand auf Layout2. Das Rechteck ist zunächst nicht sichtbar, da es sich mit dem Papierrand überlappt.
4. Klicken Sie auf der Registerkarte Start in der Gruppe Ändern auf die Schaltfläche Versetzen. Die Eingabeaufforderung lautet:

   ```
   Abstand angeben oder[ Durchpunkt/lÖschen/Layer] <0.0000>:
   ```

   Geben Sie `ö` (für lÖschen) ein und drücken Sie die Enter-Taste. Geben Sie `j` (für Ja) ein und drücken Sie die Enter-Taste. Geben Sie `1` ein und drücken Sie die Enter-Taste. Wählen Sie das in Schritt 1 gezeichnete Rechteck aus und klicken Sie auf einem Punkt im Rechteck, um die Kopie nach innen zu versetzen.
5. Öffnen Sie auf der Registerkarte Start in der Gruppe Layer das Dropdown-Menü Layer und wählen Sie den Layer A-Notiz aus, um ihn zum aktuellen zu machen.

Titelblöcke

Da es sich bei Zeichnungen häufig um verbindliche Dokumente handelt, enthalten sie in der Regel den Maßstab, den Blattnamen und die Blattnummer. Diese Informationen werden meist mit Text oder Attributen in einem Titelblock ausgegeben, der direkt auf dem Layout gezeichnet wird.

6. Vergewissern Sie sich, dass in der Statusleiste Papier steht, das heißt, dass Sie sich im Papierbereich befinden. Vergrößern Sie auf Layout2 das zweite Ansichtsfenster rechts.

7. Klicken Sie auf der Registerkarte Start in der Gruppe Beschriftung auf die Schaltfläche Linear. Klicken Sie anschließend auf die Punkte A, B und C, wie in Abbildung 13.25 zu sehen ist. Eine Bemaßung mit dem Wert 514,35 wird auf dem Layout im Papierbereich angezeigt, ähnlich wie die Bemaßung, die Sie weiter oben in diesem Kapitel im Modellbereich gezeichnet haben.

Bemaßungen, die Sie im Papierbereich einfügen, gelten nur für die aktuelle Zeichnung und können nicht gleichzeitig in mehreren Ansichtsfenstern angezeigt werden, wie es bei Beschriftungsbemaßungen im Modellbereich der Fall ist.

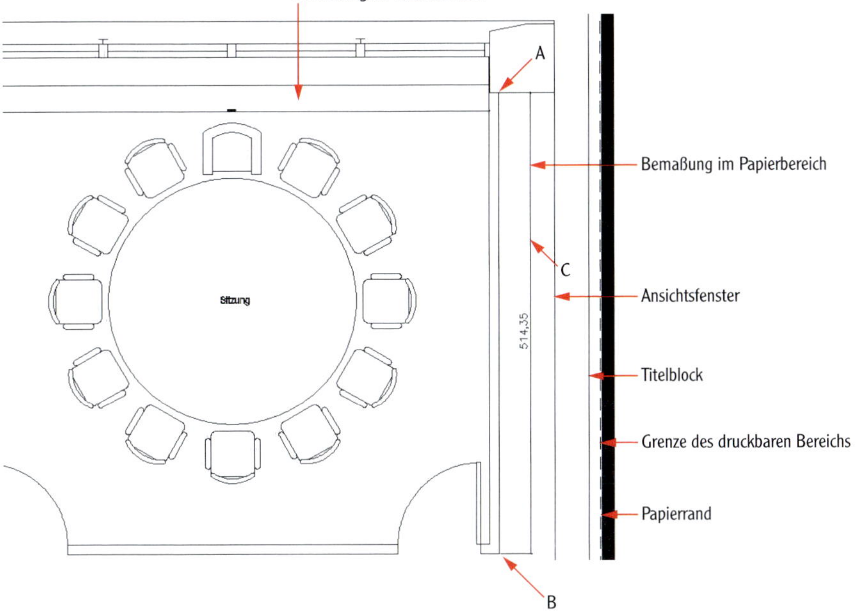

13.25 Eine Bemaßung im Papierbereich zeichnen

8. Wählen Sie das linke Ansichtsfenster aus. Klicken Sie in der Statusleiste auf die Schaltfläche Ansichtsfenster maximieren. Sie arbeiten jetzt im größeren Ansichtsfenster von Layout2. Dies bietet sich an, da die Möbellayer gefroren sind und es so einfacher ist, die Wände zu strecken. Schwenken Sie zum Sitzungsraum.

In mehreren maximierten Ansichtsfenstern arbeiten

Wenn Sie in einem maximierten Ansichtsfenster auf einem Layout mit mehreren Ansichtsfenstern arbeiten, können Sie über die Pfeile der Schaltfläche Ansichtsfenster maximieren durch die Ansichtsfenster auf dem Layout im Maximalmodus blättern.

9. Klicken Sie auf der Registerkarte Start in der Gruppe Ändern auf die Schaltfläche Strecken. Wählen Sie mit einer kreuzenden Auswahl die beiden Türen und den unteren Wandbereich im Beratungsraum aus und drücken Sie die Enter-Taste. Klicken Sie auf einen beliebigen Punkt im Zeichnungsbereich, verschieben Sie den Cursor nach unten, geben Sie 6 ein und drücken Sie die Enter-Taste.

10. Klicken Sie in der Statusleiste auf die Schaltfläche Ansichtsfenster minimieren. Layout2 wird wieder angezeigt. Die Bemaßung im rechten Ansichtsfenster des Papierbereichs wurde automatisch auf den Wert 520, 35 aktualisiert.

11. Klicken Sie auf der Registerkarte Ausgabe in der Gruppe Plotten auf die Schaltfläche Voransicht. Hier sehen Sie das Ergebnis, das Sie erhalten, wenn Sie die Datei veröffentlichen (siehe Abbildung 13.26). Drücken Sie ESC, um die Vorschau zu beenden.

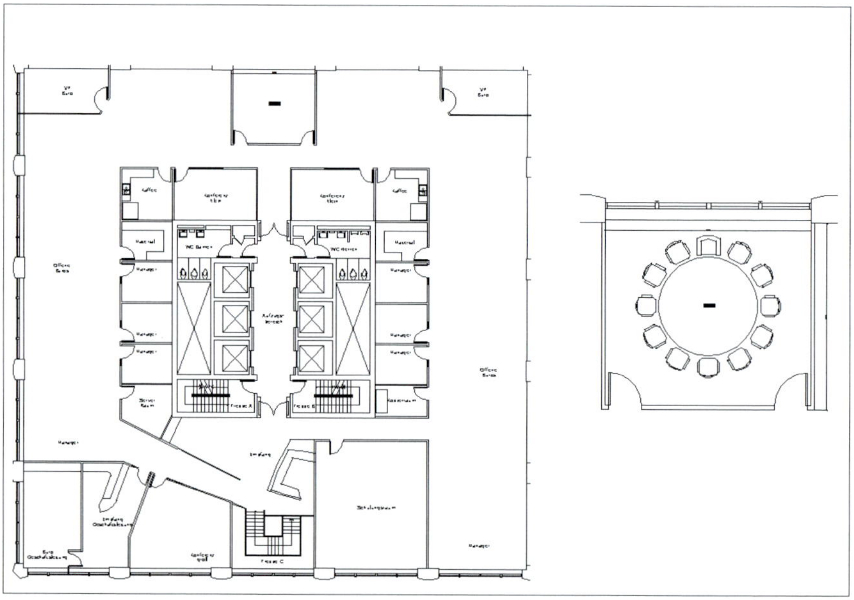

13.26 **Vorschau auf Layout2**

12. Speichern Sie Ihre Arbeit unter dem Dateinamen »Kap13-H.dwg«. Die bereits fertiggestellte gleichnamige Datei finden Sie bei Bedarf unter `www.wiley-vch.de/publish/dt/books/ISBN978-3-527-76013-8` auf der Downloadseite zu Kapitel 13.

Zusammenfassung und Ausblicke

In diesem Kapitel haben Sie den Unterschied zwischen Modell- und Papierbereich kennengelernt. Sie haben Layouts und Ansichtsfenster erstellt, den Maßstab für Ansichtsfenster bestimmt und Ansichtsfenster so angepasst, dass sie für die reale Zeichnung passen. Außerdem haben Sie Layereigenschaften in Ansichtsfenstern überschrieben, in maximierten Ansichtsfenstern gearbeitet, einen Titelblock gezeichnet und eine Bemaßung im Papierbereich eingefügt. Sie wissen nun alles Notwendige für die Ausgabe von Zeichnungen auf Papier oder in elektronischer Form. Dies ist Thema des nächsten Kapitels.

Zusätzliche Übung

TILEMODE ist die Systemvariable, mit der Sie zwischen Modellbereich (dort sind angeordnete Ansichtsfenster möglich – TILEMODE=1) und Papierbereich (dort sind frei bewegliche Ansichtsfenster möglich – TILEMODE=0) wechseln. Erstellen Sie mit dem Befehl AFENSTER im Modellbereich neben- und untereinander angeordnete Ansichtsfenster.

Mehrere angeordnete Fenster sind vor allem beim Arbeiten mit 3D-Modellen sehr hilfreich, um gleichzeitig verschiedene Ansichten einer komplexen Geometrie darzustellen. Sie eignen sich aber auch, um gleichzeitig eine Überblicksansicht sowie detaillierte Ansichten einer 2D-Zeichnung darzustellen. Testen Sie in der Datei »Kap13-H.dwg« in drei Ansichtsfenstern verschiedene Vergrößerungen des Gebäudeplans, sodass Sie den Gesamtplan sowie zwei Detailansichtsfenster gleichzeitig betrachten können.

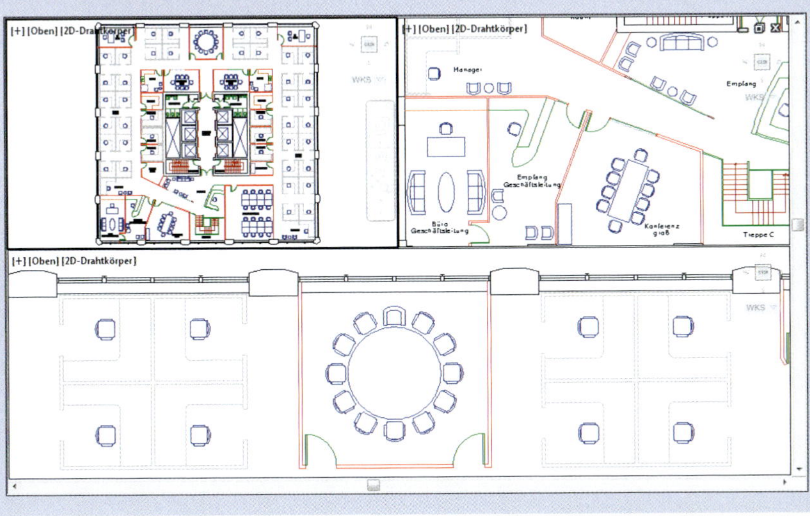

Kapitel 14

Drucken und Plotten

Unter *Plotten* versteht man das Ausdrucken von Zeichnungen über einen großformatigen Drucker. Der Plotter ist dabei in der Regel über ein Netzwerk oder direkt mit dem AutoCAD-Rechner verbunden. Zum Drucken, Plotten oder elektronischen Veröffentlichen eines gesamten Plansatzes gehört aber weit mehr, als nur auf eine Schaltfläche zum Drucken zu klicken. Sie erfahren in diesem Kapitel, wie Sie vor der Ausgabe einen Plotter sowie eine Plotstiltabelle konfigurieren und wie Sie eine professionelle Ausgabe sowohl aus dem Modell- als auch aus dem Papierbereich erstellen. Neben der Ausgabe auf Papier haben Sie auch die Möglichkeit, DWF- oder PDF-Dateien zu exportieren und Ihre Zeichnungen digital im Internet für Ihre Kollegen, Kolleginnen, Kunden und Kundinnen bereitzustellen.

In diesem Kapitel

- Ausgabegeräte konfigurieren
- Plotstiltabellen definieren
- Mit Plotstiltabellen arbeiten
- Im Modellbereich plotten
- Layouts im Papierbereich plotten
- Elektronisch publizieren

Ausgabegeräte konfigurieren

Man kann ganz allgemein sagen, dass alles, was Sie an Ihrem Rechner arbeiten, als *Eingabe* verstanden werden kann. Und diese Eingaben wollen Sie zu einem bestimmten Zeitpunkt in Form einer *Ausgabe* an andere weitergeben. Die Ausgabegeräte werden als Drucker bezeichnet. Zum Drucken großer Formate werden Plotter verwendet. Früher gab es die sogenannten Stiftplotter mit Stiften, die separat mit Farbe nachgefüllt werden mussten. Das Papier – eigentlich eine Folie – wurde hin und her bewegt und die Stifte zeichneten die Zeichnung zeilenweise. Die Plotter von heute arbeiten schneller und moderner.

Im folgenden Abschnitt konfigurieren Sie ein Ausgabegerät als Systemdrucker und richten einen AutoCAD-Plotter ein. Diese Schritte müssen Sie auf Ihrem Rechner nur einmal ausführen.

Systemdrucker einrichten

Zunächst ist es erforderlich, einen Systemdrucker einzurichten, der sogenannte *Treiber* enthält, mit denen das Betriebssystem Ihres Rechners das Ausgabegerät steuert. Druckerhersteller liefern in der Regel die entsprechenden Treiber, die Sie dann installieren.

Wenn Sie AutoCAD an Ihrem Arbeitsplatz nutzen, ist sicherlich bereits ein Systemdrucker für Ihren Arbeitsrechner eingerichtet. In diesem Kapitel richten Sie aus Übungsgründen einen Treiber für einen Plotter ein, unabhängig davon, ob Sie dieses Gerät besitzen. Gehen Sie zunächst wie folgt vor:

1. Suchen Sie über Ihren Webbrowser nach einem Druckertreiber, wechseln Sie zur entsprechenden Webseite, zum Beispiel `www.hp.com`, und dort zur Seite mit zum Download angebotenen Treibern und Software. Geben Sie dort einen Produktnamen an, zum Beispiel `HP DesignJet 800 Drucker`.
2. Wählen Sie das Betriebssystem Ihres Rechners aus und laden Sie den Treiber herunter.
3. Installieren Sie den Treiber gemäß den Herstelleranleitungen.

AutoCAD für den Macintosh arbeitet nicht mit AutoCAD-Plottern, sondern sendet die Daten direkt an den Systemdrucker.

Einen AutoCAD-Plotter einrichten

Die meisten Programme senden auszugebende Daten direkt an den Systemdrucker. AutoCAD stellt hier eine Ausnahme dar. In AutoCAD gibt es eine zusätzliche Ebene zwischen Programm und Betriebssystem, den sogenannten AutoCAD-Plotter. In diesem Abschnitt konfigurieren Sie einen AutoCAD-Plotter, der die Daten an den Systemdrucker sendet, der wiederum den Druckauftrag an das eigentliche Ausgabegerät übergibt.

1. Geben Sie in AutoCAD `plottermanager` ein und drücken Sie die Enter-Taste. Der Windows-Explorer wird geöffnet und listet den Inhalt des AutoCAD-Ordners Plotters auf (siehe Abbildung 14.1).

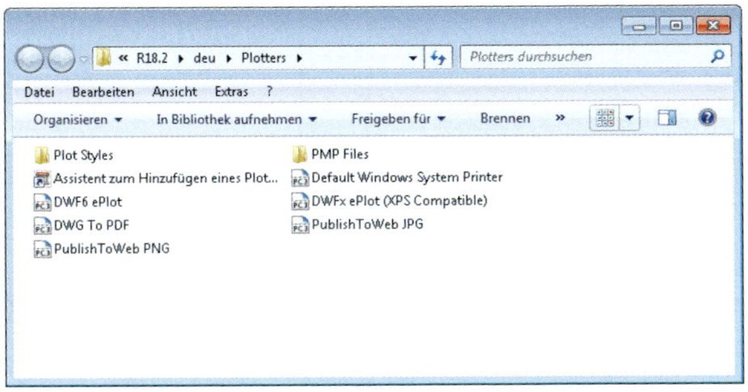

14.1 **Explorer-Fenster mit zwei Ordnern, einem Assistenten und verschiedenen AutoCAD-Plottern**

2. Doppelklicken Sie auf den Eintrag Assistent zum Hinzufügen eines Plotters. Lesen Sie die Informationen durch und klicken Sie auf Weiter.

3. Aktivieren Sie die Option Systemdrucker (siehe Abbildung 14.2) und klicken Sie auf Weiter.

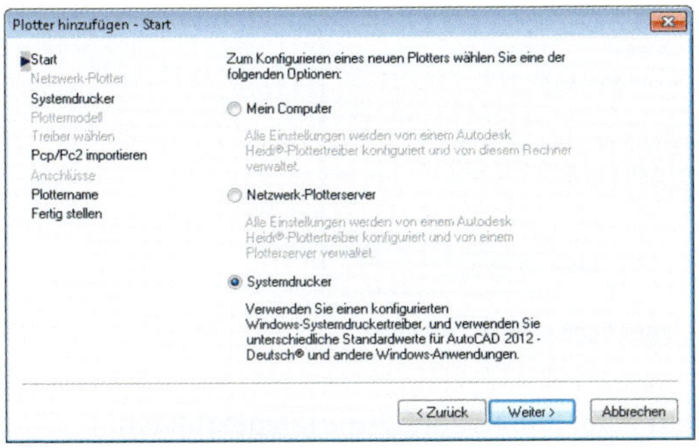

14.2 **Systemdrucker wählen**

4. Wählen Sie im Dialogfeld Plotter hinzufügen – Systemdrucker den von Ihnen installierten Systemdrucker, zum Beispiel HP DesignJet 800 PS (siehe Abbildung 14.3). Die dort aufgelisteten Drucker hängen von den auf Ihrem Rechner installierten Drucktreibern ab. Klicken Sie auf Weiter.

5. Auf der nächsten Seite können Sie PCP- der PC2-Dateien aus älteren AutoCAD-Versionen importieren. Da hier aber eine ganz neue PC3-Datei erstellt werden soll, klicken auf Weiter.

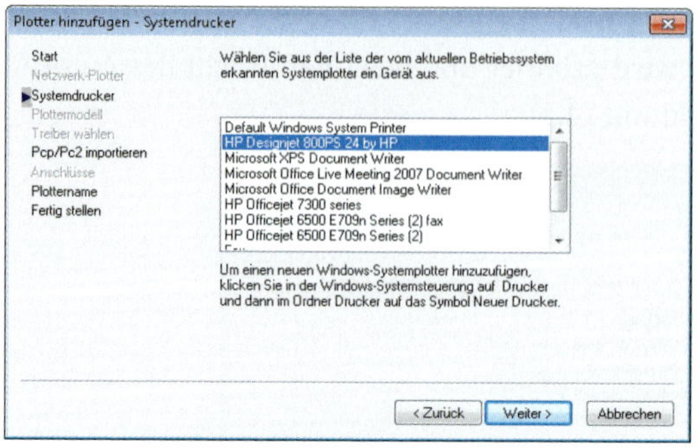

14.3 **Einen Systemdrucker für den Potter wählen, an den die Druckdaten gesendet werden**

6. AutoCAD schlägt einen Namen für den Plotter vor, der dem Namen des Systemdruckers entspricht. Geben Sie einen anderen Namen ein, zum Beispiel `HP DesignJet 800 PS Plotter`, damit Sie den neuen Druckernamen vom Systemdrucker unterscheiden können (siehe Abbildung 14.4). Klicken Sie auf Weiter.

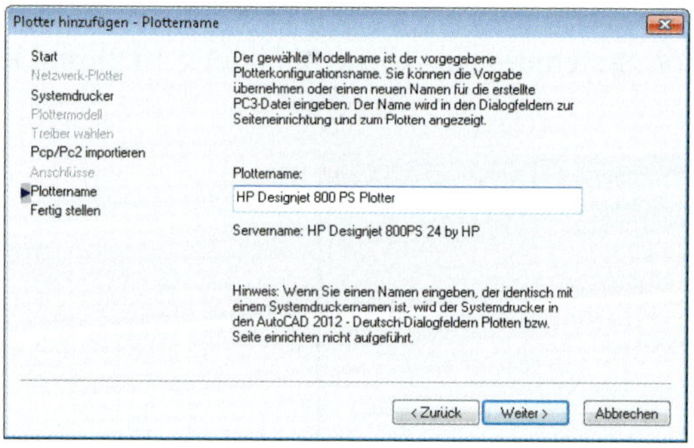

14.4 **Für den Plotter einen eindeutigen Namen vergeben**

7. Klicken Sie auf die Schaltfläche Plotterkonfiguration bearbeiten.
8. Wechseln Sie im Dialogfeld Plotterkonfigurations-Editor zur Registerkarte Gerät- und Dokumenteinstellungen und wählen Sie dort den Eintrag Papierformate filtern. Klicken Sie auf die Schaltfläche Markierung aufheb. Blättern Sie in der Liste und aktivieren Sie die folgenden Papiergrößen: Arch C (Querformat), Arch B (Querformat) und Arch D. Abbildung 14.5 zeigt das Ergebnis.
9. Klicken Sie auf OK, um den Plotterkonfigurations-Editor zu schließen. Klicken Sie auf Fertig stellen, um den Assistenten zu schließen.

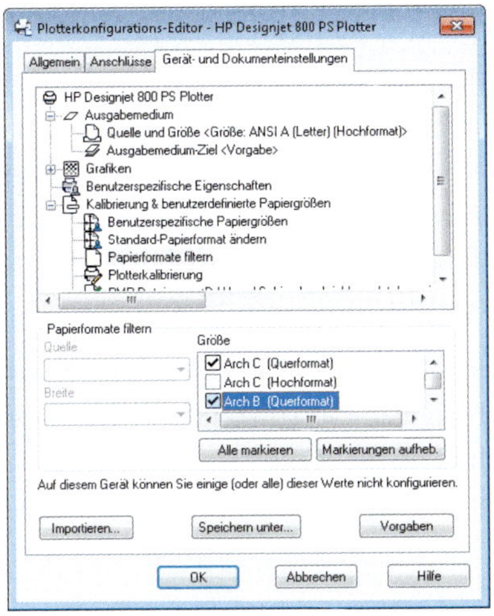

14.5 Nicht verwendete Papierformate deaktivieren

10. Der gerade konfigurierte AutoCAD-Plottertreiber HP DesignJet 800 PS Plotter wird im Explorer-Fenster angezeigt (siehe Abbildung 14.6). Schließen Sie den Explorer.

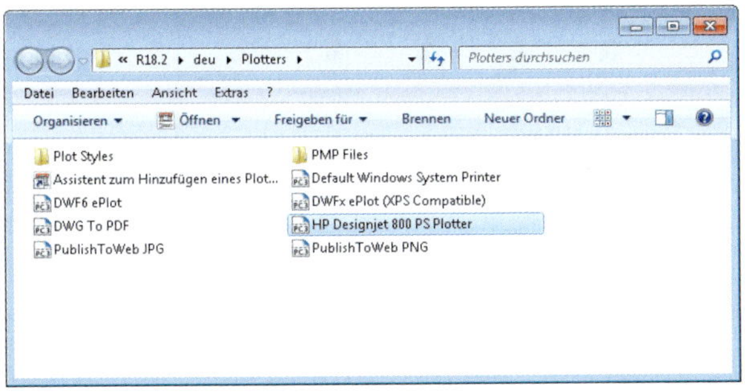

14.6 Der neue AutoCAD–Plotter wird im Windows-Explorer angezeigt.

Plotstiltabellen definieren

Mit Plotstiltabellen bestimmen Sie die endgültige Darstellung von Objekten in Bezug auf Farbe, Linientyp, Linienstärke, Endstück, Linienfüllung und Sättigung. Beim Drucken haben Einstellungen in den Plotstiltabellen Vorrang vor den Layereigenschaften.

Sie müssen also zunächst einen Systemdrucker und einen AutoCAD-Plotter einrichten und anschließend eine Plotstiltabelle definieren beziehungsweise auf eine vorhandene zugreifen. In AutoCAD gibt es zwei verschiedene Typen von Plotstiltabellen: farbabhängige und benannte.

Farbabhängige Plotstiltabellen (CBT-Dateien): Diese Plotstiltabellen gibt es seit der Markteinführung der Stiftplotter, für deren Stifte in AutoCAD eine Reihe von Farben zugeordnet werden mussten. So können Sie damit beispielsweise rote Objekte mit einem 0,5-mm-Stift und grüne und gelbe Objekte mit einem 0,7-mm-Stift plotten. Farbabhängige Plotstiltabellen werden auch heutzutage noch häufig verwendet.

In AutoCAD für den Macintosh können Sie keine Plotstile erstellen oder bearbeiten. Es stehen nur die Standardplotstile zur Verfügung.

Benannte Plotstiltabellen (STB-Dateien): Diese Plotstiltabellen gibt es ab AutoCAD 2000. Sie bieten im Vergleich zu farbabhängigen Plotstiltabellen mehr Flexibilität, da Plotkriterien auf Layer- oder Objektebene und nicht nur nach Farbe definiert werden können. Im Folgenden erstellen Sie einen benannten Plotstil. Benannte Plotstile haben die Dateinamenerweiterung `.stb`.

1. Geben Sie in AutoCAD `plotstilmanager` ein und drücken Sie die Enter-Taste. Der Windows-Explorer wird geöffnet und zeigt eine Reihe von vordefinierten Plotstiltabellen an (siehe Abbildung 14.7).

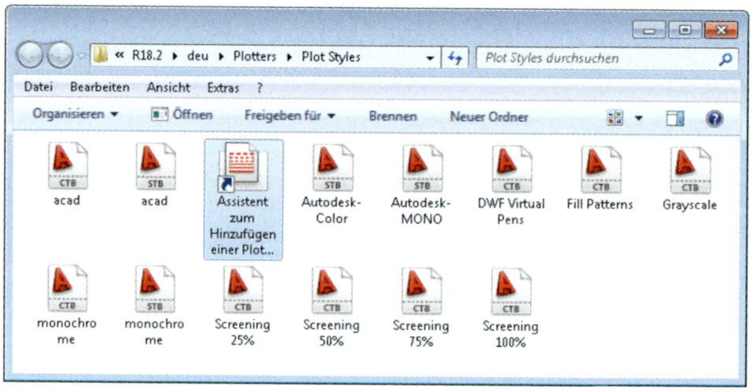

14.7 Die Plotstile im Ordner Plot Styles

2. Doppelklicken Sie auf Assistent zum Hinzufügen einer Plotstiltabelle. Lesen Sie die Informationen durch und klicken Sie auf Weiter.
3. Aktivieren Sie die Option Direkt beginnen (siehe Abbildung 14.8) und klicken Sie auf Weiter.
4. Aktivieren Sie die Option Benannte Plotstiltabelle. Mit dieser Einstellung definieren Sie einen benannten Plotstil mit dem Vorgabestil Normal. Bestätigen Sie mit Weiter.
5. Geben Sie im Textfeld Dateiname `Meine Plotstiltabelle` ein (siehe Abbildung 14.9). Bestätigen Sie mit Weiter.

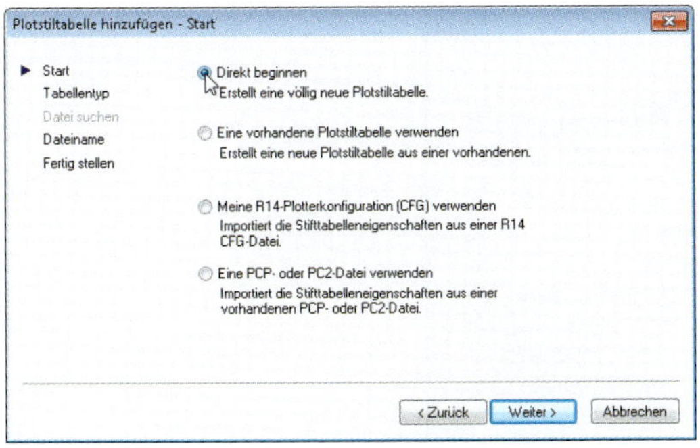

14.8 **Eine komplett neue Plotstiltabelle erstellen**

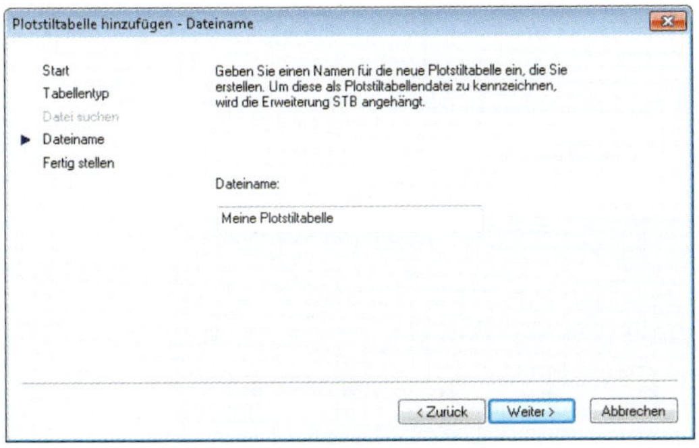

14.9 **Einen Namen für die Plotstiltabelle vergeben**

6. Klicken Sie auf die Schaltfläche Plotstiltabellen-Editor, um die gerade erstellte .stb-Datei zu bearbeiten.
7. Wechseln Sie im Dialogfeld Plotstiltabellen-Editor zur Registerkarte Formularansicht. Klicken Sie auf die Schaltfläche Stil hinzufügen, Geben Sie `Schwarz` ein und drücken Sie die Enter-Taste.
8. Wählen Sie im Dropdown-Menü die Farbe Schwarz (siehe Abbildung 14.10).
9. Klicken erneut Sie auf die Schaltfläche Stil hinzufügen, geben Sie `20 % Sättigung` ein und drücken Sie die Tab-Taste. Wählen Sie den Wert im Feld Sättigung aus, geben Sie `20` ein. Klicken Sie auf die Schaltfläche Speichern & Schließen, um den Plotstiltabellen-Editor zu schließen.

Unter *Sättigung* versteht man die Intensität der geplotteten Farbe. Mit einer Sättigung von 100 wird die Farbe mit voller Intensität auf das Papier gedruckt. Mit einer Sättigung von 0 wird gar keine Farbe gedruckt. Mit den Werten dazwischen können Sie mit einem schwarzen Plotstil unterschiedliche Grautöne generieren.

10. Klicken Sie auf Fertig stellen, um den Assistenten zum Hinzufügen einer neuen Plotstiltabelle zu schließen. Die gerade erstellte Plotstiltabelle wird im Windows-Explorer angezeigt (siehe Abbildung 14.11). Klicken Sie auf das »x« in der Titelleiste des Fensters, um den Windows-Explorer zu schließen.

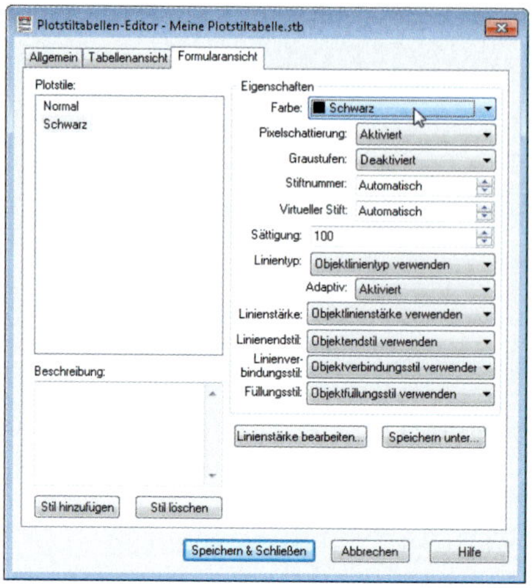

14.10 Einen schwarzen Plotstil erstellen

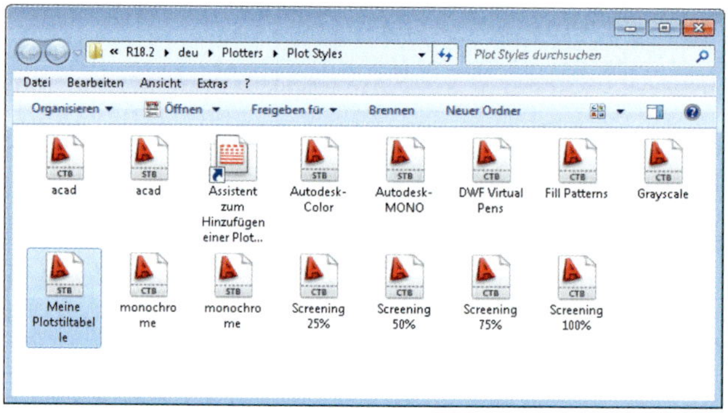

14.11 Die neue benannte Plotstiltabelle wird im Windows-Explorer angezeigt.

Mit Plotstiltabellen arbeiten

Neue Zeichnungen werden entweder mit farbabhängigen oder benannten Plotstiltabellen erstellt. Dies wird mit Einstellungen im Dialogfeld Optionen gesteuert. Bereits vorhandene Zeichnungen müssen umgewandelt werden, wenn Sie von einem Plotstiltyp zum anderen wechseln wollen.

Wenn Sie sich für einen Plotstiltyp entschieden haben, mit dem vorrangig gearbeitet werden soll, bietet es sich an, eine Vorlage mit der entsprechenden Einstellung zu speichern, damit der Plotstiltyp nicht beim Erstellen jeder neuen Zeichnung neu zugewiesen werden muss.

Im Folgenden legen Sie fest, dass neue Zeichnungen stets mit benannten Plotstiltabellen erstellt werden, und erfahren, wie Sie Plotstile auf Layer- und auf Objektebene einsetzen.

Neue Zeichnung auf benannte Plotstiltabellen setzen

Mithilfe der folgenden Schritte legen Sie fest, dass neue Zeichnungen benannte Plotstiltabellen verwenden. Außerdem speichern Sie eine Vorlage, der eine benannte Plotstiltabelle zugeordnet ist.

1. Geben Sie `op` (für OPTIONEN) ein und drücken Sie die Enter-Taste. Wechseln Sie im Dialogfeld Optionen zur Registerkarte Plotten und Publizieren.

2. Klicken Sie unten rechts auf die Schaltfläche Plotstil-Tabelleneinstellungen. Aktivieren Sie im Dialogfeld Plotstiltabelle-Einstellungen die Option Benannte Plotstile verwenden. Wählen Sie im Dropdown-Menü Vorgabe-Plotstiltabelle die Plotstiltabelle Meine Plotstiltabelle aus. Entscheiden Sie sich im Dropdown-Menü Vorgabe-Plotstil für Layer 0 für den Stil Schwarz und im Dropdown-Menü Vorgabe-Plotstil für Objekte für VonLayer (siehe Abbildung 14.12). Bestätigen Sie zweimal mit OK.

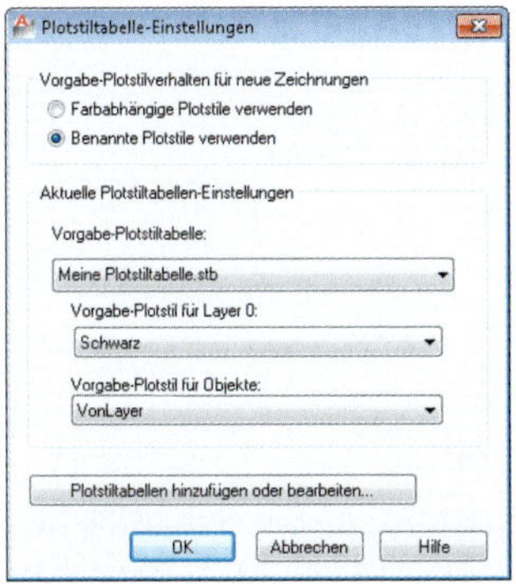

14.12 Vorgabe-Plotstileinstellungen für neue Zeichnungen konfigurieren

3. Klicken Sie im Schnellzugriffs-Werkzeugkasten auf die Schaltfläche Neu. Klicken Sie auf den Pfeil neben der Schaltfläche Öffnen und dann auf den Eintrag Ohne Vorlage – Metrisch öffnen (siehe Abbildung 14.13).

4. Geben Sie `einheit` ein und drücken Sie die Enter-Taste. Wählen Sie im Dialogfeld Zeichnungseinheiten im Dropdown-Menü Typ den Eintrag Dezimal und im Dropdown-Menü Genauigkeit den Eintrag 0.0. Setzen Sie abschließend die Einheiten zum Skalieren des eingefügten Inhalts auf Zentimeter (siehe Abbildung 14.14). Bestätigen Sie mit OK.

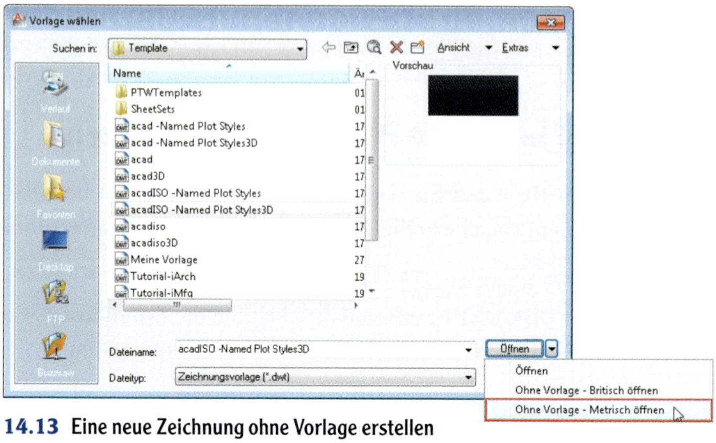

14.13 Eine neue Zeichnung ohne Vorlage erstellen

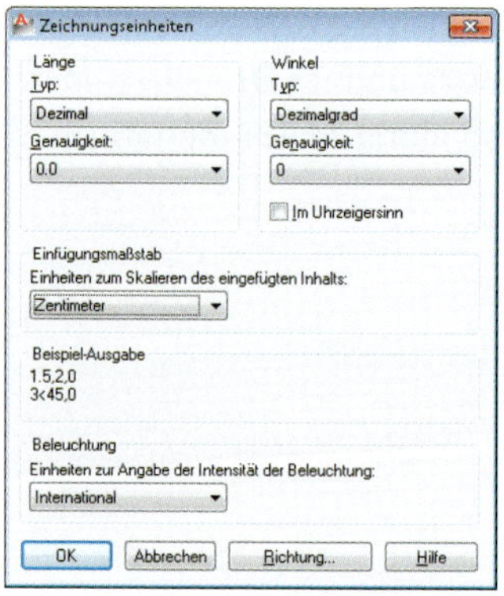

14.14 Zeichnungseinheiten festlegen

5. Klicken Sie im Schnellzugriffs-Werkzeugkasten auf die Schaltfläche Speichern unter. Wählen Sie im Dialogfeld Speichern unter im Dropdown-Menü Dateityp das Format AutoCAD Zeichenvorlage.dwt. Geben Sie im Textfeld Dateiname den Namen `Meine Vorlage` ein (siehe Abbildung 14.15). Klicken Sie auf die Schaltfläche Speichern.

6. Geben Sie im Dialogfeld Vorlageoptionen im Beschreibungsfeld `Benannte Plotstile und Zentimeter-Einheit` ein (siehe Abbildung 14.16) und bestätigen Sie mit OK.

7. Geben Sie `schliessen` ein und drücken Sie die Enter-Taste, um die gespeicherte Vorlage zu schließen.

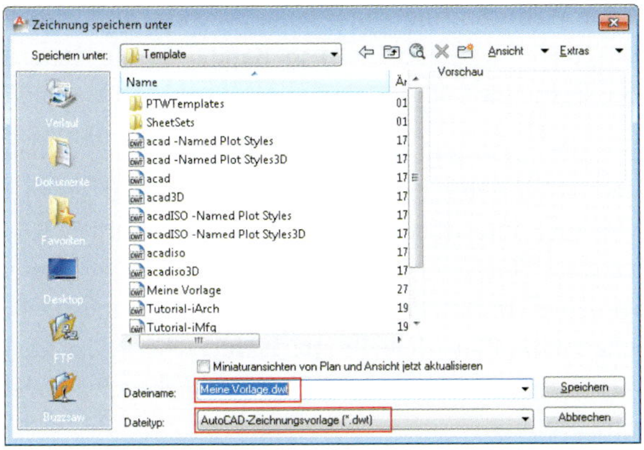

14.15 Eine neue Vorlage speichern

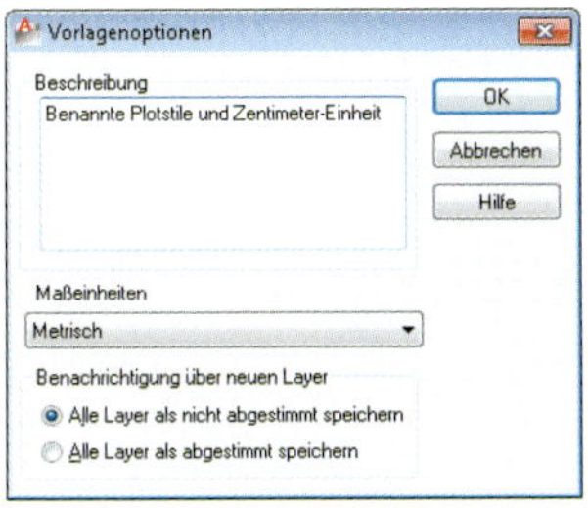

14.16 Eine Beschreibung für die Vorlage eingeben

Sie können nun neue Zeichnungen mit benannten Plotstilen (und Zentimetereinheiten) erstellen, indem Sie einfach die Vorlage Meine Vorlage wählen. Es sind keine weiteren Einstellungen erforderlich.

Den Plotstiltabellentyp in vorhandenen Zeichnungen wechseln

Mit dem Befehl KONVERTPSTILE wechseln Sie in einer vorhandenen Zeichnung von benannten zu farbabhängigen Plotstiltabellen. Um von farbabhängigen Plotstilen zu benannten Plotstilen zu wechseln, geben Sie zuerst den Befehl KONVERTCTB und anschließend den Befehl KONVERTPSTILE ein.

Plotstile auf Layer- oder Objektebene zuordnen

Wenn Sie in einer Zeichnung mit einer farbabhängigen Plotstiltabelle arbeiten, werden die Plotstile automatisch nach Farben konfiguriert. Im Fall von Zeichnungen mit benannten Plotstiltabellen müssen Sie die benannten Plotstile auf Layer- oder auf Objektebene zuordnen.

1. Wechseln Sie auf der Webseite zum Buch (`www.wiley-vch.de/publish/dt/books/ISBN978-3-527-76013-8`) in Kapitel 14 zur Datei »Kap14-A.dwg« und öffnen Sie sie in AutoCAD.

2. Geben Sie `la` (für LAYER) ein und drücken Sie die Enter-Taste. Klicken Sie im Layereigenschaften-Manager mit der rechten Maustaste auf einen beliebigen Layer und wählen Sie im Kontextmenü den Eintrag Alle auswählen. Klicken Sie in der Spalte Plotstil auf das Wort Normal. Das Dialogfeld Plotstil wählen wird geöffnet. Wählen Sie bei Bedarf im Dropdown-Menü Aktive Plotstiltabelle die zuvor erstellte Plotstiltabelle Meine Plotstiltabelle.stb. Wählen Sie in der Liste Plotstile den Eintrag Schwarz (siehe Abbildung 14.17). Bestätigen Sie mit OK. Jetzt werden alle Layer in Schwarz geplottet.

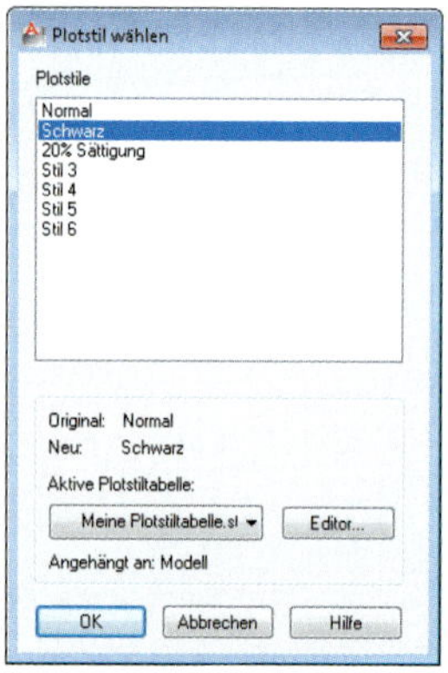

14.17 Den Layern den Plotstil Schwarz zuordnen

Der Plotstil Normal in der Plotstiltabelle »Meine Plotstiltabelle.stb« plottet Objekte in Farbe.

3. Klicken Sie im Layereigenschaften-Manager auf den Layer Titel, um ihn auszuwählen. Die Auswahl aller anderen Layer wird automatisch aufgehoben. Klicken Sie auf den Plotstil des Layers Titel und ändern Sie ihn im Dialogfeld Plotstil wählen auf Normal. Der Titeltext wird nun in Rot angezeigt (siehe Abbildung 14.18).

4. Schließen Sie den Layereigenschaften-Manager.

5. Klicken Sie auf der Registerkarte Ansicht in der Gruppe Paletten auf die Schaltfläche Eigenschaften.

6. Wählen Sie die Schraffurfüllung im Marketingbereich des Plans aus (siehe Abbildung 14.19).

7. Öffnen Sie in der Palette Eigenschaften das Dropdown-Menü Plotstil und wählen Sie den Eintrag Andere. Klicken Sie im Dialogfeld Plotstil wählen auf den Stil 20 % Sättigung und bestätigen Sie mit OK. Der Stil 20 % Sättigung wird in

der Eigenschaftenpalette als Plotstil angezeigt (siehe Abbildung 14.20). Das gewählte Schraffurobjekt wird mit einer geringeren Schwarzintensität gedruckt.

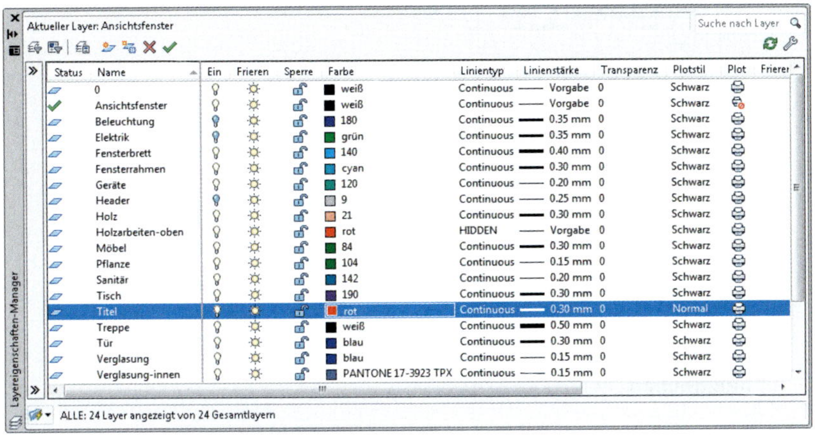

14.18 Benannte Plotstile nach Layer konfigurieren

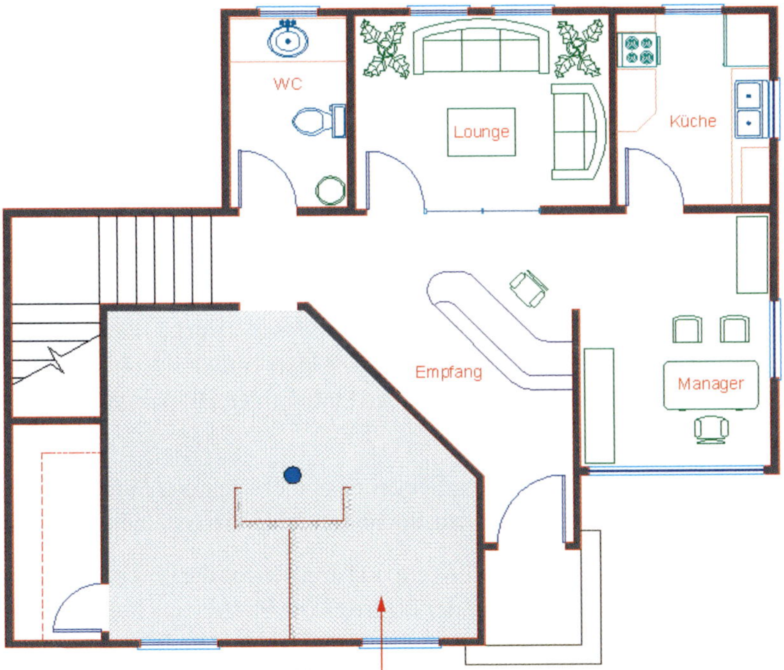

14.19 Ein Schraffurobjekt auswählen

Das ausgewählte Schraffurobjekt

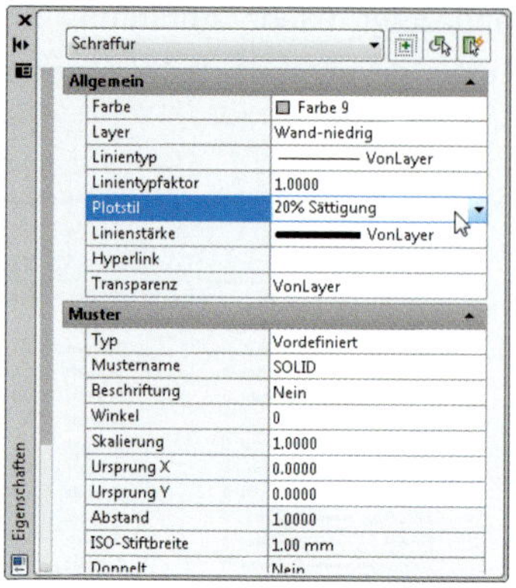

14.20 Den Plotstil für ein ausgewähltes Objekt ändern

8. Schließen Sie die Palette Eigenschaften und drücken Sie ESC, um die Auswahl aufzuheben.

9. Speichern Sie Ihre Arbeit unter dem Dateinamen »Kap14-B.dwg«.

Im Modellbereich plotten

Sie können die Zeichnung, die Sie gerade im Modellbereich erstellen, jederzeit plotten, um einen Testplot zu erstellen. Führen Sie die folgenden Schritte aus, um eine Zeichnung im Modellbereich zu Testzwecken zu plotten.

1. Öffnen Sie gegebenenfalls die gerade erstellte Datei »Kap14-B.dwg« oder laden Sie sie von der Webseite zum Buch herunter und öffnen Sie sie in AutoCAD.

2. Klicken Sie im Schnellzugriffs-Werkzeugkasten auf die Schaltfläche Plot. Öffnen Sie im Dialogfeld Plotten – Modell im Bereich Drucker/Plotter das Dropdown-Menü Name (siehe Abbildung 14.21). Die Liste enthält sowohl den Systemdrucker als auch den AutoCAD-Plotter für den Plotter (hier: HP DesignJet PS 800). Klicken Sie auf Abbrechen.

3. Es mag etwas verwirrend erscheinen, Systemdrucker und AutoCAD-Plotter im selben Dropdown-Menü zu sehen. Sie sollten daher die Systemdrucker ausblenden.

4. Geben Sie op (für OPTIONEN) ein und drücken Sie die Enter-Taste. Aktivieren Sie im Dialogfeld Optionen auf der Registerkarte Plotten und Publizieren im Bereich Allgemeine Plotoptionen das Kontrollkästchen Systemdrucker ausblenden (siehe Abbildung 14.22) und bestätigen Sie mit OK.

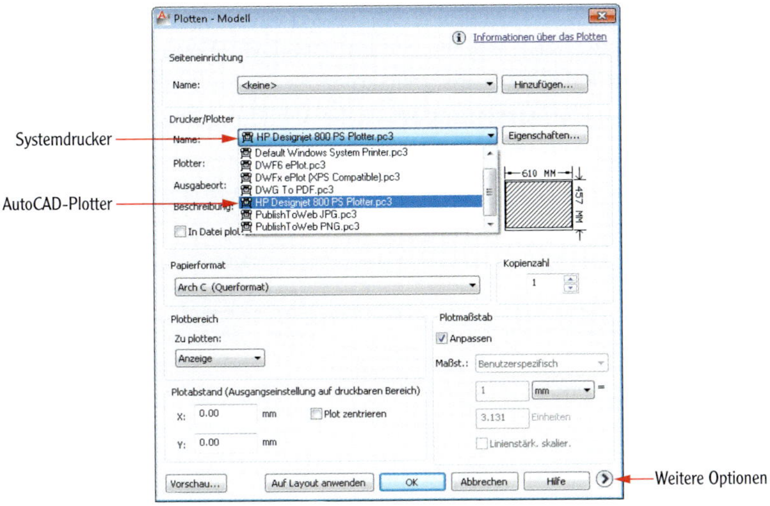

14.21 Einen Plottertreiber im Dialogfeld Plotten wählen

Aktivieren Sie das Kontrollkästchen Anpassen, wenn es nicht wichtig ist, dass das Plotten maßstabsgetreu durchgeführt wird. Achten Sie beim Angeben eines Maßstabes in der Vorschau darauf, ob die Zeichnung auf die gewählte Papiergröße passt.

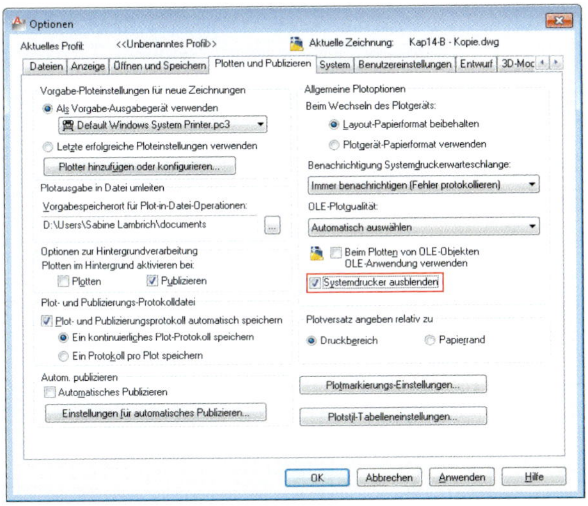

14.22 Systemdrucker ausblenden

5. Geben Sie `plot` ein und drücken Sie die Enter-Taste. Wählen Sie im Dropdown-Menü Name den Eintrag HP DesignJet 800 PS Plotter.pc3. (Es wird in der Liste kein Systemdrucker mehr angezeigt.) Wählen Sie im Dropdown-Menü Papierformat die Papiergröße Arch C (Querformat) und im Dropdown-Menü Zu plotten den Eintrag Grenzen. Aktivieren Sie im Bereich Plotabstand das Kontrollkästchen Plot zentrieren. (Achten Sie darauf, dass 1 mm 2.5 Einheiten entspricht.) Klicken Sie

rechts unten im Dialogfeld auf die nach rechts zeigende Pfeilspitze, um das Dialogfeld zu erweitern. Wählen Sie im Dropdown-Menü Plotstiltabelle die Tabelle Meine Plotstiltabelle.stb aus und aktivieren Sie im Bereich Plotoptionen das Kontrollkästchen Plotmarkierung ein (siehe Abbildung 14.23).

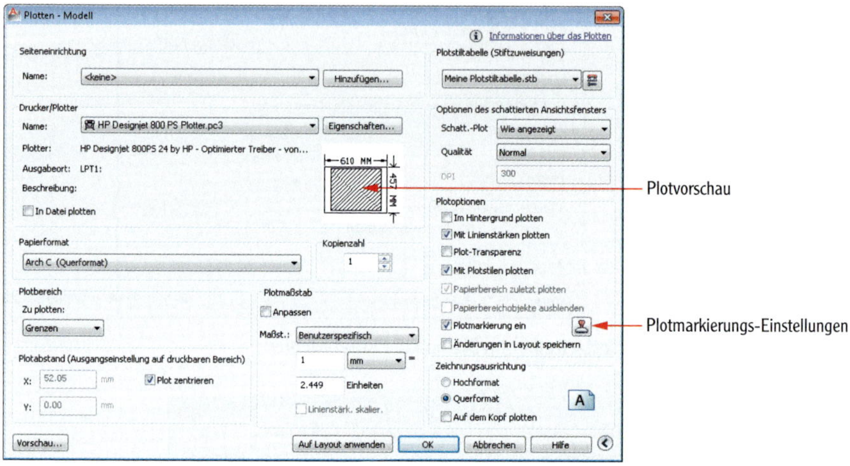

14.23 Im Dialogfeld Plotten – Modell Einstellungen für die Ausgabe vornehmen

6. Klicken Sie auf die Schaltfläche Plotmarkierungs-Einstellungen (siehe Abbildung 14.23). Aktivieren Sie im Dialogfeld Plotmarkierung die drei Kontrollkästchen Zeichnungsname, Gerätename und Plotskalierung (siehe Abbildung 14.24). Bestätigen Sie mit OK.

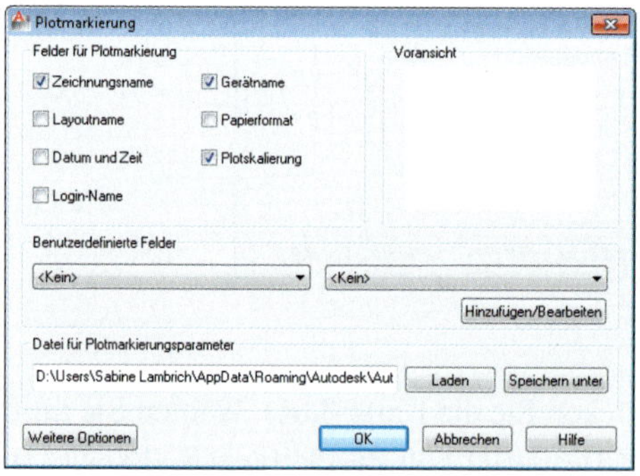

14.24 Plotmarkierung einstellen

7. Klicken Sie im Dialogfeld Plotten – Modell auf die Schaltfläche Vorschau und im dann angezeigten Dialogfeld Plotten – Plotmaßstab bestätigen auf die Schaltfläche Weiter. Ein Vorschaufenster mit der zu plottenden Zeichnung wird angezeigt (siehe Abbildung 14.25).

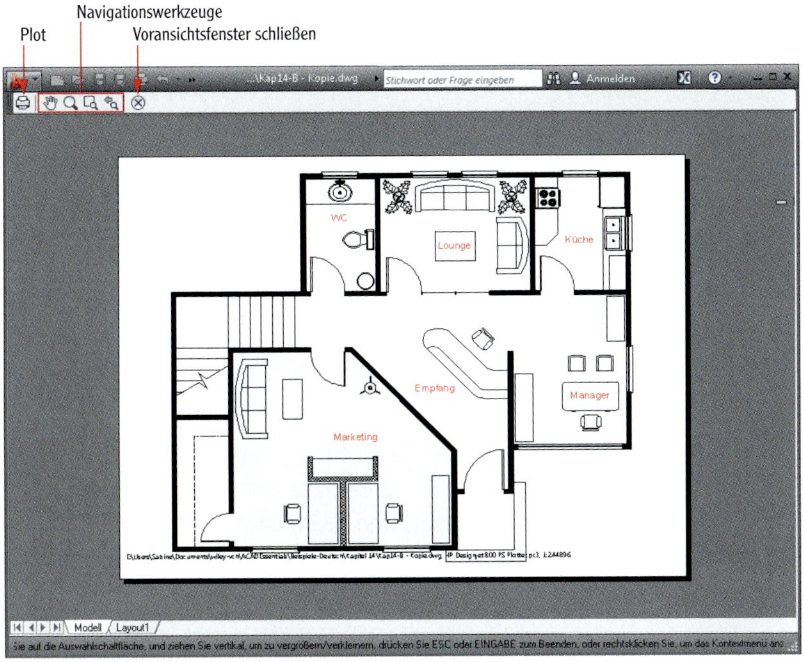

14.25 Die Vorschau zeigt, wie die Zeichnung auf Papier aussehen wird.

8. Klicken Sie auf die Schaltfläche Plot (siehe Abbildung 14.25). Der Plot wird sofort an das hypothetische Ausgabegerät HP DesignJet 800 gesendet. Wenn dieses Gerät an Ihren Rechner angeschlossen wäre, würde der Druck innerhalb von Sekunden beginnen. Nach dem Senden des Plots wird in der unteren rechten Ecke eine Benachrichtigung angezeigt (siehe Abbildung 14.26). Der Plot ist beendet. Klicken Sie im Benachrichtigungsfenster auf die Schaltfläche zum Schließen.

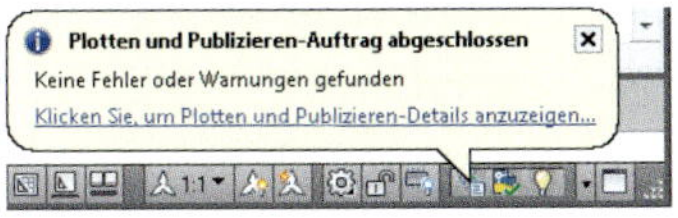

14.26 Benachrichtigung zum Plot

9. Speichern Sie Ihre Arbeit unter dem Dateinamen »Kap14-C.dwg«.

Layouts im Papierbereich plotten

Layouts sind die bevorzugte Plotumgebung. Hier können Sie mehrere Zeichnung in unterschiedlichen Maßstäben in Ansichtsfenstern anzeigen und die Seiten mit Titelblöcken mit Text und/oder Bemaßungen auf Papierebene versehen. Im Folgenden erstellen Sie zwei Layouts im Papierformat und geben sie auf einem Plotter aus.

1. Öffnen Sie gegebenenfalls die gerade erstellte Datei »Kap14-C.dwg« oder laden Sie sie von der Webseite zum Buch herunter und öffnen Sie sie in AutoCAD.
2. Klicken Sie in der Statusleiste auf die Schaltfläche Layout1. Ein Ansichtsfenster wird automatisch auf dem Layout generiert.
3. Klicken Sie auf der Registerkarte Ausgabe in der Gruppe Plotten auf die Schaltfläche Seiteneinrichtungs-Manager. Klicken Sie im Seiteneinrichtungs-Manager auf die Schaltfläche Neu. Klicken Sie im dann angezeigten Dialogfeld Neue Seiteneinrichtung auf OK, um den Vorgabename Setup1 zu übernehmen. Bestätigen Sie mit OK.
4. Öffnen Sie im Dialogfeld Seiteneinrichtung – Layout1 das Dropdown-Menü Name und wählen Sie den Eintrag HP DesignJet 800 PS Plotter.pc3. Wählen Sie als Papiergröße Arch C (Querformat) und als Plotstiltabelle die Tabelle Meine Plotstiltabelle.stb (siehe Abbildung 14.27). Setzen Sie den Maßstab auf »10 mm = 2.5 Einheiten«. Bestätigen Sie mit OK.

Layouts werden im Maßstab 1:1 gedruckt, wenn 1 mm einer Zeichnungseinheit entspricht. Wenn die Zeichnungseinheit auf Zentimeter gesetzt ist, lautet der Maßstab 10:1.

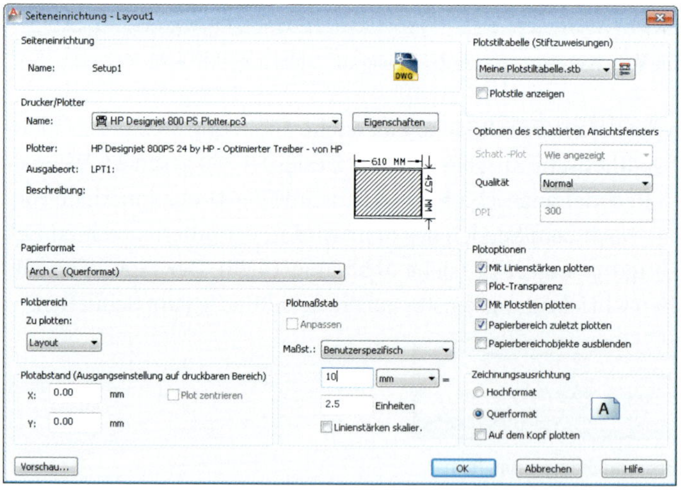

14.27 Ein neues Layout im Dialogfeld Seiteneinrichtung konfigurieren

5. Im Dialogfeld Seiteneinrichtungs-Manager wird Setup1 als eingerichtete Seite angezeigt. Aktivieren Sie das Kontrollkästchen Beim Erstellen eines neuen Layouts anzeigen (siehe Abbildung 14.28). Klicken Sie auf die Schaltfläche Aktuell und dann auf Schließen.

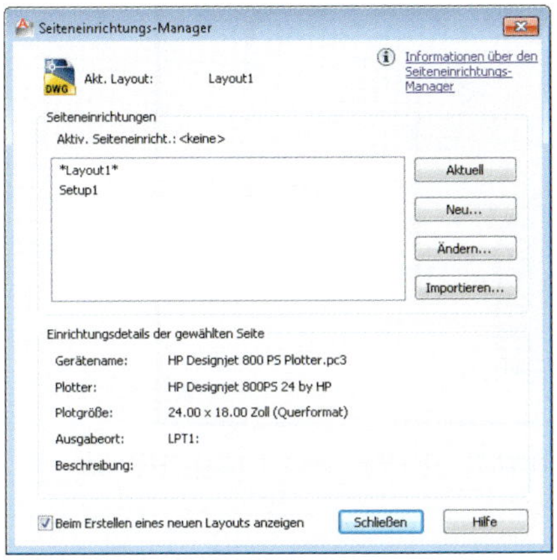

14.28 Eine Seiteneinrichtung für das nächste Layout speichern

6. Doppelklicken Sie im Ansichtsfenster, um zum frei beweglichen Modellbereich zu wechseln. Wählen Sie in der Statusleiste im Dropdown-Menü Ansichtsfenstermaßstab den Maßstab 1:10 aus. Doppelklicken Sie außerhalb des Ansichtsfensters, um zum Papierbereich zurückzuschalten.

7. Wählen Sie das Ansichtsfenster aus und strecken Sie seine Griffe, um den gesamten Plan zentriert anzuzeigen, wie in Abbildung 14.29 zu sehen ist. Unter Umständen muss das Ansichtsfenster im Modellbereich verschoben werden, um die Zeichnung mittig auf der Seite anzuzeigen.

zertifizierungs-relevant

8. Drücken Sie Strg+P, um den PLOT-Befehl auszuführen. Deaktivieren Sie im Dialogfeld Plotten das Kontrollkästchen Plotmarkierung ein. Bestätigen Sie mit OK. Der Plot wird durchgeführt. Schließen Sie das Benachrichtigungsfenster.

9. Klicken Sie in der Statusleiste auf die Schaltfläche Schnellansicht-Layouts und dann in der kleinen Leiste auf die Schaltfläche Neues Layout. Klicken Sie abschließend auf das Symbol für Layout2.

10. Wählen Sie im Seiteneinrichtungs-Manager den Eintrag Setup1 und klicken Sie zuerst auf die Schaltfläche Aktuell und dann auf die Schaltfläche Schließen. Layout2 hat nun dieselben Seiteneinstellungen wie Layout1.

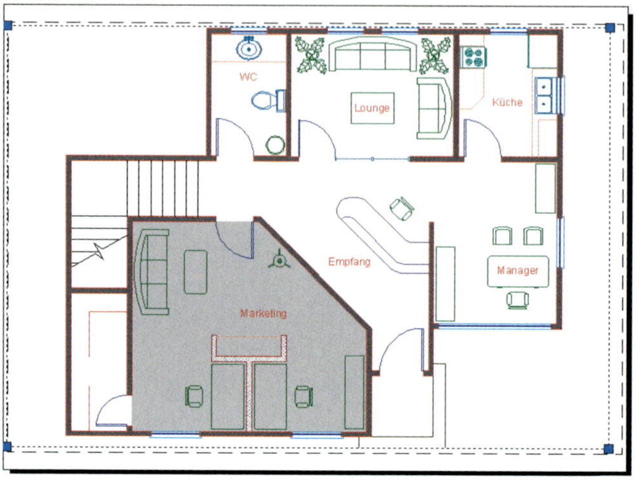

14.29 Layout1 so einstellen, dass die Zeichnung im Maßstab 1:10 angezeigt wird

11. Doppelklicken Sie in das Ansichtsfenster, um zum frei beweglichen Modellbereich zu wechseln. Wählen Sie in der Statusleiste im Dropdown-Menü Ansichtsfenstermaßstab den Maßstab 1:10 aus.

12. Geben Sie `layerstatus` ein und drücken Sie die Enter-Taste. Wählen Sie den Layerstatus Gespiegelter Deckenplan aus und klicken Sie auf die Schaltfläche Wiederherst. (siehe Abbildung 14.30).

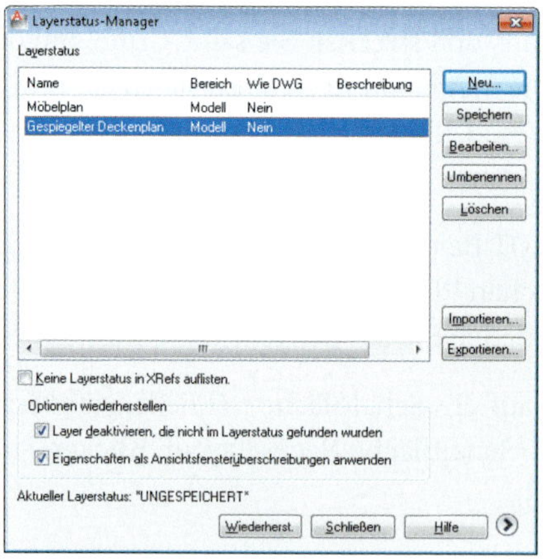

14.30 Einen Layerstatus im beweglichen Modellbereich wiederherstellen

13. Doppelklicken Sie außerhalb des Ansichtsfensters, um zum Papierbereich zurückzuschalten. Öffnen Sie oben links das Anwendungsmenü, zeigen Sie auf Drucken

und klicken Sie dann auf Plot. Klicken Sie im Dialogfeld Plotten auf die Schaltfläche Vorschau, um die Vorschau anzuzeigen (siehe Abbildung 14.31).

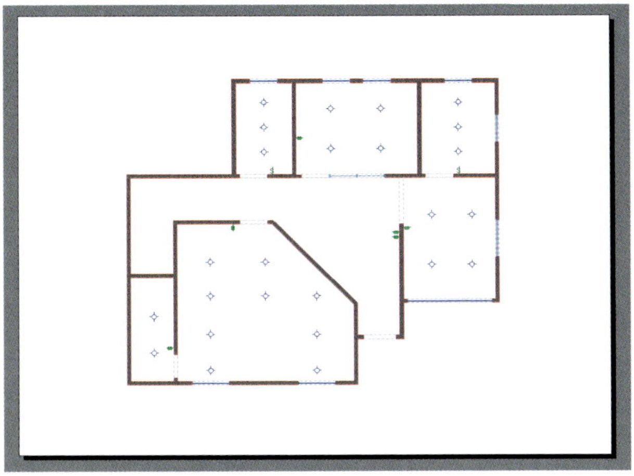

14.31 Vorschau für Layout2

14. Klicken Sie oben rechts in der Vorschau auf die Schaltfläche Plot, um die Ausgabe zu starten. Schließen Sie das Benachrichtigungsfenster.
15. Speichern Sie Ihre Arbeit unter dem Dateinamen »Kap14-D.dwg«. Die bereits fertiggestellte gleichnamige Datei finden Sie bei Bedarf unter `www.wiley-vch.de/publish/dt/books/ISBN978-3-527-76013-8` auf der Downloadseite zu Kapitel 14.

> Entfernen Sie bei Bedarf den in diesem Kapitel eingerichteten Plotter aus Ihrem System.

Elektronisch publizieren

Wenn Sie den Papierbedarf in Ihrem Büro verringern und die Portokosten für das Versenden von Kopien und Zeichnungen senken wollen, können Sie als Windows-Nutzer Ihre Zeichnungen auch in ein elektronisches Format exportieren, beispielsweise in das DWF- und/oder PDF-Format (Design Web Format und Portable Document Format). Mit AutoCAD für den Macintosh ist die Ausgabe in eine DWF-Datei nicht möglich. Sie können aber PDF-Dateien erstellen. Außerdem ist es möglich, Zeichnungen per Mail, via FTP oder über einen Onlinedienst in elektronischer Form an Vertragspartner und Kunden weiterzugeben. Im Folgenden exportieren Sie eine Zeichnung in eine DWF-Datei.

1. Öffnen Sie gegebenenfalls die gerade erstellte Datei »Kap14-D.dwg« oder laden Sie sie von der Webseite zum Buch herunter und öffnen Sie sie in AutoCAD.

DWFx-Dateien sind XML geschrieben und können in Microsoft Internet Explorer standardmäßig angezeigt werden.

2. Klicken Sie auf der Registerkarte Ausgabe in der Gruppe Nach DWF/PDF exportieren auf den Pfeil der Schaltfläche Exportieren und wählen Sie den Eintrag DWFx.
3. Klicken Sie im Dialogfeld Als DWFx speichern auf die Schaltfläche Speichern.
4. Öffnen Sie die Datei »Kap14-D.dwfx« im Internet Explorer (siehe Abbildung 14.32).

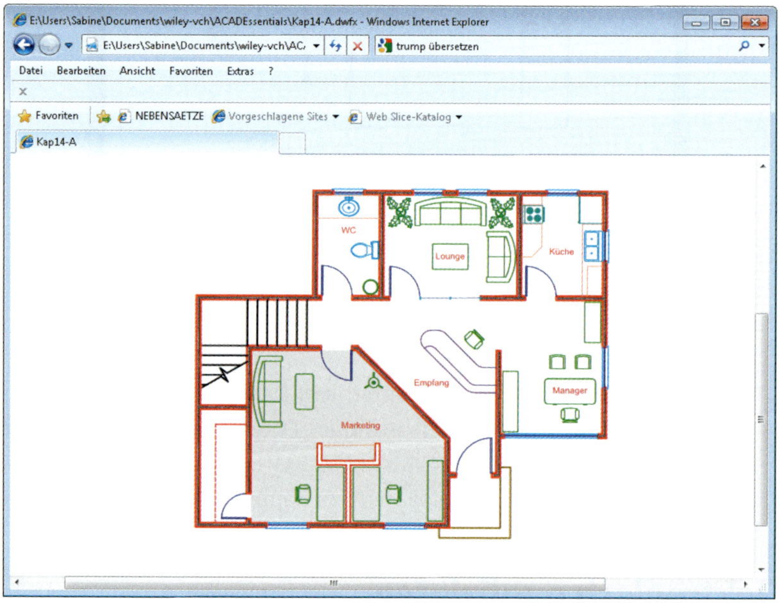

14.32 Eine DWFx-Zeichnung im Internet Explorer

Zusammenfassung und Ausblicke

In diesem Kapitel haben Sie erfahren, wie Sie durch das Erstellen eines Systemdruckers und eines AutoCAD-Plotters ein typisches Ausgabegerät konfigurieren. Sie haben außerdem eine Plotstiltabelle definiert und einer Vorlage zugeordnet. Sie wissen nun, wie Sie sowohl im Modell- als auch im Papierbereich plotten und wie Sie Zeichnungen in digitaler Form in eine DWFx-Datei exportieren, um sie anderen Nutzern übers Internet zur Verfügung zu stellen.

Zusätzliche Übung

Probieren Sie den Befehl PUBLIZIEREN aus. Veröffentlichen Sie beispielsweise mehrere Layouts einer Zeichnung oder eine Kombination aus Modellbereichsansichten und Layouts. Das Arbeiten mit dem Befehl PUBLIZIEREN bietet sich vor allem dann an, wenn Sie mehrere Blätter nacheinander plotten wollen. Es ist sogar möglich, eine Liste mit zu druckenden Blättern zu speichern und sie später auszugeben.

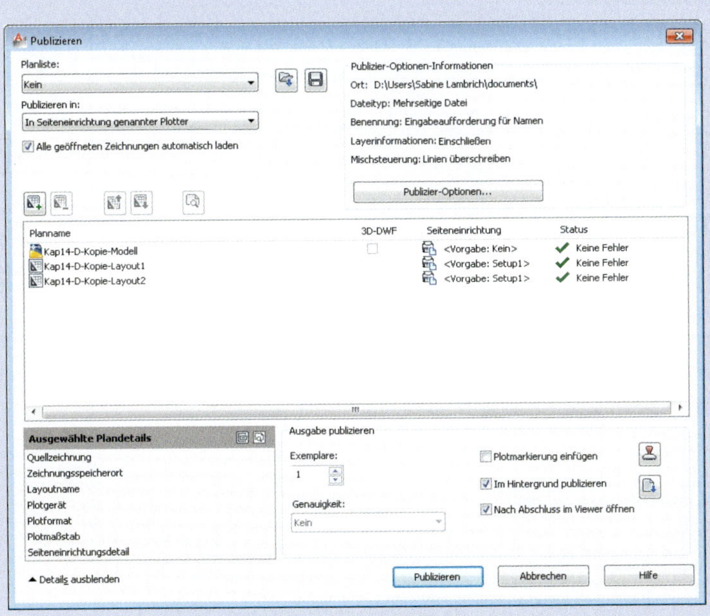

Kapitel 15

Daten speichern, präsentieren und extrahieren

AutoCAD 2012 stellt verschiedene Funktionen zum Bearbeiten nicht grafischer Daten in Zeichnungen zur Verfügung. (Beachten Sie, dass diese Funktionen von AutoCAD LT nicht unterstützt werden.) In diesem Kapitel erfahren Sie, wie Sie zur Datenspeicherung *Attribute* in Blockdefinitionen definieren. Sie geben Werte in verschiedenen Blockreferenzen ein und erstellen dann zur Darstellung und Verwaltung dieser Daten eine *Tabelle* auf einem Zeichnungslayout. Die Daten der Tabelle stellen eine Mischung aus statistischem Text und dynamisch verknüpften *Feldern* dar, die Textdaten aus dem Modellbereich anzeigen. Nach der Erstellung dieses komplexen Datenverwaltungssystems ändern Sie einen Attributwert und prüfen die automatische Aktualisierung der in den Feldern angezeigten Daten.

In diesem Kapitel

- Attribute und Blöcke definieren
- Attributblöcke einfügen
- Tabellenstile bearbeiten und Tabellen erstellen
- Mit Feldern in Tabellenzellen arbeiten
- Tabellendaten bearbeiten

Attribute und Blöcke definieren

Blöcke können mit *Attributen* definiert werden, die beliebige Textdaten zum jeweiligen Objekt enthalten können. In der folgenden Übung ändern Sie zunächst den Beschriftungstextstil, den Sie später für ein neues Attribut verwenden möchten. Anschließend definieren Sie ein Attribut, in dem Mitarbeitername und ID gespeichert werden sollen. Abschließend definieren Sie einen einfachen Block aus zwei Rechtecken, die die Attributdefinitionen enthalten.

1. Wechseln Sie auf der Downloadseite zum Buch (`www.wiley-vch.de/publish/dt/books/ISBN978-3-527-76013-8`) zu Kapitel 15, laden Sie die Dateien herunter und öffnen Sie die Datei »Kap15-A.dwg« in AutoCAD. Die Zeichnung ist eine Weiterentwicklung des Plans, den Sie in Kapitel 11 mit Bemaßungen versehen haben (siehe Abbildung 15.1).

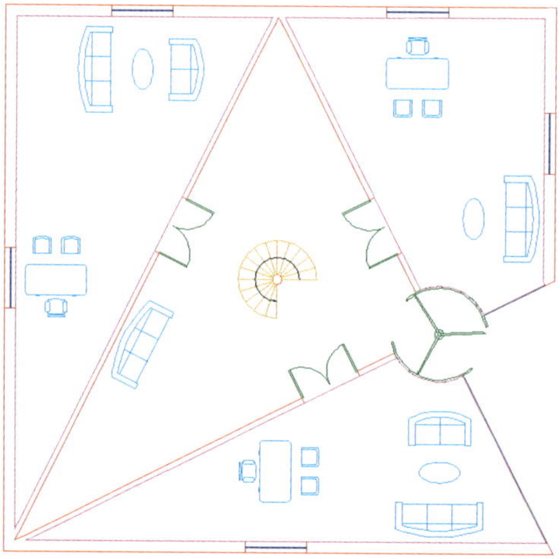

15.1 Ausgangsplan

2. Geben Sie `stil` ein und drücken Sie die Enter-Taste. Wählen Sie links im Dialogfeld Textstil den Stil Beschriftung. Wählen Sie im Dropdown-Menü Schriftname die Schrift romans.shx. Geben Sie im Textfeld Papiertexthöhe `0.30` ein (siehe Abbildung 15.2). Klicken Sie auf Anwenden, Als aktuell setzen und Schließen.

3. Klicken Sie auf der Registerkarte Start in der Gruppe Zeichnen auf die Schaltfläche Rechteck. Klicken Sie zur Definition des Startpunkts auf einen beliebigen Punkt außerhalb des Gebäudes, geben Sie dann `@90,25` ein und drücken Sie die Enter-Taste.

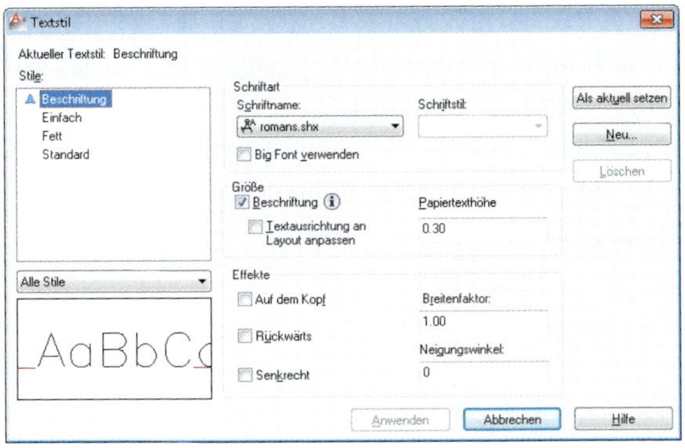

15.2 Die Höhe für den Beschriftungstextstil bestimmen

4. Vergrößern Sie gegebenenfalls das Rechteck. Klicken Sie auf der Registerkarte Start in der Gruppe Ändern auf die Schaltfläche Kopieren. Wählen Sie das gerade gezeichnete Rechteck aus und drücken Sie die Enter-Taste. Drücken Sie bei Bedarf die Taste F3, um den Objektfang einzuschalten, und aktivieren Sie gegebenenfalls Endpunkt als Objektfang. Klicken Sie dann auf die obere linke Ecke des Rechtecks und anschließend auf die untere linke Ecke des Rechtecks, um zwei übereinanderstehende Rechtecke zu bilden. Drücken Sie ESC, um den Kopierbefehl zu beenden.

5. Klicken Sie auf der Registerkarte Start in der Gruppe Zeichnen auf die Schaltfläche Linie. Klicken Sie auf die Punkte A, B und C, wie in Abbildung 15.3 zu sehen ist. Drücken Sie ESC, um den Linienbefehl zu beenden.

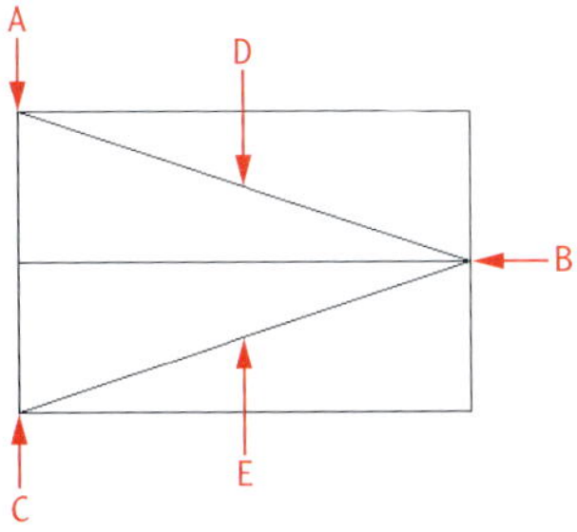

15.3 Die Basis für einen Attributblock zeichnen

6. Wählen Sie in der Statusleiste im Dropdown-Menü Beschriftungs-Maßstab den Maßstab 1:40.

7. Klicken Sie in der Statusleiste mit der rechten Maustaste auf die Schaltfläche Objektfang und wählen Sie im Kontextmenü bei Bedarf den Eintrag Mittelpunkt.

8. Erweitern Sie auf der Registerkarte Start die Gruppe Block und klicken Sie auf die Schaltfläche Attribute definieren. Geben Sie im gleichnamigen Dialogfeld im Feld Bezeichnung `NAME`, im Feld Eingabeaufford. `Mitarbeitername?` und im Feld Vorgabe `Müller` ein. Setzen Sie die Ausrichtung auf Mitte zentr. und den Textstil auf Beschriftung (siehe Abbildung 15.4). Bestätigen Sie mit OK.

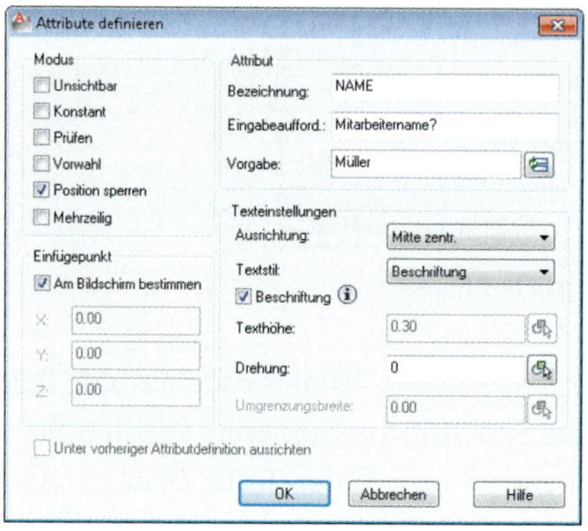

15.4 Eigenschaften für ein Attribut definieren

Bestandteile von Attributen

Bezeichnung, Eingabeaufforderung, Wert sowie eine Reihe weiterer Einstellungen und optionaler Modi definieren ein Attribut. Bei der Bezeichnung handelt es sich um den Attributnamen (in der Regel in Großbuchstaben und ohne Leerzeichen). Die Eingabeaufforderung ist die Frage, die beim Einfügen des Attributblocks angezeigt wird. Der Wert ist die Antwort auf die Frage, die vom Benutzer in die Zeichnung eingegeben wird (siehe den nächsten Abschnitt). Die Vorgabe stellt den Standardwert dar, der nach dem Einfügen eines Attributblocks in der Zeichnung angezeigt wird.

9. Klicken Sie auf den Mittelpunkt D aus Abbildung 15.3. Abbildung 15.5 zeigt das Ergebnis.

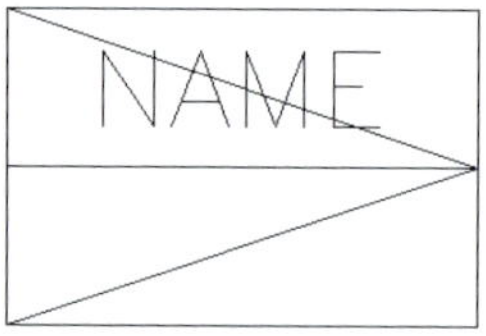

15.5 Eine Attributdefinition in die Blockgeometrie einfügen

10. Drücken Sie die Leertaste, um den Befehl zum Definieren von Attributen zu wiederholen. Geben Sie im Feld Bezeichnung `ID-NR`, im Feld Eingabeaufford. `ID-Nummer?` und im Feld Vorgabe `1234` ein (siehe Abbildung 15.6). Setzen Sie die

Ausrichtung auf Mitte zentr. und bestätigen Sie mit OK. Klicken Sie auf den Mittelpunkt E aus Abbildung 15.3.

15.6 Ein weiteres Attribut definieren

11. Klicken Sie auf der Registerkarte Start in der Gruppe Ändern auf die Schaltfläche Löschen. Wählen Sie die beiden diagonalen Linien aus und drücken Sie die Enter-Taste.

12. Klicken Sie auf der Registerkarte Start in der Gruppe Block auf die Schaltfläche Erstellen. Geben Sie im Dialogfeld Blockdefinition im Feld Name `Mitarbeiterdaten` ein.

13. Klicken Sie auf die Schaltfläche Auswahlpunkt und dann auf Punkt C aus Abbildung 15.3.

14. Klicken Sie auf die Schaltfläche Objekte auswählen. Klicken Sie dann auf die Objekte NAME, ID-NR und die beiden Rechtecke. Drücken Sie die Enter-Taste. Aktivieren Sie im Dialogfeld Blockdefinition im Bereich Objekte die Option Löschen und setzen Sie die Blockeinheit auf Zentimeter (siehe Abbildung 15.7). Bestätigen Sie mit OK. Die Attributdefinitionen und die geometrische Form werden in der Zeichnung ausgeblendet.

Die Reihenfolge, in der Sie die Attributdefinitionen für die Blockdefinition auswählen, bestimmt die Reihenfolge ihrer Eingabeaufforderungen in Blockreferenzen.

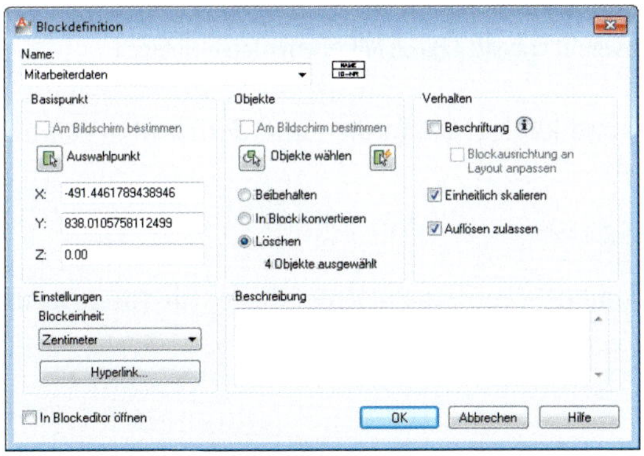

15.7 Einen Block mit Attributdefinitionen erstellen

15. Speichern Sie Ihre Arbeit unter dem Dateinamen »Kap15-B.dwg«.

Attributblöcke einfügen

Nachdem Sie oder der CAD-Manager Attributblöcke definiert haben, ist es ein Leichtes, sie einzufügen und Werte einzugeben. Im Folgenden fügen Sie drei Mitarbeiternamenblöcke ein und geben die entsprechenden Werte in die Blockreferenzen ein.

1. Öffnen Sie gegebenenfalls die gerade erstellte Datei »Kap15-B.dwg« oder laden Sie sie von der Webseite zum Buch herunter und öffnen Sie sie in AutoCAD.

2. Öffnen Sie auf der Registerkarte Start in der Gruppe Layer das Dropdown-Menü Layer und wählen Sie den Layer Symbol.

3. Klicken Sie auf der Registerkarte Start in der Gruppe Block auf die Schaltfläche Einfügen. Wählen Sie im Dialogfeld Einfügen im Dropdown-Menü Name den Block Mitarbeiterdaten. Achten Sie darauf, dass im Bereich Einfügepunkt das Kontrollkästchen Am Bildschirm bestimmen aktiviert ist (siehe Abbildung 15.8).

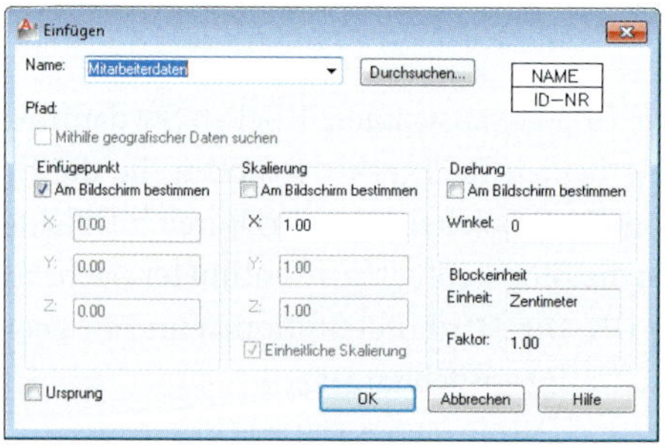

15.8 Den im vorherigen Abschnitt erstellten Block Mitarbeiterdaten einfügen

4. Bestätigen Sie mit OK und klicken Sie in die Mitte des rechten Raums. Die Eingabeaufforderung lautet:

   `Mitarbeitername? <Müller>:`

   Geben Sie `Meier` ein und drücken Sie die Enter-Taste. Die Eingabeaufforderung lautet:

   `ID-Nummer? <1234>:`

   Geben Sie `108` ein und drücken Sie die Enter-Taste. Die Blockreferenz wird mitten im Raum mit den beiden eingegebenen Werten angezeigt (siehe Abbildung 15.9).

> ATTDIA ist eine Systemvariable, die bestimmt, ob Attributwerte an der Eingabeaufforderung oder in einem Dialogfeld eingegeben werden.

5. Geben Sie `attdia` ein und drücken Sie die Enter-Taste. Geben Sie `1` ein und drücken Sie erneut die Enter-Taste.

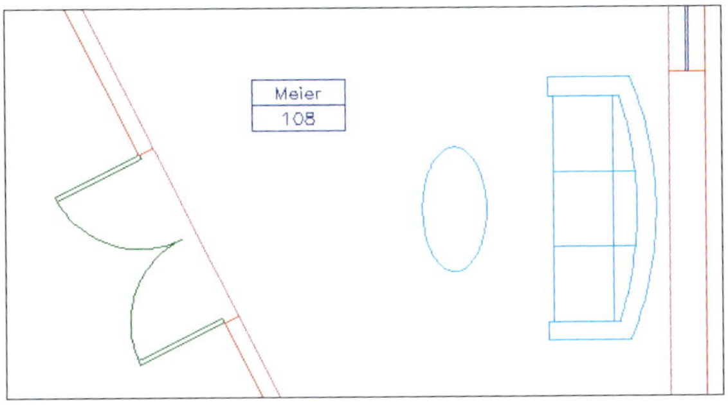

15.9 **Einen Block einfügen und seine Werte an der Eingabeaufforderung eingeben**

6. Geben Sie `ein` (für EINFÜGE) ein und drücken Sie zweimal die Enter-Taste. Klicken Sie auf einen Punkt in der Mitte des linken Raums. Geben Sie im Dialogfeld Attribute bearbeiten im Feld Mitarbeitername? `Schmidt` und im Feld ID-Nummer? `864` ein (siehe Abbildung 15.10). Bestätigen Sie mit OK.

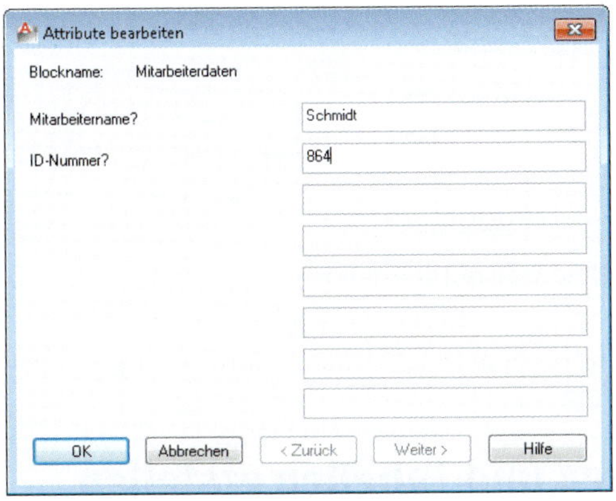

15.10 **Attributwerte im Dialogfeld Attribute bearbeiten eingeben**

7. Drücken Sie die Leertaste, um den Einfügebefehl zu wiederholen, und drücken Sie dann zweimal die Enter-Taste. Geben Sie im Dialogfeld Attribute bearbeiten im Feld Mitarbeitername? `Fischer` und im Feld ID-Nummer? `273` ein. Bestätigen Sie mit OK. Das Ergebnis ist in Abbildung 15.11 zu sehen.

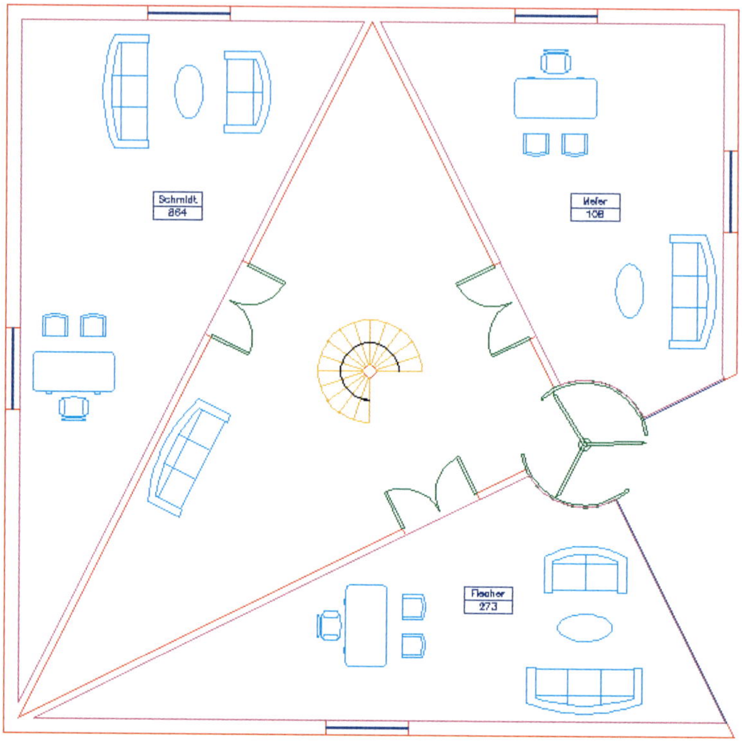

15.11 Drei Mitarbeiterdatenblöcke und ihre Attributwerte

8. Speichern Sie Ihre Arbeit unter dem Dateinamen »Kap15-C.dwg«.

Tabellenstile bearbeiten und Tabellen erstellen

Das Arbeiten mit Tabellen verläuft in etwa so, als wäre Microsoft Excel oder ein anderes Tabellenkalkulationsprogramm in AutoCAD integriert. Die Darstellung von Tabellen wird von Tabellenstilen gesteuert. Zellabstand, Ränder und Hintergrundfarbe hängen von den einzelnen Tabellenzellen ab. Im Folgenden passen Sie einen Tabellenstil an, erstellen eine neue Tabelle und fügen Inhalt in ihre Zellen ein.

1. Öffnen Sie gegebenenfalls die gerade erstellte Datei »Kap15-C.dwg« oder laden Sie sie von der Webseite zum Buch herunter und öffnen Sie sie in AutoCAD.

2. Erweitern Sie auf der Registerkarte Start die Gruppe Beschriftung und klicken Sie auf die Schaltfläche Tabellenstil. Klicken Sie im Dialogfeld Tabellenstil auf die Schaltfläche Ändern.

3. Öffnen Sie im Dialogfeld Tabellenstil ändern: Standard das Dropdown-Menü Zellenstile und wählen Sie den Stil Titel. Wechseln Sie bei Bedarf zur Registerkarte Allgemein und doppelklicken Sie im Bereich Ränder auf den Eintrag des Feldes Horizontal. Geben Sie `0.20` ein, drücken Sie die Tab-Taste und geben Sie im Feld Vertikal ebenfalls `0.20` ein (siehe Abbildung 15.12).

Es gibt für Tabellenstile drei Zellenstile: Titel, Header und Daten.

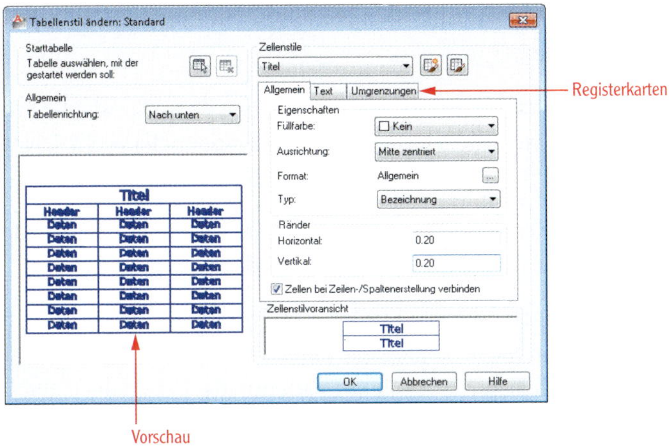

15.12 Die Ränder für den Zellenstil Titel ändern

4. Wechseln Sie im Dialogfeld Tabellenstil ändern: Standard zur Registerkarte Text. Wählen Sie im Dropdown-Menü Textstil den Stil Fett. Doppelklicken Sie im Feld Texthöhe auf den Wert und geben Sie `0.80` ein (siehe Abbildung 15.13).

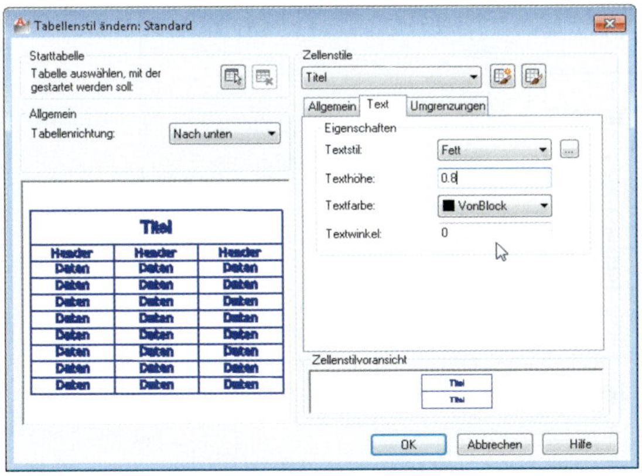

15.13 Die Texteigenschaften des Zellenstils Titel ändern

5. Öffnen Sie das Dropdown-Menü Zellenstile und wählen Sie den Stil Header. Wählen Sie im Dropdown-Menü Textstil den Stil Fett. Doppelklicken Sie im Feld Text-

höhe auf den Wert und geben Sie `0.50` ein. Drücken Sie Tab und prüfen Sie die Aktualisierung in der Vorschau.

6. Öffnen Sie das Dropdown-Menü Zellenstile und wählen Sie den Stil Daten. Wählen Sie im Dropdown-Menü Textstil den Stil Einfach. Doppelklicken Sie im Feld Texthöhe auf den Wert und geben Sie `0.50` ein. Drücken Sie Tab und prüfen Sie die Aktualisierung in der Vorschau. Klicken Sie auf OK und dann auf Schließen, um den Befehl zu beenden.

7. Klicken Sie in der Statusleiste auf die Schaltfläche Schnellansicht-Layouts. Wählen Sie Layer1 aus und drücken Sie ESC, um den Schnellansicht-Layouts-Modus zu beenden.

8. Öffnen Sie auf der Registerkarte Start in der Gruppe Layer das Dropdown-Menü Layer und wählen Sie den Layer Tabelle als aktuellen Layer.

9. Klicken Sie auf der Registerkarte Start in der Gruppe Beschriftung auf die Schaltfläche Tabelle. Setzen Sie im Dialogfeld Tabelle einfügen die Spalten auf 4 und die Datenzeilen auf 3. Geben Sie im Feld Spaltenbreite `2.50` ein (siehe Abbildung 15.14). Die Zellenstile Titel, Header und Daten, die Sie im Tabellenstil Standard angepasst haben, werden standardmäßig verwendet. Bestätigen Sie mit OK.

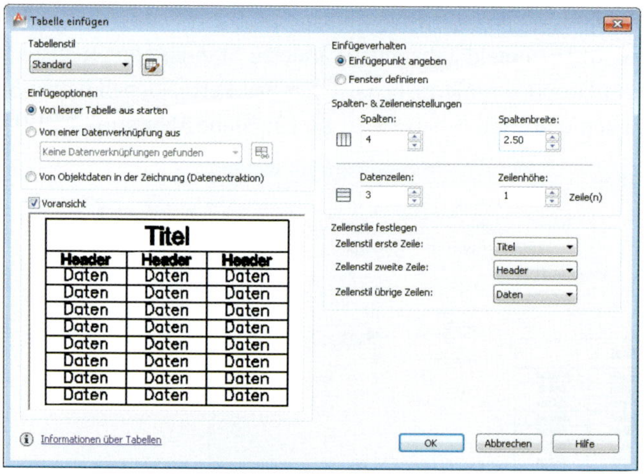

15.14 Die Spalten- und Zeilenzahl bestimmen

10. Klicken Sie ungefähr auf Punkt A in Abbildung 15.15, um die leere Tabelle auf dem Layout einzufügen.

Verknüpfung zu externen Tabellen herstellen

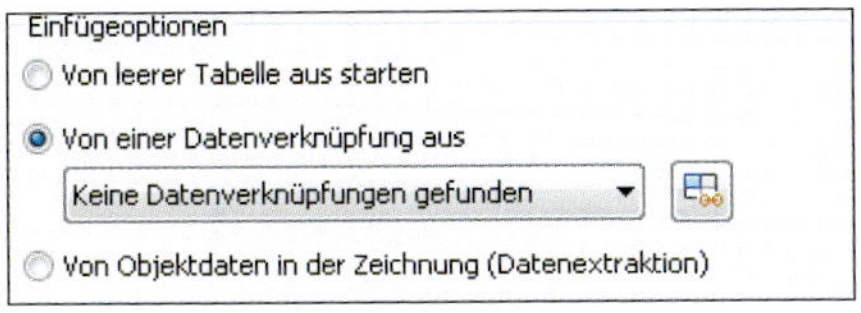

Wenn Sie im Dialogfeld Tabelle einfügen im Bereich Einfügeoptionen die Option Von einer Datenverknüpfung aus aktivieren und dann auf die Schaltfläche Datenverknüpfungs-Manager-Dialogfeld aufrufen klicken, können Sie beispielsweise einen Link zu einem Microsoft Excel-Arbeitsblatt herstellen.

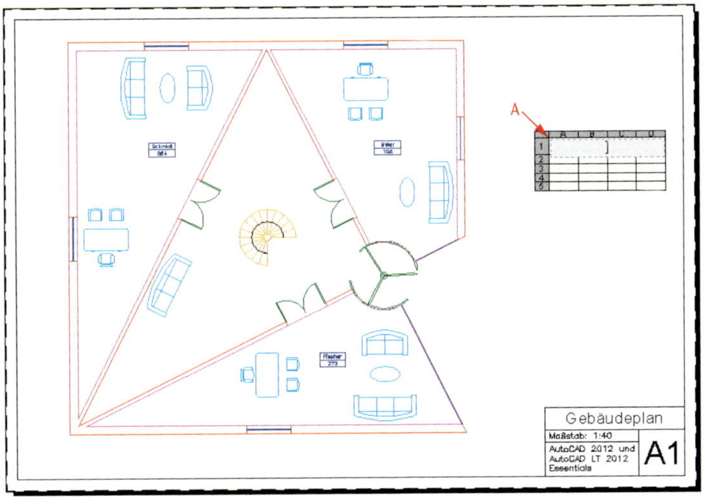

15.15 Eine neue Tabelle auf dem Layout platzieren

11. Der Cursor steht in der ersten Zelle der Tabelle. Vergrößern Sie die Tabelle mithilfe des Mausrades. Geben Sie `Raumplan` ein und drücken Sie die Tab-Taste. Geben Sie `Mitarbeiter` ein, drücken Sie Tab, geben Sie `ID-Nr.` ein und drücken Sie erneut Tab. Mit der Tab-Taste wechseln Sie zur nächsten Zelle rechts neben der aktuellen Zelle beziehungsweise von der letzten Zelle einer Zeile in die erste Zelle der nächsten Zeile.

12. Geben Sie `Fläche (m` ein.

13. Klicken Sie mit der rechten Maustaste und wählen Sie im Kontextmenü den Eintrag Symbol und im Untermenü den Eintrag Hoch 2. Geben Sie `)` ein und drücken Sie die Enter-Taste. In der Spaltenüberschrift ist jetzt zu erkennen, dass des sich um Quadratmeter handelt (siehe Abbildung 15.16). Klicken Sie auf eine Stelle außerhalb der Tabelle, um sie zu deaktivieren.

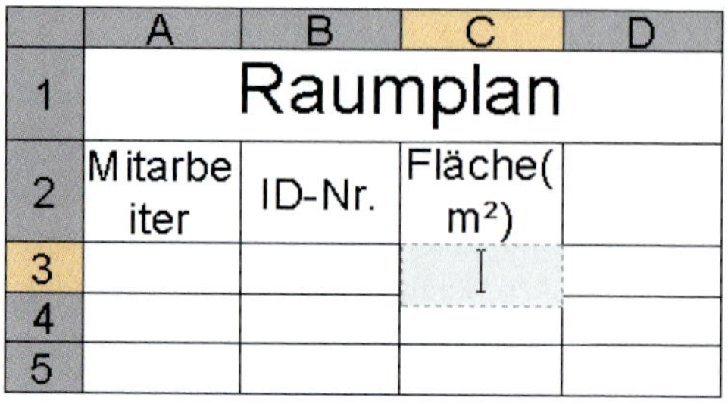

15.16 Titel und Header der Tabelle

Sie können über die Gruppen Reihen und Spalten auf der kontextabhängigen Registerkarte Tabellenzelle beliebig viele Zeilen und Spalten einfügen und löschen.

14. Klicken Sie auf die Tabelle, um sie auszuwählen, und wählen Sie dann Zelle D2 aus. In der Multifunktionsleiste wird die kontextabhängige Registerkarte Tabellenzelle angezeigt. Klicken Sie dort in der Gruppe Spalten auf die Schaltfläche Spalte(n) löschen.

15. Wechseln Sie mit den Pfeiltasten zwischen den Zellen hin und her. Drücken Sie zweimal Pfeil li, um Zelle A2 zu markieren. Jede Zelle verfügt über vier Griffe. Klicken Sie auf den rechten Griff von Zelle A2. Verschieben Sie den Cursor nach rechts und klicken Sie, um die Spaltenbreite zu ändern (siehe Abbildung 15.17).

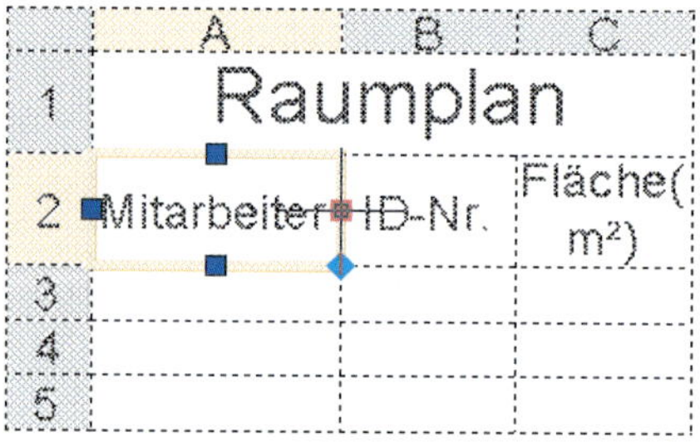

15.17 Mit den Zellengriffen die Spaltenbreite ändern

16. Drücken Sie zweimal Pfeil re, um zu Zelle C2 zu wechseln. Klicken Sie auf ihren rechten Griff und ändern Sie wie in Schritt 15 die Spaltenbreite. Drücken Sie ESC, um die Zellenauswahl aufzuheben. Das Ergebnis sehen Sie in Abbildung 15.18.

Raumplan		
Mitarbeiter	ID-Nr.	Fläche (m^2)

15.18 Formatierte Tabelle

17. Speichern Sie Ihre Arbeit unter dem Dateinamen »Kap15-D.dwg«.

Mit Feldern in Tabellenzellen arbeiten

Felder stellen Variablen dar, die in Textblöcke eingefügt werden und deren Inhalt sich bei Bedarf ändert. Sie können beispielsweise ein Datumsfeld in einen Titelblock einfügen, dessen Inhalt täglich aktualisiert wird, um das aktuelle Datum im Ausdruck anzuzeigen. Es ist auch möglich, Felder mit Objekten in der Zeichnung zu verknüpfen, um bestimmte Objekteigenschaften in den Feldern anzuzeigen. Im Folgenden fügen Sie Felder in die Zellen der zuvor erstellten Tabelle ein.

1. Öffnen Sie gegebenenfalls die gerade erstellte Datei »Kap15-D.dwg« oder laden Sie sie von der Webseite zum Buch herunter und öffnen Sie sie in AutoCAD.

2. Wählen Sie Zelle A3 aus, die erste Datenzelle in der Spalte Mitarbeiter. Doppelklicken Sie auf diese Zelle. In der Multifunktionsleiste wird die kontextabhängige Registerkarte Texteditor angezeigt. Klicken Sie dort in der Gruppe Einfügen auf die Schaltfläche Schriftfeld.

Beim Wählen von Objekten im Dialogfeld Schriftfeld können Sie Objekte in frei beweglichen Ansichtsfenstern im Modellbereich auch aus dem Papierbereich heraus wählen.

3. Wählen Sie im Dialogfeld Schriftfeld im Dropdown-Menü Schriftfeldkategorie den Eintrag Objekte. Wählen Sie in der Liste Schriftfeldnamen den Eintrag Objekt aus. Klicken Sie auf die Schaltfläche Objekt wählen und dann in der Zeichnung im rechten Raum auf das Attribut Meier.

4. Wählen Sie in der Liste Eigenschaft den Eintrag Wert (siehe Abbildung 15.19) und bestätigen Sie mit OK. Das Wort Meier wird in Zelle A3 angezeigt.

Felder werden nach dem Einfügen durch einen grauen Hintergrund gekennzeichnet. Dieser Hintergrund wird nicht geplottet.

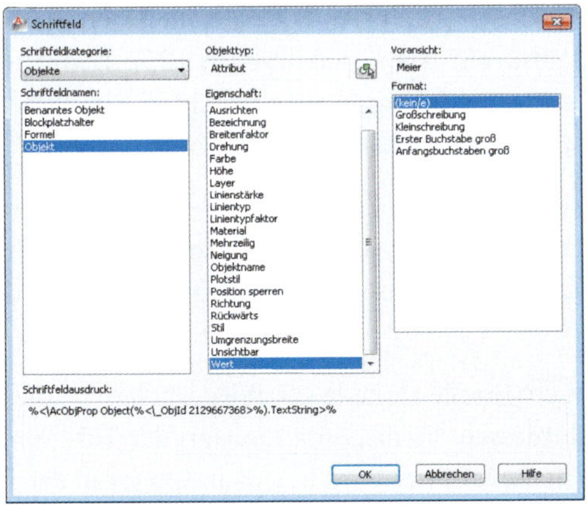

15.19 Auf den Attributwert zugreifen

5. Drücken Sie Pfeil u, um zu Zelle A4 zu wechseln. Klicken Sie mit der rechten Maustaste und wählen Sie im Kontextmenü den Eintrag Schriftfeld einfügen. Klicken Sie auf die Schaltfläche Objekt wählen und dann im linken Raum auf das Attribut Schmidt. Wählen Sie in der Liste Eigenschaft den Eintrag Wert und bestätigen Sie mit OK.

6. Wiederholen Sie Schritt 6 und fügen Sie in Zelle A5 das Attribut Fischer ein.

7. Fügen Sie in der Spalte ID-Nr. die entsprechenden Felder mit dem jeweiligen Attributwert ein. Das Ergebnis ist in Abbildung 15.20 zu sehen.

	A	B	C
1	Raumplan		
2	Mitarbeiter	ID-Nr.	Fläche (m^2)
3	Meier	108	
4	Schmidt	864	
5	Fischer	273	

15.20 Felder einfügen, die mit den Attributwerten im Modellbereich verknüpft sind

8. Doppelklicken Sie auf Zelle C3. Der Texteditor wird aktiviert. Drücken Sie Strg+S, um das Dialogfeld Schriftfeld zu öffnen. Klicken Sie auf die Schaltfläche Objekt wählen und dann auf die magenta Linie an der Tür zum Büro von Frau Meier. Wählen Sie in der Liste Eigenschaft den Eintrag Fläche. In der Vorschau wird der Flächenwert mit 322388.23 (in der Einheit Quadratzentimeter) angezeigt.

9. Klicken Sie auf die Schaltfläche Zusätzliches Format und geben Sie im Textfeld Umwandlungsfaktor `1/10000` ein (siehe Abbildung 15.21). Damit werden die Quadratzentimeter in Quadratmeter umgewandelt. Achten Sie darauf, dass im Feld Dezimal das Komma gesetzt ist. Bestätigen Sie zweimal mit OK.

10. Drücken Sie Pfeil u und wechseln Sie zu Zelle C4. Wiederholen Sie die Schritte 8 und 9, aber wählen Sie stattdessen die magenta Linie an der Tür zum Büro von Frau Schmidt aus. Die Fläche ihres Büros wird in Quadratmeter in der Tabelle angezeigt.

11. Drücken Sie Pfeil u und wechseln Sie zu Zelle C5. Wiederholen Sie die Schritte 8 und 9, aber wählen Sie stattdessen die magenta Linie an der Tür zum Büro von Frau Fischer aus. Die Fläche ihres Büros wird in Quadratmeter in der Tabelle angezeigt. Klicken Sie außerhalb der Tabelle, die jetzt wie in Abbildung 15.22 aussieht.

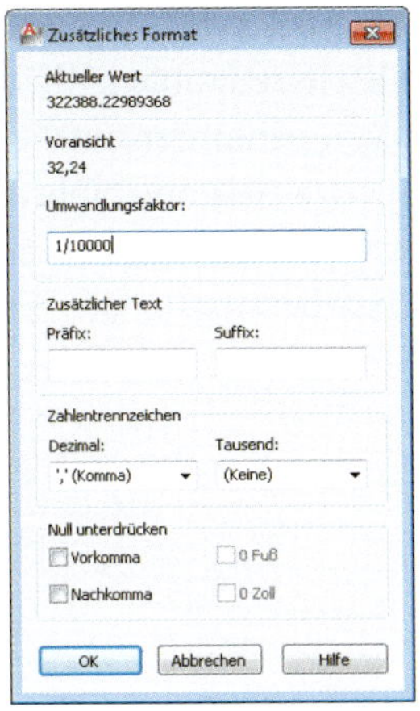

15.21 Quadratzentimeter in Quadratmeter umrechnen

Raumplan		
Mitarbeiter	ID-Nr.	Fläche(m²)
Meier	108	32,24
Schmidt	864	40,83
Fischer	273	32,15

15.22 Alle wichtigen Felder in die Tabelle einfügen

12. Speichern Sie Ihre Arbeit unter dem Dateinamen »Kap15-E.dwg«.

Tabellendaten bearbeiten

Im vorherigen Abschnitt haben Sie eine Tabelle mit Daten gefüllt. Sie können die Daten beliebig formatieren, damit sie so dargestellt werden, wie Sie es wollen. Ändern Sie die Ausrichtung, die Rahmenfarbe, die Rahmenstärke oder die Hintergrundfarbe ausgewählter Zellen. Im Folgenden formatieren Sie Zellen, fügen eine weitere Zeile und eine Formel hinzu, ändern ein Attribut und aktualisieren die Tabelle.

1. Öffnen Sie gegebenenfalls die gerade erstellte Datei »Kap15-E.dwg« oder laden Sie sie von der Webseite zum Buch herunter und öffnen Sie sie in AutoCAD.

2. Klicken Sie auf das Wort Fischer (Zelle A5 der Tabelle). In der Multifunktionsleiste wird die kontextabhängige Registerkarte Tabellenzelle eingeblendet. Klicken Sie dort in der Gruppe Reihen auf die Schaltfläche Unten einfügen.

3. Drücken Sie Pfeil u und wechseln Sie zu Zelle A6. Halten Sie die Shift-Taste gedrückt und klicken Sie auf Zelle B6, um beide Zellen auszuwählen. Klicken Sie auf der Registerkarte Tabellenzelle in der Gruppe Zusammenführen auf die Schaltfläche Zellen zusammenführen und dann auf Zeilenweise zusammenführen. Die beiden Zellen A6 und B6 werden zusammengeführt. Geben Sie `Gesamt` ein und klicken Sie außerhalb der Tabelle, um den Textbearbeitungsmodus zu beenden (siehe Abbildung 15.23).

Raumplan		
Mitarbeiter	ID-Nr.	Fläche(m²)
Meier	108	32,24
Schmidt	864	40,83
Fischer	273	32,15
Gesamt		

15.23 Zwei Zellen zusammenführen und dort Text eingeben

4. Klicken Sie auf Zelle C6. Klicken Sie auf der Registerkarte Tabellenzelle in der Gruppe Einfügen auf die Schaltfläche Formel und dann auf Summe. Klicken Sie auf die Punkte A und B (siehe Abbildung 15.24) und drücken Sie die Enter-Taste, um die Formel `=Sum(C3:C5)` zu übernehmen.

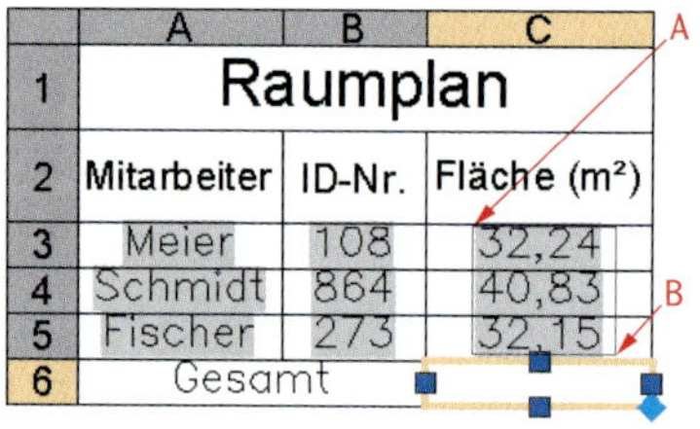

15.24 Einen Zellbereich für die Summenformel auswählen

5. Wählen Sie Zelle C6 aus, halten Sie die Shift-Taste gedrückt und erweitern Sie die Auswahl durch Klicken auf Zelle C3. Klicken Sie auf der Registerkarte Tabellenzelle in der Gruppe Zellenformat auf die Schaltfläche Datenformat und dann auf Benutzerdefiniertes Tabellenzellenformat.

6. Klicken Sie auf die Schaltfläche Zusätzliches Format und geben Sie im Textfeld Umwandlungsfaktor `1/10000` ein. Achten Sie außerdem darauf, dass das Dezimaltrennzeichen auf Komma gesetzt ist. Bestätigen Sie mit OK.

7. Wählen Sie im Dialogfeld Tabellenzellenformat im Listenfeld Format den Eintrag Dezimal und im Dropdown-Menü Genauigkeit den Wert 0.0 (siehe Abbildung 15.25). Bestätigen Sie mit OK.

> Formate, die einem Zellbereich zugewiesen werden, gelten für alle ausgewählten Zellen.

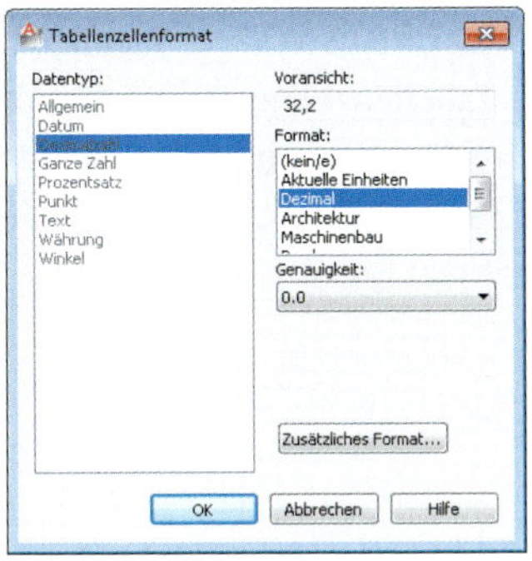

15.25 Einen Zellbereich formatieren

8. Klicken Sie auf der Registerkarte Tabellenzelle in der Gruppe Zellenstile auf die Schaltfläche, die aktuell auf Oben zentriert gesetzt ist, und wählen Sie die Ausrichtung Oben rechts. Der Zellbereich C3 bis C6 wird rechtsbündig ausgerichtet.

9. Wählen Sie Zelle B3 aus, halten Sie die Shift-Taste gedrückt und klicken Sie auf Zelle B5. Ändern Sie die Ausrichtung des ausgewählten Bereichs ebenfalls auf Oben rechts. Wählen Sie den Bereich A3 bis A5 aus und setzen Sie seine Ausrichtung auf Oben links. Klicken Sie auf Zelle AB6 und ändern Sie ihre Ausrichtung auf Oben rechts. Klicken Sie außerhalb der Tabelle. Das Ergebnis wird in Abbildung 15.26 angezeigt.

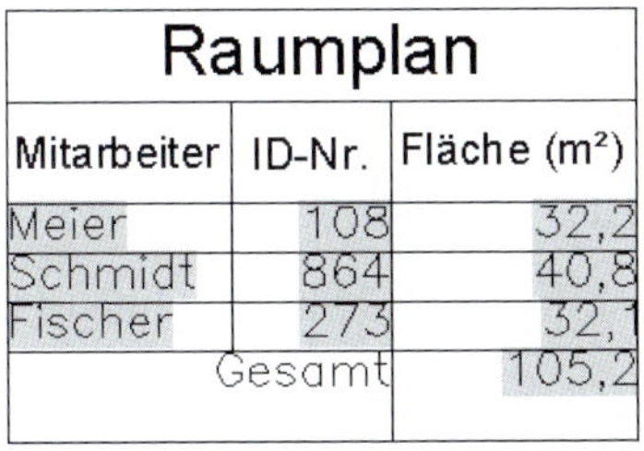

Raumplan		
Mitarbeiter	ID-Nr.	Fläche (m²)
Meier	108	32,2
Schmidt	864	40,8
Fischer	273	32,1
	Gesamt	105,2

15.26 Tabelle mit neuer Zeile und ausgerichteten Datenzellen

10. Geben Sie `Tabellenstil` ein und drücken Sie die Enter-Taste. Klicken Sie im Dialogfeld Tabellenstil auf die Schaltfläche Ändern. Wählen Sie im Dialogfeld Tabellenstil ändern: Standard im Dropdown-Menü Zellenstile den Stil Daten aus. Wechseln Sie zur Registerkarte Allgemein. Doppelklicken Sie dort im Bereich Ränder auf den Wert des Textfeldes Horizontal und geben Sie `0.15` ein. Doppel-

klicken Sie abschließend auf den Wert des Textfeldes Vertikal und geben Sie ebenfalls `0.15` ein. Bestätigen Sie mit OK und Schließen. Zwischen Zellrand und Zellinhalt wird etwas mehr Abstand eingefügt.

11. Klicken Sie auf Zelle ABC1. Klicken Sie auf der Registerkarte Tabellenzelle in der Gruppe Zellenstile auf die Schaltfläche Tabellenzellen-Hintergrundfarbe und dann auf Farben auswählen. Wechseln Sie im gleichnamigen Dialogfeld zur Registerkarte True Color, geben Sie im Textfeld Farbe `36,36,36` ein und drücken Sie die Tab-Taste (siehe Abbildung 15.27). Bestätigen Sie mit OK.

15.27 Eine sehr dunkle Zellenhintergrundfarbe wählen

12. Doppelklicken Sie auf Zelle ABC1. In der Multifunktionsleiste wird die kontextabhängige Registerkarte Texteditor eingeblendet. Ziehen Sie mit gedrückter Maustaste über den gesamten Inhalt von Zelle ABC1. Klicken Sie in der Gruppe Formatierung auf die Schaltfläche Text-Editor-Farbkatalog und dann auf Farben auswählen. Wechseln Sie im gleichnamigen Dialogfeld zur Registerkarte True Color, geben Sie im Textfeld Farbe `255,255,255` ein und drücken Sie die Tab-Taste. Bestätigen Sie mit OK. In Zelle ABC1 wird nun weißer Text auf schwarzem Hintergrund angezeigt. Klicken Sie außerhalb der Tabelle.

13. Aktivieren Sie bei Bedarf in der Statusleiste die Schaltfläche Linienstärke anzeigen/ausblenden.

14. Wählen Sie Zelle ABC1 aus, halten Sie die Shift-Taste gedrückt und klicken Sie auf C6. Alle Tabellenzellen sind ausgewählt. Klicken Sie auf der Registerkarte Tabellenzelle in der Gruppe Zellenstile auf die Schaltfläche Zellenränder. Wählen Sie im Dropdown-Menü Linienstärke den Eintrag 0.70 mm. Klicken Sie auf die Schaltfläche Außenumgrenzungen, um die Linienstärke den Tabellenaußenlinien zuzuordnen (siehe Abbildung 15.28), und bestätigen Sie mit OK. Die Tabelle wird von einem breiteren Außenrahmen umgeben.

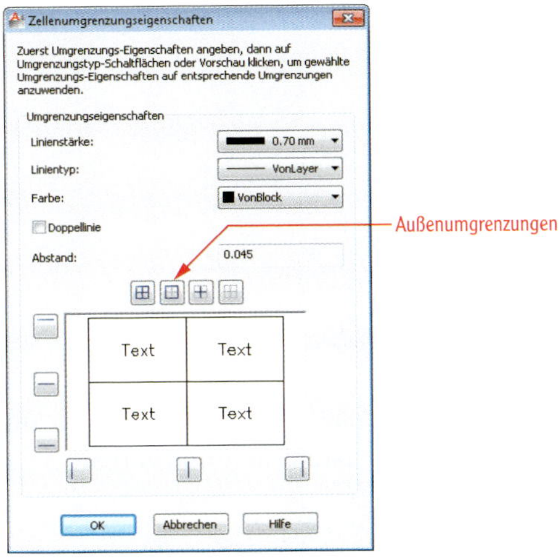

15.28 Zellenrahmeneigenschaften ändern

15. Klicken Sie auf den Rahmen der Tabelle, um die Tabelle auszuwählen. Klicken Sie dann in der unteren linken Ecke auf den Griff Tabellenhöhe einheitlich strecken. Verschieben Sie den Cursor nach oben, um alle Tabellenreihen einheitlich zu verkleinern. Drücken Sie ESC, um die Auswahl aufzuheben. Die kompakte Tabelle sehen Sie in Abbildung 15.29).

Raumplan		
Mitarbeiter	ID-Nr.	Fläche (m²)
Meier	108	32,2
Schmidt	864	40,8
Fischer	273	32,1
	Gesamt	105,2

15.29 Die Höhe aller Tabellenzeilen wurde einheitlich reduziert.

16. Sie ändern nun einen Attributwert und prüfen, wie der neue Wert über die Feldverknüpfung mit den Attributwerten automatisch in der Tabelle aktualisiert wird. Klicken Sie in der Statusleiste auf die Schaltfläche Ansichtsfenster maximieren. Doppelklicken Sie im Büro von Frau Fischer auf den Mitarbeiterdatenblock. Das Dialogfeld Erweiterter Attributs-Editor wird geöffnet. Geben Sie `Jäger` ein, drücken Sie die Enter-Taste, geben Sie `33` ein und drücken Sie erneut die Enter-Taste (siehe Abbildung 15.30). Bestätigen Sie mit OK.

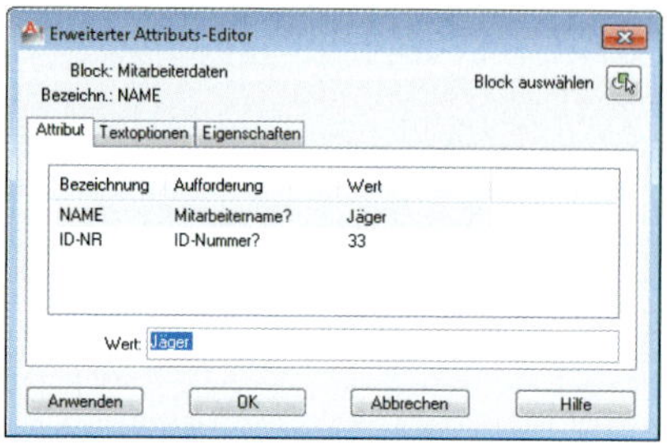

15.30 **In einem maximierten Ansichtsfenster Attributwerte ändern**

17. Klicken Sie in der Statusleiste auf die Schaltfläche Ansichtsfenster minimieren. Die Tabelle auf Layout1 wird automatisch aktualisiert und enthält den neuen Namen Jäger sowie die neue ID-Nummer.

18. Klicken Sie auf der Registerkarte Ausgabe in der Gruppe Plotten auf die Schaltfläche Voransicht. Der graue Hintergrund der Felder wird nicht mehr angezeigt und Sie sehen die Tabelle so, wie sie zusammen mit der Zeichnung geplottet wird (siehe Abbildung 15.31). Drücken Sie ESC, um die Vorschau zu beenden.

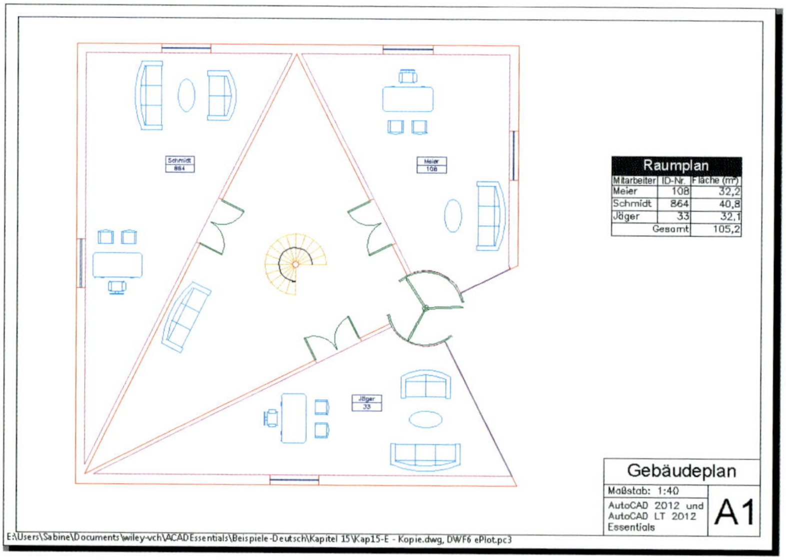

15.31 **Die fertige Zeichnung**

19. Speichern Sie Ihre Arbeit unter dem Dateinamen »Kap15-F.dwg«. Die bereits fertiggestellte gleichnamige Datei finden Sie bei Bedarf unter `www.wiley-vch.de/publish/dt/books/ISBN978-3-527-76013-8` auf der Downloadseite zu Kapitel 15.

Zusammenfassung und Ausblicke

In diesem Kapitel haben Sie erfahren, wie Sie Attribute definieren und diese in Blockdefinitionen einfügen. Sie wissen nun, wie Sie Attributblöcke in eine Zeichnung einfügen und ihre Werte in der Zeichnung anpassen. Sie haben außerdem eine Tabelle erstellt und durch Anpassung des Tabellenstils die Darstellung der Tabelle überarbeitet. Sie haben in die Tabelle Text geschrieben und Felder eingefügt und damit eine Verknüpfung zu nicht grafischen Daten über ihre Attributwerte und Objektdaten hergestellt. Sie verfügen nun über die notwendigen Kenntnisse zur Datenbearbeitung in AutoCAD-Zeichnungen.

Zusätzliche Übung

Probieren Sie den Befehl ATTEXT aus. Extrahieren Sie mit diesem Befehl Attributwerte aus der Datei »Kap15-F« zu Analysezwecken in ein externes Tabellenkalkulationsprogramm wie Microsoft Excel. Dazu müssen Sie zunächst eine Vorlagentextdatei erstellen, die die Attributbezeichnungen und Formatierungscodes enthält. Die Vorlagendatei »Vorlage.txt« finden Sie auf der Webseite zum Buch in Kapitel 15. Der Buchstabe C steht für das Textformat für Wörter und der Buchstabe N steht für numerische Daten. Die Zahlen 016000 und 004000 steuern die Anzahl der Zeichen in der Ausgabe (16 und 4).

Geben Sie `attext` ein und drücken Sie die Enter-Taste. Geben Sie im Dialogfeld Attributsextraktion den Namen der Vorlagen- und der Ausgabedatei ein. Bestätigen Sie mit OK. Die damit erstellte Datei kann zu Analysezwecken in ein Tabellenkalkulationsprogramm importiert werden. In diesem Beispiel enthält die Ausgabedatei lediglich sechs Werte. In realen Projekten können dies Hunderte von Attributwerten.

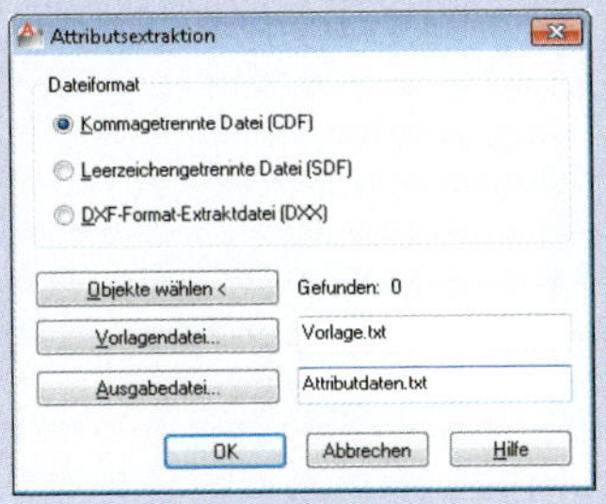

In 3D-Modellen navigieren

Zur Navigation innerhalb von 2D-Modellen benötigen Sie lediglich die beiden Werkzeuge Pan (zum Schwenken) und Zoom (zum Vergrößern und Verkleinern). Das Navigieren in 3D-Modellen ist komplexer und Thema dieses Kapitels. (Beachten Sie, dass die hier besprochenen Funktionen in AutoCAD LT nicht unterstützt werden.) Sie lernen in diesem Kapitel verschiedene Verfahren zum Anzeigen von und Navigieren in 3D-Modellen kennen, angefangen beim Auswählen von visuellen Stilen bis hin zum Einsatz vorgegebener isometrischer Ansichten. Sie erfahren in diesem Kapitel außerdem, wie Sie in benutzerdefinierten Ansichten den Blickwinkel drehen und interaktiv in Perspektiven navigieren.

In diesem Kapitel

- Mit visuellen Stilen arbeiten
- Mit angeordneten Ansichtsfenstern arbeiten
- Mit dem ViewCube navigieren
- Im 3D-Raum mit dem Orbit-Werkzeug drehen
- Mit Kameras arbeiten
- Mit dem Navigationsrad navigieren
- Ansichten speichern

Mit visuellen Stilen arbeiten

Mithilfe von visuellen Stilen steuern Sie die Darstellung von Modellen in den einzelnen Ansichtsfenstern. Der Vorgabestil ist der visuelle Stil 2D-Drahtkörper. Mit diesem Stil haben Sie in den vorherigen Kapiteln gearbeitet. Überlegen Sie einmal kurz, wie 3D-Modelle auf einem 2D-Bildschirm angezeigt werden. Der dreidimensionale Aspekt wird simuliert, indem gekennzeichnet wird, welche Objekte vor anderen verdeckten Objekten liegen. Die 2D-Drahtkörper-Darstellung hilft hier nicht weiter, denn sie zeigt nur die verdeckten Objekte. Stattdessen müssen verdeckte Objekte wirklich durch die Schattierung anderer Objekte im gewählten visuellen Stil überdeckt werden.

Visuelle Stile sind nie fotorealistisch wie beispielsweise das Rendering (mehr dazu in Kapitel 18). Sie stellen aber realistischere Ansichten dar als die 2D-Drahtkörper-Darstellungen. Im Folgenden lernen Sie die in AutoCAD integrierten visuellen Stile kennen.

> Als Symbol für die Anzahl der Tage, Wochen und Monate im Jahr hat das O_2-Stadion einen Durchmesser von 365 m, es ist 52 m hoch und wird von 12 Masten gestützt. Außerdem steht es auf dem Nullmeridian, der durch Greenwich verläuft.

Sie arbeiten in diesem Kapitel mit einem konzeptionellen Modell des O_2-Stadions in London, das Sie in Kapitel 17 erstellen werden. Dieses Stadion (eine Entwicklung des Architekten Richard Rogers) war ursprünglich als Millenniumstadion bekannt, da es am 1.1.2000 eröffnet wurde. Diese charakteristische, von Masten gestützte, kuppelförmige Netzwerkstruktur ist einer der Veranstaltungsorte der Olympischen Spiele in London 2012.

16.1 Das O_2-Stadion in London

1. Wechseln Sie auf der Downloadseite zum Buch (`www.wiley-vch.de/publish/dt/books/ISBN978-3-527-76013-8`) zu Kapitel 16, laden Sie die Dateien herunter und öffnen Sie die Datei »Kap16-A.dwg« in AutoCAD.

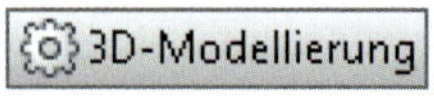

2. Wählen Sie im Schnellzugriffs-Werkzeugkasten den Arbeitsbereich 3D-Modellierung aus.
3. Öffnen Sie auf der Registerkarte Ansicht in der Gruppe Visuelle Stile das Dropdown-Menü Visuelle Stile und wählen Sie den Stil Drahtkörper (siehe Abbildung 16.2).

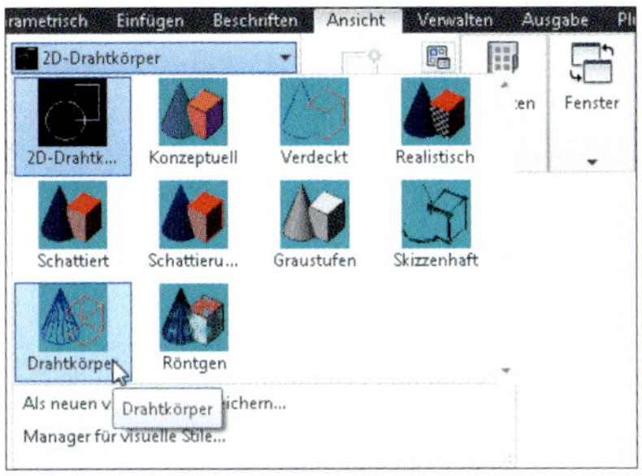

16.2 Einen visuellen Stil auswählen

4. Das BKS-Symbol wird in Form eines dreiteiligen Achsensymbols angezeigt (siehe Abbildung 16.3).

> Ändern Sie gegebenenfalls die einheitliche Hintergrundfarbe. Geben Sie dazu `optionen` ein und klicken Sie im Dialogfeld Optionen auf der Registerkarte Anzeige auf die Schaltfläche Farben.

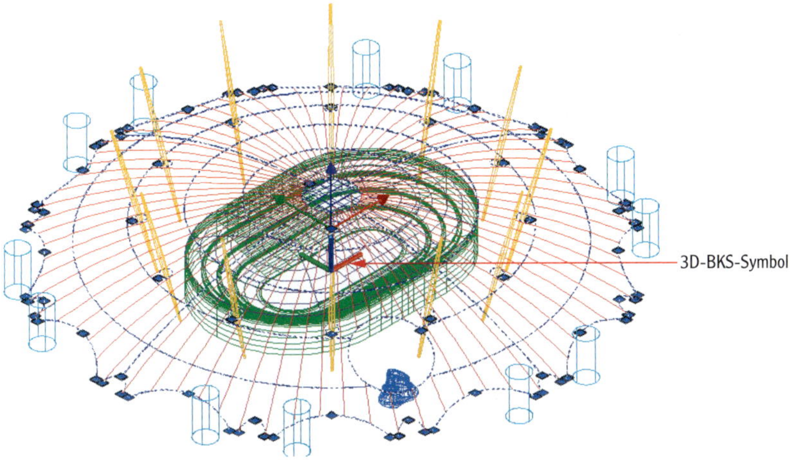

16.3 Der visuelle Stil Drahtkörper

5. Klicken Sie auf der Registerkarte Ansicht in der Gruppe Paletten auf die Schaltfläche Visuelle Stile. Blättern Sie im Manager für visuelle Stille in der Liste Verfügbare visuelle Stile in Zeichnung nach unten und wählen Sie den Stil Schattierung mit Kanten aus. Wählen Sie im Bereich Flächeneinstellungen im Dropdown-Menü Farbe den Eintrag Färbung (siehe Abbildung 16.4).

6. Klicken Sie im Manager für visuelle Stile auf die Schaltfläche Ausgewählten visuellen Stil auf aktuelles Ansichtsfenster anwenden (siehe Abbildung 16.4). Das Ergebnis ist in Abbildung 16.5 zu sehen. Schließen Sie den Manager für visuelle Stile.

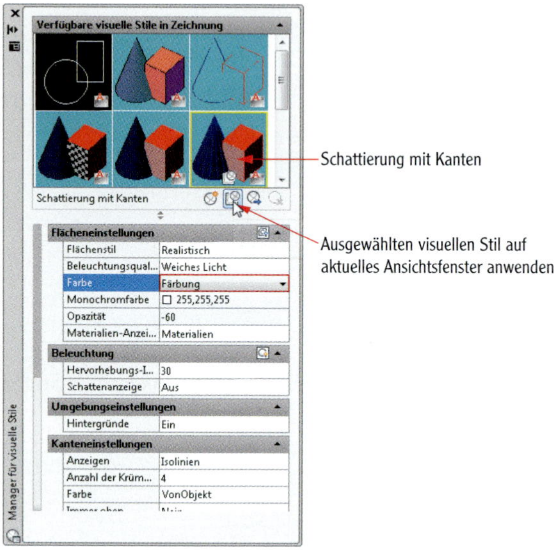

16.4 Manager für visuelle Stile

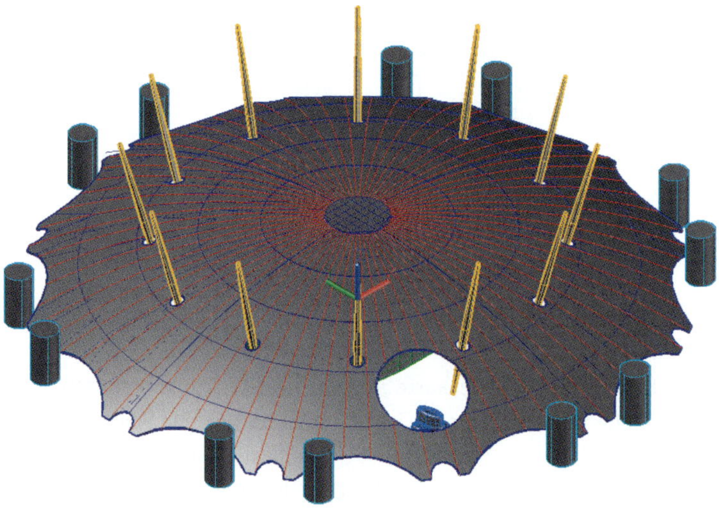

16.5 Der geänderte visuelle Stil Schattierung mit Kanten

7. Klicken Sie auf der Registerkarte Ansicht in der Gruppe Visuelle Stile auf die Schaltfläche Visuelle Stile und dann auf Als neuen visuellen Stil speichern. Die Eingabeaufforderung lautet:

```
Aktuellen visuellen Stil speichern unter oder[?]:
```

Geben Sie `Färbung mit Kanten` ein und drücken Sie die Enter-Taste. Der neue Stilname wird nun im Dropdown-Menü Visuelle Stile angezeigt und Färbung mit Kanten wird zum aktuellen Stil.

Ein gespeicherter visueller Stil kann später jederzeit wieder gewählt werden.

8. Sie können den visuellen Stil auch mithilfe der Steuerelemente in der oberen linken Ecke des Ansichtsfensters ändern. Klicken Sie auf Steuerungen für visuelle Stile, um ein Menü zu öffnen (siehe Abbildung 16.6).

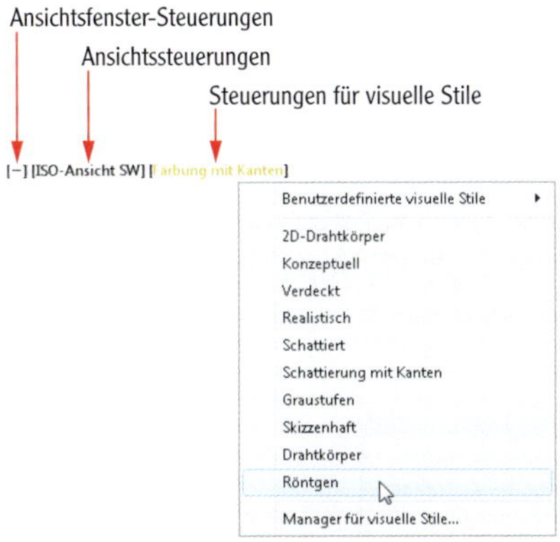

16.6 Steuerelemente im Zeichnungsfenster

9. Wählen Sie im Menü der Steuerungen für visuelle Stile den Stil Röntgen. In Abbildung 16.7 sehen Sie das Ergebnis: eine transparente, gefärbte Ansicht mit Kanten.

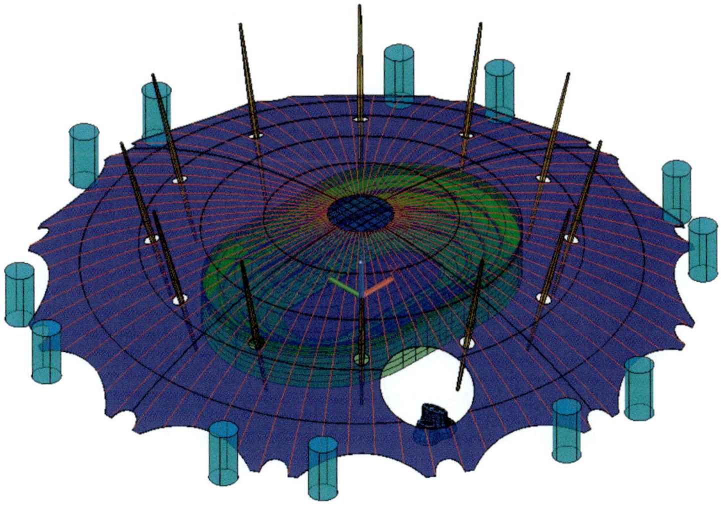

16.7 Mit dem visuellen Stil Röntgen können Sie durch die gefüllten Objekte sehen.

10. Speichern Sie Ihre Arbeit unter dem Dateinamen »Kap16-B.dwg«.

Mit angeordneten Ansichtsfenstern arbeiten

Für angeordnete Ansichtsfenster im Modellbereich muss die Systemvariable TILEMODE auf 1 gesetzt sein. Frei bewegliche Ansichtsfenster gibt es nur auf Layouts.

In angeordneten Ansichtsfenstern können Sie ein 3D-Modell gleichzeitig aus unterschiedlichen Blickwinkeln betrachten. Wenn Sie mit der Ausführung eines Befehls in einem Ansichtsfenster beginnen und den Befehl in einem anderen Ansichtsfenster beenden, können Sie 3D-Objekte einfacher und übersichtlicher bearbeiten. Führen Sie die folgenden Schritte aus, um das Vorgabeansichtsfenster in drei angeordnete Ansichtsfenster zu unterteilen.

1. Öffnen Sie gegebenenfalls die gerade erstellte Datei »Kap16-B.dwg« oder laden Sie sie von der Webseite zum Buch herunter und öffnen Sie sie in AutoCAD.
2. Geben Sie `afenster` ein und drücken Sie die Enter-Taste. Wählen Sie im Dialogfeld Ansichtsfenster im linken Listenfeld den Eintrag Drei: Rechts. Öffnen Sie das Dropdown-Menü Einrichten und wählen Sie 3D (siehe Abbildung 16.8). Bestätigen Sie mit OK.

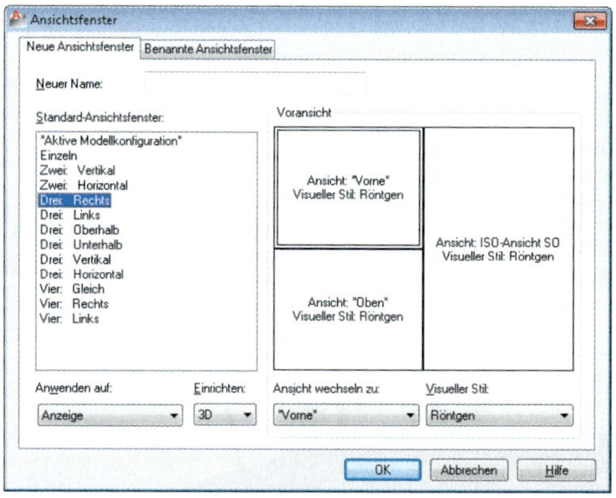

16.8 Ansichtsfenster konfigurieren

3. Klicken Sie auf eine beliebige Stelle im Ansichtsfenster Vorne. Wählen Sie in seinen Steuerungen für visuelle Stile den Stil Schattiert aus. Klicken Sie auf eine beliebige Stelle im Ansichtsfenster Oben. Wählen Sie in seinen Steuerungen für visuelle Stile den Stil Drahtkörper aus. Das Ergebnis sehen Sie in Abbildung 16.9.
4. Klicken Sie links oben im Ansichtsfenster Vorne auf das Pluszeichen und wählen Sie den Eintrag Ansichtsfenster maximieren. Die Frontansicht füllt das gesamte Zeichnungsfenster.
5. Anstelle des Pluszeichens wird links oben ein Minuszeichen für die Ansichtsfenster-Steuerungen angezeigt. Doppelklicken Sie auf das Minuszeichen, um das Ansichtsfenster wieder zu minimieren.

Maximieren beziehungsweise minimieren Sie Ansichtsfenster nach Belieben, um einen besseren Überblick über ein 3D-Objekt zu erhalten.

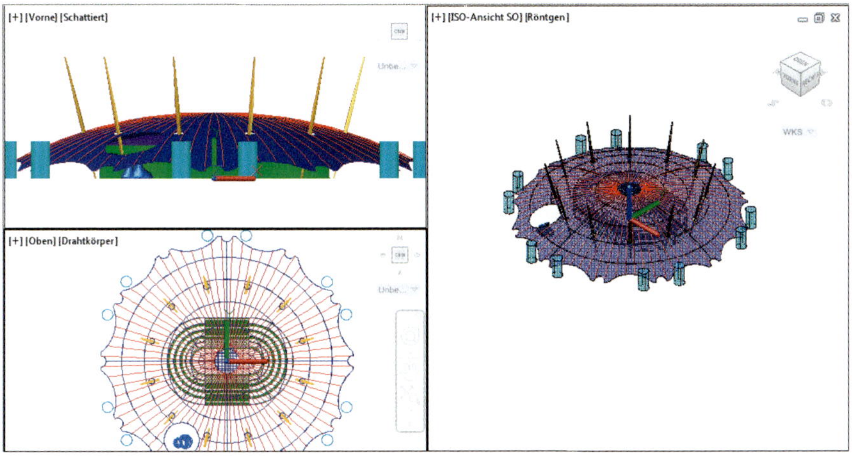

16.9 Drei Ansichtsfenster mit drei verschiedenen Ansichten und visuellen Stilen

6. Klicken Sie auf eine beliebige Stelle im Ansichtsfenster ISO-Ansicht SO und doppelklicken Sie dann links oben auf das Pluszeichen des Ansichtsfensters, um es zu maximieren. Die Ansicht ISO-Ansicht SO füllt die gesamte Zeichnungsfläche.
7. Speichern Sie Ihre Arbeit unter dem Dateinamen »Kap16-C.dwg«.

Mit dem ViewCube navigieren

Der ViewCube ist ein 3D-Navigationswerkzeug, mit dem Sie 3D-Modelle in verschiedenen isometrischen und orthogonalen Ansichten drehen können. Durch die sofortige Reaktion des ViewCube wissen Sie stets, wo Sie sich aktuell im dreidimensionalen Raum befinden, auch wenn Sie mit dem Orbit-Werkzeug (siehe den nächsten Abschnitt) in einer benutzerdefinierten Ansicht drehen.

Autodesk verwendet in vielen 3D-Anwendungen die beiden Navigationswerkzeuge ViewCube und Navigationsrad. Hierzu gehören AutoCAD, Revit, Inventor und 3ds Max.

Der ViewCube unterstützt Sie in AutoCAD 2012 beim Erkennen der Beziehung zwischen dem aktuellen Benutzerkoordinatensystem (BKS) und dem Weltkoordinatensystem (WKS).

Im Folgenden experimentieren Sie mit dem ViewCube und erfahren dabei, wie Sie ein 3D-Modell aus fast jedem Winkel betrachten können.

1. Öffnen Sie gegebenenfalls die gerade erstellte Datei »Kap16-C.dwg« oder laden Sie sie von der Webseite zum Buch herunter und öffnen Sie sie in AutoCAD.
2. Öffnen Sie das ViewCube-Menü (siehe Abbildung 16.10) und wählen Sie Aktuelle Ansicht als Ausgangspunkt festlegen.

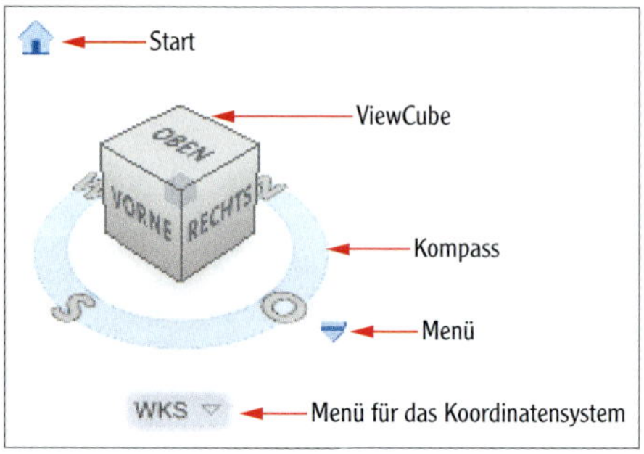

16.10 **Das ViewCube-Navigationswerkzeug**

> Alternativ zum View-Cube können Sie oben links in den Ansichts-Steuerungen aus einer kleinen Liste mit vorgegebenen Ansichten wählen.

3. Zeigen Sie mit dem Cursor auf den ViewCube und beobachten Sie, wie je nach Cursorposition unterschiedliche Bereiche in Hellblau dargestellt werden. Klicken Sie im ViewCube-Würfel auf das Wort Rechts. Die Zeichnung wird im rechten Winkel für eine Ansicht auf die rechte Modellseite gedreht.
4. Der ViewCube dreht sich zusammen mit der Ansichtsveränderung. Zeigen Sie im ViewCube mit dem Cursor über die Elemente der Fläche Rechts. Es gibt vier Ecken, vier Kanten und die Fläche selbst. Außerdem gibt es vier Pfeile, die auf die Fläche zeigen, sowie oben rechts zwei gebogene Pfeile. Mit jedem dieser Elemente können Sie die Ansicht in eine bestimmte Richtung drehen, wie es in Abbildung 16.11 gezeigt wird. Manche Elemente sind sowohl auf weißem als auch auf schwarzem Hintergrund nicht sehr deutlich zu erkennen.

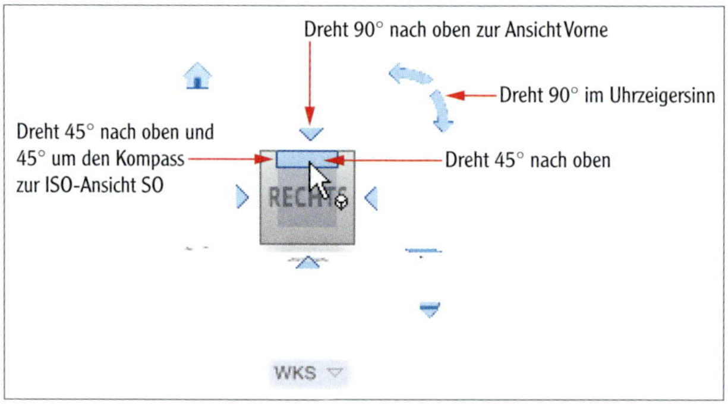

16.11 **Weitere ViewCube-Steuerelemente**

5. Experimentieren Sie mit dem ViewCube und drehen Sie die Zeichnung in verschiedenen Richtungen. Probieren Sie Unten, Links, Hinten, ISO SO und ISO NW aus.

6. Klicken Sie im ViewCube-Bereich auf Start, um zur ursprünglichen Ansicht zurückzuschalten.
7. Wählen Sie in der Mitte des 3D-Modells das BKS-Symbol aus. Ziehen Sie die Spitze der blauen z-Achse. Die Eingabeaufforderung lautet:

```
** RICHTUNG DER Z-ACHSE **
Punkt auf Z-Achse angeben:
```

Klicken Sie auf einen beliebigen Punkt, um das BKS zu drehen. Auf dem Bildschirm können Sie erkennen, dass sich der ViewCube zusammen mit dem aktuellen BKS dreht (siehe Abbildung 16.12). Dadurch ist es leichter herauszufinden, wo sich die xy-Zeichnungsebene befindet (parallel zur Oben-Fläche des ViewCube).

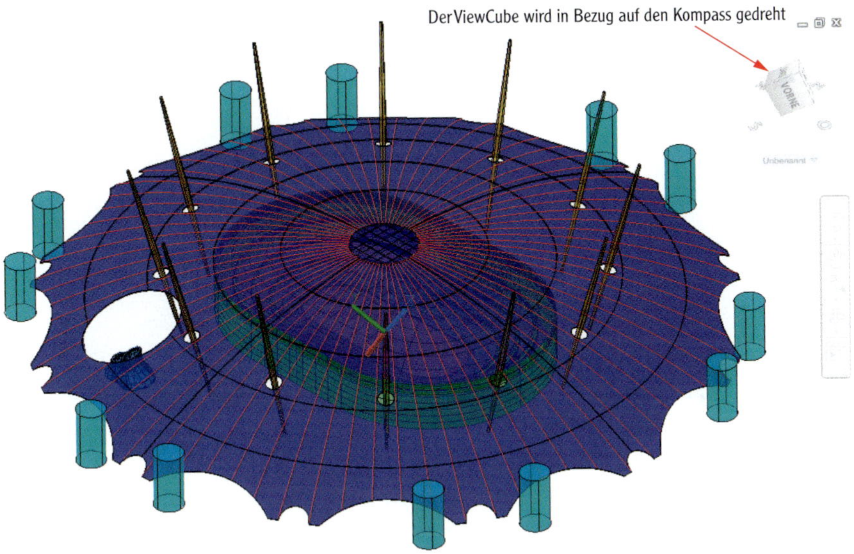

16.12 **Der ViewCube richtet sich am aktuellen BKS aus.**

8. Öffnen Sie das Koordinatensystem-Menü des ViewCube und wählen Sie dort WKS, um zum ursprünglichen Koordinatensystem zurückzuschalten.
9. Speichern Sie Ihre Arbeit unter dem Dateinamen »Kap16-D.dwg«.

Im 3D-Raum mit dem Orbit-Werkzeug drehen

Wie Sie im vorherigen Abschnitt erfahren haben, können Sie mit dem ViewCube nur in 45°-Schritten drehen. Das heißt, Sie erhalten mit dem ViewCube in der Regel zwar annähernd den Winkel, in dem Sie ein 3D-Modell betrachten möchten. Oft ist es dann aber anschließend erforderlich, eine Feineinstellung der Drehung vorzunehmen, um präzise den gewünschten Betrachtungswinkel einzustellen. Durch Drehen mit dem Orbit-Werkzeug können Sie die Ansicht in einem beliebigen Winkel verschieben. Im Folgenden lernen Sie einige Verfahren zum Drehen mit dem Orbit-Werkzeug im 3D-Raum kennen.

1. Öffnen Sie gegebenenfalls die gerade erstellte Datei »Kap16-D.dwg« oder laden Sie sie von der Webseite zum Buch herunter und öffnen Sie sie in AutoCAD.
2. Angenommen, Sie möchten einen genaueren Blick auf die Ventilationstürme werfen, die unter der großen Ellipsenöffnung in der Kuppelmembran sichtbar sind. Klicken Sie auf dem ViewCube auf die Kante zwischen der Oben- und der Vorne-Fläche und vergrößern Sie den gewünschten Bereich (siehe Abbildung 16.13).

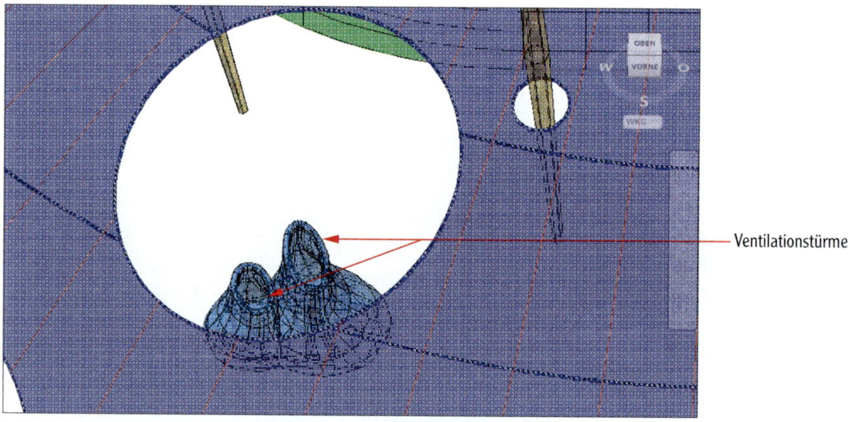

16.13 Mithilfe des ViewCube die Ventilationstürme anzeigen

3. Zeigen Sie mit dem Cursor auf den Kompassring, der den ViewCube umgibt, und ziehen Sie mit gedrückter Maustaste nach rechts, um einen besseren Blick auf die Türme zu erhalten. Die Öffnung in der Kuppelmembran wirkt etwas runder.

4. Klicken Sie in der Navigationsleiste auf die Schaltfläche Orbit. Ziehen Sie mit gedrückter Maustaste nach unten, um den Blickwinkel nach oben zu verschieben. Die Ventilationstürme werden so mehr von oben betrachtet und nicht mehr von der Kuppelmembran überlagert (siehe Abbildung 16.14). Drücken Sie ESC, um den Orbitbefehl zu beenden.
5. Halten Sie die Shift-Taste gedrückt und ziehen Sie mit gedrücktem Mausrad (Alternative zum Wählen des Orbit-Werkzeugs). Sie werden feststellen, dass Sie keinen Blickwinkel finden, mit dem Sie die Türme in Augenhöhe, das heißt nicht von oben, betrachten können. Im nächsten Abschnitt erfahren Sie, wie Sie diesen Ansichtstyp mithilfe einer Kamera einrichten.

6. Speichern Sie Ihre Arbeit unter dem Dateinamen »Kap16-E.dwg«.

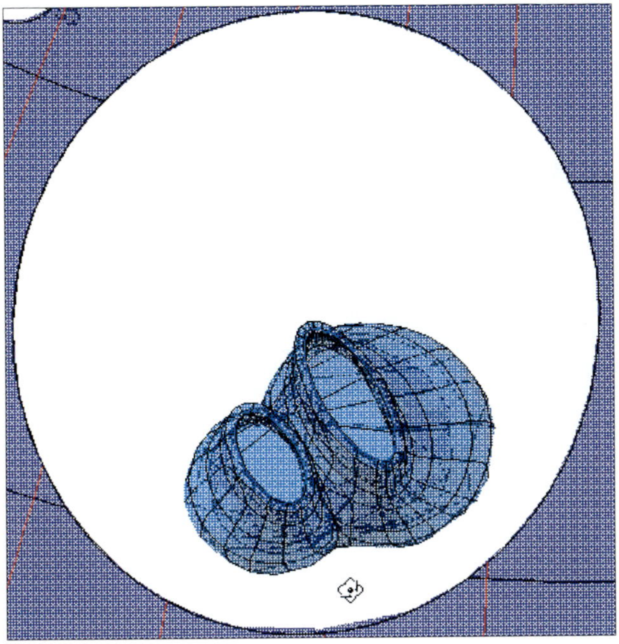

Mit dem Orbit-Werkzeug kann standardmäßig nur innerhalb des horizontalen und vertikalen Orbits gedreht werden. Mit dem Befehl 3DFORBIT ist ein freies Drehen möglich.

16.14 **Mit dem Orbit-Werkzeug drehen, um einen bessern Blickwinkel zu erhalten**

Mit Kameras arbeiten

Sie können in AutoCAD mit virtuellen Kameras ähnliche Ansichten wie mit realen Kameras einrichten. Erstellen Sie mit dem Befehl KAMERA ein Kameraobjekt, das Sie in einer isometrischen Ansicht so bearbeiten können, dass der Ansichtspunkt auf das Kameraziel gerichtet ist. Im Folgenden erstellen Sie eine virtuelle Kamera und positionieren sie in einer isometrischen Ansicht.

1. Öffnen Sie gegebenenfalls die gerade erstellte Datei »Kap16-E.dwg« oder laden Sie sie von der Webseite zum Buch herunter und öffnen Sie sie in AutoCAD.
2. Öffnen Sie links oben das Menü der Ansichts-Steuerungen und wählen Sie die Ansicht ISO-Ansicht SW.
3. Verkleinern Sie die Darstellung, indem Sie das gedrückte Mausrad nach hinten rollen.

4. Schalten Sie in der Statusleiste den Objektfang aus.

5. Geben Sie `kamera` ein und drücken Sie die Enter-Taste. Klicken Sie auf die Punkte A und B, wie in Abbildung 16.15 zu sehen ist, und drücken Sie die Enter-Taste.

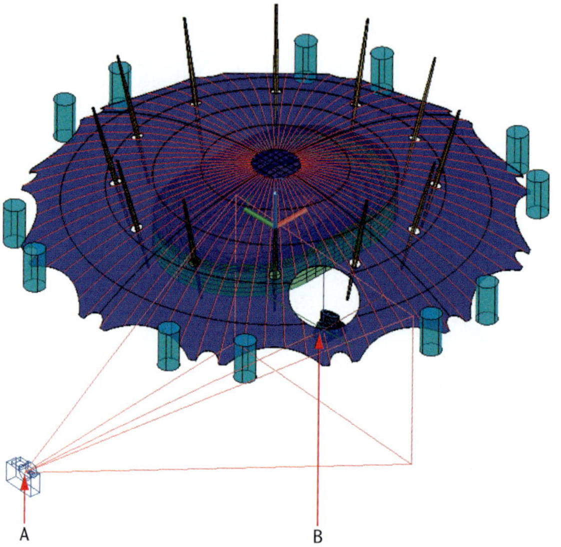

16.15 Eine Kamera in einer isometrischen Ansicht positionieren

6. Wählen Sie das Kameraobjekt aus. Wählen Sie im Dialogfeld Kameravoransicht im Dropdown-Menü Visueller Stil den Stil Schattiert. Ziehen Sie den rechten Griff Brennweite/Blickfeld nach rechts und klicken Sie auf Punkt A, um das Blickfeld zu erweitern (siehe Abbildung 16.16).

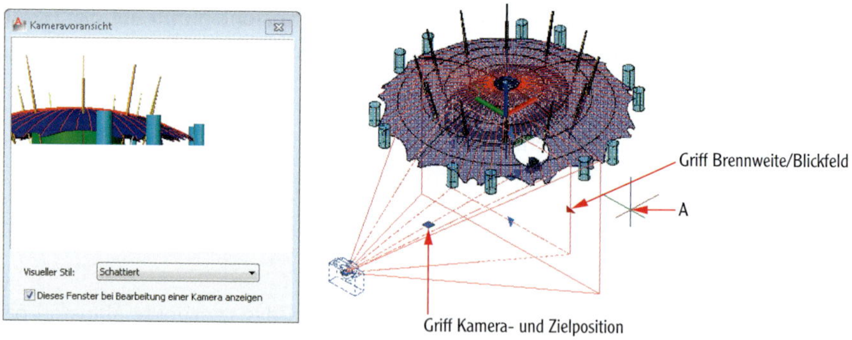

16.16 Den Blickwinkel der Kamera erweitern

7. Ziehen Sie den Griff Kamera- und Zielposition nach oben, bis die Kamera unten am äußeren Rand der Kuppel positioniert ist. In Abbildung 16.17 sehen Sie die dazugehörige Kameravoransicht. Im nächsten Schritt korrigieren Sie den Blickwinkel der Kamera vom Boden.

16.17 Die neue Kameravoransicht gibt die neue Kameraposition vom Boden aus wider.

8. Klicken Sie mit der rechten Maustaste in das Zeichnungsfenster und wählen Sie im Kontextmenü den Eintrag Kameraansicht einstellen. Ziehen Sie das Mausrad nach unten, um die Kamera und ihr Ziel nach oben zu verschieben, wie es in Abbildung 16.18 zu sehen ist.

Kameraansichten sind perspektivisch, sodass die Objekte abhängig vom Abstand zwischen Kamera und Objekt größer und kleiner werden.

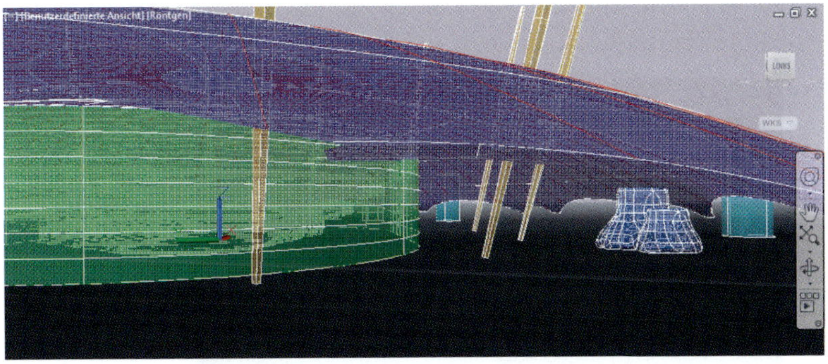

16.18 Ein Blick durch die Kamera

9. Speichern Sie Ihre Arbeit unter dem Dateinamen »Kap16-F.dwg«.

Mit dem Navigationsrad navigieren

Mit dem Navigationsrad (SteeringWheel) ist eine interaktive Navigationssteuerung, die von Autodesk in einer Reihe von 3D-Anwendungen eingesetzt wird, unter anderem auch in AutoCAD. Im Folgenden erstellen Sie mit dem Voll-Navigationsrad (in dem alle acht Navigationswerkzeuge angezeigt werden) eine Ansicht unter der Kuppel.

1. Öffnen Sie gegebenenfalls die gerade erstellte Datei »Kap16-F.dwg« oder laden Sie sie von der Webseite zum Buch herunter und öffnen Sie sie in AutoCAD.

2. Wählen Sie in der Navigationsleiste das Voll-Navigationsrad. Das Rad wird in unmittelbarer Nähe zum Cursor in der Zeichnung angezeigt (siehe Abbildung 16.19).

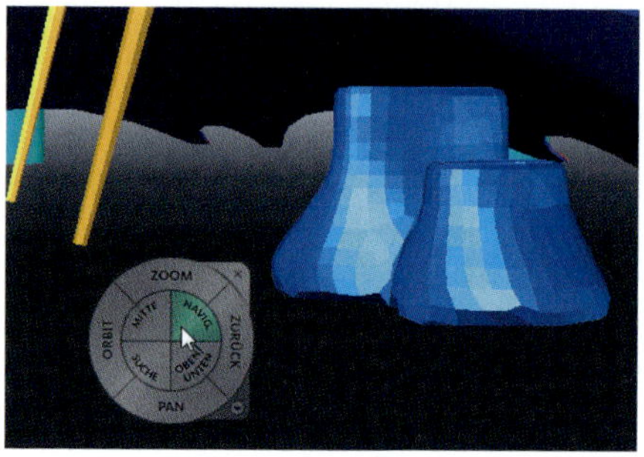

16.19 Das Voll-Navigationsrad

3. Zeigen Sie mit dem Cursor im Innenbereich des Navigationsrades auf den Bereich Navig. Klicken Sie und halten Sie die Maustaste gedrückt. Der Navigationskreis wird angezeigt. Ziehen Sie den Cursor vom Kreis aus in die Richtung, in der Sie durch die Zeichnung navigieren wollen. Je weiter Sie den Cursor vom Kreis wegziehen, umso schneller erfolgt die Navigation in die angegebene Richtung. Lassen Sie die Maustaste wieder los.

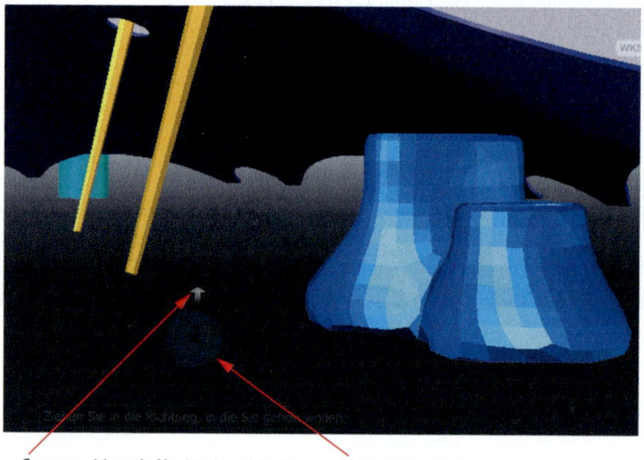

Cursorposition als Navigationsrichtung Navigationskreis

16.20 Unter die Kuppel navigieren

4. Klicken Sie im inneren Ring des Navigationsrades auf Suche, halten Sie die Maustaste gedrückt und ziehen Sie nach oben, um die Kamera so zu drehen, dass Sie durch die Öffnung in der Kuppel nach oben blicken. Lassen Sie die Maustaste wieder los.

Weitere Navigationsräder

Es gibt auf den verschiedenen Navigationsrädern insgesamt acht Befehle: Zoom, Pan, Orbit, Zurück, Mitte, Navig., Oben/Unten und Suche.

Die drei Basisnavigationsräder heißen Voll-Navigationsrad, Basis-Objektansichtsrad und Basis-Gebäude-Navigationsrad. Die letzten beiden verfügen über je vier Befehle, die zu ihren Aufgaben beim Navigieren um ein Objekt oder durch ein Gebäude passen.

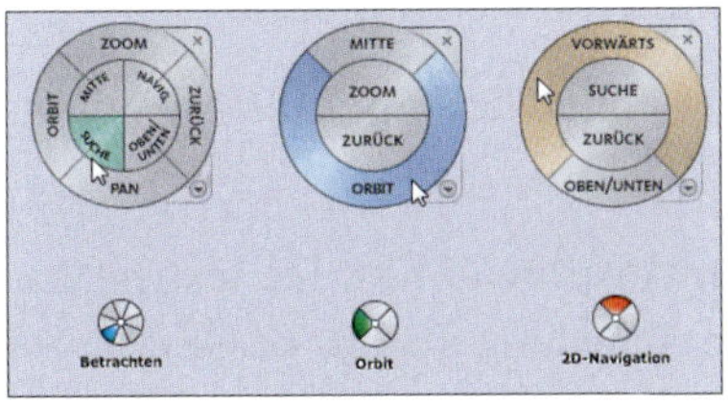

Für jedes Basisnavigationsrad gibt es darüber hinaus eine verkleinerte Form mit denselben Befehlen. Ich empfehle, zunächst mit den Basisnavigationsrädern zu beginnen und später – nach etwas Navigationserfahrung – zu den Miniversionen zu wechseln. Bei den kleinen Radvarianten können die Befehle schneller mit der Maus gewählt werden.

5. Klicken Sie im äußeren Ring des Navigationsrades auf Zurück, halten Sie die Maustaste gedrückt und ziehen Sie nach links, um im Verlauf der zuvor mit dem Navigationsrad durchgeführten Bewegungen zurückzugehen. Ziehen Sie bis zu dem Symbol zurück, bevor Sie nach oben geblickt haben (siehe Abbildung 16.21). Drücken Sie ESC, um das Arbeiten mit dem Navigationsrad zu beenden.

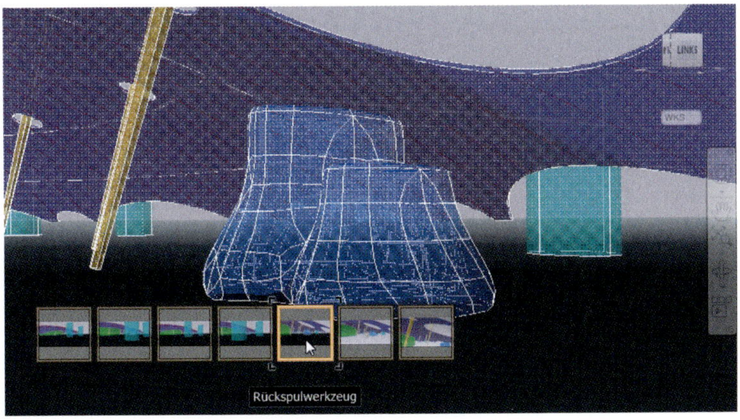

16.21 Interaktiv durch im Bewegungsverlauf zurückblättern

6. Speichern Sie Ihre Arbeit unter dem Dateinamen »Kap16-G.dwg«.

Ansichten speichern

Mithilfe von benannten Ansichten können Sie einen beliebigen Betrachtungswinkel speichern und zu einem späteren Zeitpunkt erneut abrufen. Im Folgenden speichern Sie die aktuelle Position im Ansichtsfenster, ändern die Ansicht, schalten die Perspektive aus und schalten dann zur gespeicherten Version zurück.

1. Öffnen Sie gegebenenfalls die gerade erstellte Datei »Kap16-G.dwg« oder laden Sie sie von der Webseite zum Buch herunter und öffnen Sie sie in AutoCAD.
2. Geben Sie `ausschnt` ein und drücken Sie die Enter-Taste. Klicken Sie im Ansichts-Manager auf die Schaltfläche Neu.
3. Geben Sie im Dialogfeld Eigenschaften neuer Ansichten/Shots im Textfeld Ansichtsname den Namen `Kamera2` ein (siehe Abbildung 16.22). Bestätigen Sie zweimal mit OK.

Sie können in der Ansicht eine Vielzahl von Eigenschaften speichern, beispielsweise Kameraposition, Layerschnappschuss, BKS, Live-Schnitt, visuellen Stil und Hintergrund.

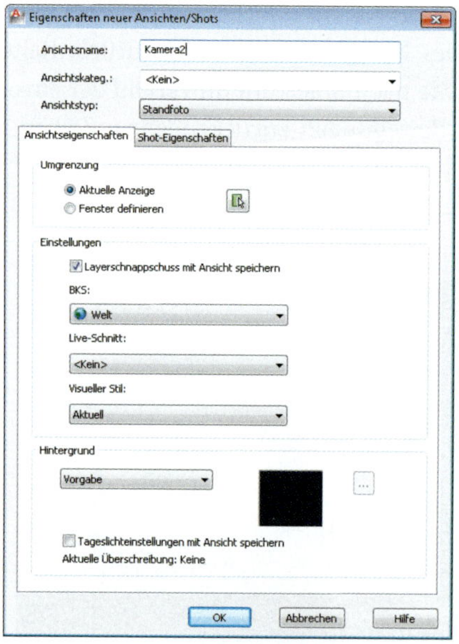

16.22 Eine neue Ansicht speichern

4. Klicken Sie im ViewCube auf die obere linke Ecke der Fläche Links, um zur Ansicht ISO-Ansicht NW zu wechseln. Das Modell ist weiterhin perspektivisch, auch wenn es außerhalb der Kamera2-Ansicht liegt (siehe Abbildung 16.23).

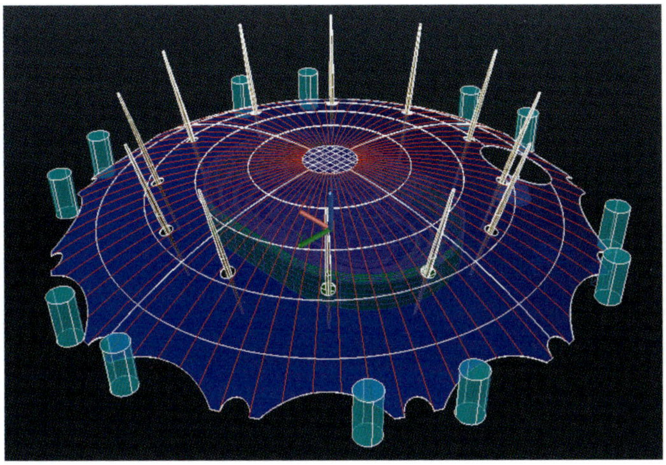

16.23 **Perspektivischer Überblick über das 3D-Modell**

5. Sie können jederzeit die Perspektive der Ansicht ein- und ausschalten. Öffnen Sie oben links das Menü der Ansichts-Steuerungen und wählen Sie Parallel, um die perspektivische Darstellung zu beenden.

6. Geben Sie `ausschnt` ein und drücken Sie die Enter-Taste. Klicken Sie im Ansichts-Manager in der Liste mit Modellansichten auf den Eintrag Kamera2 (siehe Abbildung 16.24) und dann in dieser Reihenfolge auf die Schaltflächen Aktuell, Anwenden und OK. Die ursprüngliche Perspektive wird wiederhergestellt.

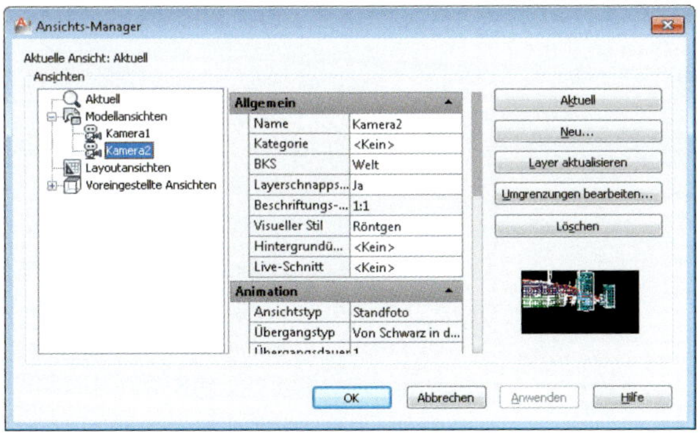

16.24 **Eine Ansicht wiederherstellen**

7. Speichern Sie Ihre Arbeit unter dem Dateinamen »Kap16-H.dwg«. Die bereits fertiggestellte gleichnamige Datei finden Sie bei Bedarf unter `www.wiley-vch.de/publish/dt/books/ISBN978-3-527-76013-8` auf der Downloadseite zu Kapitel 16.

16.25 Die Röntgenansicht von Kamera2

Zusammenfassung und Ausblicke

In diesem Kapitel haben Sie erfahren, wie Sie mithilfe verschiedener Verfahren ein 3D-Modell betrachten. Sie haben seinen visuellen Stil geändert und mit angeordneten Ansichtsfenstern gearbeitet. Sie kennen nun zwei wichtige Navigationstools, den ViewCube und das Navigationsrad. Außerdem haben Sie gelernt, wie Sie eine Kamera einfügen, ihre Position und ihren Blickwinkel im isometrischen Modus anpassen, durch ihre virtuelle Linse blicken und durch das Innere eines Gebäudes »spazieren«. Last but not least haben Sie erfahren, wie Sie Ansichten speichern und wiederherstellen, um schnell zu den Positionen zurückzuschalten, an denen die virtuelle Kamera stand.

Zusätzliche Übung

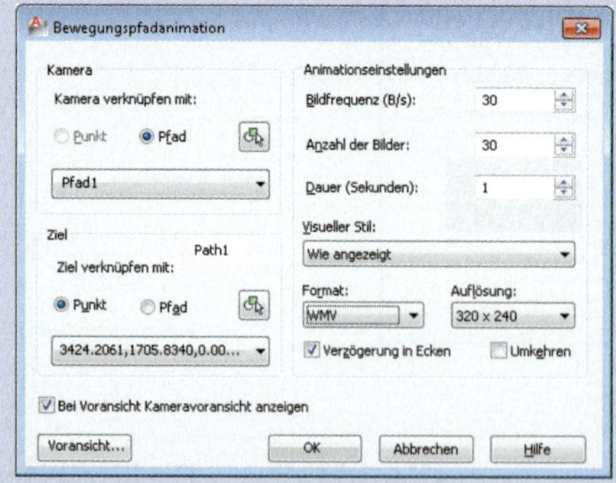

Wussten Sie schon, dass Sie mit AutoCAD die Navigation in einem 3D-Objekt in Form einer Animation aufzeichnen können? Zeichnen Sie zunächst einen Spline, der als Bewegungslinie für die Kamera dient. Bearbeiten Sie den Spline so, dass er eine glatte 3D-Form erhält (siehe Kapitel 5). Erstellen Sie mit dem Befehl ANIPFAD eine Bewegungspfadanimation und verknüpfen Sie den Kamerapfad mit dem gerade gezeichneten Spline. Exportieren Sie die Animation auf ihre Festplatte und sehen Sie sich das Video an. Dieses Video können Sie auch an andere weitergeben, die AutoCAD nicht auf ihrem Rechner installiert haben.

3D-Modellierung

AutoCAD stellt drei verschiedene 3D-Werkzeugsätze zum Modellieren von Flächenobjekten, Volumenkörpern und Netzobjekten zur Verfügung. Jeder Bereich wurde ursprünglich für unterschiedliche Einsatzgebiete entwickelt: Flächenobjekte für das Industriedesign, Volumenkörper für den Maschinenbau und Netzobjekte für den Spiele- und Videobereich. Jeder Werkzeugsatz hat seine Stärken und Schwächen. Aber Sie haben die Wahl und können stets das für die aktuelle Aufgabe am besten geeignete Werkzeug wählen und so die optimalen Lösungen für Ihre Zeichnungen erzielen. In diesem Kapitel erstellen und bearbeiten Sie Flächenobjekte und Volumenkörper und Sie lernen, wie Sie die Geometrie mithilfe von Netzwerkzeugen glätten.

In diesem Kapitel

- Flächenmodelle erstellen
- Flächenmodelle bearbeiten
- Volumenkörper erstellen
- Volumenkörper bearbeiten
- Netzobjekte glätten

Flächenmodelle erstellen

In diesem Kapitel erstellen Sie ein konzeptionelles Modell des O_2-Stadions in London, dasselbe Modell, mit dem Sie im vorherigen Kapitel gearbeitet haben.

Ein *Flächenmodell* stellt eine dünne Hülle ohne Masse oder Volumen dar. In den Beispieldateien zu diesem Kapitel werden 2D-Profilformen zur Verfügung gestellt, die als Basis für die zu erstellenden 3D-Flächen dienen. Im Folgenden erstellen Sie zunächst eine planare Fläche und wandeln 2D-Profile mithilfe von Extrusions-, Dreh- und Sweeping-Verfahren in 3D-Flächen um.

Planare Flächen definieren

Planare Flächen unterscheiden sich von flachen, mit Umgrenzungen definierten Flächen (wie Kreise und geschlossene Polylinien) dadurch, dass im Fall der planaren Flächen die Flächen selbst nur in schattierten visuellen Stilen angezeigt werden, ansonsten nur ihre Ecken und Kanten. Im Folgenden erstellen Sie die einfachste planare Fläche aus einem Kreis.

1. Wechseln Sie auf der Downloadseite zum Buch (`www.wiley-vch.de/publish/dt/books/ISBN978-3-527-76013-8`) zu Kapitel 17, laden Sie die Dateien herunter und öffnen Sie die Datei »Kap17-A.dwg« in AutoCAD. Die Beispieldatei verwendet den visuellen Stil Schattierung mit Kanten, sodass die Flächen nach dem Erstellen angezeigt werden.

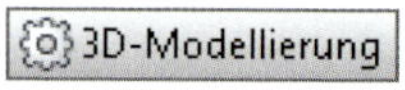

2. Wählen Sie im Schnellzugriffs-Werkzeugkasten im Dropdown-Menü den Arbeitsbereich 3D-Modellierung.

3. Klicken Sie auf der Registerkarte Start in der Gruppe Layer auf die Schaltfläche Objektlayer zum aktuellen machen. Wählen Sie den Kreis in der Mitte der Zeichnung aus. Damit wird der Layer Kuppelmembran zum aktuellen Layer.

Wie bei Bemaßungen können Sie eine Fläche mit der Profilform verbinden, auf der sie basiert. Wenn Sie nachträglich die Profilform ändern, wird die verknüpfte Fläche automatisch angepasst.

4. Klicken Sie auf der Registerkarte Fläche in der Gruppe Erstellen auf die Schaltfläche Flächen-Assoziativität, falls diese noch nicht eingeschaltet ist, das heißt in Blau dargestellt wird.

5. Klicken Sie auf der Registerkarte Fläche in der Gruppe Erstellen auf die Schaltfläche Planare Fläche. Die Eingabeaufforderung lautet:

```
Erste Ecke oder[ Objekt] angeben <Objekt>:
```

Übernehmen Sie durch Drücken der Enter-Taste die Vorgabe Objekt. Wählen Sie den blauen Kreis in der Mitte der Zeichnung aus und drücken Sie die Enter-Taste. Eine planare Fläche wird angezeigt und der Befehl beendet.

6. Klicken Sie im ViewCube auf die SW-Ecke, um zur ISO-Ansicht SW zu wechseln. Die gerade erstellte planare Fläche wird oben in der Kuppel angezeigt (siehe Abbildung 17.1).

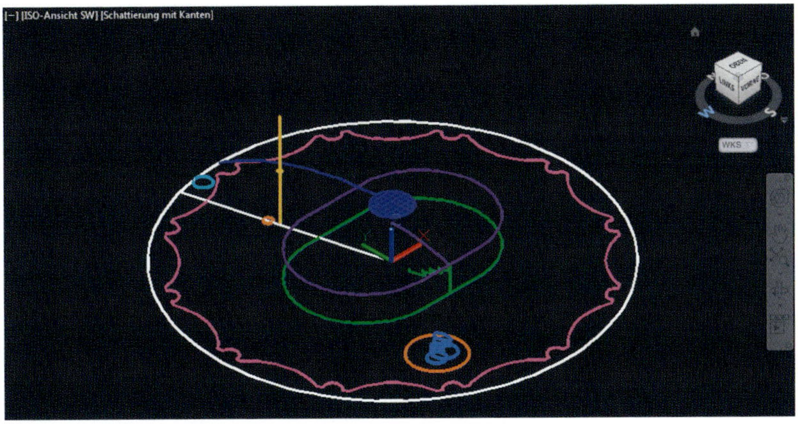

17.1 Eine planare Fläche oben in der Kuppel erstellen

2D-Profile in ein 3D-Modell rotieren

3D-Flächen werden durch die Rotation offener Profile wie Linien, Bogen oder Polylinien um eine Achse herum erstellt. Im Folgenden rotieren Sie einen Bogen und definieren damit die äußere Fläche der Kuppel.

Flächen-Assoziativität

1. Klicken Sie auf der Registerkarte Fläche in der Gruppe Erstellen auf die Schaltfläche Flächen-Assoziativität, um sie zu deaktivieren.

2. Klicken Sie auf der Registerkarte Fläche in der Gruppe Erstellen auf die Schaltfläche Rotation. Klicken Sie auf den blauen Bogen, der oben in der planaren Fläche nach unten zum weißen Außenkreis verläuft, und drücken Sie die Enter-Taste.

3. Die Eingabeaufforderung lautet:

   `Startpunkt der Achse angeben oder Achse definieren durch [Objekt/X/Y/Z] <Objekt>:`

   Geben Sie `0,0` ein und drücken Sie die Enter-Taste.

4. Die Eingabeaufforderung lautet:

   `Endpunkt der Achse angeben:`

Die Kuppel wird an ihrem Ausgangspunkt zentriert.

Geben Sie `0,0,1` ein und drücken Sie die Enter-Taste. Drücken Sie erneut die Enter-Taste, um den Vorgabewinkel von 360 Grad zu übernehmen. Der Rotationsbefehl wird beendet und die Kuppelfläche angezeigt (siehe Abbildung 17.2).

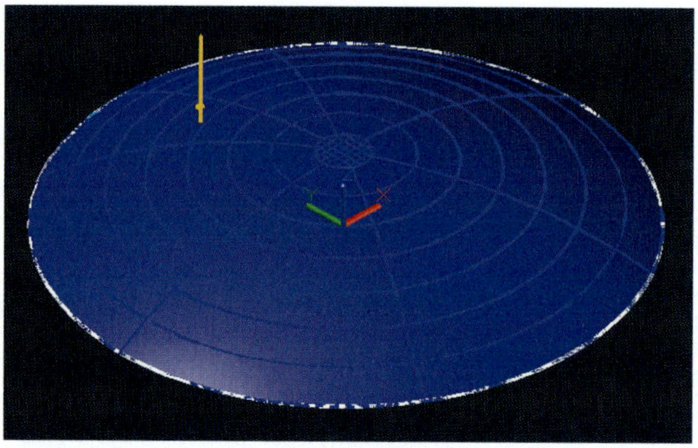

17.2 Einen Bogen zur Kuppelfläche rotieren

5. Geben Sie `lö` (für LÖSCHEN) ein und drücken Sie die Enter-Taste. Geben Sie `v` (für Vorher) ein und drücken Sie die Enter-Taste. Drücken Sie erneut die Enter-Taste, um den Bogen zu löschen, mit dessen Hilfe die Kuppelfläche generiert wurde.

Dreidimensionales kartesisches Koordinatensystem

Die z-Richtung, die ober- und unterhalb der Grundfläche verläuft, kann im kartesischen Koordinatensystem einfach durch ein weiteres Komma und den entsprechenden z-Wert hinzugefügt werden. Die Koordinaten für einen Punkt, der eine Einheit über dem ursprünglichen Punkt liegen soll, lauten 0,0,1.

6. Geben Sie `la` (für LAYER) ein und drücken Sie die Enter-Taste, um den Layereigenschaften-Manager zu öffnen. Doppelklicken Sie auf den Layer Stadion, um ihn zum aktuellen Layer zu machen (siehe Abbildung 17.3). Klicken Sie auf die Glühbirne des Layers Kuppelmembran, um ihn auszublenden. Klicken Sie abschließend in der Leiste des Layereigenschaften-Manager auf die Schaltfläche Autom. ausblenden, damit der Manager automatisch ausgeblendet wird, wenn Sie nicht mit dem Cursor darauf zeigen.

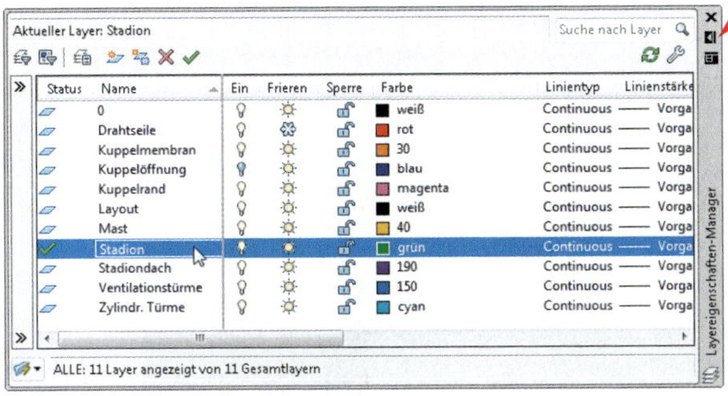

17.3 Layereigenschaften ändern

3D-Geometrie mit dem Sweep-Werkzeug biegen

Mit dem Befehl SWEEP wird durch Biegen (Sweeping) eines offenen Profils entlang eines Pfades eine Fläche erstellt. Im Folgenden modellieren Sie das eigentliche Stadion und sein Dach durch Sweeping offener Formen entlang geschlossener Pfade.

1. Klicken Sie auf der Registerkarte Fläche in der Gruppe Erstellen auf die Schaltfläche Sweep und wählen Sie dann das grüne Stadionprofil aus (siehe Abbildung 17.4). Drücken Sie die Enter-Taste.

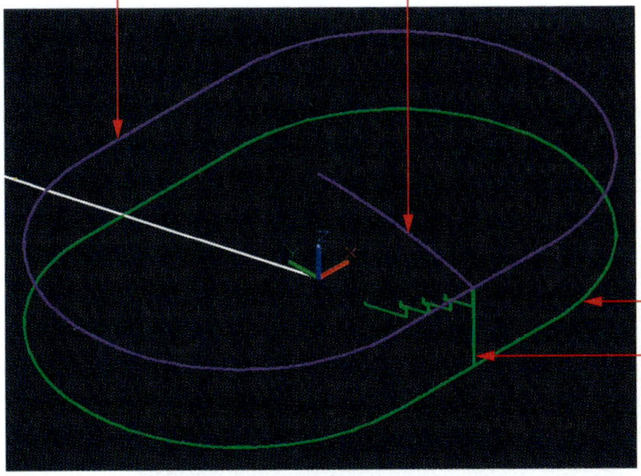

17.4 Profile und Sweep-Pfade für das O_2-Stadion

2. Die Eingabeaufforderung lautet:

```
Sweeping-Pfad auswählen oder [ Ausrichten/Basispunkt/Skalieren/Dre-
hen] :
```

Wählen Sie den Sweep-Pfad für das Stadion aus (siehe Abbildung 17.4). Das Ergebnis sehen Sie in Abbildung 17.5.

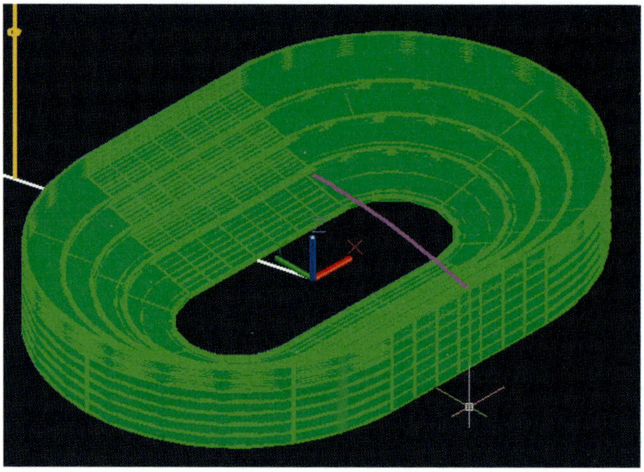

17.5 Durch Sweeping eines Profils entlang eines Pfades wird das Stadion erstellt.

3. Zeigen Sie mit dem Cursor auf den Layereigenschaften-Manager, um ihn zu öffnen. Doppelklicken Sie dann auf den Layer Stadiondach, um ihn zum aktuellen Layer zu machen.
4. Drücken Sie die Leertaste, um den SWEEP-Befehl zu wiederholen. Wählen Sie das Profil für das Stadiondach aus und drücken Sie die Enter-Taste. Wählen Sie dann den Sweep-Pfad für das Stadiondach aus. Abbildung 17.6 zeigt das Ergebnis.

Die Millennium-Kuppel erstreckt sich über das Stadiondach und den gesamten O_2-Komplex.

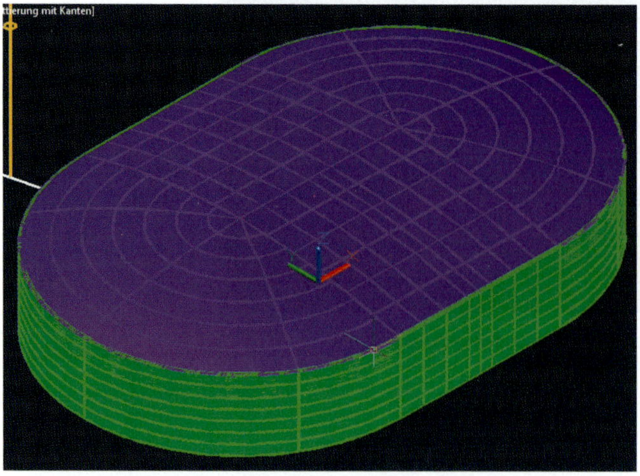

17.6 Das Stadiondach wurde mit dem Sweep-Werkzeug generiert.

5. Zeigen Sie mit dem Cursor auf den Layereigenschaften-Manager, um ihn zu öffnen. Doppelklicken Sie dort auf den Layer Kuppelrand, um ihn zum aktuellen Layer zu machen.

2D-Geometrie in 3D-Form extrudieren

Stellen Sie sich das Extrudieren so vor, als würde heißer, flüssiger Stahl in einer Gießerei durch eine Düse gepresst werden. Im Folgenden extrudieren Sie die Ränder der Kuppelmembran. Sie ziehen sie so heraus, dass es wie eine vorhangartige Mauer aussieht.

1. Klicken Sie auf der Registerkarte Fläche in der Gruppe Erstellen auf die Schaltfläche Extrusion und wählen Sie dann den magentafarbenen Kuppelrand aus (siehe Abbildung 17.7). Drücken Sie die Enter-Taste

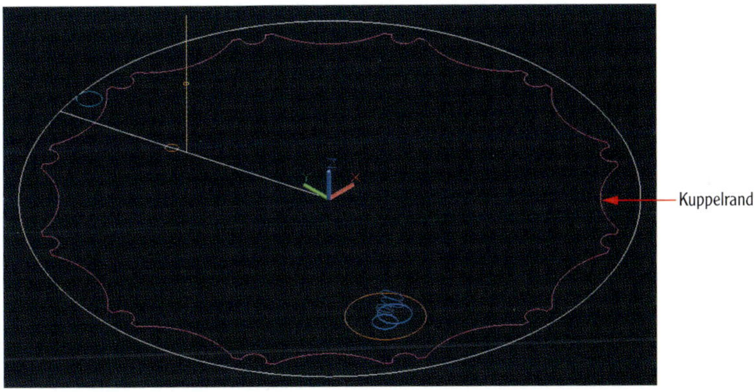

17.7 Den Kuppelrand auswählen

2. Die Eingabeaufforderung lautet:

   `Höhe der Extrusion angeben oder[ Richtung/Pfad/Verjüngungswinkel] :`

   Geben Sie `50` ein und drücken Sie die Enter-Taste. Eine vorhangartige Mauer erhebt sich aus dem 2D-Rand.

3. Zeigen Sie mit dem Cursor auf den Layereigenschaften-Manager, um ihn zu öffnen. Klicken Sie auf die Glühbirne des Layers Kuppelmembran, um diesen Layer wieder sichtbar zu machen. Doppelklicken Sie anschließend auf den Layer Kuppelmembran, um ihn zum aktuellen Layer zu machen (siehe Abbildung 17.8).

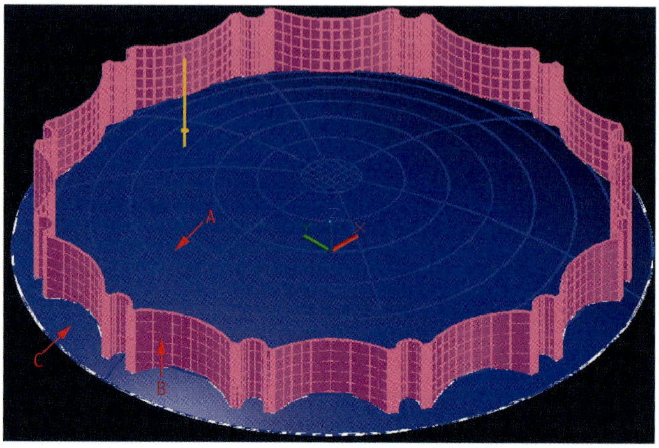

17.8 Die extrudierte Fläche in Magenta »sticht« durch die blaue Kuppelmembran

4. Speichern Sie Ihre Arbeit unter dem Dateinamen »Kap17-B.dwg«.

Flächenmodelle bearbeiten

In AutoCAD stehen für Flächenmodelle Werkzeuge zum Bearbeiten der vorhandenen Flächenumgrenzung zur Verfügung. Im Folgenden ändern Sie die Flächenumgrenzung. Sie verwenden hierzu andere Flächen und projizieren Formen auf vorhandene Flächen, um mithilfe dieser Projektionen die Umgrenzung zu bearbeiten oder Öffnungen in die Fläche zu schneiden. Außerdem bilden Sie 2D-Objekte auf 3D-Flächen ab, ohne die 3D-Flächen in irgendeiner Form zu ändern.

Flächen mithilfe anderer Flächen stutzen

Im Folgenden stutzen Sie den Bereich der Kuppelmembran, die über die Kuppelranderhebung herausragt, die Sie im vorherigen Abschnitt erstellt haben.

1. Öffnen Sie gegebenenfalls die gerade erstellte Datei »Kap17-B.dwg« oder laden Sie sie von der Webseite zum Buch herunter und öffnen Sie sie in AutoCAD.

2. Klicken Sie auf der Registerkarte Fläche in der Gruppe Bearbeiten auf die Schaltfläche Stutzen. Die Eingabeaufforderung lautet:

```
Zu stutzende Flächen oder Regionen wählen oder[ ERweitern/Projektions-
richtung] :
```

Klicken Sie auf Punkt A aus Abbildung 17.8 und drücken Sie die Enter-Taste.

3. Die Eingabeaufforderung lautet:

   `Schneidende Kurven, Flächen oder Regionen wählen:`

   Klicken Sie auf Punkt B aus Abbildung 17.8 und drücken Sie die Enter-Taste.

4. Die Eingabeaufforderung lautet:

   `Zu stutzenden Bereich wählen[ Zurück] :`

   Klicken Sie auf Punkt C aus Abbildung 17.8 und drücken Sie die Enter-Taste.

5. Zeigen Sie mit dem Cursor auf den Layereigenschaften-Manager, um ihn zu öffnen. Klicken Sie auf das Sonnensymbol des Layers Kuppelrand, um den Layer zu frieren. In Abbildung 17.9 sehen Sie gestutzte Kuppelmembran.

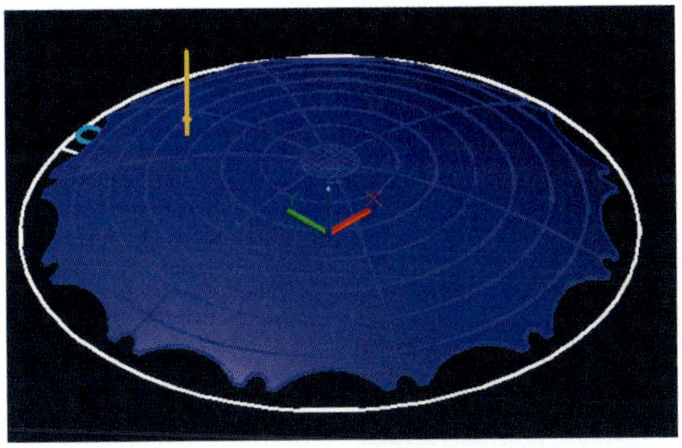

17.9 Die gestutzte Kuppelmembran

Geometrie auf Flächen projizieren

Im Folgenden bilden Sie eine Reihe von 2D-Objekten auf einer 3D-Fläche ab. Genauer gesagt projizieren Sie die große Öffnung für die Ventilationstürme, zwölf kleinere Öffnungen für die Masten und eine Vielzahl von Drahtseilen auf die Fläche der Kuppelmembran.

1. Bei dem visuellen Stil Schattierung mit Kanten ist es nicht möglich, durch die Kuppel zu sehen. Klicken Sie daher oben links auf die Steuerungen für visuellen Stil und wählen Sie im Menü den Stil Drahtkörper.

2. Zeigen Sie mit dem Cursor auf den Layereigenschaften-Manager, um ihn zu öffnen. Doppelklicken Sie anschließend auf den Layer Kuppelöffnung, um ihn zum aktuellen Layer zu machen.

3. Vergrößern Sie den Bereich mit dem orangefarbenen Kreis, der wiederum eine Reihe hellblauer Kreise und Ellipsen enthält.

4. Klicken Sie auf der Registerkarte Fläche in der Gruppe Geometrie projizieren auf die Schaltfläche Auto-Stutzen, um das automatische Stutzen einzuschalten.

5. Klicken Sie auf der Registerkarte Fläche in der Gruppe Geometrie projizieren auf die Schaltfläche Flächenprojektions-BKS. Die Eingabeaufforderung lautet:

   `Kurven oder zu projizierende Punkte wählen oder [ Projektionsrichtung] :`

   Klicken Sie auf den großen orangefarbenen Kreis und drücken Sie die Enter-Taste.

6. Die Eingabeaufforderung lautet:

   `Volumenkörper, Fläche oder Region als Ziel der Projektion wählen:`

   Klicken Sie auf die blaue Kuppelmembran. Ein orangefarbener Spline wird auf der Fläche der gestutzten Kuppel angezeigt (siehe Abbildung 17.10) und der Flächenprojektionsbefehl beendet.

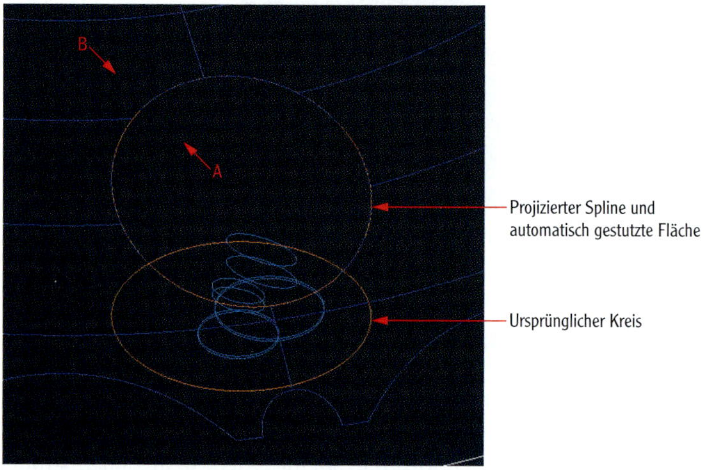

17.10 Ein auf die Membran projizierter Spline

7. Geben Sie `lö` (für LÖSCHEN) ein und drücken Sie die Enter-Taste. Definieren Sie durch Klicken auf die beiden Punkte A und B aus Abbildung 17.10 eine kreuzende Auswahl, mit der sowohl die Kuppel als auch der projizierte Spline ausgewählt wird. Geben Sie `entf` ein und drücken Sie die Enter-Taste. Geben Sie `l` (für Letzter) ein und drücken Sie zweimal die Enter-Taste. Der projizierte Spline wird gelöscht, aber nicht die Kuppel.

8. Schwenken Sie nach links zum kleinen orangefarbenen Kreis, durch den eine weiße Linie verläuft.

9. Klicken Sie auf der Registerkarte Fläche in der Gruppe Geometrie projizieren auf die Schaltfläche Auto-Stutzen, um das automatische Stutzen auszuschalten.

10. Klicken Sie auf der Registerkarte Fläche in der Gruppe Geometrie projizieren auf die Schaltfläche Flächenprojektions-BKS. Wählen Sie den kleinen orangefarbenen Kreis aus und drücken Sie die Enter-Taste. Wählen Sie anschließend die blaue Kuppel aus und drücken Sie zweimal die Enter-Taste. Ein neuer projizierter Spline wird auf der Kuppelfläche angezeigt (siehe Abbildung 17.11).

> Im nächsten Abschnitt wird dieser projizierte Spline als Anordnung um die Kuppel herum eingefügt.

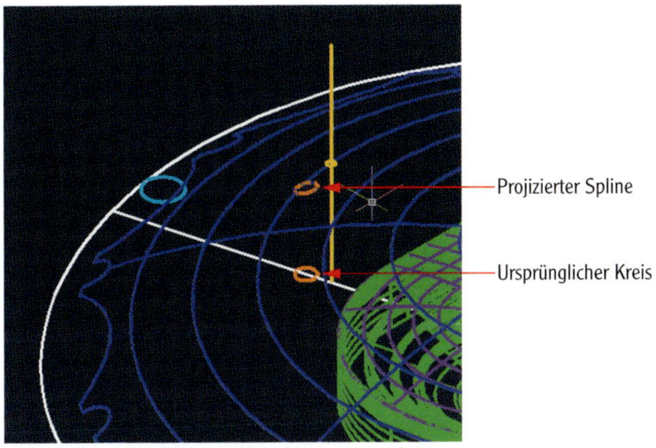

17.11 Eine Mastöffnung wurde auf die Membranfläche projiziert.

11. Geben Sie `lö` (für LÖSCHEN) ein und drücken Sie die Enter-Taste. Wählen Sie den kleinen Originalkreis aus und drücken Sie die Enter-Taste.

12. Klicken Sie auf der Registerkarte Start in der Gruppe Layer auf die Schaltfläche Isolieren und dann auf die blaue Kuppelmembran. Drücken Sie die Enter-Taste.

13. Zeigen Sie mit dem Cursor auf den Layereigenschaften-Manager, um ihn zu öffnen. Klicken Sie auf das Schneeflockensymbol des Layers Drahtseile und dann auf die abgeblendete Glühbirne, um den Layer zu tauen und wieder anzuzeigen. Doppelklicken Sie anschließend auf den Layer Drahtseile, um ihn zum aktuellen Layer zu machen.

14. Klicken Sie im ViewCube auf die Fläche Oben. Falls Norden nicht nach oben zeigt, klicken Sie auf den gebogenen Pfeil zum Drehen des ViewCube im Uhrzeigersinn.

15. Klicken Sie auf der Registerkarte Fläche in der Gruppe Geometrie projizieren auf die Schaltfläche Flächenprojektions-Ansicht und wählen Sie dann alle Objekte in einer kreuzenden Auswahl aus. Drücken Sie die Enter-Taste. Die Eingabeaufforderung lautet:

```
Volumenkörper, Fläche oder Region als Ziel der Projektion wählen:
```

Wählen Sie die blaue Kuppel aus und drücken Sie die Enter-Taste. Der Befehl wird beendet, aber Sie können die projizierten Objekte nicht in der Oben-Ansicht erkennen.

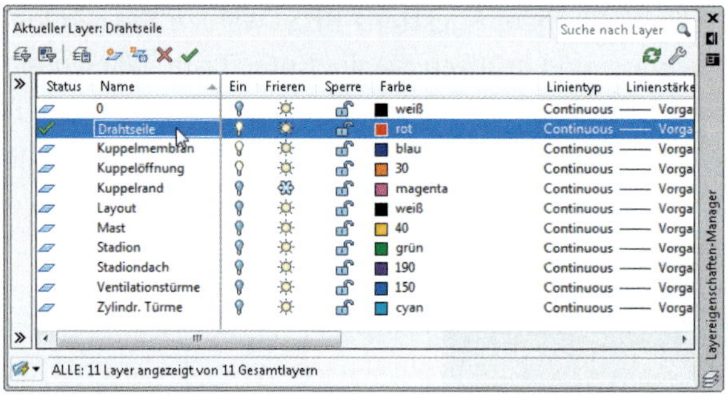

17.12 Den Layerstatus ändern

16. Klicken Sie im ViewCube auf den unteren Vorne-Pfeil. Geben Sie `lö` (für LÖSCHEN) ein und drücken Sie die Enter-Taste. Klicken Sie auf die Punkte A und B (siehe Abbildung 17.13) und drücken Sie die Enter-Taste, um die Bodenlinie auszuwählen und zu löschen.

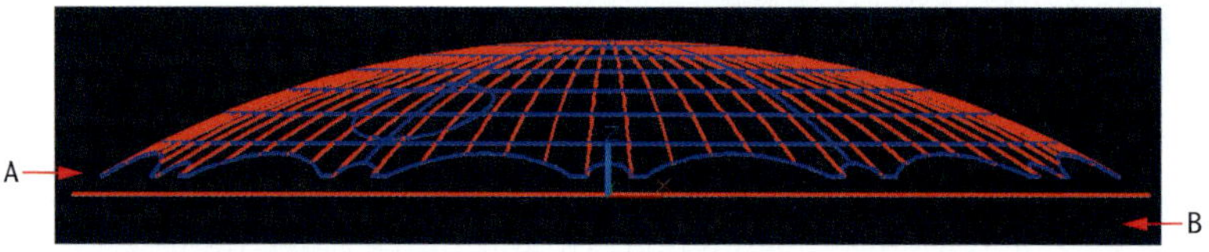

17.13 Die Bodenlinie in der Vorne-Ansicht löschen

17. Klicken Sie im ViewCube auf die obere linke Ecke, um zur ISO-Ansicht SW zu wechseln. Geben Sie `layisoaufh` ein, um die in Schritt 12 durchgeführte Layerisolierung wieder aufzuheben, und drücken Sie die Enter-Taste.

Flächen mit Öffnungen stutzen

Sie haben bereits eine Fläche im vorherigen Abschnitt gestutzt, als Sie den großen orangefarbenen Kreis auf die Kuppel projiziert haben. In der folgenden Übung wird das Auto-Stutzen deaktiviert, da Sie das projizierte Objekt beibehalten. In den folgenden Schritten bilden Sie mit dem projizierten Spline eine Anordnung auf der Kuppel und stutzen anschließend alle zwölf Öffnungen, die für die Masten vorgesehen sind.

1. Geben Sie `reihe` ein und drücken Sie die Enter-Taste. Wählen Sie den kleinen orangefarbenen Kreis aus, den Sie im vorherigen Abschnitt projiziert haben, und

drücken Sie die Enter-Taste. Geben Sie `po` (für POlar) ein und drücken Sie die Enter-Taste. Die Eingabeaufforderung lautet:

`Mittelpunkt der Anordnung angeben oder [ Basispunkt/Rotationsachse] :`

Geben Sie `0,0` ein und drücken Sie die Enter-Taste.

2. Die Eingabeaufforderung lautet nun folgendermaßen:

`Anzahl der Elemente angeben oder [ Winkel zwischen/Ausdruck] <4>:`

Geben Sie `12` ein und drücken Sie die Enter-Taste. Drücken Sie erneut die Enter-Taste, um den Vorgabewinkel von 360 Grad zu übernehmen. Geben Sie `n` (für Nein) ein und drücken Sie zweimal die Enter-Taste, um den Reihenbefehl zu beenden. Zwölf Splines werden oben rund um die Kuppel eingefügt (siehe Abbildung 17.14).

Sie können eine Fläche mit einem Anordnungsobjekt nicht stutzen. Durch das Einfügen einer nicht assoziativen Anordnung erhalten Sie eine Reihe mit unabhängigen Objekten, die einzeln gestutzt werden können.

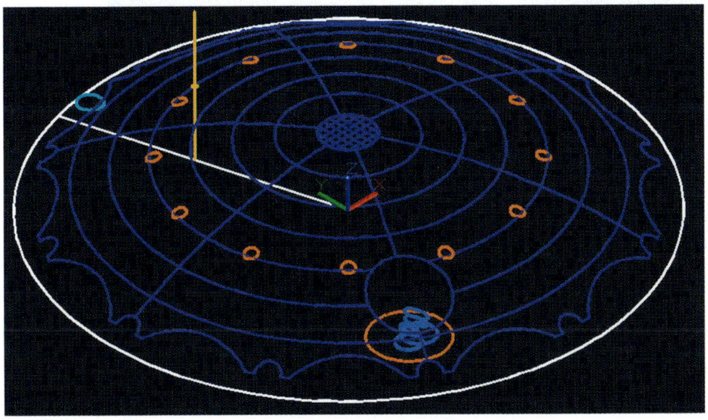

17.14 Eine Reihenanordnung von Splines auf der Kuppel

3. Öffnen Sie oben links die Steuerungen für visuellen Stil und wählen Sie den Stil Schattierung mit Kanten.

4. Klicken Sie auf der Registerkarte Fläche in der Gruppe Bearbeiten auf die Schaltfläche Stutzen. Wählen Sie die Kuppel aus und drücken Sie die Enter-Taste. Wählen Sie einen orangefarbenen Spline aus und drücken Sie erneut die Enter-Taste. Klicken Sie in den Spline und bestätigen Sie durch Drücken der Enter-Taste. Damit schneiden Sie eine Öffnung in der Form des Splines in die Kuppel.

5. Wiederholen Sie den vorherigen Schritt elf Mal für die restlichen orangefarbenen Splines.

6. Zeigen Sie mit dem Cursor auf den Layereigenschaften-Manager, um ihn zu öffnen. Doppelklicken Sie dann auf den Layer Zylindr. Türme, um ihn zum aktuellen

Layer zu machen, und schalten Sie den Layer Kuppelöffnung aus. Das Ergebnis sehen Sie in Abbildung 17.15.

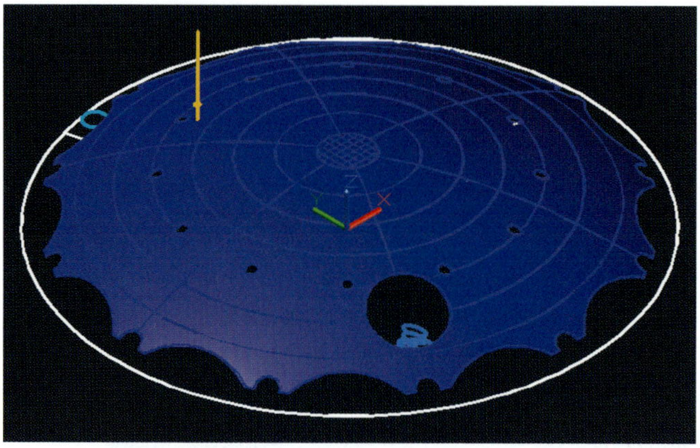

17.15 Öffnungen für die Masten in die Kuppel schneiden

7. Speichern Sie Ihre Arbeit unter dem Dateinamen »Kap17-C.dwg«.

Volumenkörper erstellen

Beim Ausführen der Befehle EXTRUSION, ROTATION, ANHEBEN und SWEEP können Sie zwischen dem Volumen- und Flächenmodus wählen.

So wie Flächen einen zweidimensionalen Bereich definieren, stellen Volumenkörper eine dreidimensionale Form dar. Und nur mit solchen Volumenkörpern können Sie mit dem Befehl MASSEIG Konstruktionseigenschaften wie Volumen, Schwerpunkt, Trägheitsmoment etc. berechnen. Viele Werkzeuge zum Bearbeiten von Volumenkörpern sind mit den Werkzeugen zum Bearbeiten von Flächen identisch. Wenn Sie diese Befehle mit einem geschlossenen Pfad – Kreis, Ellipse oder geschlossene Polylinie – ausführen, erhalten Sie ein Volumenobjekt. Werden sie auf offene Pfade angewendet, ist das Ergebnis eine Fläche. Im folgenden Abschnitt erstellen Sie mithilfe von Extrusions- und Anhebungsverfahren Volumenkörper.

Volumenkörper extrudieren

Der Unterschied zwischen einer Flächen- und einer Volumenkörperextrusion sehen Sie an dem, »was in der Mitte liegt«: nichts im Fall der Flächen und Masse im Fall der Volumenkörper. Im Folgenden bearbeiten Sie die Volumenmasse mithilfe boolescher Werkzeuge. Sie extrudieren einen Kreis in einen Volumenkörper und fügen ihn auf der Kuppel als Anordnung ein.

1. Öffnen Sie gegebenenfalls die gerade erstellte Datei »Kap17-C.dwg« oder laden Sie sie von der Webseite zum Buch herunter und öffnen Sie sie in AutoCAD. Wechseln Sie im Schnellzugriffs-Werkzeugkasten falls nötig zum Arbeitsbereich 3D-Modellierung.

2. Klicken Sie auf der Registerkarte Volumenkörper in der Gruppe Volumenkörper auf die Schaltfläche Extrusion. Wählen Sie links oben am Rand der Kuppel den hellblauen Kreis aus und drücken Sie die Enter-Taste. Die Eingabeaufforderung lautet:

   ```
   Höhe der Extrusion angeben oder [Richtung/Pfad/Verjüngungswinkel]
   <50.000>:
   ```

   Geben Sie `-30` ein und drücken Sie die Enter-Taste.

3. Die zylindrischen Türme kommen paarweise vor. Geben Sie daher `sp` (für SPIEGELN) ein und drücken Sie die Enter-Taste. Geben Sie `l` (für Letzter) ein und drücken Sie zweimal die Enter-Taste. Die Eingabeaufforderung lautet:

   ```
   Ersten Punkt der Spiegelachse angeben:
   ```

   Geben Sie `0,0` ein und drücken Sie die Enter-Taste.

4. Die Eingabeaufforderung lautet nun folgendermaßen:

   ```
   Zweiten Punkt der Spiegelachse angeben:
   ```

   Geben Sie `0,1` ein und drücken Sie die Enter-Taste. Damit definieren Sie eine Spiegelachse, die vertikal entlang der y-Achse verläuft. Drücken Sie erneut die Enter-Taste, um die Vorgabe, das Quellobjekt nicht zu löschen, zu übernehmen. In Abbildung 17.16 sehen Sie das Ergebnis.

> Beim Definieren der Spiegelachse spielt nur die Richtung eine Rolle. Es geht nicht um Abstand und Einheiten.

5. Sie benötigen sechs Paare dieser Zylinder um die Kuppel herum. Geben Sie `reihe` ein und drücken Sie die Enter-Taste. Wählen Sie die beiden Zylinder aus und drücken Sie die Enter-Taste. Geben Sie `po` (für POlar) ein und drücken Sie die Enter-Taste. Die Eingabeaufforderung lautet:

   ```
   Mittelpunkt der Anordnung angeben oder[Basispunkt/Rotationsachse]:
   ```

   Geben Sie `0,0` ein und drücken Sie die Enter-Taste. Geben Sie `6` für die Anzahl der Elemente ein und drücken Sie die Enter-Taste. Drücken Sie noch zweimal die Enter-Taste, um die Vorgaben zu übernehmen und den Reihenbefehl zu beenden. Abbildung 17.17 zeigt das Ergebnis.

17.16 Ein Paar zylindrische Türme extrudieren und spiegeln

17.17 Zylindrische Turmpaare um die Kuppel anordnen

6. Wählen Sie oben links in den Steuerung für visuellen Stil den Stil Drahtkörper aus, sodass Sie durch die Kuppel blicken können. Vergrößern Sie die vertikale gelbe Linie, an deren Mittelpunkt ein Sechseck angezeigt wird. Diese Linie stellt eine Konstruktionshilfe für den Mast dar.

7. Zeigen Sie mit dem Cursor auf den Layereigenschaften-Manager, um ihn zu öffnen. Doppelklicken Sie dann auf den Layer Mast, um ihn zum aktuellen Layer zu machen.

8. Klicken Sie auf der Registerkarte Volumenkörper in der Gruppe Volumenkörper auf die Schaltfläche Extrusion. Wählen Sie das Sechseck am Mittelpunkt der gelben vertikalen Linie aus und drücken Sie die Enter-Taste. Die Eingabeaufforderung lautet:

```
Höhe der Extrusion angeben oder [ Richtung/Pfad/Verjüngungswinkel]
<30.000>
```

   Geben Sie `v` (für Verjüngung) ein und drücken Sie die Enter-Taste.

9. Die Eingabeaufforderung lautet nun folgendermaßen:

```
Verjüngungswinkel für Extrusion angeben <0.00>:
```

   Geben Sie `1` ein und drücken Sie die Enter-Taste. Stellen Sie sicher, dass der laufende Objektfang Endpunkt aktiviert ist und klicken Sie auf den oberen Endpunkt der vertikalen gelben Linie, um die Höhe der Extrusion zu bestimmen (siehe Abbildung 17.18).

Die Profile extrudierter Elemente werden automatisch gelöscht.

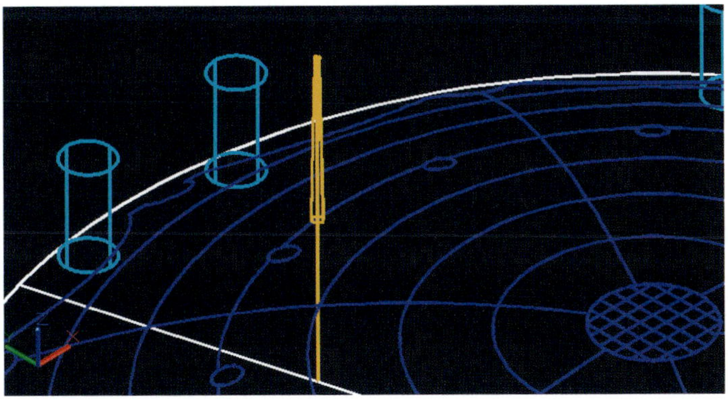

17.18 Extrudierter Volumenkörper

10. Klicken Sie auf der Registerkarte Volumenkörper in der Gruppe Volumenkörper bearbeiten auf die Schaltfläche Kanten extrahieren. Wählen Sie den Mast aus und drücken Sie die Enter-Taste. Zeigen Sie mit dem Cursor über die Kanten des Mastes. Wie Sie sehen können, fallen die einzelnen Kantenlinien nun mit den Drahtkörperkanten des Mastvolumenkörpers zusammen.

11. Vergrößern Sie den hexagonalen Boden des Mastes. Geben Sie `verbinden` ein und drücken Sie die Enter-Taste. Klicken Sie auf die Punkte A und B (siehe Abbildung 17.19), um die Linien auszuwählen, die das Sechseck bilden. Drücken Sie die Enter-Taste.

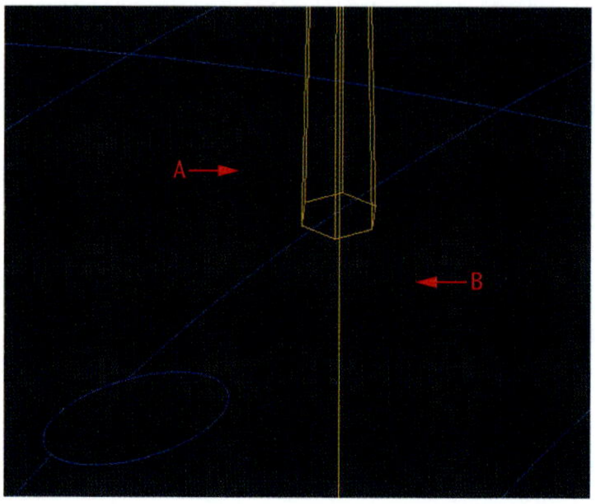

17.19 Sechs Kanten zu einer hexagonalen Polylinie verbinden

12. Klicken Sie auf der Registerkarte Volumenkörper in der Gruppe Volumenkörper auf die Schaltfläche Extrusion, geben Sie `l` (für Letzter) ein und drücken Sie zweimal die Enter-Taste. Geben Sie `v` (für Verjüngung) ein und drücken Sie die Enter-Taste. Drücken Sie erneut die Enter-Taste, um den Vorgabeverjüngungswinkel von 1 zu bestätigen. Schwenken Sie nach unten und klicken Sie auf den unteren Endpunkt der vertikalen gelben Linie, um die untere Hälfte des Mastes zum Boden zu extrudieren.

Im Abschnitt »Volumenkörper bearbeiten« weiter hinten in diesem Kapitel bearbeiten Sie den Mast mit den Befehlen VEREINIG, 3D-DREHEN und REIHE.

Volumenkörper anheben

Das Anheben ist eine Modellierungstechnik, bei der Sie ein 3D-Modell aus einer Reihe von 2D-Querschnitten erstellen. Im Folgenden heben Sie zwei Ventilationstürme aus einer Reihe von Kreisen und Ellipsen an.

Diese Türme belüften einen Londoner Straßentunnel unter der Themse. Sie waren schon vor dem Bau des Millennium Dome vor Ort.

1. Zeigen Sie mit dem Cursor auf den Layereigenschaften-Manager, um ihn zu öffnen. Doppelklicken Sie dann auf den Layer Ventilationstürme, um ihn zum aktuellen Layer zu machen. Schalten Sie den Layer Kuppelmembran aus.
2. Wählen Sie oben links in den Steuerungen für visuellen Stil den Stil Schattierung mit Kanten.

3. Vergrößern Sie den Bereich mit den Kreisen und Ellipsen. Klicken Sie auf der Registerkarte Volumenkörper in der Gruppe Volumenkörper auf den Pfeil der Schaltfläche Sweep (wenn diese die aktuelle Schaltfläche darstellt) und wählen Sie dann den Eintrag Anheben. Klicken Sie auf die in Abbildung 17.20 mit A, B, C und D gekennzeichneten Profile und drücken Sie die Enter-Taste. Öffnen Sie das dann eingeblendete Griffmenü und wählen Sie dort den Eintrag Normal zu Anfangs- und Endschnitt. Beenden Sie den Anhebenbefehl durch Drücken der Enter-Taste.

Normal bedeutet senkrecht zur betreffenden Fläche.

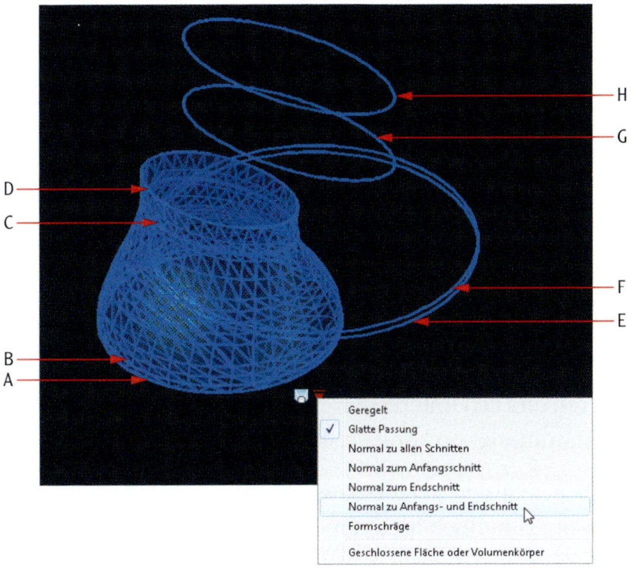

17.20 Einen der beiden Ventilationstürme anheben

4. Drücken Sie die Leertaste, um den Anhebenbefehl zu wiederholen. Klicken Sie auf die in Abbildung 17.20 mit E, F, G und H gekennzeichneten Profile und drücken Sie die Enter-Taste. Öffnen Sie das dann eingeblendete Griffmenü und wählen Sie dort den Eintrag Normal zu Anfangs- und Endschnitt. Beenden Sie den Anhebenbefehl durch Drücken der Enter-Taste. Abbildung 17.21 zeigt das Ergebnis.

17.21 Zwei angehobene Belüftungstürme

5. Speichern Sie Ihre Arbeit unter dem Dateinamen »Kap17-D.dwg«.

Volumenkörper bearbeiten

Die Werkzeuge zum Bearbeiten von Volumenkörpern stellen zusätzliche Modellierungsmöglichkeiten im Vergleich zu den Flächenwerkzeugen zur Verfügung. Mithilfe von booleschen Werkzeugen (nach dem Mathematiker George Boole benannt) können Sie durch Trennung, Vereinigung und Schnittmengenbildung neue Formen bilden. Diese und weitere Werkzeuge zur Bearbeitung von Volumenkörpern werden Sie in diesem Abschnitt kennenlernen.

Boolesche Operationen durchführen

In den folgenden Schritten vereinigen Sie mit dem Befehl VEREINIG die beiden Ventilationstürme sowie den oberen und den unteren Bereich des Mastes. Anschließend drehen Sie den Mast und fügen eine Anordnung von zwölf Masten in der Kuppel ein.

1. Öffnen Sie gegebenenfalls die gerade erstellte Datei »Kap17-D.dwg« oder laden Sie sie von der Webseite zum Buch herunter und öffnen Sie sie in AutoCAD. Wechseln Sie, falls nötig, im Schnellzugriffs-Werkzeugkasten zum Arbeitsbereich 3D-Modellierung.
2. Wechseln Sie oben links in den Steuerungen für visuellen Stil zum Stil Drahtkörper.
3. Klicken Sie auf der Registerkarte Volumenkörper in der Gruppe Boolesche auf die Schaltfläche Vereinigung. Klicken Sie auf den linken und auf den rechten Ventilationsturm und drücken Sie die Enter-Taste. Eine Kurve, die die Schnittmenge der beiden Formen darstellt, wird in der Drahtkörperdarstellung angezeigt (siehe den rechten Teil von Abbildung 17.22).

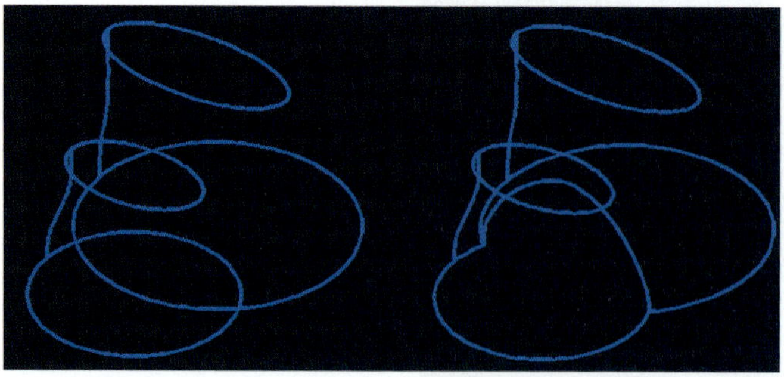

17.22 Zwei separate Türme (links) und zwei Türme in einem Objekt (rechts)

4. Schwenken Sie zu den im vorherigen Abschnitt extrudierten Mastobjekten. Zeigen Sie mit dem Cursor auf den Layereigenschaften-Manager, um ihn zu öffnen. Doppelklicken Sie dann auf den Layer Mast, um ihn zum aktuellen Layer zu machen.

5. Klicken Sie auf der Registerkarte Volumenkörper in der Gruppe Boolesche auf die Schaltfläche Vereinigung. Ziehen Sie eine kreuzende Auswahl um den oberen und den unteren Mastbereich und drücken Sie die Enter-Taste. Es sind keine Veränderungen auf dem Bildschirm zu erkennen. Die beiden Masthälften wurden jedoch zu einem Objekt vereinigt. Vergrößern Sie die Bodenfläche des Mastes.

6. Klicken Sie auf der Registerkarte Start in der Gruppe Ändern auf die Schaltfläche 3D-Drehen. Wählen Sie den Mast aus und drücken Sie die Enter-Taste. Klicken Sie auf den unteren Endpunkt der vertikalen Linie (das Zentrum des Mastes), um ihn als Basispunkt zu definieren. Ein 3D-Rotationswerkzeug wird angezeigt (siehe Abbildung 17.23).

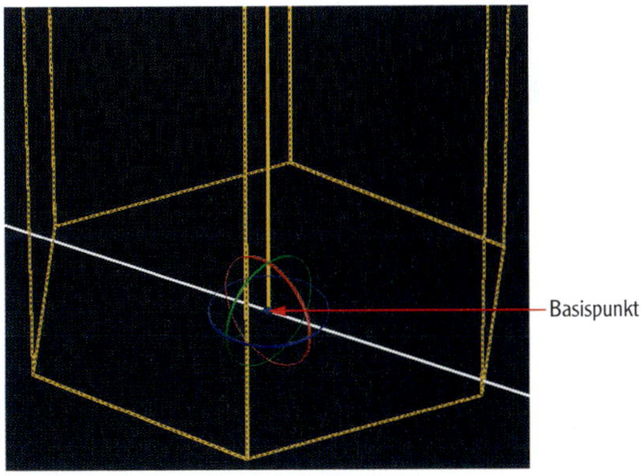

17.23 3D-Rotationswerkzeug mit drei Ringen, die die x-, y- und z-Achse darstellen

7. Klicken Sie auf den roten Ring, um die x-Achse zu wählen. Die Eingabeaufforderung lautet:

   `Winkel-Startpunkt angeben oder Winkel eingeben:`

   Geben Sie `-14` ein und drücken Sie die Enter-Taste.

8. Drücken Sie die Leertaste, um den letzten Befehl zu wiederholen. Wählen Sie den Mast aus und drücken Sie die Enter-Taste. Klicken Sie auf denselben Basispunkt wie in Schritt 6 (siehe auch Abbildung 17.23) und klicken Sie dann auf den grünen Ring. Damit wählen Sie die y-Achse aus. Geben Sie `4` ein und drücken Sie die Enter-Taste.

9. Verkleinern Sie die Anzeige und klicken Sie auf der Registerkarte Start in der Gruppe Ändern auf die Schaltfläche Löschen. Wählen Sie die im vorherigen Abschnitt extrahierten Mastkanten und die vertikale Mastlinie aus (siehe Abbildung 17.24) und drücken Sie die Enter-Taste.

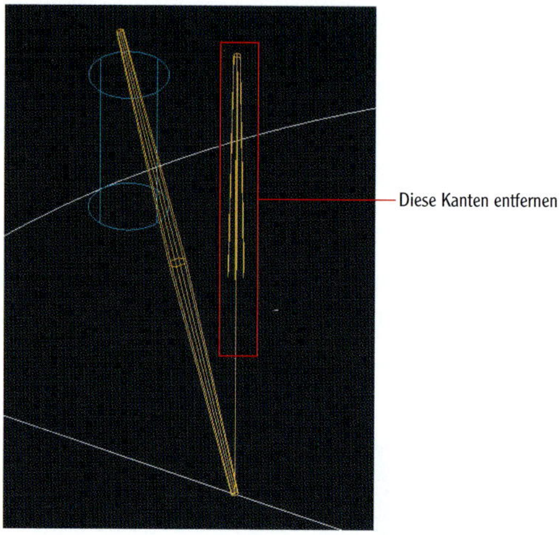

17.24 Die Konstruktionshilfe für den Mast löschen

10. Geben Sie `reihe` ein und drücken Sie die Enter-Taste. Wählen Sie den Mast aus und drücken Sie die Enter-Taste. Geben Sie `po` (für POlar) ein und drücken Sie die Enter-Taste. Geben Sie `0,0` als Mittelpunkt ein und drücken Sie erneut die Enter-Taste. Die Eingabeaufforderung lautet:

    `Anzahl der Elemente angeben oder[ Winkel zwischen/Ausdruck] <4>:`

    Geben Sie `12` ein und drücken Sie dreimal die Enter-Taste, um den Reihenbefehl zu beenden.

11. Zeigen Sie mit dem Cursor auf den Layereigenschaften-Manager, um ihn zu öffnen. Schalten Sie den Layer Kuppelmembran wieder ein. Wechseln Sie dann links oben in den Steuerungen für visuellen Stil zum Stil Schattierung mit Kanten und verkleinern Sie die Darstellung, um das gesamte Modell anzuzeigen. Das Ergebnis sehen Sie in Abbildung 17.25.

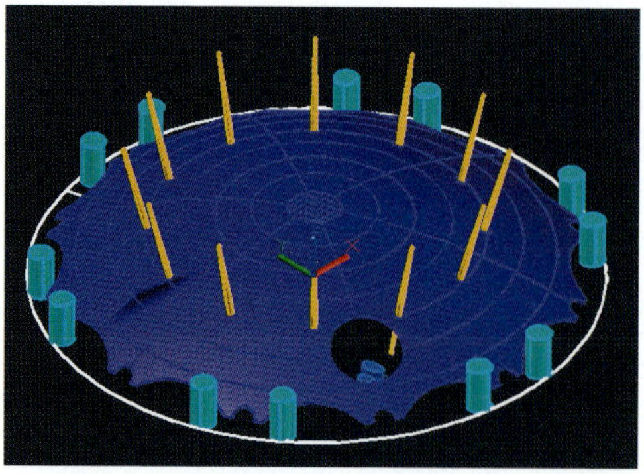

17.25 Den gedrehten Mast in einer Anordnung in der Kuppel einfügen

Volumenunterobjekte ändern

Sie müssen nicht stets das gesamte Volumenobjekt ändern, sondern können auch Teile (sogenannte *Unterobjekte*) auswählen und ändern. Im Folgenden versetzen Sie ein Unterobjekt, erstellen eine hohle Schale und öffnen mithilfe des booleschen Werkzeugs Klicken-Ziehen eine Fläche.

1. Klicken Sie auf der Registerkarte Start in der Gruppe Layer auf die Schaltfläche Isolieren, wählen Sie die Ventilationstürme aus und drücken Sie die Enter-Taste. Vergrößern Sie die Ventilationstürme.

2. Klicken Sie auf der Registerkarte Volumenkörper in der Gruppe Volumenkörper bearbeiten auf die Schaltfläche Kante versetzen. Klicken Sie im linken Belüftungsturm auf die obere Fläche. Die Eingabeaufforderung lautet:

   ```
   Durchgangspunkt angeben oder[ Abstand/Ecke] :
   ```

   Geben Sie `a` (für Abstand) ein und drücken Sie die Enter-Taste. Geben Sie `1` ein und drücken Sie erneut die Enter-Taste.

3. Die Eingabeaufforderung lautet nun folgendermaßen:

   ```
   Punkt auf Seite angeben, auf die versetzt werden soll:
   ```

   Klicken Sie auf den Mittelpunkt der oberen Fläche im linken Turm, um die Kante flächenintern zu versetzen. Klicken Sie im rechten Belüftungsturm auf die obere Fläche. Geben Sie `a` (für Abstand) ein und drücken Sie die Enter-Taste. Geben Sie `1` ein und drücken Sie erneut die Enter-Taste. Klicken Sie auf den Mittelpunkt der oberen Fläche im rechten Turm und drücken Sie die Enter-Taste, um den Versetzenbefehl zu beenden. Das Ergebnis wird in Abbildung 17.26 gezeigt.

17.26 **Kanten auf den oberen Flächen der beiden Türme versetzen**

4. Wechseln Sie links oben in den Steuerungen für visuellen Stil zum Stil Drahtkörper.

5. Klicken Sie auf der Registerkarte Volumenkörper in der Gruppe Volumenkörper bearbeiten auf die Schaltfläche Wandstärke. Wählen Sie eine Seitenlinie der beiden Türme aus (keine Linie der oberen Flächen) und drücken Sie die Enter-Taste. Geben Sie `1` ein (derselbe Abstand wie beim gerade durchgeführten Versetzen) und drücken Sie dreimal die Enter-Taste, um den Befehl abzuschließen. Eine hohle Schale wird in beiden Türmen generiert. Die oberen Flächen sind noch geschlossen, da die hohle Schale eine Zeichnungseinheit nach innen verlagert ist (auch von oben gesehen).

6. Klicken Sie auf der Registerkarte Volumenkörper in der Gruppe Volumenkörper auf die Schaltfläche Klicken-Ziehen. Klicken Sie auf Punkt A in Abbildung 17.27, geben Sie `-1` ein und drücken Sie die Enter-Taste. Klicken Sie auf Punkt B, geben Sie `-1` ein und drücken Sie zweimal die Enter-Taste.

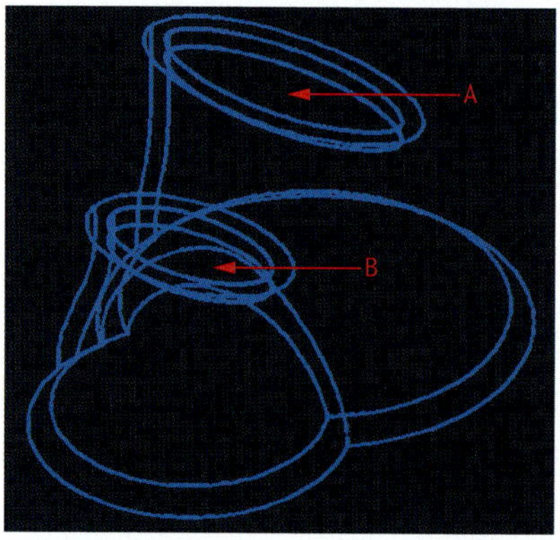

17.27 Mit Klicken-Ziehen die oberen Flächen der Türme entfernen

7. Wechseln Sie links oben in den Steuerungen für visuellen Stil zum Stil Schattierung mit Kanten. Jetzt können Sie die Öffnungen oben in den Türmen erkennen.

8. Geben Sie `layisoaufh` ein, um die Layerisolierung aufzuheben, und drücken Sie die Enter-Taste.

9. Klicken Sie auf der Registerkarte Volumenkörper in der Gruppe Volumenkörper bearbeiten auf die Schaltfläche Verdicken. Wählen Sie die Kuppelmembran aus und drücken Sie die Enter-Taste. Die Eingabeaufforderung lautet:

```
Dicke angeben <0.000>:
```

Geben Sie `-0.5` ein und drücken Sie die Enter-Taste. Die Kuppelmembran wird zu einer 0,5-Einheiten starken Hülle verdickt (siehe Abbildung 17.28).

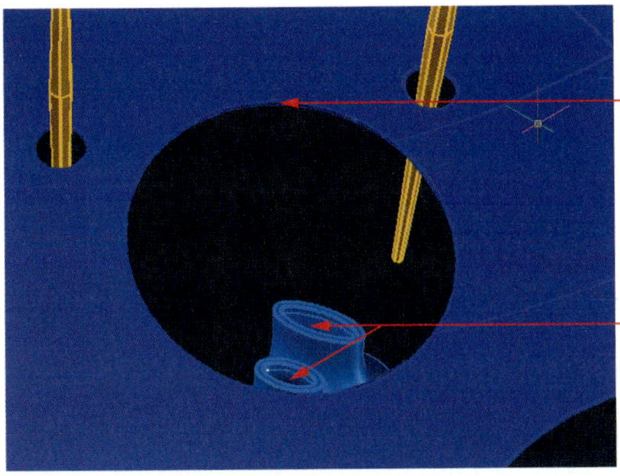

17.28 Die Kuppelmembran zu einer soliden Hülle verdicken

10. Speichern Sie Ihre Arbeit unter dem Dateinamen »Kap17-E.dwg«.

Netzobjekte glätten

Netzobjekte werden durch eigenständige polygonale Flächen dargestellt, die geglättet werden können. Netzobjekte eignen sich hervorragend zur plastischen Darstellung von Formen. Im Folgenden wandeln Sie die Ventilationstürme in ein Netzobjekt um und glätten ihre Geometrie zur Abrundung ihrer Kanten.

1. Öffnen Sie gegebenenfalls die gerade erstellte Datei »Kap17-E.dwg« oder laden Sie sie von der Webseite zum Buch herunter und öffnen Sie sie in AutoCAD. Wechseln Sie, falls nötig, im Schnellzugriffs-Werkzeugkasten zum Arbeitsbereich 3D-Modellierung.

2. Geben Sie `layiso` zum Isolieren eines Layers ein, wählen Sie die Belüftungstürme aus und drücken Sie die Enter-Taste. Vergrößern Sie die Türme.

3. Klicken Sie auf der Registerkarte Netz in der Gruppe Netz auf die Schaltfläche Objekt glätten. Wählen Sie die Ventilationstürme aus und drücken Sie die Enter-Taste. Klicken Sie in der daraufhin angezeigten Warnmeldung auf Netz erstellen (siehe Abbildung 17.29). Die Türme wirken nun etwas blockförmig, da der kurvenförmigen Volumenkörper in ein polygonales Netz umgewandelt wurde.

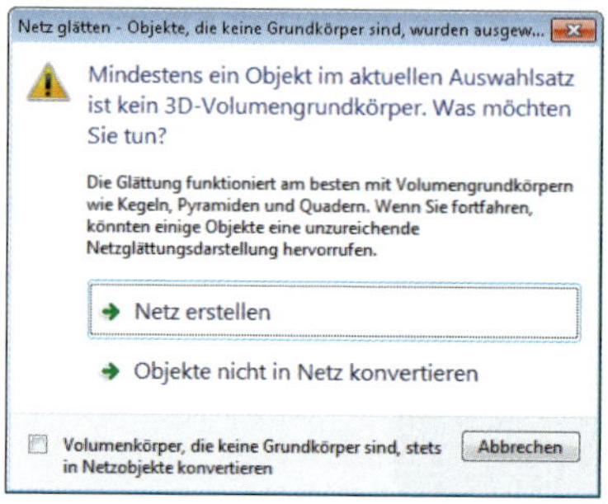

17.29 Der Warnhinweis beim Glätten von Netzen

4. Klicken Sie auf der Registerkarte Netz in der Gruppe Netz auf die Schaltfläche Mehr glätten. Wählen Sie die Ventilationstürme aus und drücken Sie die Enter-Taste. Das Netz wird unterteilt und wirkt dadurch glatter (siehe Abbildung 17.30).

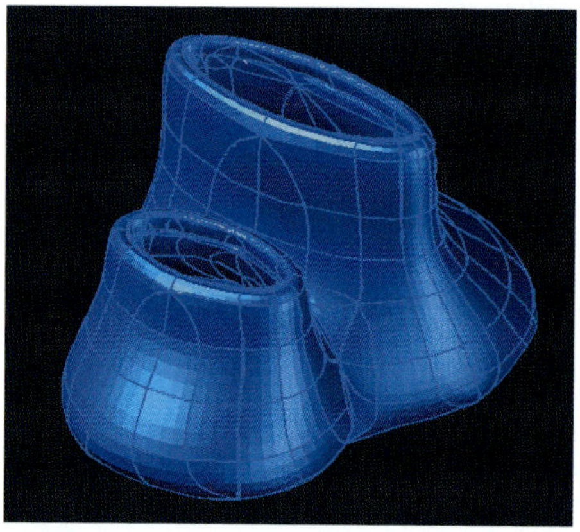

17.30 Das Netz der Ventilationstürme verfeinern

5. Geben Sie `layisoauf` zum Aufheben der Layerisolierung ein und drücken Sie die Enter-Taste.
6. Zeigen Sie mit dem Cursor auf den Layereigenschaften-Manager, um ihn zu öffnen. Tauen Sie den Layer Drahtseile, schalten Sie die beiden Layer Stadion und Stadiondach ein und den Layer Layout aus. Das Ergebnis wird in Abbildung 17.31 gezeigt.

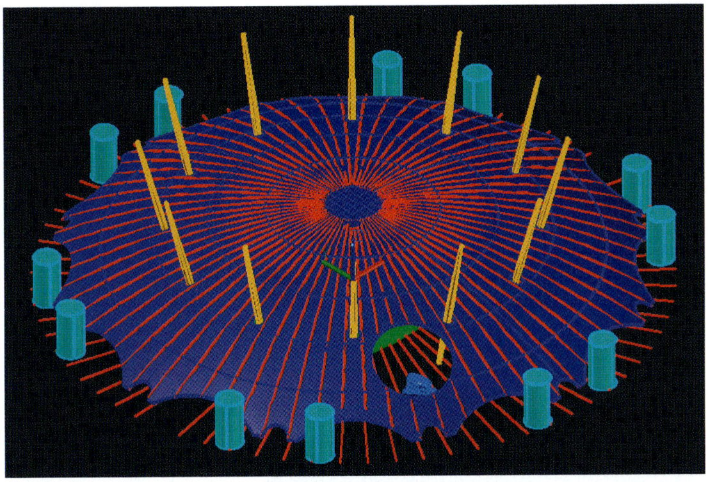

17.31 Das fertige konzeptionelle Modell des Millennium Dome

7. Speichern Sie Ihre Arbeit unter dem Dateinamen »Kap17-F.dwg«. Die bereits fertiggestellte gleichnamige Datei finden Sie bei Bedarf unter `www.wiley-vch.de/publish/dt/books/ISBN978-3-527-76013-8` auf der Downloadseite zu Kapitel 17.

Zusammenfassung und Ausblicke

In diesem Kapitel haben Sie erfahren, wie Sie mit verschiedenen Modellierwerkzeugsätzen Flächenobjekte, Volumenkörper und Netzobjekte modellieren. Sie haben gelernt, wie Sie eine planare Fläche erstellen und Flächen aus offenen Profilen mit Rotations-, Sweep- und Extrusionswerkzeugen erzeugen. Sie wissen nun, wie Sie eine Fläche auf der Basis einer anderen Fläche und mit auf die Fläche projizierten Formen stutzen. Außerdem haben Sie Volumenkörper extrudiert und angehoben, boolesche Operationen durchgeführt, eine hohle Schale erstellt und eine Fläche verdickt. Last but not least haben Sie erfahren, wie Sie einen Volumenkörper in ein Netz umwandeln und das Netz glätten. Sie sind nun in der Lage, eine Vielfalt von 3D-Objekten in AutoCAD zu modellieren.

Zusätzliche Übung

Experimentieren Sie mit dem Formen von Flächen mit dem NURBS-Werkzeugsatz. Wandeln Sie beispielsweise die planare Fläche oben auf dem Kuppelmodell, das Sie in diesem Kapitel erstellt haben, in ein NURBS-Objekt um. Bauen Sie dann die Fläche um, indem Sie fünf Kontrollscheitelpunkte sowohl in U- als auch in V-Richtung zuweisen. Zeigen Sie die Kontrollscheitelpunkte an und deformieren Sie die Fläche durch Ziehen des zentralen Kontrollscheitelpunkts in eine konvexe Form.

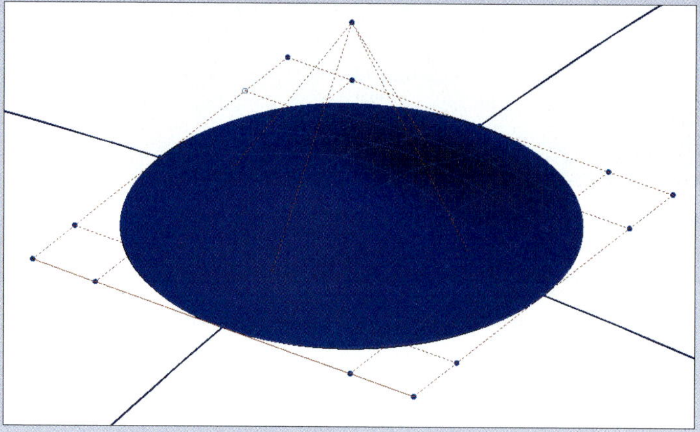

Kapitel 18

Zeichnungen und Konstruktionen präsentieren

Visuelle Stile mit Drahtkörper-, verdeckte Linien- und Schattierungsansichten sind hilfreich bei der Modelldarstellung während des Entwurfsprozesses. Die visuellen Stile helfen aber nicht unbedingt wirklich weiter, wenn es darum geht, Ihre Entwürfe Ihren Kunden zu präsentieren. Es wird im Allgemeinen von Entwicklern und Konstrukteuren eine computergesteuerte realistische Darstellung erwartet, wie man sie aus Filmen kennt. Dieses Kapitel beschäftigt sich mit diesem Thema. Sie erfahren, wie Sie realistische Präsentationen mit dem leistungsstarken Rendering-System von AutoCAD erstellen. AutoCAD LT verfügt über keinerlei Rendering-Funktionen. Die Rendering-Möglichkeiten in AutoCAD für den Macintosh sind reduzierter, als es bei dem leistungsstarken Rendering-System von AutoCAD für Windows der Fall ist, das zahlreiche erweiterte Rendering-Funktionen wie die globale Illumination und das final Gathering enthält.

In diesem Kapitel

- Materialien zuweisen
- Beleuchtung positionieren und anpassen
- Renderings erstellen

Materialien zuweisen

Materialien beschreiben die Art und Weise, wie Objekte mit Licht interagieren. AutoCAD verfügt über eine große Bibliothek mit Materialien, zum Beispiel verschiedene Typen von Beton, Metall, Glas, Ziegel, Farbe, Leder, Kunststoff etc. In den folgenden Schritten übertragen Sie Materialien aus der Autodesk-Bibliothek auf ein Beispielmodell und weisen sie anschließend den Objekten nach Layern zu.

1. Wechseln Sie auf der Downloadseite zum Buch (`www.wiley-vch.de/publish/dt/books/ISBN978-3-527-76013-8`) zu Kapitel 18, laden Sie die Dateien herunter und öffnen Sie die Datei »Kap18-A.dwg« in AutoCAD. Es handelt sich hierbei um ein Modell des Hauses des Autors (siehe Abbildung 18.1).

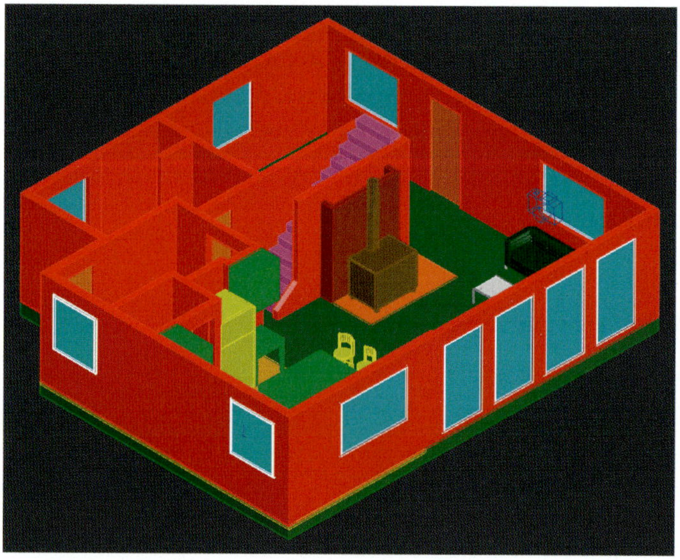

18.1 **3D-Hausmodell**

3D-Modellierung

2. Wählen Sie im Schnellzugriffs-Werkzeugkasten im Dropdown-Menü den Arbeitsbereich 3D-Modellierung aus.

Materialien-Browser

3. Klicken Sie auf der Registerkarte Rendern in der Gruppe Materialien auf die Schaltfläche Materialien-Browser. Die gleichnamige Palette wird geöffnet. Wählen Sie dort in der Autodesk-Bibliothek die Kategorie Textil und dann rechts das Material Samt – schwarz aus, um es in die Zeichnung zu laden (siehe Abbildung 18.2).
4. Laden Sie alle in Tabelle 18.1 aufgelisteten Materialien durch einfaches Klicken in die Beispieldatei.

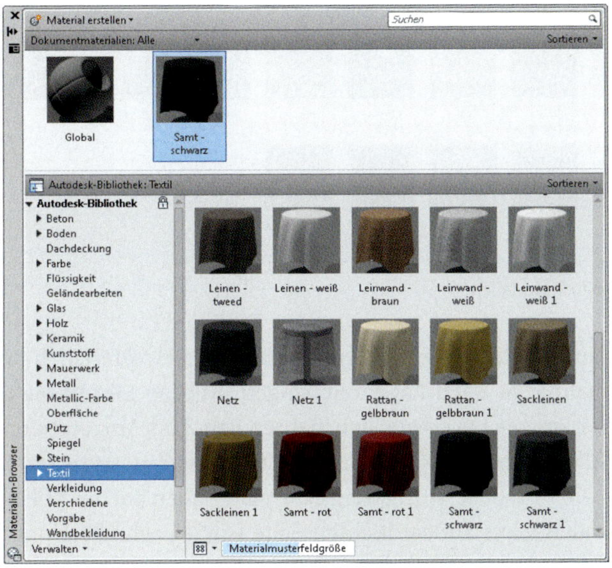

18.2 Ein Material aus der Autodesk-Bibliothek in das aktuelle Dokument laden

Mit einem einfachen Klick wird das Material in das aktuelle Dokument geladen. Mit einem Doppelklick wird der Materialien-Editor zum Anpassen des gewählten Materials geöffnet.

Kategorie	Unterkategorie	Material
Boden	Holz	Ahorn – natur – antik
Boden	Stein	Fliesen
Boden	Stein	Fliesen – hellrosa
Farbe	(keine)	Schwarz
Glas	Verglasung	Klar
Holz	(keine)	Birke – massiv – gebeizt – dunkel – kein Glanz
Holz	(keine)	Buche
Kunststoff	(keine)	Laminat – hellbraun
Mauerwerk	Ziegel	Gleichmäßig – Läufer hochkant – Burgund
Metall	(keine)	Chrom – satiniert 1
Metall	Stahl	Rostfrei – gebürstet
Wandfarbe	matt	Antikweiß
Wandfarbe	matt	Kühles Weiß

Tabelle 18.1 Materialien aus der Autodesk-Bibliothek laden

5. Abbildung 18.3 zeigt alle Materialien, die Sie im obigen Schritt in die Beispieldatei geladen haben. Schließen Sie die Palette Materialien-Browser.

Für alle Zeichnungen ist standardmäßig das Material Global geladen.

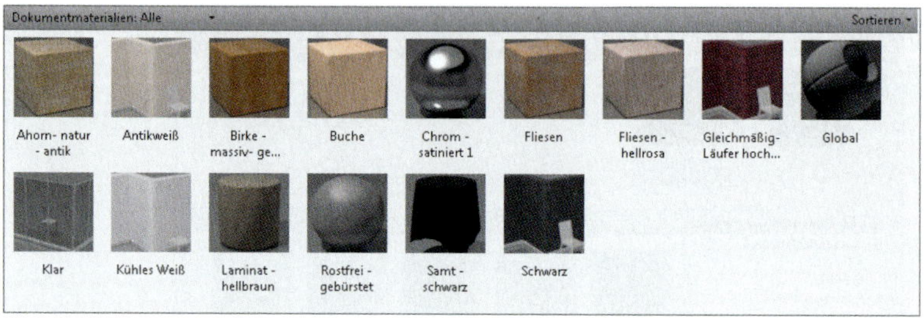

18.3 Alle geladenen Materialien

Sie können Materialien auch aus dem Material-Browser auf Objekte in der Zeichnungsfläche ziehen.

6. Erweitern Sie auf der Registerkarte Rendern die Gruppe Materialien und klicken Sie auf die Schaltfläche Nach Layern anhängen. Klicken Sie auf die Spaltenbeschriftung Layer, um die Layerliste alphabetisch von Z bis A zu sortieren. Klicken Sie erneut auf die Beschriftung, um die Liste von A bis Z zu sortieren. Ziehen Sie anschließend, wie in Tabelle 18.2 gezeigt, die Materialien auf der linken Seite auf die entsprechenden Layer auf der rechten Seite (siehe auch Abbildung 18.4). Bestätigen Sie die Einstellungen mit OK.

Layer	Material
0	Global
Boden1	Ahorn – natur – antik
Boden2	Fliesen
Boden3	Fliesen – hellrosa
Decke	Kühles Weiß
Decke2	Kühles Weiß
Defpoints	Global
Downlight	Kühles Weiß
Equip	Rostfrei – gebürstet
Fensterrahmen	Kühles Weiß
Fensterverglasung	Klar
Gemauert	Gleichmäßig – Läufer hochkant – Burgund
Gestell	Chrom – satiniert 1
Herd	Schwarz
Ofen	Schwarz
Schränke	Buche
Sitzpolster	Samt – schwarz
Spüle	Rostfrei – gebürstet
Stuhl	Buche
Theke	Laminat – hellbraun
Tischbeine	Chrom – satiniert 1

Layer	Material
Tischglas	Klar
Treppen	Birke – massiv – gebeizt – dunkel – kein Glanz
Tür	Birke – massiv – gebeizt – dunkel – kein Glanz
Wand	Antikweiß
Wand2	Antikweiß

Tabelle 18.2 Den Layern Materialien zuweisen

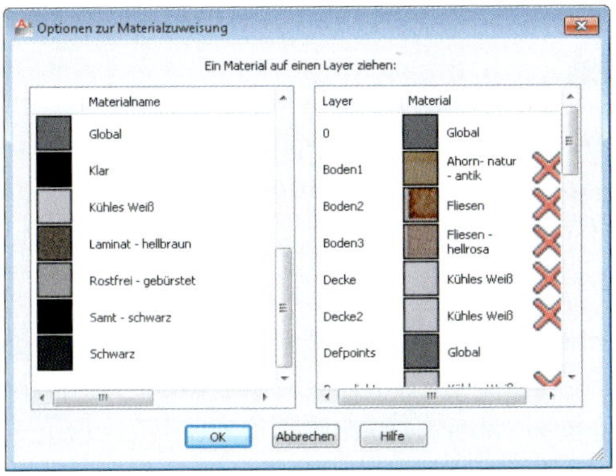

18.4 Materialien links den jeweiligen Layern rechts zuweisen

7. Im visuellen Stil Schattierung mit Kanten werden die Texturmaps nicht dargestellt. Wählen Sie daher links oben in den Steuerungen für visuellen Stil den Stil Realistisch (siehe Abbildung 18.5).

8. Speichern Sie Ihre Arbeit unter dem Dateinamen »Kap18-B.dwg«.

> Texturmaps sind Bilder in Materialien, die für die realistische Flächendarstellung zuständig sind.

18.5 Mit dem visuellen Stil Realistisch die Materialien anzeigen

Beleuchtung positionieren und anpassen

AutoCAD beleuchtet die Objekte Ihrer 3D-Modelle während der Erstellung mit einer sogenannten Vorgabebeleuchtung. Diese Lichtquellen liegen hinter der Ansicht und strahlen ein gleichmäßiges Licht aus, sodass alle Elemente in der Ansicht gut zu erkennen sind. Die Vorgabebeleuchtung ist aber nicht realistisch und muss ausgeschaltet werden, sobald Sie künstliches oder natürliches Licht erzeugen. Im Folgenden generieren Sie künstliche Lichtquellen (Spotlights in der Decke) sowie natürliches Licht (Simulation der Sonne).

Künstliches Licht erzeugen

In AutoCAD wird künstliches Licht mithilfe von Punkt-, Spot- oder Fernlichtern generiert. Punktlichtquellen strahlen in alle Richtungen, Spotlichtquellen leuchten konisch und direkte Beleuchtung simuliert das Licht aus einer bestimmten Richtung und beleuchtet alles ähnlich wie die Sonne.

AutoCAD stellt zwei unterschiedliche Beleuchtungsverfahren zur Verfügung: Vorgabebeleuchtung und fotometrische Beleuchtung. Die Vorgabebeleuchtung wurde in AutoCAD-Versionen vor 2008 verwendet. Es gibt sie aber weiterhin, um die Beleuchtung in älteren DWG-Dateien mit der aktuellen Version kompatibel zu halten.

Ich empfehle Ihnen aber dringlich, mit fotometrischer Beleuchtung zu arbeiten, die realistischer ist als die Vorgabebeleuchtung. Fotometrische Lichtquellen arbeiten mit realistischen Lichtintensitätswerten (internationale Beleuchtungseinheiten) und das Licht einer fotometrischen Lichtquelle strahlt wie in der Realität umgekehrt proportional zum Abstand.

> Die absolute Modellgröße ist bei fotometrischer Beleuchtung wichtig. Die Intensität von natürlichem Licht kann die Stärke künstlicher Beleuchtung problemlos übersteigen.

In den folgenden Schritten ändern Sie zunächst die Beleuchtungseinheiten, um zum fotometrischen System zu wechseln, und fügen dann eine Reihe von künstlichen Lichtquellen zur Beleuchtung des Hausinneren hinzu.

1. Öffnen Sie gegebenenfalls die gerade erstellte Datei »Kap18-B.dwg« oder laden Sie sie von der Webseite zum Buch herunter und öffnen Sie sie in AutoCAD. Wechseln Sie bei Bedarf im Schnellzugriffs-Werkzeugkasten zum Arbeitsbereich 3D-Modellierung.
2. Erweitern Sie auf der Registerkarte Rendern die Gruppe Lichter und wählen Sie im untersten Dropdown-Menü den Eintrag Internationale Beleuchtungseinheiten (siehe Abbildung 18.6).

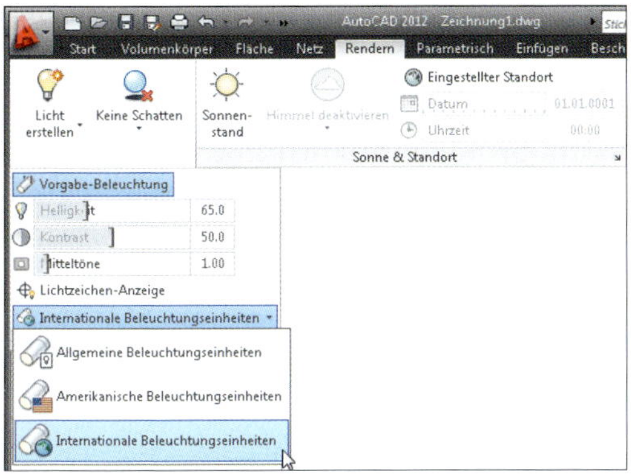

18.6 Fotometrische Beleuchtungseinheiten in AutoCAD für Windows wählen

Benutzer von AutoCAD für den Macintosh wechseln die Beleuchtungseinheiten mit dem Befehl EINHEIT.

3. Klicken Sie im ViewCube auf die Fläche Oben, um zur Ansicht von oben zu wechseln, klicken Sie in der Navigationsleiste auf die Schaltfläche Zoom Grenzen und wechseln Sie abschließend links oben in den Steuerungen für visuellen Stil zum Stil Drahtkörper.

4. Erweitern Sie auf der Registerkarte Start die Gruppe Layer und klicken Sie auf die Schaltfläche Alle Layer aktivieren. Spotlights werden in der Decke angezeigt (siehe Abbildung 18.7).

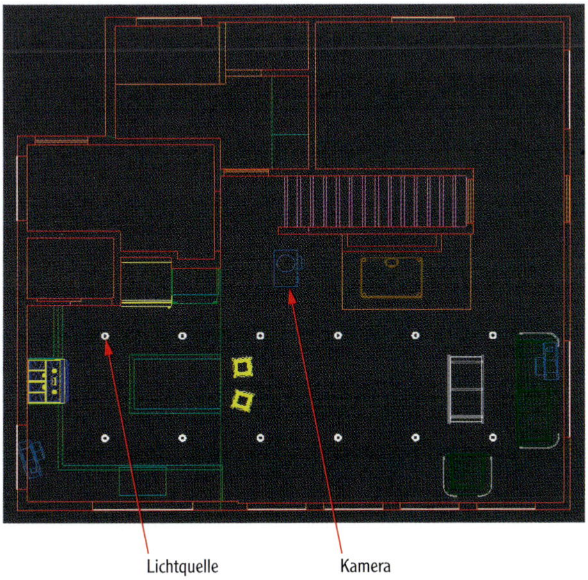

18.7 Beleuchtungsgeometrie im Plan einblenden

5. Vergrößern Sie die obere linke Lampe. Windows-Anwender klicken dann auf der Registerkarte Rendern in der Gruppe Lichter auf den Pfeil der Schaltfläche Licht erstellen und anschließend auf den Eintrag Spot. Als Macintosh-Anwender geben Sie `einheit` ein, dann `s` (für Spot) und drücken abschließend die Enter-Taste. Anschließend klicken alle Anwender im daraufhin angezeigten Dialogfeld Beleuchtung – Ansichtsfenster-Beleuchtungsmodus auf Vorgabebeleuchtung deaktivieren (empfohlen) (siehe Abbildung 18.8).

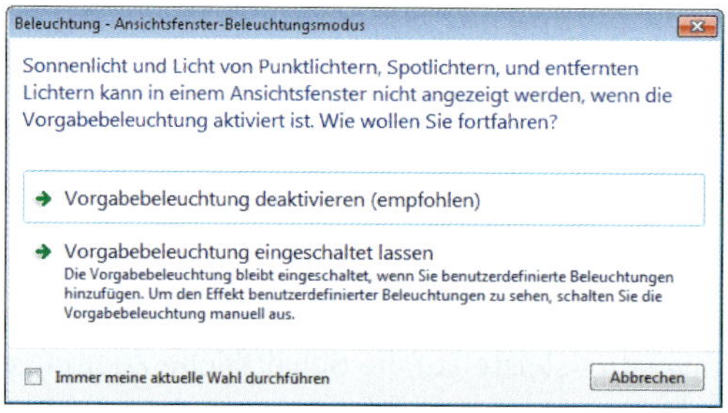

18.8 Beim Hinzufügen der ersten künstlichen Lichtquelle die Vorgabebeleuchtung ausschalten

Mit Filtern wie .xy, .xz und .yz können Sie die entsprechenden Koordinatenwerte durch Klicken in der Zeichnung angeben. Die Eingabe der fehlenden Koordinate definiert dann die 3D-Koordinate.

6. Die Eingabeaufforderung lautet:

   `Ausgangsort definieren<0,0,0>:`

   Geben Sie `.xy` ein und drücken Sie die Enter-Taste. Klicken Sie auf einen Punkt ungefähr in der Mitte der Lampe (ohne Objektfang Zentrum).

7. Die Eingabeaufforderung lautet nun `(benötigt Z)`. Geben Sie `240` (für die Deckenhöhe) ein und drücken Sie die Enter-Taste. Die Eingabeaufforderung lautet:

   `Zielposition angeben<0,0,-10>:`

   Geben Sie `.xy` ein, drücken Sie die Enter-Taste und klicken Sie dann auf denselben Mittelpunkt wie im vorherigen Schritt. Die Eingabeaufforderung lautet erneut `(benötigt Z)`. Geben Sie `0` (für die Bodenhöhe) ein und drücken Sie die Enter-Taste. Drücken Sie erneut die Enter-Taste, um den Spotbefehl zu beenden.

8. Schalten Sie in der Statusleiste bei Bedarf den Ortho-Modus ein. Geben Sie `kopieren` ein und drücken Sie die Enter-Taste. Geben Sie `l` (für Letzter) ein und drücken Sie zweimal die Enter-Taste. Klicken Sie auf einen Punkt in der Nähe der Lampe, verkleinern Sie die Darstellung und klicken Sie auf die erste Lampe in der unteren Reihe. Die zweite Spotbeleuchtung wird erstellt. Beenden Sie den Kopierbefehl durch Drücken der Enter-Taste.

9. Drücken Sie die Leertaste, um den Kopierbefehl zu wiederholen. Geben Sie `v` (für Vorher) ein und drücken Sie die Enter-Taste. Geben Sie `l` (für Letzter) ein und drücken Sie zweimal die Enter-Taste. Die Objektauswahl ist beendet. Definieren Sie die zuletzt definierte Lampe als Basispunkt und verkleinern Sie die Darstellung. Die Eingabeaufforderung lautet:

   `Zweiten Punkt angeben oder [ Anordnung] <ersten Punkt als Verschiebung verwenden>:`

   Geben Sie `a` (für Anordnung) ein und drücken Sie die Enter-Taste. Geben Sie `6` (für die Anzahl) ein und drücken Sie die Enter-Taste. Geben Sie `z` (für Zbereich) ein und drücken Sie die Enter-Taste. Verschieben Sie den Cursor bis zur unteren Lampe ganz rechts und klicken Sie, um den zweiten Punkt zu definieren (siehe Abbildung 18.9). Beenden Sie den Befehl durch Drücken der Enter-Taste.

> Wenn Sie Lampen in Blockdefinitionen platzieren, können Quelle und Lampe besser zusammengehalten werden.

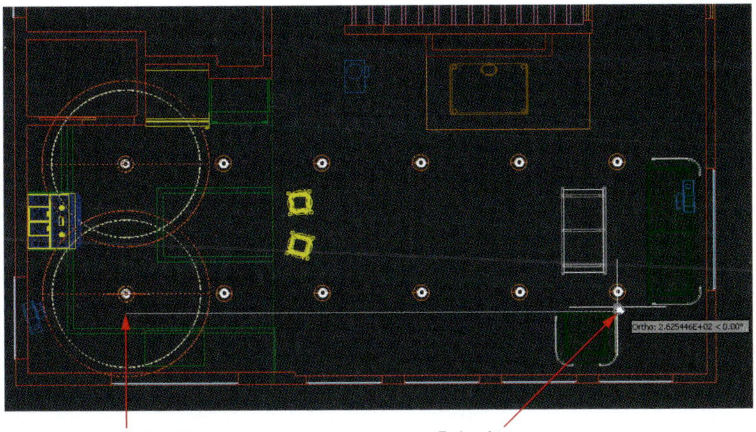

Startpunkt Endpunkt

18.9 Spotlights in einem rechteckigen Bereich kopieren

10. Geben Sie `ausschnt` ein und drücken Sie die Enter-Taste. Doppelklicken Sie im Ansichts-Manager auf den Eintrag Kamera1 (siehe Abbildung 18.10). Klicken Sie auf Anwenden und dann auf OK.

11. Klicken Sie auf der Registerkarte Rendern in der Gruppe Lichter neben dem Gruppennamen auf den kleinen Pfeil. Die Palette Lichter im Modell wird geöffnet (siehe Abbildung 18.11). Wählen Sie das erste Spotlicht aus, halten Sie die Shift-Taste gedrückt und klicken Sie auf das letzte Spotlicht, um alle Lichter auszuwählen.

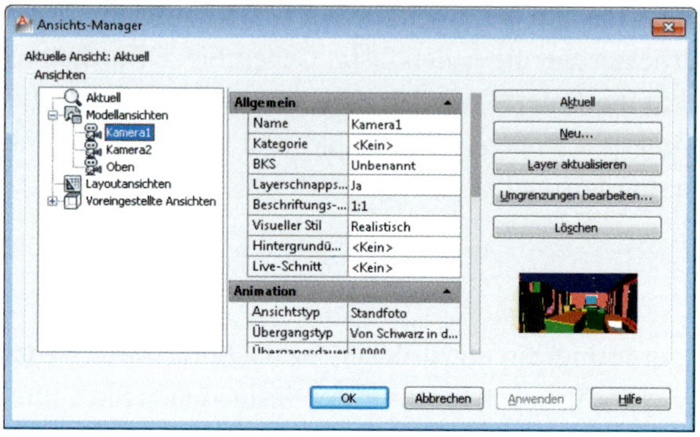

18.10 Eine vorab definierte Kameraansicht wählen

18.11 Spotlichter auswählen

Reale Lampen werden in der Regel nach Standardfarbe und/oder Farbtemperatur (gemessen in Kelvin) eingestuft. Die Werkzeugpaletten stellen einen Satz mit realistischen Lampen bereit.

12. Klicken Sie mit der rechten Maustaste auf die Lichterauswahl und wählen Sie im Kontextmenü den Befehl Eigenschaften. Wählen Sie die Eigenschaft Lampenfarbe aus und klicken Sie auf das Symbol rechts neben seinem Dropdown-Menü. Aktivieren Sie im dann angezeigten Dialogfeld Lampenfarbe die Option Kelvin-Farben und geben Sie dort `5000`. Drücken Sie die Tab-Taste. Die Anzeige im Feld Resultierende Farbe wird angepasst (siehe Abbildung 18.12). Bestätigen Sie mit OK.

13. Geben Sie in der Palette Eigenschaften für die Eigenschaft Lampenintensität `15000`, für die Eigenschaft Hotspot-Winkel `30` und für die Eigenschaft Lichtabnahme-Winkel `60` ein. Abbildung 18.13 zeigt das Ergebnis. Schließen Sie die beiden Paletten Eigenschaften und Lichter im Modell.

In der Ansicht wird nur direkte Beleuchtung angezeigt. Reflektierte und durchscheinende Beleuchtung muss gerendert werden.

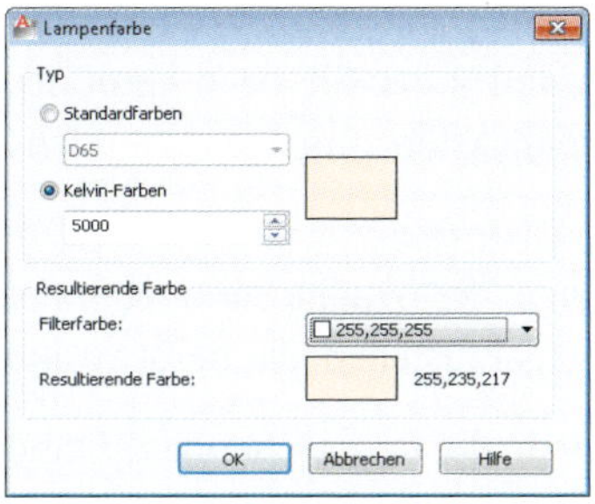

18.12 Die Lampenfarbe festlegen

18.13 Eingestellte Spotlights

14. Speichern Sie Ihre Arbeit unter dem Dateinamen »Kap18-C.dwg«.

Natürliches Licht simulieren

Sie können mit AutoCAD das Sonnenlicht und/oder das gestreute Himmelslicht in der Atmosphäre für jeden Ort auf der Erde, zu jedem Zeitpunkt im Jahr und zu jedem Tageszeitpunkt simulieren. Im Folgenden konfigurieren Sie das Modell für eine Sonnen- und Himmelslichtsimulation zu einem bestimmten Zeitpunkt an einem definierten Ort.

1. Öffnen Sie gegebenenfalls die gerade erstellte Datei »Kap18-C.dwg« oder laden Sie sie von der Webseite zum Buch herunter und öffnen Sie sie in AutoCAD. Wechseln Sie bei Bedarf im Schnellzugriffs-Werkzeugkasten zum Arbeitsbereich 3D-Modellierung.

2. Klicken Sie auf der Registerkarte Rendern in der Gruppe Sonne & Standort auf die Schaltfläche Sonnenstand, um sie in Blau darzustellen, das heißt zu aktivieren.

3. Klicken Sie auf der Registerkarte Rendern in der Gruppe Sonne & Standort auf die Schaltfläche Eingestellter Standort. Wählen Sie im Dialogfeld Geografische Position – geografische Position definieren den Eintrag Positionswerte eingeben (siehe Abbildung 18.14).

Sie können die geografische Position auch mithilfe von Google Earth definieren.

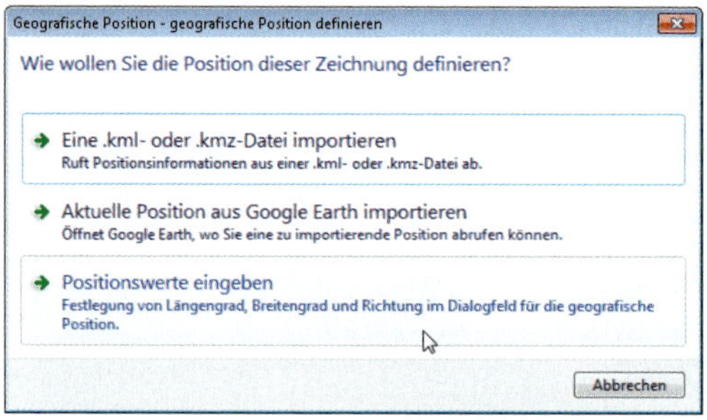

18.14 Geografischen Standort selbst eingeben

4. Klicken Sie im Dialogfeld Geografische Position auf die Schaltfläche Karte verw. Wählen Sie im dann angezeigten Dialogfeld als Region Europa und klicken Sie in der Karte auf einen Punkt in der Nähe von Berlin. Der Fadenkreuz Mauszeiger rastet dann automatisch bei Berlin ein (siehe Abbildung 18.15). Bestätigen Sie mit OK.

Durch Ziehen des Datums- und Uhrzeitreglers wird die Sonne automatisch an das Datum und die Uhrzeit angepasst.

5. Klicken Sie im Dialogfeld Geografische Position – Zeitzone aktualisiert auf den Eintrag Aktive Zeitzone akzeptieren und bestätigen Sie mit OK.

6. Klicken Sie auf der Registerkarte Rendern in der Gruppe Sonne & Standort auf den Pfeil der Schaltfläche Himmel deaktivieren und dann auf den Eintrag Himmelshintergrund und -beleuchtung.

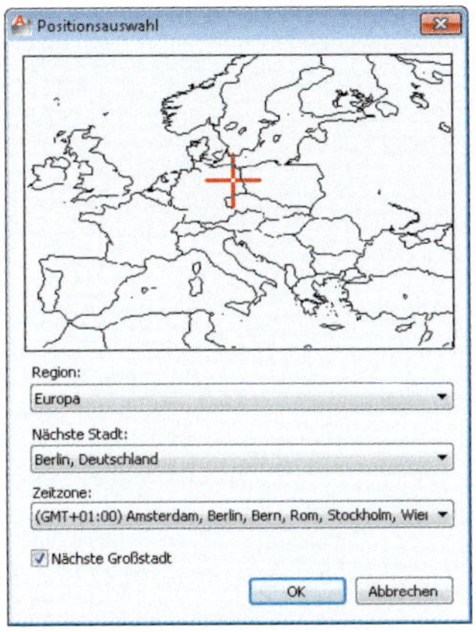

18.15 **Eine Stadt auswählen**

7. Speichern Sie Ihre Arbeit unter dem Dateinamen »Kap18-D.dwg«.

Renderings erstellen

Unter *Rendering* oder *Rendern* versteht man die Umwandlung von Geometrie-, Material- und Beleuchtungseinstellungen in Pixel. Das Rendern kann sehr zeitintensiv sein, da der Computer dafür in der Regel sehr viele Rechenoperationen ausführen muss. Für AutoCAD für den Macintosh gibt es keine Optionen zum Rendern, sondern nur den Befehl RENDER. Das Render-Ergebnis in AutoCAD für den Macintosh ist auch nicht so realistisch wie das in AutoCAD für Windows, da für Letzteres eine Reihe von Optionen zur Verfügung steht. In den folgenden Schritten erstellen Sie mit den leistungsstarken Render-Optionen von AutoCAD für Windows realistische Renderings.

1. Öffnen Sie gegebenenfalls die gerade erstellte Datei »Kap18-D.dwg« oder laden Sie sie von der Webseite zum Buch herunter und öffnen Sie sie in AutoCAD. Wechseln Sie bei Bedarf im Schnellzugriffs-Werkzeugkasten zum Arbeitsbereich 3D-Modellierung.

2. Erweitern Sie auf der Registerkarte Rendern die Gruppe Rendern und klicken Sie dann auf die Schaltfläche Belichtung anpassen. Nach kurzer Zeit wird eine Vorschau angezeigt. Da sie etwas dunkel erscheint, ändern Sie die Helligkeit von 65 auf 100. Die Vorschau wird deutlich heller (siehe Abbildung 18.16). Bestätigen Sie mit OK.

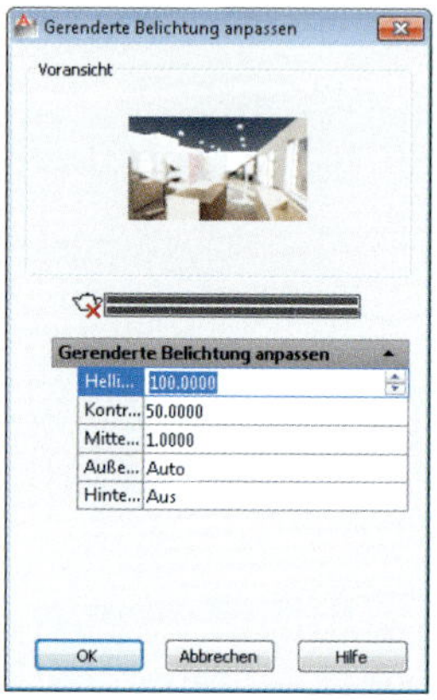

18.16 Belichtung vor dem Rendern anpassen

Sie werden beim ersten Rendern aufgefordert, die Medium Image Library von Autodesk zu installieren, falls diese nicht bereits auf Ihrem Rechner installiert ist. Die Installation ist für das Arbeiten mit diesem Buch nicht erforderlich.

3. Wählen Sie auf der Registerkarte Rendern in der Gruppe Rendern im Dropdown-Menü Render-Voreinstellungen den Eintrag Niedrig. Klicken Sie anschließend in derselben Gruppe auf die Schaltfläche Rendern, um das Rendern zu starten. Abbildung 18.17 zeigt das Rendering in niedriger Qualität, das nach einem kurzen Augenblick angezeigt wird.

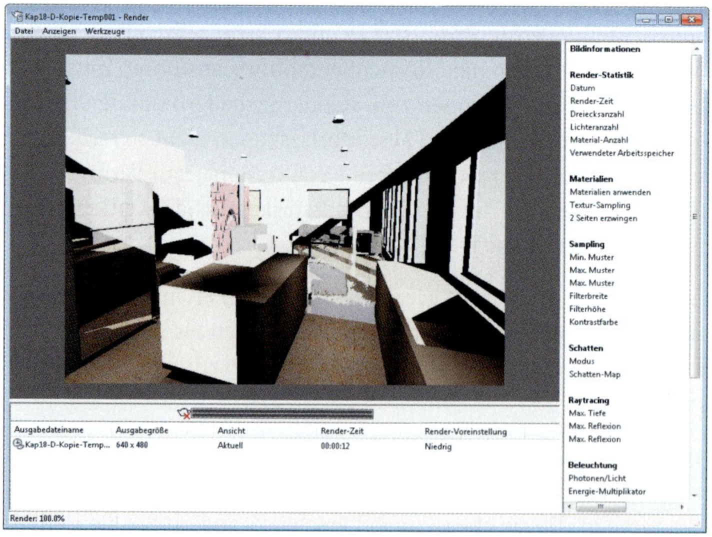

18.17 Erstes Test-Rendering mit niedriger Qualität

4. Windows-Anwender klicken auf der Registerkarte Rendern in der Gruppe Rendern neben dem Gruppennamen auf den kleinen Pfeil beziehungsweise geben den Befehl `reinst` ein, um die Palette Erweiterte Render-Einstellungen zu öffnen. (Für

Macintosh-Anwender stehen keine erweiterten Render-Einstellungen zur Verfügung.) Blättern Sie in der Palette nach unten und aktivieren Sie Globale Illumination, indem Sie auf die daneben angezeigte Glühbirne klicken (siehe Abbildung 18.18).

Globale Illumination eignet sich optimal für Innenräume zur Ausleuchtung von ansonsten nicht beleuchteten Flächen.

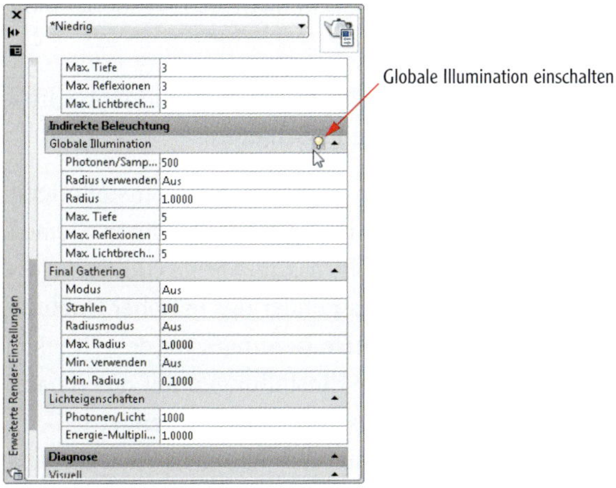

18.18 **Globale Illumination einschalten**

5. Klicken Sie auf der Registerkarte Rendern in der Gruppe Rendern auf die Schaltfläche Rendern, um ein weiteres Test-Rendering zu erstellen. Abbildung 18.19 zeigt das Ergebnis. Der Algorithmus für die globale Illumination wirft Lichtpunkte vom Boden zur Beleuchtung der Decke zurück. Die Qualität ist aber noch nicht gut.

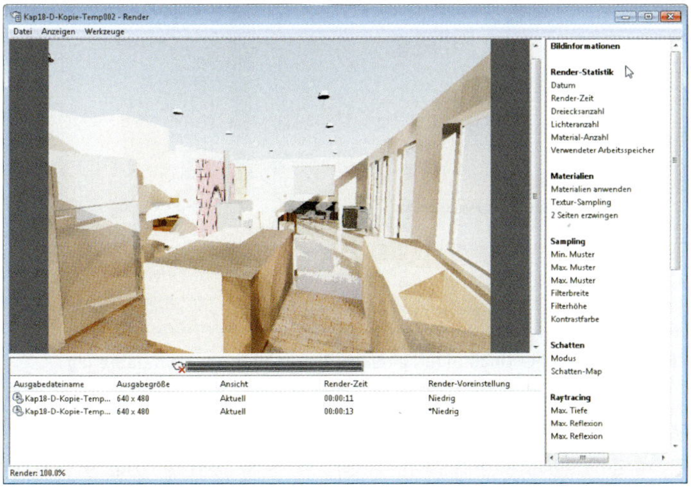

18.19 **Die globale Illumination wirft Lichtpunkte vom Boden auf die Decke zurück.**

6. Ändern Sie in der Palette Erweiterte Render-Einstellungen unter Lichteigenschaften die Eigenschaft Photonen/Licht auf `10.000`. Damit werden dunkle Ecken im Innenraum besser ausgeleuchtet. Klicken Sie auf der Registerkarte Rendern in der Gruppe Rendern erneut auf die Schaltfläche Rendern, um ein weiteres Test-Rendering zu erstellen. Das Ergebnis ist schon besser. Die Lichtkreise sind aber noch deutlich zu erkennen.

7. Wählen Sie auf der Registerkarte Rendern in der Gruppe Lichter im Dropdown-Menü für Schatten den Eintrag Vollständige Schatten.

8. Öffnen Sie ganz oben in der Palette Erweiterte Render-Einstellungen das Dropdown-Menü und wählen Sie dort den Eintrag Hoch. Schalten Sie außerdem die globale Illumination durch Klicken auf die dazugehörige Glühbirne wie in Schritt 4 ein. Zu den Vorgabeeinstellungen eines Renderings in hoher Qualität gehört das *final Gathering*, mit dem die Lichtkreise bereinigt werden. Klicken Sie oben rechts in der Palette Erweiterte Render-Einstellungen auf die Schaltfläche Rendern, um ein weiteres Rendering zu erstellen. Mac-Anwender geben den Befehl `render` ein und drücken die Enter-Taste. Abbildung 18.20 zeigt das letzte Render-Ergebnis.

> Das final Gathering kann mit oder ohne globale Illumination eingesetzt werden. Dieses Verfahren macht eine Vielzahl von Berechnungen erforderlich und dauert dementsprechend lange. Das Ergebnis ist aber am besten.

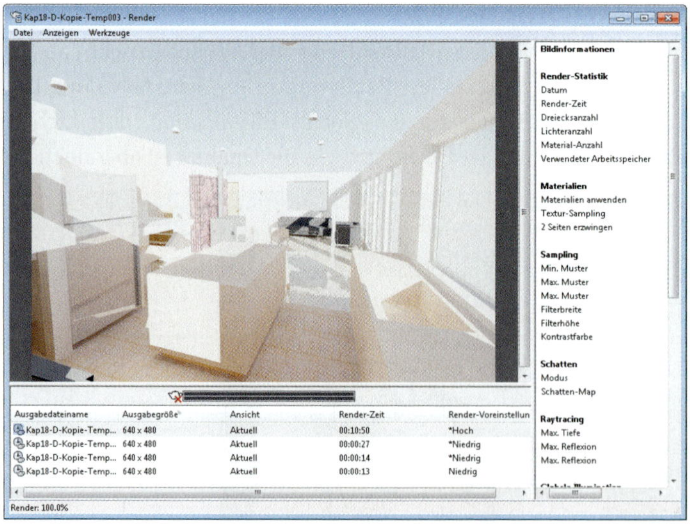

18.20 Rendering in hoher Qualität mit globaler Illumination und final Gathering

9. Klicken Sie im Dialogfeld Render mit der rechten Maustaste auf den zuletzt angezeigten Ausgabedateinamen (das zuletzt erstellte Rendering) und wählen Sie im Kontextmenü den Befehl Speichern. Wählen Sie im dann angezeigten Dialogfeld Renderausgabedatei im Dropdown-Menü Dateityp den Eintrag TIF (*.tif) und ge-

ben Sie im Textfeld Dateiname den Namen `Kamera 1` ein. Bestätigen Sie durch Klicken auf Speichern.

10. Speichern Sie Ihre Arbeit unter dem Dateinamen »Kap18-E.dwg«. Die bereits fertiggestellte gleichnamige Datei finden Sie bei Bedarf unter `www.wiley-vch.de/publish/dt/books/ISBN978-3-527-76013-8` auf der Downloadseite zu Kapitel 18.

Zusammenfassung und Ausblicke

In diesem Kapitel haben Sie erfahren, wie Sie Materialien zuweisen, eine fotometrische Beleuchtung simulieren, künstliche Lichtquellen platzieren und Positions- und Zeitkoordinaten für Sonne und Himmel zuweisen. Außerdem haben Sie gelernt, wie Sie realistische Test-Renderings mithilfe von Algorithmen für die globale Illumination und das final Gathering generieren, um hochqualitative Renderings zu erhalten.

Zusätzliche Übung

Rendern Sie selbstständig die Kamera-2-Ansicht. Ändern Sie nach Bedarf die Materialien und Lichter, um die Tiefe des Raums zu betonen.

Herzlichen Glückwunsch! Sie haben das Buch erfolgreich durchgearbeitet.

Anhang

Bei den Autodesk-Zertifizierungen handelt es sich um in der Wirtschaft anerkannte Bescheinigungen, die Ihrem beruflichen Werdegang förderlich sein können und die sowohl für Ihren Arbeitgeber als auch für Sie selbst viele Vorteile bieten. Eine Zertifizierung ist ein verlässlicher Nachweis Ihrer Fähigkeiten und Kenntnisse. Sie kann Ihre berufliche Entwicklung beschleunigen, Ihre Produktivität steigern und Ihre fachliche Glaubwürdigkeit stärken.

Das vorliegende Buch kann Sie bei den Prüfungsvorbereitungen unterstützen. Autodesk empfiehlt, das aktuellste Vorbereitungsmaterial für die Prüfung unter `www.autodesk.de/zertifizierung` anzusehen, mit den offiziellen Autodesk-Trainingsbüchern zu arbeiten, an Schulungen in autorisierten Trainingscentern (ATCs) teilzunehmen und sich generell möglichst intensiv auf die Zertifizierung vorzubereiten.

zertifizierungs-relevant

Damit Sie sich auf die Schwerpunkte für die Prüfungen konzentrieren können, zeigen die Tabellen in diesem Anhang die Themen und Lernziele sowie die entsprechenden Kapitel, in denen die prüfungsrelevanten Informationen enthalten sind. In den Kapiteln selbst ist an der entsprechenden Stelle das Zertifizierungssymbol am Rand zu sehen.

Tabelle A.1 stellt die Themen, Lernziele und die entsprechenden Kapitel in diesem Buch für die Zertifizierung *Autodesk Certified User Exam* zusammen. Tabelle A.2 liefert die Informationen für die Zertifizierung *Autodesk Certified Associate Exam* und Tabelle A.3 für die Zertifizierung *Autodesk Certified Professional Exam*.

Viel Erfolg bei Ihren Zertifizierungsvorbereitungen!

Thema	Lernziel	Buchkapitel
Benutzeroberfläche	Zugriff auf Werkzeuge zum Erstellen, Öffnen und Publizieren einer Datei	1
	Erkennen und Zuordnen der wichtigsten Benutzeroberflächenelemente	1
	Benutzung der Werkzeuge im Schnellzugriffs-Werkzeugkasten	1
	Definition und Einrichten des Arbeitsbereichs	1
	Beschreibung der InfoCenter-Funktionen	1
	Öffnen einer vorhandenen Datei mit dem Anwendungsmenü oder mit dem Schnellzugriffs-Werkzeugkasten	1
	Beschreiben der zwei Hauptbereiche in AutoCAD	1
	Anzeige verschiedener Zeichnungsbereiche mit den Werkzeugen Zoom und Pan	2
Erstellen von Zeichnungen	Beschreiben der zwei Koordinatensysteme	2
	Einsetzen der dynamischen Eingabe, der direkten Abstandseingabe und von Kontextmenüs	2
	Erstellen und Löschen von Zeichnungsgeometrie mit den Linien-, Kreis-, Bogen-, Lösch-, Rechteck- und Polygonbefehlen	2
	Verwenden von Objektfängen zur präzisen Positionierung und Erstellung von Objekten	3
	Verwenden von Spurverfolgung und PolarSnap zur präziseren Erstellung von Geometrie in verschiedenen Winkeln	3
	Erklären, Aktivieren und Verwenden von Objektspurverfolgung zur Positionierung von Geometrie	3
	Erklären der Einstellung von Längen- und Winkeleinheiten	1
	Erklären der Einstellungen für Rasterfang, Spurverfolg und Objektfang	3
Manipulieren von Objekten	Strecken, Verschieben, Skalieren, Drehen und Spiegeln von Objekten	4
	Hinzufügen und Entfernen von Objekten aus einer Auswahlliste per Mausklick	4
	Auswählen von Objekten mit einer Fensterauswahl	4
	Auswählen von Objekten mit einer kreuzenden Auswahl	4
	Verschieben von Objekten mit Rasterfang, Objektfang und weiteren Werkzeugen	4
Verwaltungs- und Abfragebefehle	Anzeigen und Ändern von allgemeinen Eigenschaften im Schnellzugriffs-Werkzeugkasten	7
	Anzeigen und Ändern von Eigenschaften gewählter Objekte in der Palette Eigenschaften	14
	Übertragen von Eigenschaften aus einem Quellobjekt auf ein Zielobjekt mit dem Befehl EIGANPASS	6
	Unterscheiden von Objekten mithilfe von verschiedenen Linientypen	6

Thema	Lernziel	Buchkapitel
	Abfragen geometrischer Informationen mit den Abfragebefehlen für Abstand, Radius, Winkel, Fläche, Liste und ID	11
Bearbeiten von Objekten	Ändern der Objektlänge mit den Befehlen zum Stutzen und Dehnen	4
	Versetzen von Objekten	4
	Verbinden mehrerer Objekte zu einem Objekt	5
	Aufbrechen von Objekten in voneinander unabhängige Objekte	5
	Verbinden zweier Objekte mit einer per Radius definierten Abrundung	7
	Verbinden zweier Objekte mit einer abgerundeten Ecke	2
	Strecken von Objekten, um die Form zu ändern	7
Arbeiten mit Layouts	Benennen der Umgebungen, in denen Daten geplottet und ein neues Layout erstellt werden kann	13
	Erstellen und Bearbeiten von Ansichtsfenstern	13
Beschriften von Zeichnungen	Erstellen mehrzeiliger Texte mit dem Befehl MTEXT	10
	Erstellen einzeiliger Texte	10
	Bearbeiten von Text mit verschiedenen Verfahren	10
	Verwalten von Text mit Textstilen	10
Bemaßen	Erstellen von Bemaßungen	11
	Verwalten von Bemaßungen mit Bemaßungsstilen	11
	Erstellen und Bearbeiten von Führungsstilen und Führungen	11
	Bearbeiten von Bemaßungen mit verschiedenen Befehlen und Verfahren	11
Schraffieren von Objekten	Hinzufügen von Schraffurmustern in eine definierte Umgrenzung	8
	Hinzufügen von Schraffurfüllungen oder Schraffurfarbverläufen in eine definierte Umgrenzung	8
	Bearbeiten von Mustern oder Füllungen	8
Arbeiten mit wiederverwendbaren Inhalten	Definieren und Benennen von Blöcken	7
	Angabe von Namen oder Position eines einzufügenden Blocks beziehungsweise einer einzufügenden Zeichnung	9
	Arbeiten mit Werkzeugpaletten	9
Zeichnen weiterer Zeichnungsobjekte	Erstellen und Bearbeiten von Polylinien	5
	Erstellen glatter Kurven mit dem SPLINE-Befehl	5
	Erstellen von Ellipsen und Ellipsenbogen	5
Plotten von Zeichnungen	Einrichten von Seiten	13
	Plotten im Modell- oder im Papierbereich	14

Tabelle A.1 Themen und Lernziele für die Prüfung Certified User Exam

Thema	Lernziel	Buchkapitel
Ändern von Objekten	Erstellen eines Radius zwischen zwei Objekten	7
	Stutzen und Dehnen von Objekten	4
	Brechen und Verbinden von Objekten	5
Beschriftungen	Arbeiten mit Text: Textstile, Textausrichtung und mehrzeiliger Text	10
	Festlegen der Beschriftungseigenschaften für Objekte	13
	Erstellen von Führungen	11
Erstellen von Vorlageninhalten	Ausblenden und Isolieren von Objekten	6
Erstellen weiterer Zeichnungsobjekte	Erstellen von Polylinien	5
Erstellen von grundlegenden Zeichnungen	Erstellen von Geometrie	2
	Einsetzen der Objektfangspur	3
	Einsetzen der Spurverfolgung	3
Bemaßen	Erstellen von Bemaßungen	11
	Arbeiten mit Bemaßungsstilen	11
Verwaltungs- und Abfragebefehle	Berechnen von Objektflächen	11
	Ändern von Objekteigenschaften	7
	Arbeiten mit Layern	7
Ausblenden und Isolieren angezeigter Objekte	Arbeiten mit Griffen	4
Manipulieren von Objekten	Kopieren, Verschieben, Spiegeln und Drehen von Objekten	4
	Auswählen von Objekten	4
	Beschreiben von und Arbeiten mit Anordnungen	4
	Verwenden von Drehwinkeln	4
Layouts und Sichtbarkeit	Erstellen und Verwalten von Layern	6
Drucken und Plotten	Einrichten von Seiten	13
Wiederverwendbare Inhalte	Erstellen, Einfügen und Bearbeiten von Blöcken	7

Tabelle A.2 Themen und Lernziele für die Prüfung Certified Associate Exam

Thema	Lernziel	Buchkapitel
Ändern von Objekten	Strecken von Objekten	7
	Versetzen von Objekten	4
	Stutzen und Dehnen von Objekten	4
	Brechen und Verbinden von Objekten	5
Beschriftungen	Arbeiten mit Text: Textstile, Textausrichtung und mehrzeiliger Text	10
	Festlegen der Beschriftungseigenschaften für Objekte	13
	Erstellen von und Arbeiten mit Führungen	11
Erstellen von Vorlageninhalten	Ausblenden und Isolieren von Objekten	6
Erstellen weiterer Zeichnungsobjekte	Erstellen von Polylinien	5
Bemaßen	Bearbeiten von Bemaßungen	11
	Arbeiten mit Bemaßungsstilen	11
Verwaltungs- und Abfragebefehle	Berechnen von Objektflächen	11
	Ändern von Objekteigenschaften	7
	Arbeiten mit Layern	7
Schraffieren von Objekten	Arbeiten mit Schraffuren	8
Einfügen und Verwalten externer Referenzen	Arbeiten mit XRefs	9
Ausblenden und Isolieren angezeigter Objekte	Ausblenden und Isolieren angezeigter Objekte	6
Manipulieren von Objekten	Kopieren, Verschieben, Spiegeln und Drehen von Objekten	2
	Beschreiben von und Arbeiten mit Anordnungen	4
Layouts und Sichtbarkeit	Erstellen und Verwalten von Layern	6
	Erstellen und Bearbeiten von Ansichtsfenstern	13
Wiederverwendbare Inhalte	Erstellen, Einfügen und Bearbeiten von Blöcken	7

Tabelle A.3 Themen und Lernziele für die Prüfung Certified Professional Exam

Index

Symbole

A

B

C

D

E

M

N

O

W

X

Z